TRANSFERÊNCIA DE MASSA

Difusão mássica em meios convencionais

Volume 1

Blucher

Marco Aurélio Cremasco
&
Alessandra Suzin Bertan

TRANSFERÊNCIA DE MASSA

Difusão mássica em meios convencionais

Volume 1

Transferência de massa: difusão mássica em meios convencionais vol. 1

Editora Edgard Blücher Ltda.

Publisher Edgard Blücher
Editor Eduardo Blücher
Coordenação editorial Jonatas Eliakim
Produção editorial Kedma Marques
Preparação de texto Samira Panini
Diagramação Roberta Pereira de Paula
Revisão de texto Bruna Marques
Capa Laércio Flenic
Imagem da capa Istockphoto

Blucher

Rua Pedroso Alvarenga, 1245, 4º andar
04531-934 - São Paulo - SP - Brasil
Tel.: 55 11 3078-5366
contato@blucher.com.br
www.blucher.com.br

Segundo o Novo Acordo Ortográfico, conforme 6. ed. do *Vocabulário Ortográfico da Língua Portuguesa*, Academia Brasileira de Letras, julho de 2021.

Dados Internacionais de Catalogação na Publicação (CIP)
Angélica Ilacqua CRB-8/7057

Cremasco, Marco Aurélio
Transferência de massa : difusão mássica em meios convencionais / Marco Aurélio Cremasco, Alessandra Suzin Bertan. - São Paulo : Blucher, vol. 1, 2023.
388 p.

Bibliografia
ISBN 978-65-5506-456-8 (impresso)
ISBN 978-65-5506-457-5 (eletrônico)

1. Engenharia química 2. Massa - Transferência I. Título II. Bertan, Alessandra Suzin

22-6234 CDD 660

Índice para catálogo sistemático:
1. Engenharia química

Para as nossas famílias

APRESENTAÇÃO

O ser humano é parte integrante da natureza, não a outra metade que completa o meio ambiente para torná-lo todo. De igual maneira, não existe uma área de conhecimento autossuficiente para se debruçar em questões basilares, feito a vida, cujo conceito permeia da filosofia à biologia, podendo ser representada por modelos matemáticos e manifestações artísticas. O ser humano é do tamanho de seu olhar, que pode ser voltado desde para estruturas atômicas até o esplendor das galáxias. Basta eleger a dimensão do espírito para dar sentido à existência perene ou efêmera. Adentramos no início não apenas de um novo século, mas de um novo milênio e a fome, a pobreza, a saúde, a poluição, a paz, dentre tantos outros temas sensíveis à humanidade, clamam por serem abordados pelos mais variados e distintos saberes, pois não existe um que venha a ser o senhor absoluto da verdade. Há, portanto, a urgência da visão ampla e sistêmica do conhecimento direcionado à solução de problemas, que envolvam tanto o domínio técnico quanto o comprometimento social para resgatar valores elementares, a começar, os Direitos Humanos. Este livro, em análise rápida, é destinado à Transferência de massa e conteúdos correlatos. Sim, essa é a intenção, todavia não está limitado a essa finalidade. Existe o esforço de tratar determinado assunto em relação dialógica com outros campos do saber, como cosmologia, biologia, química, física, matemática, história, entre outros. A obra versa sobre seis tópicos relacionados à difusão da matéria em meios convencionais, no sentido de sê-los clássicos na esfera de Transferência de massa, sendo eles difusão em gases, líquidos, membranas, sólidos cristalinos e porosos. O primeiro tópico refere-se à difusão estocástica em que se apresenta o enfoque probabilístico para a descrição molecular da difusão de matéria, enquanto os demais se direcionam ao estudo da difusão mássica a partir de mecanismos característicos, culminando com o cálculo do coeficiente de difusão.

Cada capítulo, por sua vez, apresenta um problema em contexto transdisciplinar, seguido de comentário e formulário que oferecem, minimamente, uma base teórica para a solução técnica do problema. No final, tem-se a referência bibliográfica. Essa estrutura, a nosso ver, permite a utilização do livro na sua totalidade ou em partes, pois a obra foi idealizada enquanto livro-texto para uma disciplina de Transferência de massa como também na situação de material de apoio, visto que, certo modo, os capítulos podem ser utilizados individualmente em outras disciplinas de forma pluridisciplinar, assim como o enunciado do problema em outra área de atuação ou de saber que não seja a de Engenharia Química. O objetivo central deste livro é o de contribuir na formação de profissionais que se permitam ir além da técnica e entender que o seu conhecimento pode trazer esperança e dignidade, principalmente para aquela população invisível de excluídos e vulneráveis. Aqui, aproveitamos a oportunidade para agradecer aqueles que estiveram conosco em tempos de pandemia, a começar por Luciana Previato Fonseca, pelos saraus semanais em que discutíamos termodinâmica, engenharia e poesia, pois em dias densos, foi possível extrair leveza. Aos alunos e alunas da Faculdade de Engenharia Química da Unicamp em nossas aulas de Transferência de massa, e às alunas e alunos das diversas escolas do país em que tivemos a oportunidade de conhecer em palestras, ainda que remotas, mas recheadas de vida. Esse agradecimento é estendido ao nosso editor, Eduardo Blücher, que acreditou e confiou na proposta de escrita deste livro antes de tê-lo em mãos, mas sabendo que compartilhamos os mesmos sonhos.

Marco Aurélio Cremasco

Alessandra Suzin Bertan

CONTEÚDO

APRESENTAÇÃO 7

DIFUSÃO ESTOCÁSTICA

1. A DISPERSÃO NATURAL DA MATÉRIA 15
2. A LUZ DA TRANSFERÊNCIA DE MASSA 33
3. MOVIMENTO BROWNIANO 51
4. MODELO DE LANGEVIN 57

CONCENTRAÇÕES

5. RELAÇÕES BÁSICAS DE CONCENTRAÇÃO DE MATÉRIA 73

DIFUSÃO EM GASES

6. MISTURA BINÁRIA DE GASES APOLARES 87

7. MISTURA BINÁRIA APOLAR-POLAR 99

8. MISTURA BINÁRIA DE GASES POLARES 109

9. EFEITO DA NÃO IDEALIDADE NO COEFICIENTE DE DIFUSÃO EM GASES 121

10. MISTURA MULTICOMPONENTE 129

DIFUSÃO EM LÍQUIDOS

11. DIFUSÃO DE GASES DISSOLVIDOS EM LÍQUIDOS 145

12. DIFUSÃO DE NÃO ELETRÓLITOS DILUÍDOS EM LÍQUIDOS: MISTURA BINÁRIA 155

13. DIFUSÃO DE NÃO ELETRÓLITOS CONCENTRADOS EM LÍQUIDOS: EFEITO DA VISCOSIDADE DINÂMICA NO COEFICIENTE MÚTUO DE DIFUSÃO 165

14. DIFUSÃO MÁSSICA DE NÃO ELETRÓLITOS CONCENTRADOS EM LÍQUIDOS: CORREÇÃO DA NÃO IDEALIDADE 175

15. DIFUSÃO DE NÃO ELETRÓLITOS EM SISTEMA MULTICOMPONENTE: SOLUÇÃO DILUÍDA 185

16. DIFUSÃO DE NÃO ELETRÓLITOS EM SISTEMA MULTICOMPONENTE: SOLUÇÃO CONCENTRADA 191

17. DIFUSÃO DE ELETRÓLITOS EM LÍQUIDOS: SOLUÇÃO DILUÍDA 205

18. DIFUSÃO DE ELETRÓLITOS EM LÍQUIDOS: SOLUÇÃO CONCENTRADA 215

DIFUSÃO EM SÓLIDOS

19. DIFUSÃO EM SÓLIDOS CRISTALINOS 227

20. DIFUSÃO SIMPLES EM MATRIZES POROSAS 235

21. DIFUSÃO SUPERFICIAL EM MATRIZES POROSAS 243

22. DIFUSÃO PARALELA EM MATRIZES POROSAS 249

23. DIFUSÃO DE KNUDSEN 255

24. DIFUSÃO CONFIGURACIONAL 267

DIFUSÃO EM MEMBRANAS

25. MICROFILTRAÇÃO 279

26. ULTRAFILTRAÇÃO 297

27. NANOFILTRAÇÃO 307

28. PERMEAÇÃO DE GASES 319

29. PERVAPORAÇÃO 331

30. OSMOSE INVERSA 341

NOMENCLATURA 367

ÍNDICE REMISSIVO 377

DIFUSÃO ESTOCÁSTICA

CAPÍTULO 1
A dispersão natural da matéria

O que é ser humano? A resposta remete à questão da espécie biológica *homo sapiens* como também à condição de pessoa. A definição de espécie, por sua vez, categoriza-o; já a segunda, o humaniza, em particular quanto à empatia, generosidade, entre outras virtudes que torna o *homo sapiens* no ser ético, em toda plenitude positiva de sê-lo. Quando se debruça na palavra *sapiens*; este sábio se refere a quê? Habilidade técnica, científica ou à sabedoria de vida? Uma espécie dotada de inteligência e de linguagem estruturada, capacidade de adaptação e de imaginação, agente transformador de ambientes, como também um ser sensível e sociável. Seja qual for a resposta para ser humano, existe a convergência filosófica quanto ao ser existente e com novas perguntas que o perseguem desde sempre. – A eternidade é o tempo sem fim ou a sua ausência total? Qual a origem disso tudo? Perguntas que atravessam Eras e, a todo instante, a humanidade lança os olhos no âmago da noite e ao contemplar estrelas, novas perguntas à espera de respostas, que são várias. – A Terra estava informe e confusa e...: Faça-se a luz. A origem da vida ou a Criação do Universo é encontrada na cultura taoista, em que se verifica "No princípio era o Caos, do qual surgiu a luz". Não é difícil ecoar Hesíodo, na tradição grega. – No início era o Caos; cissiparidade que provoca a Criação (TORRANO, 1986). Reverbera-nos Ovídio. – Antes do mar, da terra, do céu que a tudo cobre, a Natureza tinha um só rosto, para o qual se nomeou Caos, massa rude e indigesta. Nessa sopa atemporal, sem consistência nem sabor, Eros e Anteros digladiam-se. Eros agrega e atrai. Anteros desagrega e dispersa. Onde estão tais forças senão em potência, inerente ao que dá forma e energia a tudo antes da própria existência? O que é Eros senão a força de atração? O que é Anteros senão à de repulsão? (CREMASCO, 2014). O ser humano espelha a natureza de ser Eros e Anteros, assim como abriga Cosmo e Caos sem perceber que se tratam das faces da mesma moeda, apenas para dizer que detectou a partícula de Deus e que a luz, encontrada em diversas cosmogonias, surgiu de uma explosão magnífica? O Big Bang, por exemplo, é um modelo cosmológico padrão aceito (até então) pela comunidade científica, em que se pressupõe o nascimento do que se denomina Universo, fruto de uma explosão inimaginável, a partir da qual o Universo expandiu e resfriou, ocasionando a formação de átomos leves minutos após essa explosão estupenda. Ainda que tal modelo suscite controvérsias, não se pode abrir mão da presença da aleatoriedade na dissipação de energia e de matéria no que se convenciona tempo-espaço. Ao se mencionar dissipação, encontra-se um vocábulo que guarda associação e sinonímia: dispersão, cujo verbo dispersar leva à relação de fazer ir e vir (um conjunto de coisas ou pessoas) e mesmo espalhar-se que, por sua vez, implica em difundir-se enquanto sentido de espalhamento (HOUAISS; VILLAR; MELLO FRANCO, 2001). Pode-se exemplificar a dispersão por meio do fato histórico mais presente no limiar da segunda década do século XXI, referente à pandemia do coronavírus em escala planetária. O foco inicial concentrou-se na China (Figura 1.1a), espalhando-se por várias nações (Figura 1.1b). No Brasil, o núcleo dispersivo esteve concentrado inicialmente no estado de São Paulo para, então, difundir-se para os demais estados. Note que, além da dispersão no espaço, esta também ocorre no tempo, ilustrada nas Figuras 1.1c e 1.1d (observe o aumento de número de casos: de 10 mil para mais de 2 milhões em menos de um ano). O surto do coronavírus não teve controle o bastante e tornou-se pandemia, vitimando milhões ao longo do tempo e do espaço. A covid-19 espalhou-se aleatoriamente, como aleatoriamente espalharam-se, a partir de nucleossíntese primordial, os núcleos de hidrogênio, deutério e hélio, assim como elétrons livres no plasma em que era constituído, praticamente, o Universo. As primeiras galáxias se formaram quando o Universo tinha cerca de 1 bilhão de anos e, progressivamente, estrelas foram sendo geradas, originando elementos químicos mais massivos do que o hélio, criando novas estrelas e, de inúmeras delas, sistemas planetários, incluindo o solar (SARAIVA; OLIVEIRA FILHO; MÜLLER, 2020), e nele a Terra. Nosso Planeta surgiu há cerca de 4,6 bilhões de anos e, nos seus primórdios, a molécula preponderante em sua atmosfera, cerca de 80%, era a do gás carbônico (CO_2). Aqui, aflora a curiosidade de se avaliar a natureza aleatória da dispersão molecular tanto do gás hidrogênio (H_2) quanto do dióxido de carbono (CO_2). Sabendo que os seus diâmetros de Lennard-Jones são, respectivamente, a 2,827 Å e 3,941 Å e as suas massas molares iguais a 2,016 g/mol e 44,01 g/mol (REID; PRAUSNITZ; POLING, 1987), bem como assumindo que o tempo de observação é 1,0 ps, pede-se:

a) obtenha a distribuição de frequência de probabilidade (PDF) no espaço unidimensional admitindo-se a autodifusão do gás H_2 a 0 °C e 1 atm, a partir da abordagem de números pseudoaleatórios e a compare com aquela advinda da 2ª lei de Fick;

b) obtenha as PDFs, considerando-se os números pseudoaleatórios e o coeficiente de autodifusão, além das condições de temperatura e pressão apresentadas no item (a), do gás H_2 a 50 °C e 1 atm e a 50 °C e 4 atm, bem como da autodifusão do CO_2 a 50 °C e 1,0 atm.

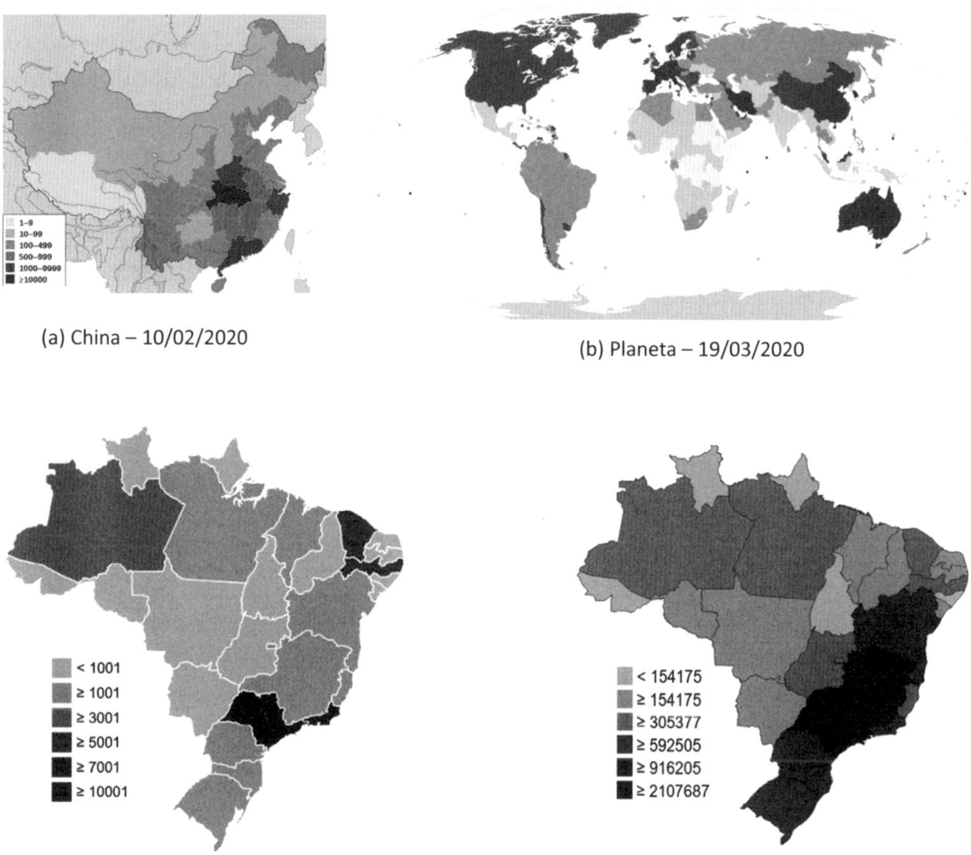

(a) China – 10/02/2020

(b) Planeta – 19/03/2020

(c) Brasil – 28/04/2020

(d) Brasil – 06/03/2021

Figura 1.1 – Pandemia de covid-19: número de casos.

(a) Referência MARKUS POHLMANN; (b), (c), (d). Referência: Wikipédia, 2022.

COMENTÁRIOS

Este capítulo busca introduzir o assunto relativo à dispersão molecular (ou difusão) de matéria, principalmente quanto aos efeitos de temperatura, pressão e dimensão da molécula em estudo. Tal dispersão molecular é traduzida no coeficiente de difusão de certa molécula, a qual se identifica como soluto A, que se dispersa em determinado meio B. Essa difusão é necessariamente aleatória, e, para tanto, torna-se determinante o conhecimento sobre números aleatórios, que diz respeito a qualquer número integrante de uma série numérica e que não pode ser previsto a partir de elementos anteriores desta série (CREMASCO, 2019). Tais números podem ser gerados por algoritmos numéricos que produzem uma sequência de números obtidos de forma aleatória (números pseudoaleatórios). Encontram-se algoritmos para tal geração, dentre os quais o método congruente linear multiplicativo misto. Nesse método, um número inteiro, z_i, é obtido por meio da multiplicação de um número prévio, z_{i-1}, e de outro, denominado multiplicador, a, cujo resultado, opcionalmente, pode ser adicionado de um incremento c, descartando-se o resto da divisão de tal resultado por um número inteiro m, denominado módulo,

$$z_i = \left(az_{i-1} + c\right)\text{MOD}\left(m\right) \tag{1.1}$$

Para gerar números pseudoaleatórios no intervalo (0,1), u(0,1), basta dividir a Equação (1.1) por m, ou

$$u_i = \frac{z_i}{m} \tag{1.2}$$

Na Equação (1.1), identifica-se a semente z_0 = 123456789, o multiplicador a = 69.069, o incremento c = 1 e o módulo m = 2^{32} (CREMASCO, 2019). Para a solução do exercício proposto neste capítulo, consoante à necessidade da geração de números pseudoaleatórios, é fundamental a apresentação de raciocínios probabilísticos para descrever o movimento aleatório. Ao se admitir deslocamento errático e unidimensional de moléculas, assume-se que determinada molécula, estando em certa posição x, no tempo 0, apresenta a probabilidade, no tempo posterior t, de se descolar no espaço unidimensional ou para a direita, probabilidade q, ou para a esquerda, probabilidade p = 1 − q, conforme ilustra a Figura 1.2, acarretando na matriz de transição, representada na Equação (1.3).

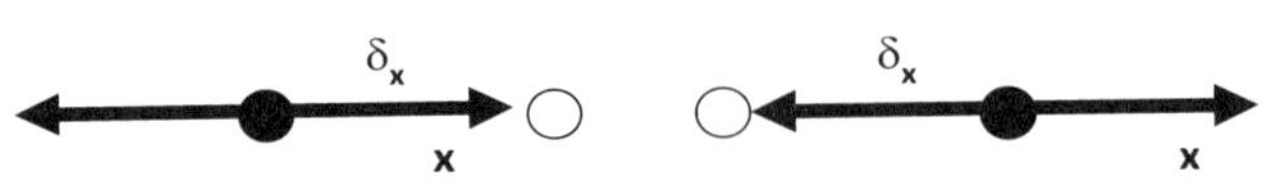

Figura 1.2 – Passeio aleatório unidimensional.

$$P\left\{U_N = k\middle|, U_{N-1} = i\right\} = \begin{cases} 1/2, & \text{se i é adjacente à k,} \\ 0 & \text{se não} \end{cases} \tag{1.3}$$

Assume-se que o deslocamento de determinada molécula, além de seguir a Equação (1.3), decorre de colisão elástica entre as moléculas, que terão rumo aleatório, conforme ilustra a Figura 1.3.

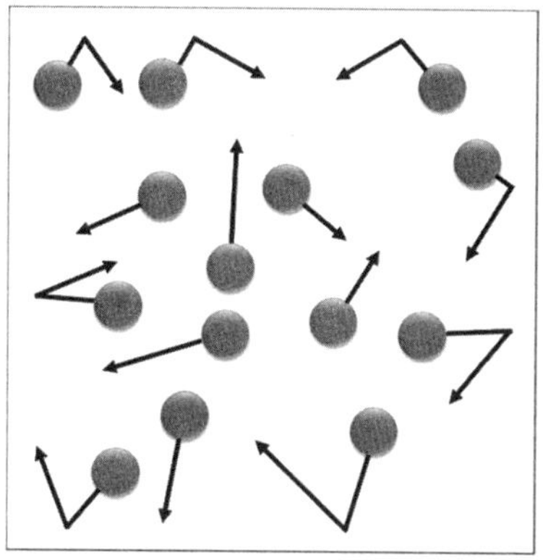

Figura 1.3 – Movimento aleatório de moléculas de um gás.

Considera-se que o deslocamento de cada molécula segue o modelo do passeio aleatório em termos de uma equação mestre, que se refere à cadeia de Markov no limite no qual o tempo é contínuo. Nesse caso, admite-se a probabilidade P(L,x) como aquela em que uma molécula esteja em determinada posição x após o passo L. Visto que as moléculas apresentam a probabilidade de mover-se ou para a direita ou para a esquerda, considerando-se p = q = 1/2 (Figura 1.2) é possível escrever

$$P(L,x) = \frac{1}{2}P(L-1, x+\delta_x) + \frac{1}{2}P(L-1, x-\delta_x) \tag{1.4}$$

Para número elevado de passos (L >> 1), toma-se as seguintes expansões em série de Taylor

$$P(L-1,x) \approx P(L,x) - \frac{\partial P(L,x)}{\partial L} \tag{1.5}$$

$$P(L-1,x+\delta_x) \approx P(L,x+\delta_x) + \frac{\partial P(L,x)}{\partial x}\delta_x + \frac{1}{2}\frac{\partial^2 P(L,x)}{\partial x^2}\delta_x^2 - \frac{\partial P(L,x)}{\partial L} \tag{1.6}$$

$$P(L-1,x-\delta_x) \approx P(L,x-\delta_x) - \frac{\partial P(L,x)}{\partial x}\delta_x + \frac{1}{2}\frac{\partial^2 P(L,x)}{\partial x^2}\delta_x^2 - \frac{\partial P(L,x)}{\partial L} \tag{1.7}$$

que substituídas na Equação (1.4), resulta

$$\frac{\partial}{\partial L}P(L,x) \approx \frac{\delta_x^2}{2}\frac{\partial^2}{\partial x^2}P(L,x) \tag{1.8}$$

Assumindo que L se refira ao tempo adimensional de certo tempo característico, τ,

$$L \equiv \frac{t}{\tau} \tag{1.9}$$

A Equação (1.8) é reescrita como

$$\frac{\partial}{\partial t}P(t,x) \approx \frac{\delta_x^2}{2\tau}\frac{\partial^2}{\partial x^2}P(t,x) \tag{1.10}$$

A Equação (1.10) pode ser retomada em termos de igualdade, considerando-se que a grandeza $\delta_x^2/2\tau$ venha a ser expressa em termos de uma constante

$$D_x \equiv \frac{\delta_x^2}{2\tau} \tag{1.11}$$

em que D_x é o coeficiente de difusão na direção x de modo que a Equação (1.10) é retomada como

$$\frac{\partial}{\partial t}P(t,x) = D_x\frac{\partial^2}{\partial x^2}P(t,x) \tag{1.12}$$

A Equação (1.12) é a equação mestre, a qual se refere a uma cadeia de Markov no limite em que o tempo é contínuo, e identificada à 2ª lei de Fick em termos de função de probabilidades no espaço unidimensional, cuja solução está sujeita às condições

$$P(0,x) = \delta(x) \tag{1.13}$$

sendo δ(x) delta de Dirac, e

$$P(t,x) = 0;\ x \to \pm\infty \tag{1.14}$$

resultando, em solução da Equação (1.12), a distribuição gaussiana univariada em x na forma $N(0,\sigma_x^2)$,

$$P(x,t) = \frac{1}{\left(4\pi D_x t\right)^{1/2}}\exp\left(-\frac{x^2}{4D_x t}\right) \tag{1.15}$$

A Equação (1.15) descreve um modelo probabilístico e, no caso de X vir a ser uma variável aleatória contínua, existirá uma função f(x), de distribuição de X, denominada função de densidade de probabilidade (sigla em inglês: PDF), da qual resultam a esperança, E(X), e a variância, Var(X), assim definidas

$$E(X) = \int_{-\infty}^{\infty} xf(x)\,dx \tag{1.16}$$

$$Var(X) = \int_{-\infty}^{\infty} x^2 f(x)\,dx - \mu^2 \tag{1.17}$$

Ao se identificar a esperança ao primeiro momento, assim como a variância (ou segundo momento) ao quadrado do desvio padrão, bem como substituindo a Equação (1.15) nas Equações (1.16) e (1.17) obtém-se, respectivamente,

$$\mu = \int_{-\infty}^{\infty} xP(x,t)\,dx = \frac{1}{(4\pi D_x t)^{1/2}} \int_{-\infty}^{\infty} x \exp\left(-\frac{x^2}{4D_x t}\right) dx = 0 \tag{1.18}$$

$$\sigma_x^2 = \int_{-\infty}^{\infty} x^2 P(x,t)\,dx = \frac{1}{(4\pi D_x t)^{1/2}} \int_{-\infty}^{\infty} x^2 \exp\left(-\frac{x^2}{4D_x t}\right) dx = 2D_x t \tag{1.19}$$

de onde pode ser identificado, na Equação (1.19), a imediata relação entre o coeficiente de difusão, D_x, e a dispersão ou variância na forma

$$D_x = \frac{\sigma_x^2}{2t} \tag{1.20}$$

Uma vez que se possa considerar que L >> 1, assume-se que a distribuição binomial pode aproximar a distribuição gaussiana $N(0,\sigma_x{}^2)$, identificando-se a variância segundo

$$\sigma_x^2 = p(1-p)L \tag{1.21}$$

Visto p = ½ e considerando-se a Equação (1.11), tem-se

$$L = 8D_x t \tag{1.22}$$

O coeficiente de difusão, D_x, traduz a dispersão molecular de determinada partícula material (íon, átomo, molécula). Em se tratando da dispersão molecular em meio gasoso ideal, o modelo adequado para tanto é a teoria cinética dos gases, idealizada por Maxwell, que pressupõe que determinado gás é composto por inúmeras moléculas infinitesimais, de mesmo tamanho, dotadas de movimento retilíneo, contínuo e aleatório, conforme ilustrado na Figura 1.3. Assume-se que as moléculas detêm movimento translacional, cuja velocidade média é

$$\Omega = \left(\frac{8RT}{\pi M_A} \right)^{1/2} \tag{1.23}$$

em que R é a constante universal dos gases; T, temperatura (absoluta); M_A, massa molar da espécie considerada. Admite-se choque elástico entre as moléculas após percorrerem uma distância característica, denominada caminho livre médio, entendida como a distância média entre duas moléculas na iminência da colisão (CREMASCO, 2019),

$$\lambda = \frac{RT}{2^{1/2} \pi N_0 \sigma_A^2 P} \tag{1.24}$$

sendo N_0, número de Avogadro; P, pressão do sistema; σ_A relaciona-se, por exemplo, ao diâmetro de Lennard-Jones que, no presente caso, associa-se ao diâmetro de colisão entre as moléculas. Na situação de autodifusão, tem-se a definição do coeficiente de difusão, D_x, oriundo da teoria cinética dos gases segundo

$$D_{AA} = \frac{1}{3} \Omega \lambda \tag{1.25}$$

FORMULÁRIO

Nota-se, a partir das Equações (1.20) e (1.22) a natureza dispersiva no coeficiente de difusão. Para que se avalie o fenômeno difusivo, considerando-se a sua natureza aleatória, é essencial a obtenção de uma PDF a partir da geração de números pseudoaleatórios (Equações (1.1) e (1.2), por exemplo). Porém, impõe-se, no presente capítulo, a existência de variável aleatória advinda da função inversa de tal PDF, ou de $x_i = F^{-1}(u_i)$, cuja PDF é da forma $N(\mu,\sigma^2)$, ou seja, uma gaussiana de valor esperado igual a μ, e variância, σ^2. Por meio do método de Box e Müller (1958), obtêm-se duas séries de números pseudoaleatórios distribuídos na forma

$$x_1 = \mu + \sigma \sin(2\pi u_2) \sqrt{-2\ell n(u_1)} \tag{1.26}$$

$$x_2 = \mu + \sigma \cos(2\pi u_2) \sqrt{-2\ell n(u_1)} \tag{1.27}$$

Para a obtenção dos histogramas que possibilitam agrupar os números gerados a partir da Equação (1.26) ou (1.27), torna-se necessário o conhecimento do número de classes, K, segundo, por exemplo, Cencov (1962),

$$K = L^{1/3} \tag{1.28}$$

L é o número de passos a serem considerados de modo que o intervalo para cada classe advenha de

$$\Delta = \frac{x_{máx} - x_{mín}}{K} \tag{1.29}$$

em que $x_{máx}$ e $x_{mín}$ são os valores máximo e mínimo para os números pseudoaleatórios encontrados nas séries geradas ou pela Equação (1.26) ou pela Equação (1.27). O algoritmo para a obtenção do valor médio de cada classe presente no histograma associado a $N(\mu,\sigma^2)$ está fornecido na Figura 1.4.

```
Input:  L (número de passos), K (número de classes),
        x_i (números pseudoaleatórios - Box-Müller; seno ou cosseno),
        x_mín (valor mínimo entre os números pseudoaleatórios),
        Δ (largura do histograma)
Output: x_médio (valor médio em cada classe) em função da densidade de distribuição (δ)
    para i = 1 → L faça
        x_i ← número pseudoaleatório (Box-Müller)
    return (leia novo x_i)
    para i = 1 → K faça
    enquanto i = 0 faça
        δ_i = 0 (função da densidade de distribuição – eixo y do histograma)
        λ_i = x_mín + i*Δ (elementos contidos na classe i do histograma)
    return (leia novo i)
    para j = 1 → L faça
        para i = 1 → K faça
            else (λ_i – x_j) ≥ 0
                δ ← δ + 1
            else if
            return (leia novo i)
        return (leia novo j)
    enquanto i = 0 faça
        λ ← x_mín
    para i = 1 → K faça
        x_médio ← (λ_i + λ_i-1)/2
        δ ← δ/L
    return (recomece com novo i)
    end
```

Figura 1.4 – Algoritmo para a construção da distribuição de frequência.

A comparação entre a PDF oriunda da geração de números pseudoaleatórios contará com a ajuda, por exemplo, do algoritmo recém-oferecido. Essa distribuição será comparada com a Equação (1.15), de formulação contínua. Nesse caso, a avaliação dessa (ou de qualquer outra) PDF é tal que a integral de sua função sobre determinado intervalo refira-se à frequência relativa do resultado de um experimento que esteja no intervalo (a,b), de maneira que a probabilidade de um intervalo advenha de

$$P(a \leq x \leq b) = F(b) - F(a) \tag{1.30}$$

sendo F(b) o valor da função de probabilidade acumulada até o limite superior do histograma analisado e F(a), tal valor para o limite inferior. Assim, o valor da probabilidade P(x), a partir da Equação (1.30) em que $a < x < b$, é

$$f(x) = F(b) - F(a) \tag{1.31}$$

Sabendo que o passeio aleatório permite a solução, a partir de sua equação mestre, para a difusão na forma de PDF segundo a distribuição gaussiana $N(\mu, \sigma^2)$

$$f(x) = \frac{1}{\sqrt{2\pi\sigma^2}} \exp\left[-\frac{(x-\mu)^2}{2\sigma^2}\right] \tag{1.32}$$

resulta a respectiva função distribuição acumulada segundo

$$F(x) = \frac{1}{2}\left[1 + \text{erf}\left(\frac{x-\mu}{\sigma\sqrt{2}}\right)\right] \tag{1.33}$$

Desse modo, a probabilidade encontrada no intervalo $a < x < b$, é

$$f(x) = F\left(\frac{b-\mu}{\sigma}\right) - F\left(\frac{a-\mu}{\sigma}\right) \tag{1.34}$$

Informações adicionais

$N_0 = 6{,}023 \times 10^{23}$ moléculas/mol; $R = 8{,}3145 \times 10^{7}$ (dyn.cm)/(mol.K);

1 atm = $1{,}0133 \times 10^{6}$ dyn/cm^2; 1 Å = 1×10^{-8} cm; 1 ps = 1×10^{-12} s;

1 cm^2/s = $1{,}0 \times 10^{4}$ Å^2/ps.

SOLUÇÃO

a) A 2ª Lei de Fick pressupõe distribuição gaussiana na forma $N(0,\sigma_x^2)$, resultando, respectivamente, das Equações (1.26) e (1.27)

$$x_1 = \sigma_x \sin\left(2\pi u_2\right)\sqrt{-2\ell n\left(u_1\right)} \tag{1}$$

$$x_2 = \sigma_x \cos\left(2\pi u_2\right)\sqrt{-2\ell n\left(u_1\right)} \tag{2}$$

Sendo os números pseudoaleatórios originais obtidos a partir das Equações (1.1) e (1.2), ou

$$z_i = (69.069\, z_{i-1} + 1)\mathrm{MOD}\ (2^{32}) \tag{3}$$

$$u_i = \frac{z_i}{2^{32}} \tag{4}$$

Para a eleição do número de passos, L, para cada situação (espécie química, T e P), é preciso um critério para defini-lo. Para tanto, conhece-se p = 1/2 para o passeio aleatório unidimensional, implicando da Equação (1.21),

$$\sigma_x^2 = \frac{1}{4}L \tag{5}$$

Igualando as Equações (1.20) e (5) para o passeio aleatório unidimensional na autodifusão do gás A,

$$L = 4\sigma_x^2 = 8D_{AA}t = \frac{8}{3}\Omega\lambda t \tag{6}$$

em que a velocidade média translacional associada à autodifusão advém da Equação (1.23),

$$\Omega = \left(\frac{8RT}{\pi M_A}\right)^{1/2} \tag{7}$$

e a expressão para o caminho livre médio, da Equação (1.24), ou

$$\lambda = \frac{RT}{2^{1/2}\pi N_0 \sigma_A^2 P} \tag{8}$$

sendo N_0 o número de Avogadro igual a 6,023 × 10^{23} moléculas/mol. Utilizando-se R = 8,3145 × 10^7 (dyn.cm)/(mol.K); T, em Kelvin (K); P, em dyn/cm²; σ_A, em cm; e P, em dyn/cm, o resultado para λ também será em cm. Considerando-se a autodifusão de H_2, em que σ_A = 2,827 Å = 2,827 × 10^{-8} cm; M_A = 2,016 g/mol, T = 0 °C = 0 + 273,15 = 273,15 K e P = 1,0 atm = 1,0133 × 10^6 dyn/cm². Substituindo esses valores nas Equações (7) e (8), têm-se, respectivamente,

$$\Omega = \left[\frac{(8)(8{,}3145\times 10^7)(273{,}15)}{(2{,}016)(\pi)}\right]^{1/2} = 16{,}94\times 10^4\ \text{cm/s} = 16{,}94\ \text{Å/s} \quad (9)$$

$$\lambda = \frac{(8{,}3145\times 10^7)(273{,}15)}{(2)^{1/2}(\pi)(6{,}023\times 10^{23})(2{,}827\times 10^{-8})^2(1{,}0133\times 10^6)} = 10{,}48\times 10^{-6}\ \text{cm} = 1.048\ \text{Å} \quad (10)$$

O valor do coeficiente de autodifusão do gás H_2 nas condições então estabelecidas, após a substituição dos resultados 9 e 10 na Equação (1.25), é

$$D_{AA} = \frac{1}{3}\Omega\lambda = \frac{1}{3}(16{,}94)(1.048) = 5.917{,}71\ \text{Å}^2/\text{ps} \quad (11)$$

que, substituído na Equação (6) junto com t = 1,0 ps, este fornecido no enunciado, resulta em

$$L = (8)(5.917{,}71)(1{,}0) = 47.342 \quad (12)$$

(L deve ser um número inteiro). Assim, a geração dos números pseudoaleatórios que seguem a gaussiana N(0,σ²), tendo como base a Equação (2), será considerada como

$$x_2 = \sigma_x \cos(2\pi u_2)\sqrt{-2\ell n(u_1)} \quad (13)$$

em que o desvio padrão é obtido da Equação (5),

$$\sigma_x = \frac{1}{2}L^{1/2} = \frac{1}{2}(47.342)^{1/2} = 108{,}79\ \text{Å} \quad (14)$$

A Figura 1 apresenta os primeiros valores dos números pseudoaleatórios (dentre os 47.342), entre 0 e 1, considerando-se o emprego das Equações (3) e (4). A partir dos valores, representados na Figura 1, obtém-se os números pseudoaleatórios oriundos do método de Box-Müller (1958), para função cosseno, em que os primeiros resultados estão apresentados na Figura 2.

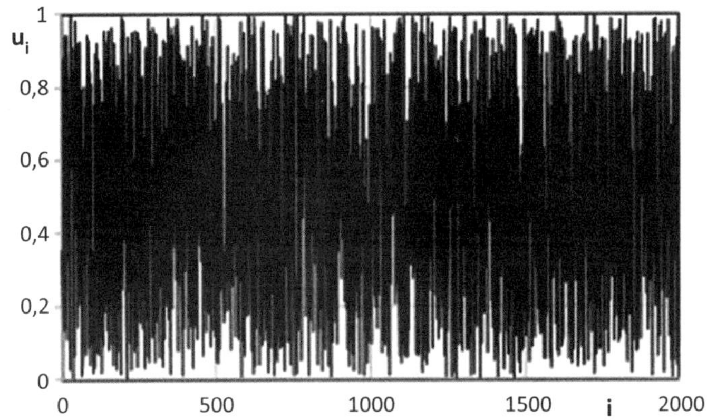

Figura 1 – Primeiros números pseudoaleatórios advindos do método congruente linear multiplicativo misto.

Figura 2 – Números pseudoaleatórios para H_2 a 1 atm e 0 °C.

Para a construção dos histogramas, retoma-se a Equação (1.28) na forma

$$K = L^{1/3} = (47.342)^{1/3} = 37 \tag{15}$$

Já para o cálculo do intervalo de discretização, Equação (1.29), foram obtidos, a partir dos números pseudoaleatórios, $x_{máx} = 457{,}034$ e $x_{min} = -430{,}736$ que, em conjunto com o resultado 15, são levados na Equação (1.29),

$$\Delta = \frac{x_{máx} - x_{mín}}{K} = \frac{457{,}034 - (430{,}736)}{37} = 23{,}994 \tag{16}$$

Os valores discretos (pontos) contidos na Figura 3 representam os resultados obtidos a partir do algoritmo oferecido neste capítulo (Figura 1.4), utilizando-se os números pseudoaleatórios (valores médios dentro de cada classe do histograma) representados na Figura 2 e com as informações até então apresentadas na solução do exercício deste capítulo. A linha contínua na Figura 3 é resultado do emprego da Equação (1.33) considerando-se os valores médios de x em cada classe no histograma, assim como $\mu = 0$ e $\sigma_x = L^{0,5}/2$, ou

$$F(\bar{x}) = \frac{1}{2}\left[1 + \text{erf}\left(\frac{x}{\sigma\sqrt{2}}\right)\right] \tag{17}$$

possibilitando encontrar a probabilidade no intervalo a < x < b, a partir de

$$f(\bar{x}) = F\left(\frac{b}{\sigma}\right) - F\left(\frac{a}{\sigma}\right) \tag{18}$$

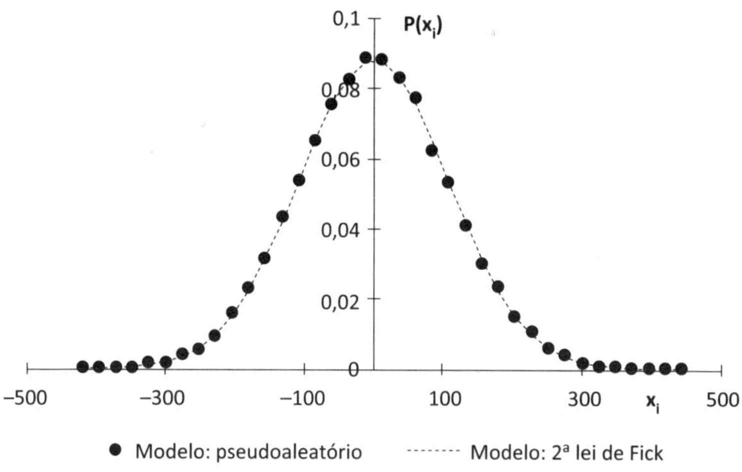

Figura 3 – Função de distribuição de probabilidades para H_2 a 1 atm e 0 °C: comparação entre a distribuição normal oriunda da geração de números pseudoaleatórios e da 2ª lei de Fick.

b) De posse da metodologia utilizada para avaliar o espalhamento aleatório e autodifusivo do gás H_2 a 1 atm e 0 °C, esta foi estendida para as demais situações, ou seja, H_2 a 1 atm e 50 °C, H_2 a 4 atm e 50 °C e a autodifusão CO_2 a 1 atm e 50 °C no tempo t = 1,0 ps. Os resultados estão apresentados na Tabela 1.

Tabela 1 – Resultados do espalhamento aleatório dos gases hidrogênio e dióxido de carbono

Gás	T (°C)	P (atm)	λ (Å)	Ω (Å/ps)	D_{AA} (Å²/ps)	σ (Å)	L	K	$x_{máx}$	$x_{mín}$	Δ
H_2	0	1	1.048,00	16,94	5.917,71	108,79	47.342	37	457,034	–430,736	23,994
	50	1	1.239,85	18,42	7.612,70	123,39	60.902	40	518,369	–488,543	25,173
	50	4	309,96	18,42	1.903,15	61,70	15.226	25	259,206	–243,604	20,112
CO_2	50	1	637,98	3,94	837,88	40,94	6.703	19	171,992	–136,543	16,238

Os resultados advindos da simulação, à semelhança daquela empregada para a geração da Figura 1 quanto ao modelo dos números pseudoaleatórios, permitem a comparação, utilizando-se as funções de distribuição de probabilidade, entre o efeito da dimensão das moléculas (H_2 e CO_2), assim como a influência da temperatura e da pressão no espalhamento do gás hidrogênio, cujos resultados estão ilustrados nas Figuras 4, 5 e 6.

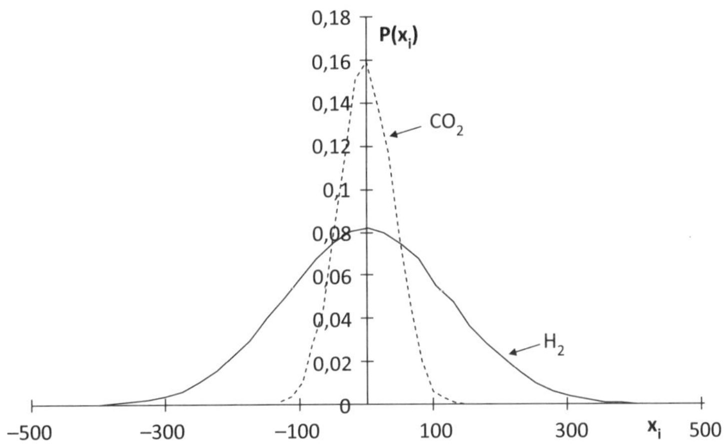

Figura 4 – Função de distribuição de probabilidades para H_2 e CO_2 a 1 atm e 50 °C: influência do tamanho da molécula.

Nota-se, por inspeção das figuras apresentadas neste capítulo, a natureza dispersiva do coeficiente de difusão. Tal natureza está intimamente associada à condição molecular, seja pelo tipo de molécula: H_2, por ser mais leve, tem grau de espalhamento maior do que a do CO_2 (Figura 4); a temperatura exerce a sua influência, na medida que ao aumentá-la, incrementa-se a energia cinética molecular (veja o termo RT presente nas

Equações (7) e (8)), adicionando maior intensidade ao movimento, assim como possibilita maior distância livre (sem colisões) a ser percorrida pela molécula. O efeito do aumento de temperatura causa maior dispersão molecular, como pode ser observado na Figura 5; efeito contrário é percebido com o incremento da pressão (Figura 6). Ao se aumentar a pressão, diminui-se o espaço entre as moléculas, confinando-as em um volume restrito para se difundirem. Tais efeitos são devidamente contemplados no coeficiente de difusão, sendo este parâmetro, portanto, um ente crucial para o entendimento do fenômeno de difusão de matéria em nível molecular e, por via de consequência, do fenômeno de transporte de massa como um todo.

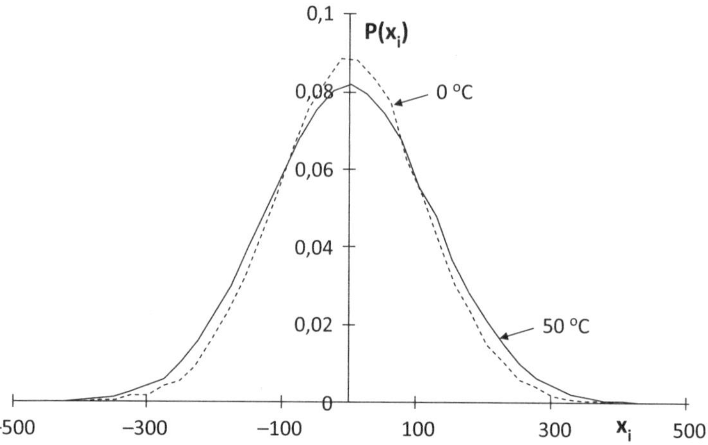

Figura 5 – Função de distribuição de probabilidades para H_2 a 1 atm: influência da temperatura.

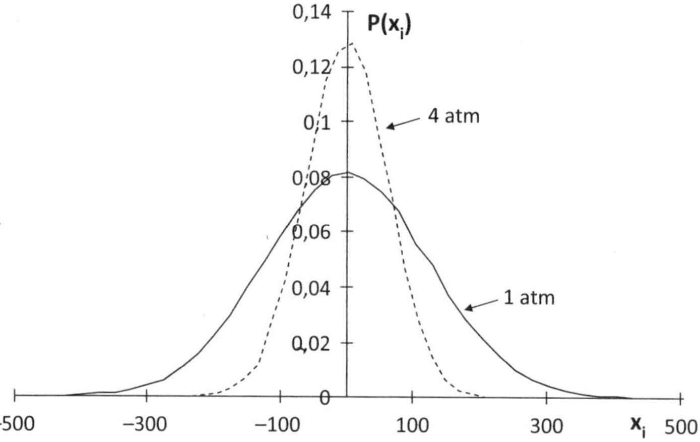

Figura 6 – Função de distribuição de probabilidades para H_2 a 50 °C: influência da pressão.

REFERÊNCIAS BIBLIOGRÁFICAS

BOX, G. E. P.; MÜLLER, M. E. A note on the generation of random normal deviates. *The Annals of Mathematical Statistics*, v. 29, n. 2, p. 610-611, 1958.

CENCOV, N. N. Evaluation of an unknown distribution density from observations. *Soviet Mathematics*, v. 3, p. 1559-1562, 1962.

CREMASCO, M. A. *Caos criativo.* Maringá: Caderno Cultura, O Diário do Norte do Paraná, 2014. p. D3.

CREMASCO, M. A. *Difusão mássica.* São Paulo: Blucher, 2019. 284 p.

HOUAISS, A.; VILLAR, M. S.; MELLO FRANCO, F. M. *Dicionário Houaiss da língua portuguesa.* Rio de Janeiro: Editora Objetiva, 2001. 2922 p.

REID, R. C.; PRAUSNITZ, J. M.; POLING, B. E. *The properties of gases and liquids.* 4. ed. New York: McGraw-Hill, 1987. 742 p.

SARAIVA, M. F. O.; OLIVEIRA FILHO, K. S.; MÜLLER, A. M. Cosmologia - O início do Universo. Universidade Federal do Rio Grande do Sul, 2020. Disponível em: https://www.if.ufrgs.br/tex/fis02001/aulas/Aula27-122.pdf. Acesso em: 11 set. 2020.

TORRANO, J. *Teogonia* - A origem dos deuses: Hesíduo. São Paulo: Roswith Kempf, 1986. 160 p.

CAPÍTULO 2

A luz da transferência de massa

O Sol está no girassol, flor e palavra. Se a palavra *sol*idão guarda um sol, imagine a importância dessa estrela para a humanidade? O Sol é uma divindade suprema em várias culturas, como a deusa Amaterasu no Japão e o deus Rá no Egito. O culto solar está presente em diversas festividades religiosas, principalmente naquelas coincidentes ao solstício de inverno que, no Hemisfério norte, ocorre em dezembro, dedicadas à natividade de um deus solar, a Mitra que, na tradição helenística, representava a luta contra o mal, em que a data máxima coincide com o nascimento de outro deus, o romano Solis Invictus (Sol invicto), em 25 de dezembro, inclusive incorporado pela tradição cristã. No Hemisfério sul, existe o Inti Raymi que, no idioma quéchua, se trata do Festival do Sol, no qual inti significa Sol. Esse festival ocorre no solstício de inverno, entre 20 e 23 de junho, em que o Sol é amarrado metaforicamente à pedra Intihuatana, localizada perto do Templo das Três Janelas, em Machu Picchu, no Peru, de modo a impedi-lo que siga para o Norte, para não deixar de brilhar, pois do contrário a vida acabaria em sombra e frio (CREMASCO, 2018). Mircea Eliade, no seu Tratado de Histórias das Religiões, nos diz: "Nas regiões do [Hemisfério] Norte, a redução crescente dos dias à medida que se aproxima o solstício de inverno inspira o temor de que o Sol possa extinguir-se. Em outras regiões acontece que esse estado de alarme se traduz em visões apocalípticas: o obscurecimento do Sol é tido como sinal do fim do mundo" (ELIADE, 1970). A propósito, solstício, em latim, significa Sol estático. É de se supor que Sol amarrado na Intihuatana esteja associado ao acompanhamento das estações, em especial à chegada do inverno e à agricultura, ressaltando a cultura inca mestre em técnicas agrícolas, feito os sistemas de terraços, construídos na região andina para aproveitar a geografia do lugar e o próprio clima (CREMASCO, 2018). O culto solar transcende à resplandescência e ao calor do Sol, cuja importância recai na agricultura para, dessa maneira, preservar a vida. O Sol também representa sabedoria. Na tradição guarani, o Sol é identificado a Kuaray, cuja busca pelo significado do nome recai em Filho da Sabedoria. Píndaro nos ensinou que o deus grego Apolo disseminava a sua sabedoria aos seres humanos a partir de flechas de luz ou raios do Sol. Além de sua importância cultural e antropológica, o efeito do Sol na Terra é crucial para prover calor de modo a beneficiar a ação de enzimas, contidas em animais e vegetais, com o propósito de acelerar a quebra de proteínas e, desse modo, melhorar a atividade metabólica. A fotossíntese depende da luz solar, possibilitando que as plantas (verdes) transformem CO_2 e água em glicose, proteínas, liberando O_2. Não se pode esquecer da importância do Sol no auxílio à incorporação da vitamina D ao corpo humano. Acrescente-se que os sistemas solares térmicos permitem transformar a radiação solar em energia elétrica. Em outras palavras: o Sol é a luz em nossas vidas e do próprio Sistema Solar, cuja massa corresponde a cerca de 99 % da massa de todo o Sistema Solar, formado predominantemente por hidrogênio (H_2) e hélio (He), conforme pode ser observado na Tabela 2.1.

Tabela 2.1 – Elementos presentes no Sol (porcentagem mássica; LUMEN ASTRONOMY, 2022)

Hidrogênio	Hélio	Carbono	Nitrogênio	Oxigênio	Neônio	Magnésio	Silício	Enxofre	Ferro	Outros
73,4	25,0	0,20	0,09	0,80	0,16	0,06	0,09	0,05	0,14	0,01

O H_2 está presente na composição química de substâncias orgânicas e inorgânicas, sendo reagente para várias reações químicas. O hélio, cujo nome deriva do deus grego Hélios (que é o próprio Sol), é um gás monoatômico, incolor e inodoro, perdendo apenas para o hidrogênio em abundância no Universo. A massa específica (densidade) do hélio é menor do que a do ar, permitindo utilizá-lo no enchimento de balões e dirigíveis, em equipamentos para mergulho, bem como ser empregado, na forma líquida, em refrigeração de supercondutores. Isso posto e tendo em vista que o diâmetro de Lennard-Jones e a massa molar do He são iguais, respectivamente, a 2,551 Å e 4,003 g/mol (REID; PRAUSNITZ; POLING, 1987), bem como assumindo que o sistema em análise esteja a 27 °C e 1 atm, pede-se:

a) calcule, a partir da teoria cinética dos gases, o valor do coeficiente de autodifusão do gás hélio e o compare com aquele encontrado na Literatura, que é $D_{AA} = 1{,}67\ cm^2/s$ (CREMASCO, 2015);

b) obtenha os valores da entropia e da entropia molar de Gibbs para t = 0,2 ps. Para tanto utilize o valor de D_{AA} encontrado no item anterior;

c) admita a existência de 1.000 moléculas de He contidas em determinada caixa, que é constituída por dois compartimentos à semelhança da Figura 2.1.

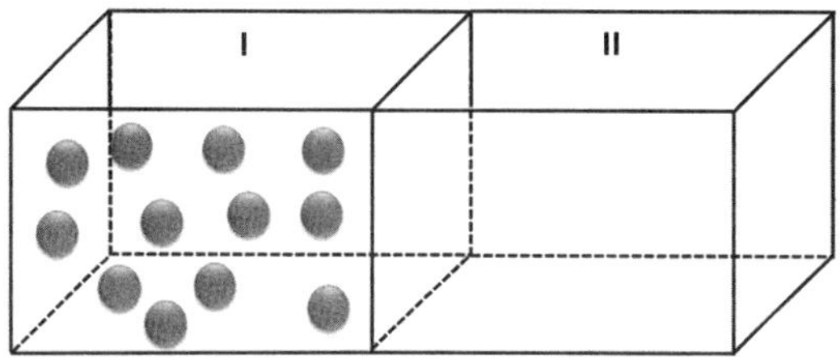

Figura 2.1 – Sistema isolado e fechado contendo dois subsistemas.

Supondo, inicialmente, que todas as partículas estejam no compartimento I, estime o tempo necessário para que tais partículas se reorganizem para apresentar, em média, a mesma quantidade em ambos os compartimentos. Para tanto, considere o tempo total de análise igual a 0,02 ps.

d) construa cartograma 2D para o passeio aleatório das moléculas de He considerando-se os tempos de t = 0,002 ps; 0,02 ps; 0,2 ps; e 0,4 ps.

COMENTÁRIOS

Enquanto no capítulo anterior estudou-se a natureza dispersiva da matéria, traduzida no coeficiente de difusão, no presente capítulo procura-se fundamentar a transferência molecular de matéria, tendo como pressuposto a abordagem termodinâmica para a identificação de tal fenômeno, assim como a sua descrição probabilística. Para tanto, toma-se a equação fundamental da termodinâmica, escrita em função da energia interna, U, por meio de (CALLEN, 1985),

$$U = U\left(S, V, n_1, \ldots, n_{i,} \ldots n_A, \ldots n_N\right) \tag{2.1}$$

na qual as grandezas extensivas entropia (S), volume (V) e número de mols da espécie i (n_i) estão interligadas na relação funcional da energia interna (U). Essa equação traduz, de maneira simples, o cotidiano: suponha um grupo de pessoas (número de mols), reunidas em determinado local (volume) e, cada qual, acomodada à sua maneira (entropia). A Equação (2.1) é reconhecida como sistema, composto por grandezas extensivas S, V, n_i, e, como tal, está sujeito a estímulos, respondendo-o intensivamente, a partir de suas grandezas extensivas na forma (CREMASCO, 2015)

$$\left(\frac{\partial U}{\partial S}\right)_{V,n_1,\ldots,n_N} = T; \; -\left(\frac{\partial U}{\partial V}\right)_{S_{V,n_1,\ldots,n_N}} = P; \; \left(\frac{\partial U}{\partial n_i}\right)_{S,V,n_{j\neq i}} = \mu_i, \text{ com } j = 1,\ldots,N; j \neq i \tag{2.2}$$

nas quais se identificam os parâmetros intensivos T, temperatura; P, pressão termodinâmica; e μ_i, potencial químico da espécie i. A Equação (2.1), ao ser diferenciada, é retomada em termos de entropia,

$$dS = \frac{1}{T}\left(dU + PdV - \mu_1 dn_1 - ... - \mu_A dn_A ... - \mu_N dn_N\right) \tag{2.3}$$

A Equação (2.3) é essencial na identificação do sistema estar ou não em equilíbrio termodinâmico. Ao se assumir sistema termodinâmico fechado e isolado, em que não há trocas nem de energia nem de matéria para o meio externo, este pode ser subdivido em dois subsistemas I e II, separados por uma fronteira que permite o trânsito apenas da espécie i e impermeável às demais, conforme representados na Figura 2.1 (CREMASCO, 2019). Considerando-se que os subsistemas I e II se mantêm à mesma temperatura, verifica-se

$$dS = -\frac{1}{T}\left(\mu_A^I - \mu_A^{II}\right)dn_A^I \tag{2.4}$$

A situação de equilíbrio termodinâmico ocorre quando $\mu_A{}^I = \mu_A{}^{II}$ ou $\Delta\mu = 0$, indicando $dS = 0$, que aponta que as partículas materiais, ilustradas na Figura 2.1, estão distribuídas de maneira homogênea nas regiões I e II. Para a situação em que $\Delta\mu \neq 0$ implica que diferentes teores de potencial químico da espécie química A provoca a situação de não equilíbrio e, portanto, $dS \neq 0$ (CREMASCO, 2019). As condições de equilíbrio termodinâmico e de seu não equilíbrio são, portanto, regidas pela 2ª lei da termodinâmica,

$$dS \geq 0 \tag{2.5}$$

A situação de $dS > 0$ existe devido à diferença de potencial químico, indicando que diferentes valores do potencial químico da espécie química A provocam a tendência de a matéria migrar de uma região de alto valor para uma de menor valor (grau) desse potencial. A diferença de potencial químico é a força motriz básica da difusão mássica e reflete a tendência de escape da matéria (CREMASCO, 2019). A abordagem formulada a partir da Equação (2.1) refere-se ao estudo da termodinâmica clássica, que analisa, em escala macroscópica, as características de um sistema considerando-se um número significativo de partículas materiais. Nessa abordagem, observa-se que determinado estado termodinâmico é definido por grandezas extensivas (Equação (2.1)). Todavia, como discutido no capítulo anterior, há de se considerar o espalhamento aleatório de certa espécie i, como as moléculas de hélio, no presente capítulo. Haveria contrassenso em tal pressuposto, pois se postula modelo macroscópico para sistema microscópico. Aqui, é imperativo a utilização da termodinâmica estatística, pois esta parte da premissa de que todos os postulados da termodinâmica clássica são válidos e aplicáveis (CALLEN, 1985). Torna-se, nesse caso, importante a menção do que vem a ser macroestados e microestados. O macroestado pode ser visto sob a ótica da termodinâmica clássica por meio da Equação (2.1). Esse macroestado pode ser constituído por inúmeras moléculas (ou átomos, íons), em que cada uma delas contenha certa energia interna, U, que não é necessariamente igual à de outra molécula. A energia U é distribuída de várias maneiras entre os elementos que constituem o sistema. Assim, define-se o microestado como cada uma das configurações possíveis de distribuição da energia entre as partículas do sistema. Uma equação clássica que estabelece a relação entre macroestado e microestados é aquela de Boltzmann para a entropia

$$S = k_B \ell n \Omega \tag{2.6}$$

em que k_B é a constante de Boltzmann e Ω, o número de microestados associados a um dado estado macroscópico, compatível com o descrito pela Equação (2.1). Desse modo, determinado sistema contido em um estado arbitrário tende a evoluir para outro estado em que Ω é maior, repetindo-se até Ω atingir o valor máximo e o sistema entrar em equilíbrio. A evolução do sistema, dessa feita, tende à situação de máxima entropia. Isso posto, um estado microscópico do sistema é caracterizado devido ao número de partículas materiais (N) em um ensemble, este definido como o conjunto de estados microscópicos (microestados) idênticos de determinado sistema em estudo (SALINAS, 1997). Considerando-se que N partículas materiais possam ser distribuídas, aleatoriamente, em m ensembles, cada qual com dimensão n_i, o número de estados microscópicos tem a forma

$$\Omega = \frac{N!}{n_1!...n_m!} \tag{2.7}$$

de modo que a entropia de Boltzmann, Equação (2.6), para gás monatômico e ideal, possa ser retomada como

$$S = -k_B \sum_i f_i \ell n f_i \tag{2.8}$$

com

$$f_i = \frac{n_i}{N} \tag{2.9}$$

$$N = \sum_i n_i \tag{2.10}$$

$$\sum_i f_i = 1 \tag{2.11}$$

denotando a natureza probabilística de f_i, que se refere à probabilidade de se encontrar, aleatoriamente, determinada partícula material i em certo ensemble. A entropia, portanto, passa a ser lida enquanto uma grandeza associada ao grau de desorganização de um sistema, que aumenta quando a probabilidade desse sistema aumenta. Sublimação, fusão e vaporização são processos que aumentam a aleatoriedade do sistema e, portanto, produzem aumentos de entropia (FAGHRI; YUWEN; HOWELL, 2010). Introduz-se, por via de consequência, a entropia de Gibbs, S_G, em termo de probabilidade P(X) da variável aleatória X, como

$$S_G = -k_B \sum_{1}^{\Omega} P_i(X)\,\ell n P_i(X) \tag{2.12}$$

em que P_i é a probabilidade de encontrar o sistema em um microestado i, e a soma é sobre a soma de todos os possíveis microestados i, consistente com algum parâmetro macroscópico. No equilíbrio, a Equação (2.12) é equivalente à Equação (2.6), de modo que a entropia de Gibbs, maximizada, pode ser interpretada como o logaritmo da representatividade de um estado macroscópico e, portanto, desempenha igual papel ao da entropia de Boltzmann, Equação (2.6), na forma (MENDES, 2006)

$$S\left(U,V,n_1,\ldots,n_{i,}\ldots n_A,\ldots n_N\right) = k_B \ell n\, P\left(U,V,n_1,\ldots,n_{i,}\ldots n_A,\ldots n_N\right) \tag{2.13}$$

A Equação (2.12) pode ser utilizada em qualquer situação em que as probabilidades estejam bem definidas, inclusive em sistemas de não equilíbrio dependentes do tempo, feito aquele descrito pela 2ª lei de Fick, Equação (1.12), que implica em $\Delta S > 0$. Note que, mesmo que a formulação pretendida das Equações (2.1) a (2.4) sejam imprescindíveis para a descrição rigorosa do fenômeno de transferência de matéria em escala infinitesimal para partículas materiais (íons, átomos, moléculas), pode-se abordar a 2ª lei da termodinâmica, regida pela diferença de potencial químico (Equação (2.4)), de forma intuitiva, lançando-se mão de conceitos inerentes à aleatoriedade ou de probabilidade. Em outras palavras, como se dá a migração das partículas materiais presentes na região I para a região II, ilustradas na Figura 2.1? Um approach para tanto é o de se considerar o processo estocástico Markoviano, conhecido como modelo de Ehrenfest, no qual se assume que o sistema ilustrado na Figura 2.1 contenha N partículas materiais que, inicialmente, estejam no compartimento I. Segundo esse modelo, tais partículas se reorganizarão para atingir o equilíbrio, no qual os estados I e II são termodinamicamente equivalentes. O modelo de Ehrenfest pode ser formulado como um simples modelo de compartimentos e partículas materiais. Supõe-se a existência de N moléculas da mesma espécie química a serem distribuídas entre dois compartimentos I e II, mantidos em igual temperatura. Se o compartimento I contiver k moléculas, o compartimento II conterá N – k moléculas, configurando, sempre, o total de N moléculas. Transcorrido certo tempo t, determinada molécula é transferida, aleatoriamente, de um compartimento a outro. Caso existam k moléculas no compartimento I em determinado tempo t, então o próximo passo t fornecerá a probabilidade de a molécula estar no compartimento II ou no I por meio da matriz de transição de probabilidade

$$P\{U_N = k|, U_{N-1} = i\} = \begin{cases} k/N, & \text{se } k = i-1, \\ (N-k)/N, & \text{se } k = i+1, \\ 0, & \text{outros valores} \end{cases} \quad (2.14)$$

A matriz de transição exposta na Equação (2.14) demonstra a migração de moléculas de uma região mais populosa para uma de menor população molecular, regida pela 2ª lei da termodinâmica, até apresentar-se em equilíbrio. Convém ressaltar que a migração molecular pode ser avaliada pelo passeio aleatório de tais moléculas, segundo processo estocástico Markoviano. O passeio aleatório utilizado na descrição do deslocamento errático de uma partícula material (íon, átomo ou molécula), cuja matriz de transição para qualquer dimensão d é extensão na Equação (1.3), de forma a retomá-la considerando-se d = 1, unidimensional; d = 2, bidimensional; d = 3, tridimensional, ou

$$P\{U_N = k|, U_{N-1} = i\} = \begin{cases} 1/2d, & \text{se i é adjacente à k}, \\ 0 & \text{se não} \end{cases} \quad (2.15)$$

No caso de passeio aleatório bidimensional existem quatro possibilidades de deslocamento, conforme ilustra a Figura 2.2, com probabilidade igual a ¼ para cada direção. Elege-se, para a partícula material, o valor do número pseudoaleatório $u_i(0,1)$ (oriundo das Equações (1.1) e (1.2), por exemplo), observando-se: caso $u_i \leq 1/4$ faz-se $i = k + 1$; caso $u_i < 1/2$ faz-se $i = k - 1$, sendo k a posição imediatamente anterior à atual i; caso $u_i \leq$ ¾ faz-se $j = n + 1$; caso $u_i >$ ¾ faz-se $j = n - 1$, sendo n a posição imediatamente anterior à atual j, configurando o par cartesiano (i,j) na identificação da posição da molécula no espaço bidimensional.

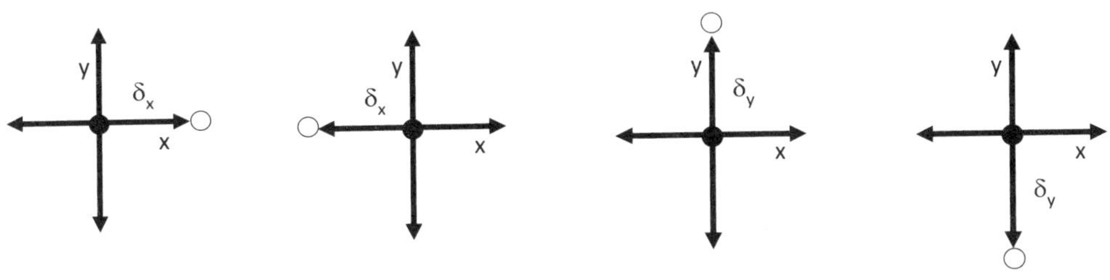

Figura 2.2 – Passeio aleatório bidimensional para uma partícula material: a circunferência vazia indica a possibilidade de sua ocupação, após o deslocamento δ_j (j = x ou y), a partir da posição central em que em hachura na cor preta.

Cumpre mencionar que, no caso bidimensional, para cada direção x e y, existe a independência de escolha para o novo deslocamento e visto tal passeio aleatório ser simétrico, p = q = ½, (ou para x ou para y, independentemente), este também pode ser descrito pela distribuição de Bernoulli, especificamente pela distribuição binomial (CREMASCO; BERTAN; MIRANDA, 2021). Nesse caso, a variância da distribuição binomial é dada por (DeGROOT; SCHERVISH, 2002)

$$\sigma_x^2 = p(1-p)L \tag{2.16}$$

$$\sigma_y^2 = p(1-p)M \tag{2.17}$$

Para valores elevados de L e M, a distribuição binomial pode ser uma aproximação para a distribuição gaussiana (FORBES et al., 2011) para cada direção, $N(0,\sigma_x^2)$ e $N(0,\sigma_y^2)$, e, a partir da hipótese sobre a independência entre elas, tem-se p = ½, resultando, por conseguinte, para qualquer direção,

$$L = 4\sigma_x^2 \tag{2.18}$$

$$M = 4\sigma_y^2 \tag{2.19}$$

Ao se assumir meio isotrópico em que $\sigma_x^2 = \sigma_y^2$, tem-se, a partir da Equação (1.19) na Equação (2.18),

$$L = 8D_x t \tag{2.20}$$

FORMULÁRIO

Neste capítulo é analisada a autodifusão do gás hélio, ou seja, trata de difusão do gás hélio em um meio composto por ele próprio, de tal modo que o seu coeficiente de difusão advém da substituição das Equações (1.23) e (1.24) na Equação (1.25), resultando

$$D_{AA} = \left[\frac{\sqrt{2}}{3N_0}\left(\frac{R}{\pi}\right)^{3/2}\right]\frac{T^{3/2}}{\sigma_A^2 P M_A^{1/2}} \tag{2.21}$$

em que R é a constante universal dos gases; N_0, número de Avogadro; T, temperatura (absoluta); P, pressão do sistema; σ_A relaciona-se, por exemplo, ao diâmetro de Lennard-Jones da molécula; M_A, massa molar da espécie considerada. Ao substituir as constantes, em unidades apropriadas, no termo entre colchetes para expressar o resultado do D_{AA} em cm^2/s, bem como se utilizar T em Kelvin; P, em atm; e σ_A em Å, a Equação (2.21) é retomada como

$$D_{AA} = 1{,}053 \times 10^{-3} \frac{T^{3/2}}{\sigma_A^2 PM_A^{1/2}} \tag{2.22}$$

Tanto essa equação quanto a Equação (2.21) são oriundas da teoria cinética dos gases na sua forma mais simplificada, em que a mecânica newtoniana é levada à escala molecular. Isso acarreta desvios consideráveis na predição do coeficiente de autodifusão, principalmente em decorrência de não se considerar, apropriadamente, as interações moleculares. Nesse caso, uma alternativa aceita é o emprego do modelo difusional de Fuller, Schettler e Giddings (1966), que estabelece a seguinte expressão para a estimativa do valor de D_{AA},

$$D_{AA} = 1{,}0 \times 10^{-3} \frac{T^{1,75}}{d_A^2 PM_A^{1/2}} \tag{2.23}$$

sendo d_A o diâmetro difusional, em Å, o qual, neste capítulo, assume-se como o de Lennard-Jones, σ_A; T, em K; P, em atm. Desse modo, utiliza-se a Equação (2.23) para atender o item a).

O item b), por seu turno, é uma extensão do capítulo anterior. Aqui, entretanto, considera-se que o número de microestados, Ω, presente na Equação (2.12), é coincidente ao número de classes, K, Equação (1.28), retomada na forma

$$\Omega = L^{1/3} \tag{2.24}$$

em que L advém do emprego da Equação (2.20), fazendo $D_x = D_{AA}$. Observa-se a necessidade de se obter a função de distribuição de probabilidade, à semelhança da Figura 2 do capítulo anterior. Para tanto, é preciso a geração de números pseudoaleatórios entre 0 e 1, Equações (1.1) e (1.2), ou

$$z_i = \left(69.069\, z_{i-1} + 1\right) \mathrm{MOD}\left(2^{32}\right) \tag{2.25}$$

$$u_i = \frac{z_i}{2^{32}} \tag{2.26}$$

para empregá-los no método de Box e Müller (1958), obtêm-se a série de números pseudoaleatórios distribuídos para $N(0,\sigma_x^2)$, segundo

$$x_i = \sigma \cos\left(2\pi u_2\right)\sqrt{-2\ell n\left(u_1\right)} \tag{2.27}$$

A entropia de Gibbs, Equação (2.12), apresenta-se em unidades de energia por temperatura, J/K, por exemplo, que são as mesmas da constante de Boltzmann, k_B. Já a entropia molar de Gibbs, refere-se à entropia por mol, ou seja, se trata de uma grandeza específica. Nesse caso, a Equação (2.12) é retomada substituindo-se k_B pela constante universal dos gases, R, ou

$$S_{Gm} = -R\sum_{1}^{\Omega} P(x_i)\,\ell n P(x_i) \tag{2.28}$$

desse modo, as unidades da entropia molar de Gibbs será, por exemplo, em J/(mol.K).

O item c), por sua vez, refere-se ao estudo do modelo de Ehrenfest. Visto que determinada partícula material é eleita aleatoriamente para dar consistência ao fenômeno, existe a necessidade, de pronto, da geração de números pseudoaleatórios entre 0 e 1, que advém das Equações (2.25) e (2.26). Armazena-se os números pseudoaleatórios e, a partir de então, nomeia-se o número de moléculas no compartimento II como um número inteiro j, de modo que no instante inicial $t = 0 \rightarrow j = 0$. Calcula-se o número de passos L, para cada tempo total, utilizando-se a Equação (2.20). Por se tratar de processo estocástico Markoviano, as partículas materiais contidas no compartimento II, no avanço do número de passos, obedecem à matriz de transição definida na Equação (2.15). O número de partículas materiais, eleito aleatoriamente, nesse processo estocástico e cujo número de passos varia de i = 1 a L, é um número inteiro obtido de $k = u_i N$, sendo N o número total de partículas materiais e u_i o respectivo número pseudoaleatório. Assim, durante o processo faz-se a comparação entre j e k. Caso $j \leq k$; faz-se $j = j + 1$. Caso $j > k$, faz-se $j = j - 1$, seguindo este processo até completar L passos. Utiliza-se o algoritmo fornecido na Figura 2.3 para descrever o modelo de Ehrenfest.

```
Input: N (número de moléculas, L (número de passos), u_i (números pseudoaleatórios)
Output: variação do número de moléculas no compartimento I ao longo do tempo
enquanto i = 0 faça
        x_i ← 0;
para i = 1 → L faça
        u_i ← número pseudoaleatório (entre 0 e 1)
        k = u_i*N
        else if x_i ≤ k
                x ← x + 1;
        else x_i > k
                x ← x − 1;
return (recomece com novo u_i)
para i = 1 → L faça
        x_i/N ← número de moléculas (entre 0 e 1)
end
```

Figura 2.3 – Algoritmo para a descrição do modelo de Ehrenfest.

Já o item d) é uma aplicação da matriz de transição, Equação (2.15), para d = 2, cujo algoritmo de implementação foi discutido para descrever a Figura 2.2, sendo fornecido na Figura 2.4.

```
Input: L, u_i (números pseudoaleatórios)
Output: cartogramas 2D
    enquanto i = 0 faça
        x ← 0;
        y ← 0;
    para i = 1 → L faça
        u_i ← número pseudoaleatório
        if u_i ≤ 1/4
            x ← x + 1;
            y ← y;
        else if u_i < 2/4
            x ← x − 1;
            y ← y;
        else if u_i ≤ 3/4
            x ← x;
            y ← y + 1;
        else u_i > 3/4
            x ← x;
            y ← y − 1;
    return (recomece com novo u_i)
    end
```

Figura 2.4 – Algoritmo para a descrição do passeio aleatório em duas dimensões.

O desvio relativo entre os valores experimental e calculado pode ser obtido por

$$\text{Desvio}\,(\%) = \frac{\left(D_{AAcal} - D_{AA\exp}\right)}{D_{AA\exp}} \times 100 \tag{2.29}$$

sendo o subscrito "cal" relativo ao valor calculado, e o subscrito "exp", ao experimental.

Informações adicionais

Constante de Boltzmann: $k_B = 1{,}3806 \times 10^{-23}$ J/K; R = 8,3145 J/(mol.K);

1 atm = $1{,}0133 \times 10^{6}$ dyn/cm^2; 1 Å = 1×10^{-8} cm; 1 ps = 1×10^{-12} s;

1 cm^2/s = $1{,}0 \times 10^{4}$ Å^2/ps.

SOLUÇÃO

a) A estimativa do valor do coeficiente de autodifusão do hélio advém da aplicação da Equação (2.23), admitindo-se nesta o diâmetro de Lennard-Jones, ou

$$D_{AA} = 1{,}0 \times 10^{-3} \frac{T^{1,75}}{\sigma_A^2 P M_A^{1/2}} \tag{1}$$

Sabe-se, do enunciado, que T = 27 °C = 273,15 + 27 = 300,15 K; P = 1 atm; σ_A = 2,551 Å e M_A = 4,003 g/mol, os quais substituídos na Equação (1)

$$D_{AA} = 1{,}0 \times 10^{-3} \frac{(300{,}15)^{1,75}}{(2{,}551)^2 (1)(4{,}003)^{1/2} M_A^{1/2}} = 1{,}66 \text{ cm}^2/\text{s} \tag{2}$$

Tendo em vista que o valor experimental é D_{AA} = 1,67 cm²/s, pode-se obter o desvio relativo do valor calculado com esse experimental utilizando-se a Equação (2.29)

$$\text{Desvio}(\%) = \frac{(D_{AAcal} - D_{AA\exp})}{D_{AA\exp}} \times 100 = \frac{(1{,}66 - 1{,}67)}{1{,}67} \times 100 = -0{,}60\% \tag{3}$$

denotando o bom desempenho do modelo adotado.

b) Intenta-se, neste item, obtenção dos valores da entropia de Gibbs para t = 0,2 ps. Antes, porém, deve-se proceder toda uma análise probabilística, a iniciar-se da obtenção de números pseudoaleatórios. Tendo em vista que se conhece D_{AA} = 1,66 cm²/s = 1,66 × 10⁴ Å²/ps, tem-se na Equação (2.20),

$$L = 8 D_{AA} t = (8)(1{,}66 \times 10^4)(0{,}20) = 26.560 \tag{4}$$

Conhecido o número de passos ou de possibilidades, utiliza-se a semente z_0 = 123456789 no método congruente linear multiplicativo misto (MCLMM), Equações (2.25) e (2.26), em que os primeiros números pseudoaleatórios estão apresentados na Figura 1.

A geração dos números pseudoaleatórios, que seguem a gaussiana N(0,σ²), advém da Equação (2.27),

$$x = \sigma_x \cos(2\pi u_2)\sqrt{-2\ell n(u_1)} \tag{5}$$

em que o desvio padrão advindo da Equação (2.16) para p = 1/2,

$$\sigma_x = \frac{1}{2}L^{1/2} = \frac{1}{2}\left(26.560\right)^{1/2} = 81,49\ \overset{o}{A} \tag{6}$$

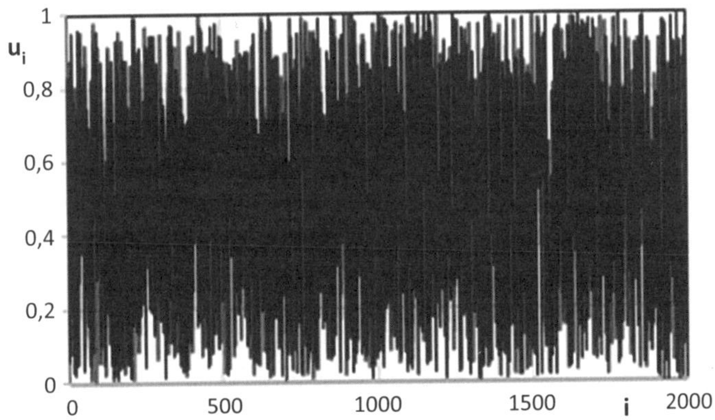

Figura 1 – Geração de números pseudoaleatórios pelo MCLMM.

A partir dos números pseudoaleatórios entre 0 e 1, representados na Figura 1, obtém-se os números pseudoaleatórios oriundos do método de Box-Müller (1958), para função cosseno, cujos primeiros resultados estão apresentados na Figura 2.

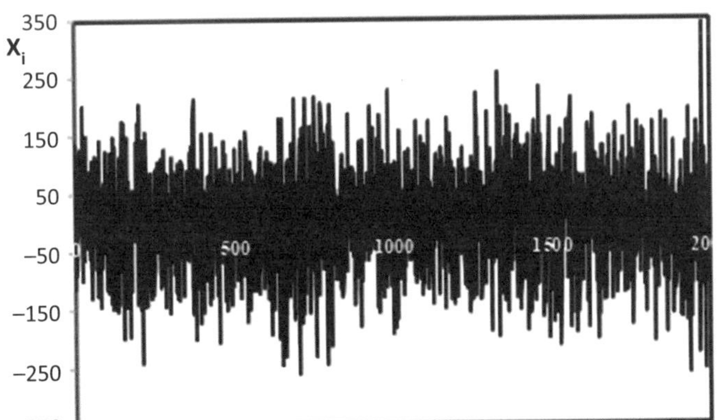

Figura 2 – Números pseudoaleatórios para H_2 a 1 atm e 0 °C.

Para a construção dos histogramas, toma-se a Equação (2.24) na forma

$$\Omega = L^{1/3} = \left(26.560\right)^{1/3} = 30 \tag{7}$$

Para o cálculo do intervalo de discretização, foram obtidos, a partir dos números pseudoaleatórios, $x_{máx} = 342{,}345$ e $x_{min} = -321{,}739$ que, em conjunto com o resultado 7, são levados na Equação (1.29) considerando-se K = Ω,

$$\Delta = \frac{x_{máx} - x_{mín}}{\Omega} = \frac{342{,}345-\left(321{,}739\right)}{30} = 22{,}136 \tag{8}$$

Os valores discretos (pontos) contidos na Figura 2 representam os resultados obtidos a partir do algoritmo oferecido na Figura 1.4, utilizando-se os números pseudoaleatórios (valores médios dentro cada classe do histograma) representados na Figura 1 e com as informações até então apresentadas na solução deste capítulo.

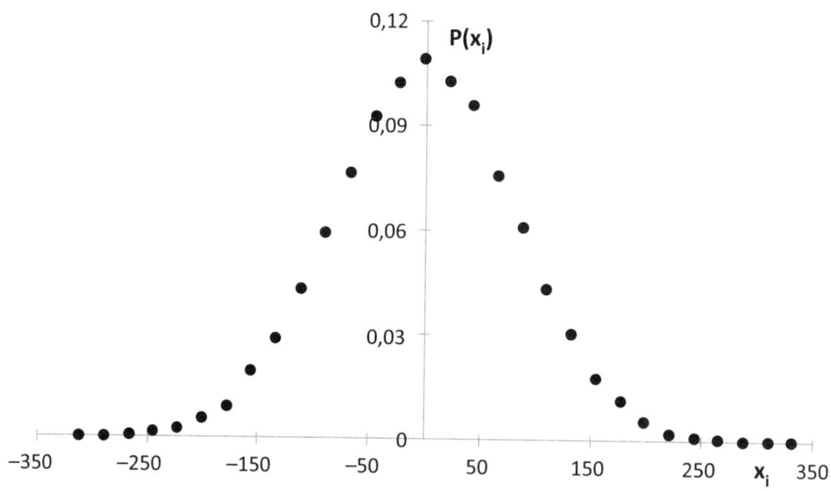

Figura 3 – Função de distribuição de probabilidades para He a 1 atm e 27 °C.

De posse dos valores de $P(x_i)$ apresentados na Figura 2, obtém-se

$$\sum_{1}^{30} P\left(x_i\right) \ell n P\left(x_i\right) = -2{,}725 \tag{9}$$

Visto $k_B = 1{,}3806 \times 10^{-23}$ J/K, tem-se o valor da entropia de Gibbs considerando-se a Equação (2.12),

$$S_G = -k_B \sum_1^{\Omega} P(x_i) \ell n P(x_i) = -\left(1{,}3806 \times 10^{-23}\right)\left(-2{,}725\right) = 1{,}3806 \times 10^{-23}\ \text{J/K} \qquad (10)$$

O valor da entropia molar de Gibbs decorre da substituição do resultado 9 e R = 8,3145 J/(mol.K) na Equação (2.28),

$$S_{Gm} = -R \sum_1^{\Omega} P(x_i) \ell n P(x_i) = -\left(8{,}3145\right)\left(-2{,}725\right) = 22{,}657\ \text{J/(mol.K)} \qquad (11)$$

c) A avaliação do modelo de Ehrenfest advém do emprego do algoritmo apresentado na Figura 2.3. Tendo em vista que o tempo total é igual a 0,02 ps e $D_{AA} = 1{,}66 \times 10^4$ Å²/ps, implicando na obtenção do número de passos (da Equação (2.20)),

$$L = 8D_{AA}t = (8)\left(1{,}66 \times 10^4\right)\left(0{,}02\right) = 2.656 \qquad (12)$$

Dessa maneira, considera-se os números pseudoaleatórios representados na Figura 1. A partir dessa informação, utiliza-se a matriz de transição apresentada na Equação (2.14), cujo algoritmo para a sua implementação está fornecido na Figura 2.3. O resultado para modelo de Ehrenfest está na Figura 4, que ilustra a evolução (a partir do avanço do número de passos) da quantidade de partículas materiais no segundo compartimento à medida que o número de transições na cadeia de Markov aumenta (i de 1 a N). Nota-se que a média se situa por volta de 1/2, para os passos acima de 380 (que é o resultado pretendido neste item). Além disso, pode-se observar que existe a flutuação dos valores de moléculas entre os compartimentos. Vale ressaltar que tal flutuação persiste após o passo 380, caracterizando uma situação de equilíbrio termodinâmico em que as partículas não permanecem estáticas em um único compartimento e, sim, migram de um a outro, indistintamente. Outra observação necessária é que, ao se supor que não existam, inicialmente, moléculas no compartimento II, as moléculas migram majoritariamente a esse compartimento a partir do compartimento I até atingir a média constante, caracterizando, nesta etapa, o fenômeno da difusão mássica descrita por abordagem aleatória. É necessário reportar que a abordagem puramente probabilística do modelo de Ehrenfest permite que se faça com que, inicialmente, se esvazie o compartimento II, em vez de preenchê-lo, e que mesmo em $t \to \infty$ ocorra a tendência de as moléculas retornarem ao seu estado inicial.

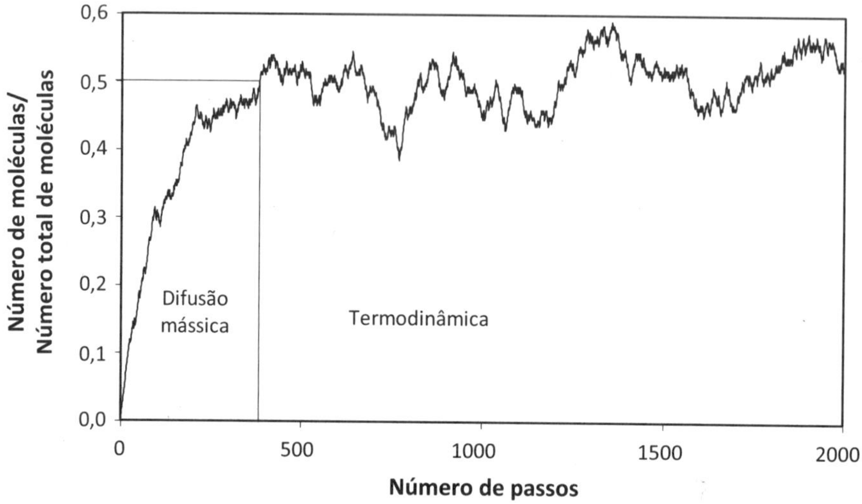

Figura 4 – Simulação do modelo de Ehrenfest.

d) Para a construção do cartograma 2D representativo ao passeio aleatório das moléculas de He, deve-se conhecer o valor do número de passos associados ao tempo t = 0,002 ps; 0,02 ps; 0,2 ps; e 0,4 ps. Para 0,02 ps, L = 2.656; para 0,2 ps, L = 26.560, restando conhecer os valores de L para t = 0,002 ps e para t = 0,4 ps. Visto $D_{AA} = 1{,}66 \times 10^4$ Å^2/ps, têm-se da Equação (2.20) para t = 0,002 ps e 0,4 ps, respectivamente

$$L = 8D_{AA}t = (8)(1{,}66 \times 10^4)(0{,}002) = 266 \tag{13}$$

$$L = 8D_{AA}t = (8)(1{,}66 \times 10^4)(0{,}4) = 53.120 \tag{14}$$

De posse do número de passos assim como conhecido o conjunto de números pseudoaleatórios entre 0 e 1, ilustrados na Figura 1, desenvolve-se o algoritmo sugerido na Figura 2.4 para produzir um código numérico de maneira a simular o passeio aleatório bidimensional de uma partícula material, cujos resultados estão apresentados na Figura 5.

Por inspeção da Figura 5, observa-se a dispersão no percurso da partícula material na medida que o número de passos aumenta, procurando ocupar vazios de sua população e, por consequência, seguir a 2ª lei da termodinâmica, conforme ilustrada na Figura 4. Nota-se, de maneira inequívoca por inspeção da Figura 5, a tendência de a matéria se dispersar naturalmente. Em outras palavras, a dispersão, o espalhamento da matéria é intrínseco à sua própria condição de existência, percebendo-o inclusive na ação natural da difusão do ser humano em ocupar novos territórios e mesmo de coisas, feito um vírus que põe em risco à existência desse mesmo ser humano (Figura 1.1 do Capítulo 1).

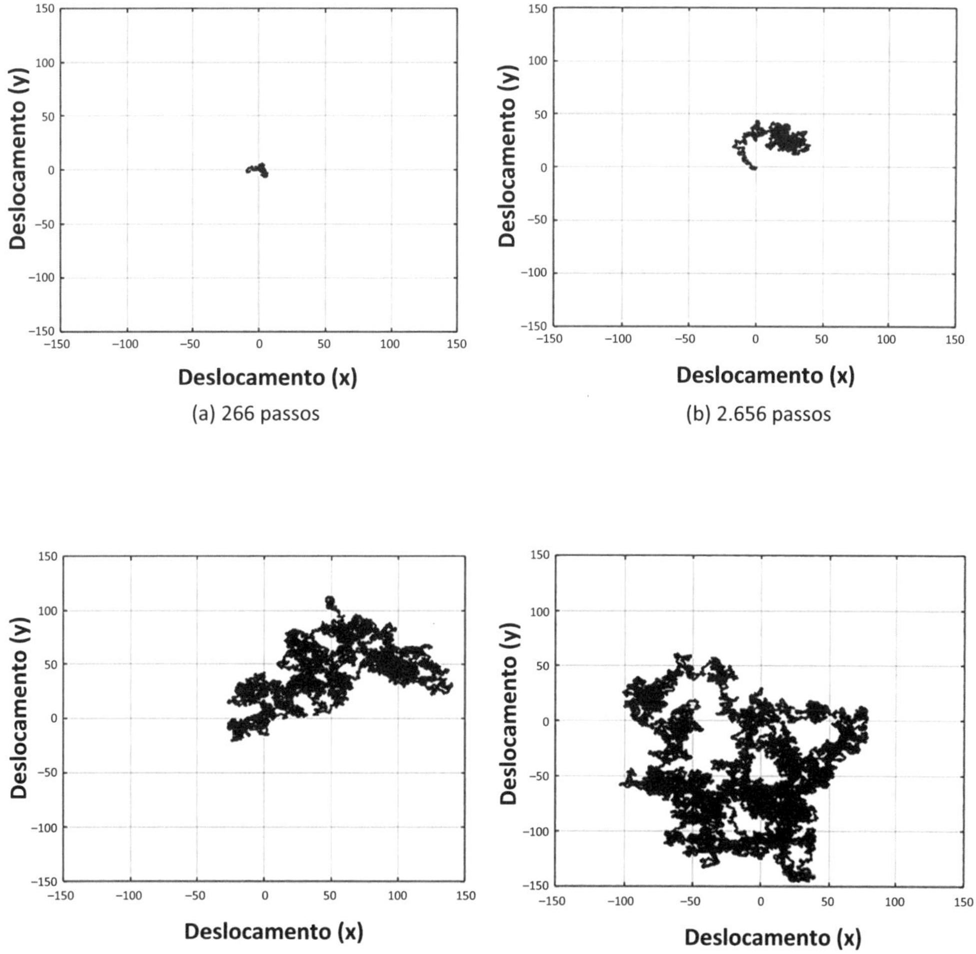

(a) 266 passos

(b) 2.656 passos

(c) 26.560 passos

(d) 53.120 passos

Figura 5 – Resultado da simulação do passeio aleatório bidimensional de uma partícula material.

REFERÊNCIAS BIBLIOGRÁFICAS

BOX, G. E. P.; MÜLLER, M. E. A note on the generation of random normal deviates. *The Annals of Mathematical Statistics*, v. 29, n. 2, p. 610-611, 1958.

CALLEN, H. *Thermodynamics and an introduction to thermostatistics.* 2. ed. Singapore: John Wiley, 1985. 493 p.

CREMASCO, M. A. *Fundamentos de transferência de massa.* 3. ed. São Paulo: Blucher, 2015. 460 p.

CREMASCO, M. A. *Onde se amarra a terra vermelha*. Florianópolis: Editora Nave, 2018. 72 p.

CREMASCO, M. A. *Difusão mássica*. São Paulo: Blucher, 2019. 284 p.

CREMASCO, M. A.; BERTAN, A. S.; MIRANDA, N. T. Stochastic diffusion: Walking at northern lights. *Jökull Journal*, Reykjavik, Iceland, v. 71, n. 1, p. 2-14, 2021.

DeGROOT, M. H.; SCHERVISH, M. J. *Probability and statistics*. 4. ed. Boston: Addison-Wesley, 2002. 893 p.

ELIADE, M. *Tratado de história das religiões*. 3. ed. Rio de Janeiro: Edições Cosmos, 1970. 552 p.

FAGHRI, A.; YUWEN, Z.; HOWELL, J. *Advanced heat and mass transfer*. Columbia: Global Digital Press, 2010. 934 p.

FORBES, C.; EVANS, M.; HASTING, N.; PEACOCK, B. *Statistical distributions*. 4. ed. Hoboken: John Wiley & Sons, 2011. 230 p.

FULLER, E. N.; SCHETTLER, P. D.; GIDDINGS, J. C. New method for prediction of binary gas-phase diffusion coefficients. *Industrial & Engineering Chemistry*, Washington, v. 58, n. 5, p. 18-27, 1966.

LUMEN ASTRONOMY. *The structure and composition of the Sun*, 2022. Disponível em: https://courses.lumenlearning.com/astronomy/chapter/the-structure-and-composition-of-the-sun/. Acesso em: 01 jan. 2022.

MENDES, F. M. *Entropias generalizadas e os fundamentos estatísticos da termodinâmica*. 2006. 149 f. Dissertação (Mestrado em Física) – Universidade de Brasília, Brasília, 2006.

REID, R. C.; PRAUSNITZ, J. M.; POLING, B. E. *The properties of gases and liquids*. 4. ed. New York: McGraw-Hill, 1987. 742 p.

SALINAS, S. *Introdução à física estatística*. São Paulo: Editora da USP, 1997. 472 p.

CAPÍTULO 3
Movimento browniano

Quem não parou para contemplar estrelas e perguntar-se sobre o infinito que se estende além da imaginação, bem como imaginou que o brilho que se vê pode ser de um passado há muito remoto? Ou mesmo interromper uma atividade ao ser tocado por uma gota de chuva e simplesmente submergir como se nela todos os oceanos coubessem? Viajar no infinito contrário, cuja busca das mínimas interações pudessem aglutinar constelações. Reflexões que nos deixam de olhar perdido, que esquadrinha um grão de poeira, no espaço ocupado por um raio de Sol (que pode ser aquele lançado por Apolo ou iluminado por Kuaray). Ao desvincular o pensamento de qualquer problema que ora nos aflige para atentar ao movimento daquele pó que, ao seu modo, vaga sem que haja vento. Talvez fosse esse o sentimento de Robert Brown (1773-1858) quando observou o movimento aleatório de partículas microscópicas, suspensas em líquido, reconhecido, hoje em dia, como movimento browniano. A base do movimento browniano foi lançada por Boltzmann, Maxwell e outros, culminando com o detalhamento matemático de Einstein, no alvorecer do século XX. Além da observação desse trânsito aleatório da matéria, Brown é reconhecido como um dos maiores nomes mundiais em microscopia, tendo o mérito de ter sido o primeiro a fazer a descrição clara do núcleo celular (MLODINOW, 2009). Sob esse aspecto, a difusão mássica é um processo fundamental, relevante em todas as escalas da biologia, cujo mecanismo para a descrever tem como base o movimento browniano, que permite a obtenção do coeficiente de difusão. Em nível celular (Figura 3.1), medidas desse coeficiente fornecem elementos importantes sobre, por exemplo, como proteínas e lipídios interagem com seu ambiente, bem como, no caso de proteínas solúveis, a partir de medidas desse coeficiente obter informações sobre o seu tamanho (KANG et al., 2012).

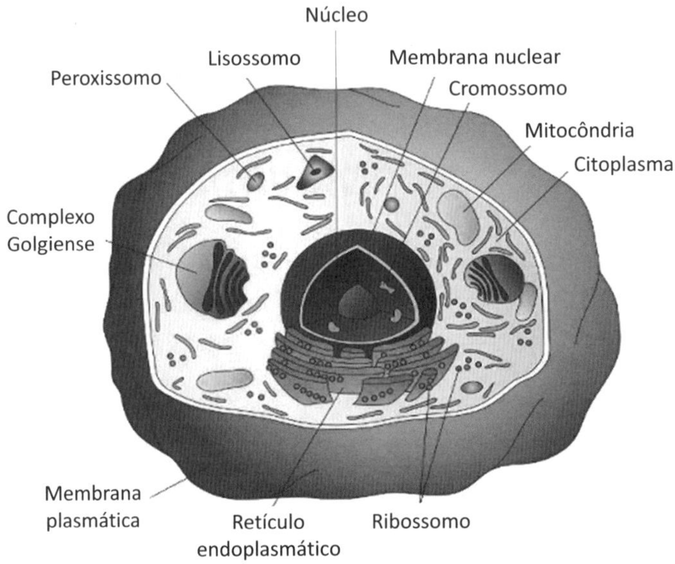

Figura 3.1 – Ilustração de uma célula animal (BIOLOGIA NET, 2021).

Dentre os solutos empregados para avaliar a difusão de proteínas em células, está a proteína fluorescente verde (GFP), derivada da medusa (*Aequorea victoria*). A GFP apresenta a capacidade de irradiar, de modo eficiente, fluoróforo, útil para decifrar e controlar a associação entre a estrutura e a função espectroscópica das proteínas. Essa proteína pode ser utilizada, por exemplo, no estudo de sua difusão no citoplasma de células tumorais, genética e morfologicamente distintas do tecido original, que não possuem dependência de ancoragem nem inibição por contato, como às de HeLa, U2OS e a de adenocarcinoma (camundongos). Visto a necessidade de se conhecer aspectos básicos sobre o mecanismo de difusão mássica em células animais, em particular no citoplasma e considerando-se as informações sobre os valores dos coeficientes de difusão da proteína GFP nos citoplasmas das células dos tipos HeLa, U2OS e adenocarcinoma, apresentados na Tabela 3.1, pede-se: obtenha o valor da viscosidade dinâmica aparente do citoplasma de cada célula presente na Tabela 3.1 a 22 °C, sabendo que o raio molecular de Stokes-Einstein da GFP é igual a 2,82 nm.

Tabela 3.1 – Coeficientes de difusão da proteína GFP em células animais (SADOVSKI et al., 2017)

célula	HeLa	U2OS	Adenocarcinoma
$D_{AB} \times 10^7$ cm²/s	2,5	2,1	1,5

COMENTÁRIOS

Este capítulo vai além de se avaliar a difusão de proteínas no citoplasma de células tumorais. Uma dessas células, a do tipo HeLa, é de importância capital na história da Ciência, pois são conhecidas como células imortais, tendo em vista a capacidade de se multiplicar prolificamente. As células HeLa foram determinantes para a obtenção de vacina contra a poliomielite. Para tanto, deve-se fazer com que o vírus cresça em células de laboratório, e, para tanto, são necessárias células humanas. As vacinas foram desenvolvidas e salvaram milhares, senão milhões, de pessoas no mundo. E as células HeLas foram as precursoras das células humanas imortais cultivadas em laboratório, sobrevivendo desde outubro de 1951, fora do corpo da norte-americana Henrietta Lacks. Henrietta faleceu em decorrência de câncer no colo do útero, cujo pedaço de tecido foi submetido a biópsia e a sequência celular estudada foi batizada como HeLa, assim identificada devido ao nome e sobrenome de Henrietta. As células HeLa têm sido a base de incontáveis estudos em ciências biológicas, e espalhadas por distintos laboratórios. A retirada do tecido de Henrietta foi feita sem autorização, ressaltando que, na época, não havia legislação específica sobre o assunto nos Estados Unidos, mas era corriqueiro inserir, como cobaias, afrodescendentes em estudos científicos sem consentimento (GUEDES, 2013). A história de Henrietta Lacks retoma a primeira frase deste livro: O que é ser humano? Mulher. Pobre. Negra, deixa um legado à humanidade que dignifica a condição humana ao tempo de estabelecer dilemas éticos enfrentados na vida profissional. Qual é o compromisso ético de uma pesquisa ou de uma profissão? As células de Henrietta Lacks (1920-1951) devem estar sendo observadas, neste momento, por Robert Brown (1773-1858) que, assim, como Henrietta, não testemunhou, em vida, a dimensão de seu trabalho sobre a movimentação aleatória de partículas microscópicas, feito a da proteína fluorescente verde no citoplasma de uma célula HeLa. A propósito: a teoria do movimento browniano é empregada usualmente para a situação em que o meio difusivo venha a estar na fase líquida. Para tanto, pressupõe-se o movimento aleatório de uma molécula do determinado soluto (A) em meio líquido (B). O movimento de A decorre das colisões sofridas em contato com as moléculas B, tomando direção errática (Figura 3.2), o que é conhecido como movimento browniano.

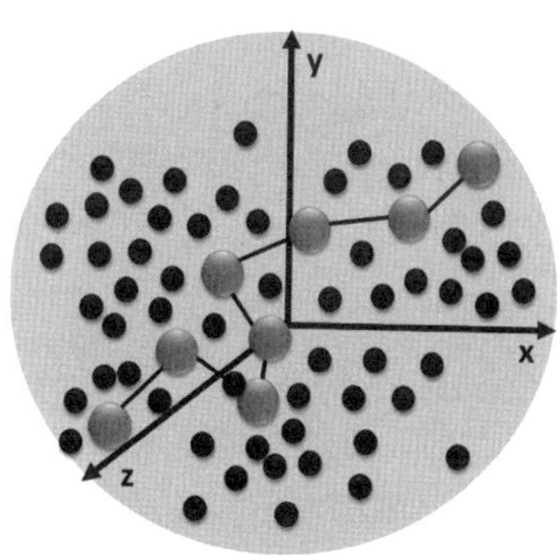

Figura 3.2 – Arraste do soluto A devido ao movimento do meio B (as esferas maiores são representativas do soluto, enquanto os pontos representam o meio.

O movimento das moléculas do meio (ou do solvente B) está associado à sua energia cinética, k_BT (em que k_B é a constante de Boltzmann e T, temperatura), cujas colisões com o soluto provocam o seu arraste, conforme a lei de Stokes-Einstein, em que a força de arraste, $F_{St,z}$, na direção z é (CREMASCO, 2015)

$$F_{St,z} = 6\pi\eta_B r_A v_{A,z} \tag{3.1}$$

em que η_B é a viscosidade dinâmica do meio B; r_A e $v_{A,z}$ são, respectivamente, o raio da molécula do soluto A (ou raio de Stokes-Einstein) e mobilidade do soluto na direção z. Ainda que o deslocamento do soluto é errático, é importante ressaltar que este migra de uma região de maior para a de menor potencial químico de sua população molecular, em atenção à 2ª lei da termodinâmica (dS > 0), em que $\Delta\mu_A \neq 0$, qual é a força motriz para a sua difusão. O potencial químico, explícito em termos da constante de Boltzmann, para meio líquido e em função do coeficiente de atividade, γ_A, é

$$\mu_A = \mu_0 + k_B T \ell n(\gamma_A x_A) \tag{3.2}$$

sendo μ_0, potencial químico de referência (constante para determinada temperatura) e x_A fração molar do soluto A. Uma vez que, para haver o transporte de matéria $\Delta\mu_A \neq 0$, retoma-se a Equação (3.2) em termos de força motriz termodinâmica, $F_{td,z}$, na direção z,

$$F_{td,z} = \frac{d\mu_A}{dz} = -\Gamma \frac{k_B T}{x_A} \frac{dx_A}{dz} \tag{3.3}$$

em que o sinal negativo é imposição da 2ª lei da termodinâmica (dS > 0) e Γ é o fator termodinâmico que considera os efeitos de idealidade da solução, sendo definido por

$$\Gamma = 1 + x_A \frac{d\ell n\gamma_A}{dx_A} \tag{3.4}$$

A descrição browniana, portanto, considera a igualdade entre as forças motrizes descritas pelas Equação (3.1) e (3.3) ($F_{St,z} = F_{td,z}$)

$$6\pi\eta_B r_A v_{A,z} = -\Gamma \frac{k_B T}{x_A} \frac{dx_A}{dz} \tag{3.5}$$

ou, rearranjando-a,

$$x_A v_{A,z} = -\Gamma \left(\frac{k_B T}{6\pi\eta_B r_A} \right) \frac{dx_A}{dz} \tag{3.6}$$

Multiplicando-se a Equação (3.6) pela concentração total da solução C, e sabendo que $x_A C = C_A$ (concentração molar do soluto; a ser vista no Capítulo 5), tem-se na Equação (3.5),

$$C_A v_{A,z} = -\Gamma\left(\frac{k_B T}{6\pi\eta_B r_A}\right) C \frac{dx_A}{dz} \tag{3.7}$$

identificando-se $C_A v_{A,z} = J_{A,z}$ ao fluxo molar do soluto A na direção z, tem-se, como resultado, a 1ª lei de Fick na forma

$$J_{A,z} = -\Gamma\left(\frac{k_B T}{6\pi\eta_B r_A}\right) C \frac{dx_A}{dz} \tag{3.8}$$

Admitindo-se solução ideal ($\Gamma = 1$) e concentração diluída do soluto no meio, $x_A \to 0$ (C, constante), resulta da Equação (3.7),

$$J_{A,z} = -D_{AB} \frac{dC_A}{dz} \tag{3.9}$$

em que,

$$D_{AB} = \frac{k_B T}{3\pi\eta_B \sigma_A} \tag{3.10}$$

FORMULÁRIO

Constante de Boltzmann, $k_B = 1{,}3806 \times 10^{-16}$ cm^2.g/(s^2.K); 1 cm = 10^7 nm; 1 cP = 10^{-2} g/(cm.s).

SOLUÇÃO

O valor da viscosidade dinâmica aparente dos citoplasmas das células mencionadas na Tabela 3.1 advém da Equação (3.10), retomada em termos do raio de Stokes-Einstein, r_A, segundo

$$\eta_B = \frac{k_B T}{6\pi D_{AB} r_A} \tag{1}$$

Tendo em vista que o raio de Stokes-Einstein da proteína GFP é $r_A = 2{,}82\ \text{nm} = 2{,}82 \times 10^{-7}$ cm; a constante de Boltzmann é $k_B = 1{,}3806 \times 10^{-16}\ \text{cm}^2.\text{g}/(\text{s}^2.\text{K})$, a temperatura, T = 22 °C = 22 + 273,15 = 295,15 K, tem-se na Equação (1),

$$\eta_B = \frac{\left(1{,}3806\times10^{-16}\right)\left(295{,}15\right)}{\left(6\right)\left(\pi\right)\left(2{,}82\times10^{-7}\right)D_{AB}} = \frac{7{,}667\times10^{-9}}{D_{AB}} \quad (2)$$

Desse modo e de posse das informações dos valores dos coeficientes binários de difusão fornecidos na Tabela 3.1, tem-se

Viscosidade dinâmica aparente do citoplasma da HeLa

$$\eta_B = \frac{7{,}667\times10^{-9}}{D_{AB}} = \frac{7{,}667\times10^{-9}}{2{,}5\times10^{-7}} = 3{,}07\times10^{-2}\ \text{g}/\left(\text{cm.s}\right) = 3{,}07\ \text{cP} \quad (3)$$

Viscosidade dinâmica aparente do citoplasma da U2OS

$$\eta_B = \frac{7{,}667\times10^{-9}}{D_{AB}} = \frac{7{,}667\times10^{-9}}{2{,}1\times10^{-7}} = 3{,}65\times10^{-2}\ \text{g}/\left(\text{cm.s}\right) = 3{,}65\ \text{cP} \quad (4)$$

Viscosidade dinâmica aparente do citoplasma da adenocarcinoma (camundongo)

$$\eta_B = \frac{7{,}667\times10^{-9}}{D_{AB}} = \frac{7{,}667\times10^{-9}}{1{,}5\times10^{-7}} = 5{,}11\times10^{-2}\ \text{g}/\left(\text{cm.s}\right) = 5{,}11\ \text{cP} \quad (5)$$

REFERÊNCIAS BIBLIOGRÁFICAS

BIOLOGIA NET. *Célula*: o material de estudo da biologia celular. Biologia net, 2021. Disponível em: https://www.biologianet.com/biologia-celular. Acesso em: 26 fev. 2022.

CREMASCO, M. A. *Fundamentos de transferência de massa*. 3. ed. São Paulo: Blucher, 2015. 460 p.

CREMASCO, M. A. *Difusão mássica*. São Paulo: Blucher, 2019. 284 p.

GUEDES, C. Uma mulher negra, suas células e alguns desafios da ética em pesquisa. *História, Ciências, Saúde*, Rio de Janeiro, v. 20, p. 1413-1416, 2013.

KANG, M.; DAY, C. A.; KENWORTHY, A. L.; DiBENEDETTO, E. Simplified equation to extract diffusion coefficients from confocal FRAP date. *Traffic*, v. 13, p. 1589-1600, 2012.

MLODINOW, L. *O andar do bêbado*. Rio de Janeiro: Zahar, 2009. 261 p.

SADOVSKI, R. G.; BRIELLE, S.; KAGANOVICH. D.; ENGLAND, J. L. Measurement of rapid protein diffusion in cytoplasm by photo-converted intensity profile expansion. *Cell Reports*, Cambridge, v. 18, p. 2795-2806, 2017.

CAPÍTULO 4
Modelo de Langevin

H_2O e muito mais. Carl Sagan, astrônomo e personagem conhecido na divulgação de Ciência, uma vez disse que somos poeira estelar, sendo confirmado por um grupo de astrônomos da *Sloan Digital Sky Survey*, que analisaram milhares de estrelas da Via Láctea e catalogaram a presença de blocos fundamentais da vida, formados por carbono, hidrogênio, nitrogênio, oxigênio, fósforo e enxofre, na galáxia, incluindo o Sol. O Sistema Solar é resultado da formação de sua estrela-mãe, o Sol, oriundo de uma nuvem de gás colapsada, seguida de condensação central com massa e temperatura o bastante para causar a fusão de hidrogênio e, disso, o Sol. A Terra e os demais planetas, asteroides e cometas foram o que sobrou do Sol. A própria vida, argumentam os cientistas, oriunda de aminoácidos, veio por meio de asteroides e cometas que bombardearam a Terra primitiva, como também esses corpos celestes trouxeram parte da água para o nosso Planeta (IZIDORO et al., 2013). A água cobre em torno de 70% da Terra, como também corresponde por cerca de 70% da massa corpórea dos seres humanos. Consta, na Declaração Universal dos Direitos da Água, da Organização das Nações Unidas, que a água é patrimônio da Terra e condição essencial para vida, pois sem a água não existem clima, atmosfera, agricultura. A manutenção, portanto, da vida depende da água, que não deve ser desperdiçada ou poluída, assim como deve ser consumida de maneira consciente para que não se esgote ou que a qualidade de suas reservas não se deteriore. A gestão da água, por decorrência, implica no equilíbrio entre a sua proteção e as necessidades de ordem econômica, sanitária e social, incluindo as atividades industriais, mesmo porque a água possui a incrível propriedade para dissolver várias substâncias, levando-a a caracterizá-la como solvente universal. Dessa maneira, o gerenciamento do uso industrial da água pode ocorrer por otimização de processos, por seu reuso por meio de tratamento adequado, como o reaproveitamento de efluentes. Aqui cabe a menção de que as águas residuárias, ricas em matéria orgânica, quando lançadas em corpos hídricos, podem formar zonas anaeróbias, resultante de sua estabilização bioquímica, podendo gerar, entre outros, fenóis e ácido sulfídrico. Acresce-se que o aumento na concentração de nutrientes pode promover a eutrofização dessas águas, prejudicando o ecossistema aquático (BERTAN et al., 2020). Para o seu lançamento em corpos hídricos, a água residuária deve ser submetida, por exemplo, a tratamento biológico para a remoção de matéria orgânica (EUSTÁQUIO JR. et al., 2014). Torna-se, dessa maneira, imprescindível o seu tratamento utilizando, por exemplo, a aeração via injeção de oxigênio para que micro-organismos o utilizem e provoquem oxidação da matéria orgânica. Um dos primeiros passos para entender a aeração de águas residuária por injeção de oxigênio está no conhecimento da difusão mássica desse gás, a começar em água isenta de poluentes, cujo, valores de coeficiente de difusão dissolvido em água para duas temperaturas estão apresentados na Tabela 4.1.

Tabela 4.1 – Valores experimentais para o coeficiente de difusão do O_2 em água (TYN, 1974)

T (°C)	15	37
$D_{AB} \times 10^5 (cm^2/s)$	1,65	3,00

Sabendo que a massa do O_2 é 29,91 yg e o seu diâmetro difusional 2,55 Å, pede-se:

a) os valores do tempo característico de amortecimento viscoso, da velocidade quadrática média da molécula do oxigênio, e do coeficiente de difusão do gás oxigênio em água, nas temperaturas apresentadas na Tabela 4.1;

b) os valores do coeficiente de difusão pressuposto no item anterior, mas assumindo a hipótese do limite viscoso, utilizando-se para tanto a teoria do movimento browniano, em que o coeficiente de difusão está atrelado ao deslocamento quadrático médio. Utilize o número de passos $L = 10^5$ e $\Delta t = 1,0$ ps;

c) o cartograma 2D para o movimento browniano relativo à dispersão molecular do O_2 em água, para $L = 10^5$ em $\Delta t = 1,0$ ps, nas temperaturas consideradas na Tabela 4.1.

COMENTÁRIOS

O modelo de Langevin considera o movimento browniano, conforme descrito no capítulo anterior, em uma dimensão, de uma molécula do soluto A de massa m_A e diâmetro σ_A imersa em um fluido B, de viscosidade dinâmica η_B. Tal molécula movimenta-se, de forma aleatória, com velocidade v(t), em decorrência da ação do solvente, devido à energia cinética deste, na forma k_BT, segundo

$$m_A \frac{d}{dt} v(t) = -3\pi\eta_B\sigma_A v(t) + \xi(t) \tag{4.1}$$

sendo o termo $3\ \pi\eta_B\sigma_A$ associado ao atrito viscoso de Stokes-Einstein; ξ(t) é o ruído branco gaussiano que segue a distribuição N(0,1). A Equação (4.1) é conhecida como equação de Langevin em termos da 2ª lei de Newton, caracterizada por apresentar uma componente determinística, associada à força de arraste, $\tau^{-1}v(t)$, sofrida pela molécula do soluto decorrente da força aleatória, ξ(t), ou força de Langevin, a qual é devida à colisão das moléculas individuais do meio no soluto. Definindo-se o tempo característico de amortecimento viscoso, τ, na forma

$$\tau = \frac{m_A}{3\pi\eta_B\sigma_A} \tag{4.2}$$

Multiplicando-se a Equação (4.1) por v(t) = v, bem como considerando-se a presença da Equação (4.2), tem-se

$$v\frac{dv}{dt} = -\frac{1}{\tau}v^2 + \frac{1}{m_A}v\xi(t)$$

ou

$$\frac{1}{2}\frac{dv^2}{dt} = -\frac{1}{\tau}v^2 + \frac{1}{m_A}v\xi(t) \tag{4.3}$$

Na intenção de se escrever a Equação (4.3) em termos do valor médio de v, $\langle v \rangle$, verifica-se que o valor médio do termo vξ(t) será nulo devido ao comportamento de ruído nele presente. Assim, a Equação (4.3) é retomada segundo

$$\frac{d}{dt}\langle v^2 \rangle = -\frac{1}{\tau}\langle v^2 \rangle \tag{4.4}$$

cuja solução é

$$\langle v^2 \rangle = \alpha e^{-2t/\tau} \tag{4.5}$$

Ressalte-se que o tempo característico de amortecimento viscoso, τ, é da ordem de femtossegundos (fs) para moléculas "pequenas", de picossegundos (ps) para macromoléculas, e de nanossegundos (ns) para partículas visíveis ao microscópio óptico (SANTOS, 2016). Para tempos longos ($t >> \tau$), a Equação (4.5) assume a forma

$$\langle v^2 \rangle = \alpha \tag{4.6}$$

A partir do princípio da equipartição de energia para uma dimensão,

$$\frac{1}{2} m_A \langle v^2 \rangle = \frac{1}{2} k_B T \tag{4.7}$$

A constante α presente na Equação (4.6) é, portanto, igual a

$$\alpha = \frac{k_B T}{m_A} \tag{4.8}$$

ou

$$\langle v^2 \rangle = \frac{k_B T}{m_A} \tag{4.9}$$

Retomando a equação de Langevin, todavia considerando a variação do deslocamento da partícula, r, no tempo, $v = dr/dt$,

$$\frac{d^2 r}{dt^2} = -\frac{1}{\tau}\frac{dr}{dt} + \frac{1}{m_A}\xi(t) \tag{4.10}$$

Ao se multiplicar a Equação (4.10) pelo deslocamento r e a expressando em termos do valor médio do deslocamento r, $\langle r \rangle$, resulta em

$$\frac{d}{dt}\langle r^2 \rangle + \frac{1}{\tau}\langle r^2 \rangle = 2\langle v^2 \rangle \tag{4.11}$$

Para dado intervalo de tempo t, a integração da Equação (4.11) fornece o desvio quadrático médio, segundo

$$\left\langle (r - r_o)^2 \right\rangle = 2\tau \langle v^2 \rangle + De^{(-t/\tau)} \tag{4.12}$$

Ao se considerar ($t >> \tau$ ou $t \to \infty$), bem como o resultado 4.8 na Equação (4.12), tem-se

$$\frac{\left\langle \left(r - r_0\right)^2 \right\rangle}{2t} = \frac{k_B T}{3\pi\eta_B\sigma_A} \tag{4.13}$$

que é o resultado clássico obtido por Einstein (Equação (3.10)) para o coeficiente de difusão de solutos diluídos em líquidos,

$$D_{AB} = \frac{k_B T}{3\pi\eta_B\sigma_A} \tag{4.14}$$

da qual decorre da definição

$$D_{AB} \equiv \lim_{t\to\infty} \frac{\left\langle \left(r - r_o\right)^2 \right\rangle}{2dt} \tag{4.15}$$

sendo d, termo relativo à rede dimensional: d = 1, unidimensional, d = 2, bidimensional e d = 3, tridimensional. A progressão temporal do deslocamento médio quadrático pode ser encontrada na forma de integração segundo (NANDI; HEINRICH; LINDNER, 2012)

$$\left\langle \left(r - r_o\right)^2 \right\rangle = \frac{1}{t - \Delta t} \int_0^{t-\Delta t} \left[r\left(t + \Delta t + t'\right) - \left[r\left(t + \Delta t\right) \right] \right] dt' \tag{4.16}$$

No caso de ruído branco, N(0,1),

$$\left\langle \left(r_i - r_{i-1}\right)^2 \right\rangle = \left(\Delta r_i\right)^2 \tag{4.17}$$

Cumpre mencionar que, para tempos longos ($t >> \tau$), tem-se o movimento browniano no limite viscoso, que se refere à situação em que a contribuição stokesiana é significativa o bastante a ponto de a contribuição do termo de aceleração, dv/dt na equação de Langevin, ser desprezível (CREMASCO, 2019), sendo esta retomada segundo

$$\frac{1}{\tau}\frac{dr}{dt} = \frac{1}{m_A}\xi(t) \tag{4.18}$$

que pode ser integrada de t-Δt a t, como (SCHERER, 2010)

$$\int_{t-\Delta t}^{t} r(t')dt' = \frac{\tau}{m_A} \int_{t-\Delta t}^{t} \xi(t')dt' \tag{4.19}$$

cuja propriedade da função autocorrelação da força aleatória é

$$\langle \xi(t)\xi(t') \rangle = \sigma^2 \delta(t-t') \tag{4.20}$$

A integral associada ao termo aleatório segue o processo de Wiener no intervalo t-Δt a t,

$$r_i - r_{i-1} = \Delta r_i = \Delta W_i \tag{4.21}$$

em que o incremento ΔW refere-se a um processo estocástico gaussiano, que apresenta largura da curva normal diretamente proporcional a $(\sigma^2 \Delta t)^{1/2}$ para cada passo i, obtido de

$$\Delta W_i = R_i \sqrt{\sigma^2 (r,t) \Delta t} \tag{4.22}$$

R_i refere-se ao número aleatório i, cuja PDF apresenta média igual a 0 e variância igual a 1, sendo esta, σ^2, identificada, no espaço unidimensional, a

$$\sigma^2 (r,t) = 2 \left(\frac{k_B T}{3\pi \eta_B \sigma_A} \right) = 2D_{AB} \tag{4.23}$$

Assim, Δr_i advém da substituição das Equação (4.22) e (4.23) na Equação (4.21),

$$\Delta r_i = R_i \sqrt{2D_{AB} \Delta t} \tag{4.24}$$

ou

$$\Delta r_i = \beta R_i \tag{4.25}$$

com

$$\beta = \sqrt{2D_{AB} \Delta t} \tag{4.26}$$

No espaço 2D, a Equação (4.25), é reescrita como (a partir de Medved, Davis e Vasquez (2020))

$$x(t) = x(t - \Delta t) + \beta R_i \tag{4.27}$$

$$y(t) = y(t - \Delta t) + \beta R_i \tag{4.28}$$

A obtenção do valor do coeficiente de difusão via simulação do movimento browniano advém da utilização da Equação (4.17) nas direções x e y,

$$\left\langle \left[x(t) - x(t - \Delta t) \right] \right\rangle^2 = (\Delta x_i)^2 \tag{4.29}$$

$$\left\langle \left[y(t) - y(t - \Delta t) \right] \right\rangle^2 = (\Delta y_i)^2 \tag{4.30}$$

de modo que o coeficiente de difusão é obtido considerando-se as Equações (4.29) e (4.30) na Equação (4.15), para o deslocamento 2D,

$$D_{AB} \equiv \frac{1}{4L} \sum_{i=1}^{L} \frac{(\Delta x_i)^2 + (\Delta y_i)^2}{\Delta t} \tag{4.31}$$

FORMULÁRIO

Pode-se utilizar a seguinte expressão para a estimativa do valor da viscosidade dinâmica da água em função da temperatura (REID; PRAUSNITZ; SHERWOOD, 1977)

$$\eta^{-0,2661} = \eta_0^{-0,2661} + \frac{T - T_0}{233} \tag{4.32}$$

O subscrito "0" é relativo à temperatura de referência, em °C, e os valores da viscosidade dinâmica em cP. Para T = 25 °C, η_0 = 0,8911 cP. Para a geração de ruído branco, N(0,1), têm-se as equações de recorrência, a partir das Equações (2.25) a (2.27), aqui retomadas

$$z_i = (69.069 z_{i-1} + 1) \text{MOD}(2^{32}) \tag{4.33}$$

$$u_i = \frac{z_i}{2^{32}} \tag{4.34}$$

$$x_i = \sigma \cos\left(2\pi u_2\right)\sqrt{-2\ell n\left(u_1\right)} \tag{4.35}$$

A obtenção do cartograma que descreve o movimento browniano segue a Equação (4.26), identificando-se nesta a abordagem bidimensional em que d = 2; dessa maneira

$$\beta_j = \sqrt{2D_j\Delta t} \tag{4.36}$$

em que D_j é o coeficiente de difusão à temperatura j. Ao se conhecer os valores de β_j e o número de passo L, pode-se utilizar o algoritmo fornecido na Figura 4.1.

```
Input:  Temperatura j, L (número de passos),
        randn (números pseudoaleatórios que segue N(0,1); Box-Müller, p. ex.)
        βj (desvio padrão), Δt
Output: Dj, figura do deslocamento quadrático médio; cartograma 2D
    enquanto i = 0 faça
    somax = 0
    somay = 0
    para i = 1 → L faça
        randn ← número pseudoaleatório – N(0,1)
        dx ← βj*randn
        x ← x + dx
        x2 ← x^2
        somax ← x2
        randn ← número pseudoaleatório – N(0,1)
        dy ← βj*randn
        y ← y + βj*randn
        y2 ← y^2
        somay ← y2
        soma ← somax + somay
    return (leia novo i)
    para j atual → L faça
        Dj ← soma/(4LΔt)
    return (leia novo j)
    end
```

Figura 4.1 – Algoritmo para a obtenção do cartograma 2D e D_{AB}: movimento browniano.

Para a comparação de desempenho da Equação (4.14) em relação aos dados experimentais, Tabela 4.1, pode-se utilizar o desvio relativo

$$\text{Desvio}(\%) = \frac{\left(D_{ABcal} - D_{AB\exp}\right)}{D_{AB\exp}} \times 100 \tag{4.37}$$

sendo o subscrito "cal" relativo ao valor calculado, e o subscrito "exp", ao experimental.

Informações adicionais

Constante de Boltzmann: $k_B = 1{,}3806 \times 10^{-16}$ (cm²․g)/(s²․K); 1 cm = 10^{-8} Å;

1 cm²/s = 10^4 Å²/ps; 1 g = 10^{24} yg; 1 s = 10^{12} ps = 10^{15} fs;

1 cP = $1{,}0 \times 10^{-2}$ P = $1{,}0 \times 10^{-2}$ g/(cm.s).

SOLUÇÃO

a) Para o cálculo dos valores do tempo característico de amortecimento viscoso, τ, e para aqueles da velocidade quadrática média, para o caso do oxigênio difundindo-se em água nas temperaturas consideradas, serão utilizadas as Equações (4.2) e (4.9), respectivamente, aqui retomadas como

$$\tau = \frac{m_A}{3\pi\eta_B\sigma_A} \tag{1}$$

$$\left\langle v^2 \right\rangle = \frac{k_B T}{m_A} \tag{2}$$

Foram fornecidos, no enunciado, o valor da massa do O_2 assim como o seu diâmetro difusional; entretanto o valor da viscosidade dinâmica do solvente, η_B, no caso da água, depende da temperatura, conforme a Equação (4.32), com $T_0 = 25$ °C, $\eta_0 = 0{,}8911$ cP, ou

$$\eta_B^{-0,2661} = \left(0{,}8911\right)^{-0,2661} + \frac{T-25}{233} \tag{3}$$

Exemplificando os cálculos para T = 15 °C, tem-se como resultado da Equação (3)

$$\eta_B = 1{,}045\,\text{cP} = 0{,}01045\,\text{P} = 0{,}01045\,\text{g}/\left(\text{cm.s}\right) \tag{4}$$

Uma vez que $m_A = 29{,}91 \times 10^{-24}$ g; $k_B = 1{,}3806 \times 10^{-16}$ (cm^2.g)/(s^2.K), $\sigma_A = 2{,}55$ Å $= 2{,}55 \times 10^{-8}$ cm, tais valores em conjunto com o resultado 4, são levados à Equação (1), provendo

$$\tau = \frac{\left(29{,}91\times10^{-24}\right)}{\left(3\right)\left(\pi\right)\left(0{,}01045\right)\left(2{,}55\times10^{-8}\right)} = 11{,}91\times10^{-15}\ \text{s} \tag{5}$$

Para a obtenção da velocidade quadrática média, são levados os valores $m_A = 29{,}91 \times 10^{-24}$ g, $k_B = 1{,}3806 \times 10^{-16}$ (cm^2.g)/(s^2.K) e T = 15 °C = 15 + 273,15 = 288,15 K, na Equação (2),

$$\left\langle v^2 \right\rangle = \frac{\left(1{,}3806\times10^{-16}\right)\left(288{,}15\right)}{\left(29{,}91\times10^{-24}\right)} = 1{,}33\times10^{9}\ \text{cm/s} \tag{6}$$

Já valor do coeficiente de difusão do gás O_2 em água a 15 °C advém da utilização da Equação (4.14), retomada na forma

$$D_{AB} = \frac{k_B T}{3\pi\eta_B\sigma_A} \tag{7}$$

Observa-se que, ao se multiplicar e dividir a Equação (7) pela massa do soluto (O_2), tem-se

$$D_{AB} = \left(\frac{m_A}{3\pi\eta_B\sigma_A}\right)\left(\frac{k_B T}{m_A}\right) \tag{8}$$

De onde se identificam o tempo característico de amortecimento viscoso, τ, Equação (1), e velocidade quadrática média, Equação (2), na Equação (8), fornecendo

$$D_{AB} = \tau\left\langle v^2 \right\rangle \tag{9}$$

Substituindo os resultados (5) e (6) na Equação (9),

$$D_{AB} = \left(11{,}91\times10^{-15}\right)\left(1{,}33\times10^{9}\right) = 1{,}58\times10^{-5}\ \text{cm}^2/\text{s} \tag{10}$$

Tendo em vista que o valor experimental do coeficiente de difusão do gás oxigênio em água a 15 °C é $D_{AB} = 1{,}65 \times 10^{-5}$ cm²/s, lança-se mão da Equação (4.37) para obter o valor do desvio relativo

$$\text{Desvio}(\%) = \frac{\left(D_{ABcal} - D_{ABexp}\right)}{D_{ABexp}} \times 100 = \frac{\left(1{,}58\times10^{-5} - 1{,}65\times10^{-5}\right)}{1{,}65\times10^{-5}} \times 100 = -4{,}24\% \qquad (11)$$

Procedimento análogo pode ser feito para 37 °C, cujos resultados estão contidos na Tabela 1.

Tabela 1 – Resultados do coeficiente de difusão do gás O_2 em água em várias temperaturas

T (°C)	T (K)	η_B (P)	τ (s) x 10^{15}	$<v^2>$ x 10^{-9} (cm/s)	D_{AB} x 10^5 (cm²/s)	DR (%)
15	288,15	1,0450	11,91	1,33	1,58	−4,24
37	310,15	0,7420	16,77	1,43	2,40	−20,00

b) Os valores dos coeficientes de difusão do gás O_2 em água, via simulação, advêm do emprego do algoritmo apresentado na Figura 4.1. Existe, aqui, a necessidade de se definir Δt, que deverá ser muito maior do que o tempo característico de amortecimento viscoso, τ, para preservar a hipótese do movimento browniano no limite viscoso. Observa-se, por inspeção da Tabela 1, que esse tempo característico está na ordem de femtossegundos, fs, (1 s = 10^{15} fs), assim como por se tratar de uma molécula, a sua dimensão característica é Å, sendo assim a dimensão do coeficiente de difusão adequada, para tratar o fenômeno browniano pretendido neste capítulo seria (Å²/fs = 0,1 cm²/s), que é a ordem da escala de tempo de vibrações moleculares. Para garantir que $\Delta t >> \tau$, admite-se $\Delta t \sim 1.000\ \tau$, de modo a se supor que $\Delta t = 1$ ps (picossegundo) é o bastante para tanto. Desse modo, as unidades a serem utilizadas para o cálculo de β_i, é o de Δt em ps e o do D_{AB} em 1 Å²/ps. Sabe-se, da Tabela 4.1, $D_{AB\,(15\,°C)} = 1{,}58 \times 10^{-5}$ cm²/s = 0,158 Å²/ps; $D_{AB\,(37\,°C)} = 2{,}40 \times 10^{-5}$ cm²/s = 0,240 Å²/ps e $\Delta t = 1$ ps. Dessa maneira, obtém-se a partir da Equação (4.36)

$$\beta_{(15\,°C)} = \sqrt{2D_{(15\,°C)}\Delta t} = \left[(2)(0{,}158)(1)\right]^{1/2} = 0{,}562\ \text{Å} \qquad (12)$$

$$\beta_{(37\,°C)} = \sqrt{2D_{(37\,°C)}\Delta t} = \left[(2)(0{,}240)(1)\right]^{1/2} = 0{,}693\ \text{Å} \qquad (13)$$

Com L = 10^5, os valores de β_i e o algoritmo sugerido neste capítulo, foram obtidas retas na forma $(\Delta r_i)^2$ vs t para as temperaturas estudadas, que estão apontadas na Figura 1. Observa-se a diminuição da inclinação das retas na medida em que se diminui o valor do coeficiente de difusão, apontando a maior resistência da água à difusão do O_2, devido ao aumento de sua viscosidade dinâmica com a diminuição de temperatura. A partir dos resultados que geraram a Figura 1 e empregando-se a Equação (4.36), foram obtidos os valores simulados $D_{AB\,(15\,^oC)} = 0{,}158$ Å²/ps; $D_{AB\,(37\,^oC)} = 0{,}240$ Å²/ps, que são iguais aos fornecidos na Tabela 1.

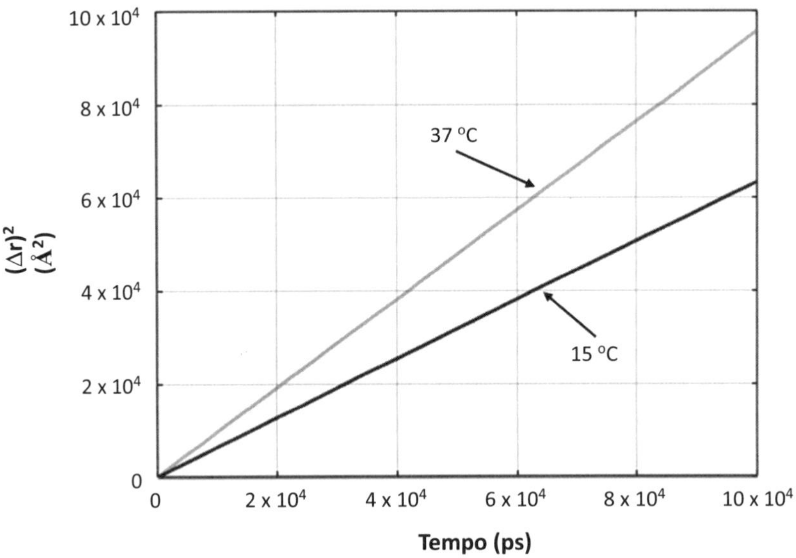

Figura 1 – Deslocamento quadrático médio em função do tempo para a difusão de O_2 em água.

c) Uma vez que se adotou L = 10^5 e Δt = 1,0 ps para a dispersão de O_2 na água em distintas temperaturas, empregou-se o algoritmo sugerido na Figura 4.1 para obter o cartograma apresentado na Figura 2. Nota-se o efeito da temperatura do meio difusivo: quanto maior a temperatura maior a dispersão molecular devido ao aumento da energia cinética, assim como diminui-se a resistência do meio difusivo (água), traduzida na sua viscosidade dinâmica, para o deslocamento do soluto.

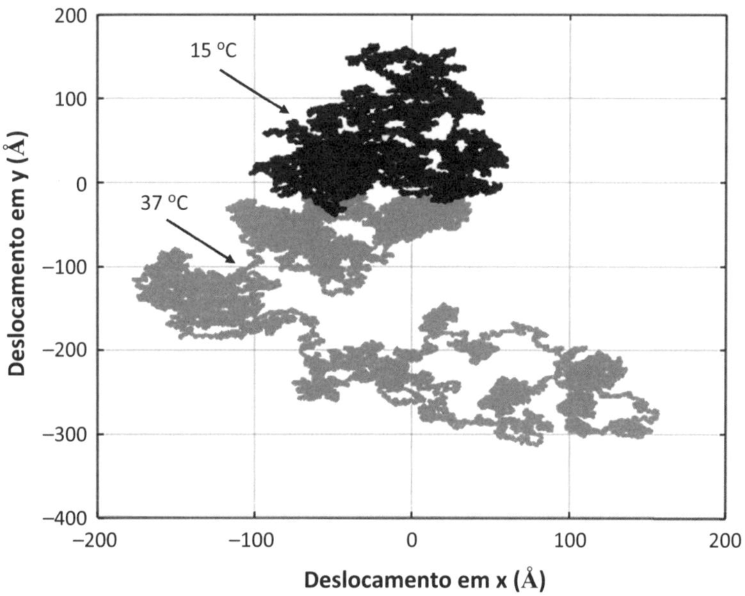

Figura 2 – Cartograma 2D ilustrativo do movimento browniano de O_2 em água.

REFERÊNCIAS BIBLIOGRÁFICAS

BERTAN, A. S.; BAUMBACH, F. P.; TONIAL, I. B.; POKRYWIECKI, T. S.; DUSMAN, E. Assessment of phytoremediation potential of *Allium* cepa L. in raw sewage treatment. *Brazilian Journal of Biology*, São Carlos, v. 80, n. 2, p. 431-436, 2020.

CREMASCO, M. A. *Difusão mássica*. São Paulo: Blucher, 2019. 284 p.

EUSTÁQUIO JR., V.; MATOS, A. T.; LO MONACO, P. A. V.; MATOS, M. P. Eficiência de sistemas de aeração em cascatas no tratamento de águas residuária do café. *Coffee Science*, Lavras, v. 9, n. 4, p. 435-444, 2014.

IZIDORO, A.; SOUZA TORRES, K.; WINTER, O. C.; HAGHIGHIPOUR, N. A compound model for the origin of Earth's water. *The Astrophysical Journal*, Washington, v. 767, p. 54-73, 2013.

MEDVED, A.; DAVIS, R.; VASQUEZ, P. A. Understanding fluid dynamics from Langevin and Fokker-Planck equations. *Fluids*, v. 5, n. 1, p. 40-63, 2020.

NANDI, A.; HEINRICH, D.; LINDNER, B. Distributions of diffusion measures from a local mean-square displacement analysis. *Physical Review E*, v. 86, p. 021926 2-13, 2012.

REID, R. C.; PRAUSNITZ, J. M.; SHERWOOD, T. K. *The properties of gases and liquids*. 3. ed. New York: McGraw-Hill, 1977. 688 p.

SANTOS, M. N. B. Teoria cinética de gases e líquidos. Lisboa: Instituto Técnico Superior, 2016. Disponível em: http://web.ist.utl.pt/berberan/PQF/Teoria%20Cinetica%20de%20gases%20e%20liquidos.pdf. Acesso em: 28 maio 2020.

SCHERER, C. *Métodos computacionais da Física*. 2. ed. São Paulo: Livraria da Física, 2010. 299 p.

TYN, M. T. *Temperature and concentration dependence of liquid phase diffusion coefficients*. 1974. 327 f. Thesis (Department of Chemical Engineering) – Loughborough University of Technology, Loughborough, 1974.

CONCENTRAÇÕES

CAPÍTULO 5

Relações básicas de concentração de matéria

Você respira o quê? Ciência, Arte ou Tecnologia? Política ou Biologia? Literatura, Cinema ou Geografia? Música, Química ou Filosofia? Teatro ou Geologia? Matemática ou Antropologia? Física ou Teologia? Engenharia ou Poesia? Precisa dar um tempo para arejar a mente? Uma coisa é certa, o que respiramos, junto de nossas paixões, é o ar: essencial para o ser humano e para tantas outras espécies no Planeta, sendo fundamental, por exemplo, para que as plantas possam extrair nitrogênio e dióxido de carbono e assim produzir nutrientes para inúmeros organismos. Todavia, o ar que respiramos não pode e nem deve ser isento de umidade. E, aqui, é importante conhecer o conceito de umidade relativa, que estabelece a relação entre a concentração de água presente no ar e o valor máximo de concentração na mesma temperatura (condição de saturação). Tal situação atmosférica é determinante no cotidiano. A Organização Mundial da Saúde estabelece que a umidade relativa se situe de 50% a 80%. Caso essa faixa esteja entre 20% e 30%, tem-se o estado de atenção, em que se recomenda que não se exponha diretamente ao Sol das 11h às 15h (ALMEIDA, 2016). O estado de alerta ocorre ao se ter entre 12% e 20% de umidade relativa, estendendo-se o período para 10h até 16h para a faixa de umidade relativa do ar entre 12% e 20%, caracterizada como estado de alerta, em que se deve abolir exercícios físicos bem como evitar aglomerações em ambientes fechados. Na situação de se encontrar umidade relativa do ar abaixo de 12%, tem-se o estado de emergência, em que obrigatoriamente se deve observar e seguir as recomendações anteriores. Além da importância de se atentar aos teores de umidade no ar, é determinante conhecer a composição do ar atmosférico (seco), que é constituído por diversas espécies químicas, conforme apresenta da Tabela 5.1. Por outro lado, é comum assumir, para efeito de cálculos em engenharia, que o ar é constituído de 79,1 % (em base molar) de nitrogênio (N_2) e 20,9 % (base molar) de oxigênio (O_2).

Tabela 5.1 – Moléculas presentes na troposfera – ar seco (Cremasco (2019) a partir de Ramos e Leitão (1991))

Componentes	Fórmula molecular	M (g/mol)	Composição molar (%)
Nitrogênio	N_2	28,0134	78,03
Oxigênio	O_2	31,9988	21,00
Argônio	Ar	39,9480	0,942
Dióxido de carbono	CO_2	44,0098	$3,15 \times 10^{-2}$
Neônio	Ne	20,1830	$1,82 \times 10^{-3}$
Hélio	He	4,0026	$5,24 \times 10^{-4}$
Criptônio	Kr	83,8000	$1,14 \times 10^{-4}$
Xenônio	Xe	131,3000	$8,71 \times 10^{-6}$
Metano	CH_4	16,04303	$1,52 \times 10^{-4}$
Hidrogênio	H_2	2,01594	$5,06 \times 10^{-5}$
Óxido nitroso	N_2O	44,0128	$2,95 \times 10^{-5}$
Monóxido de carbono	CO	28,0106	$1,97 \times 10^{-5}$
Amônia	NH_3	17,0306	$9,96 \times 10^{-7}$
Dióxido de nitrogênio	NO_2	46,0055	$9,94 \times 10^{-8}$
Dióxido de enxofre	SO_2	64,0630	$2,03 \times 10^{-8}$
Sulfeto de hidrogênio	H_2S	34,0800	$1,99 \times 10^{-8}$
Ozônio	O_3	47,9982	[a] $3,89 \times 10^{-5}$

[a] aproximado.

Devido à importância do ar para manutenção da vida, bem como a atenção a problemática de sua umidade, pede-se:

a) obtenha a massa molar do ar seco, considerando-o mistura binária dos gases nitrogênio e oxigênio, bem como mistura gasosa multicomponente das espécies apresentadas na Tabela 5.1;

b) admitindo-se a hipótese de o ar seco comportar-se como gás ideal, obtenha a sua concentração molar na temperatura igual a 25 °C e pressão igual a 0,94 atm;

c) calcule os valores das frações e concentrações mássicas dos gases N_2 e O_2 presentes no ar seco, enquanto mistura binária, assim como os valores das espécies presentes na Tabela 5.1, assumindo-o mistura multicomponente. Obtenha, em cada caso, a concentração mássica de ar seco;

d) sabendo que a massa molar da água é igual a M = 18,015 g/mol, obtenha o valor da massa molar do ar úmido para as condições apresentadas no item (a), considerando-se, entretanto, o valor de umidade relativa igual a 70%.

COMENTÁRIOS

Para que ocorra o fenômeno de transporte de matéria é fundamental a identificação dos atores que participam de tal fenômeno, sendo eles: soluto e meio. Soluto é a espécie que migra, regida pela 2ª lei da termodinâmica, de uma região em que se encontra o seu maior valor de potencial químico (que se associa à sua concentração) para uma região de menor valor desse potencial. Meio é a espécie ou conjunto de espécies, incluindo o próprio soluto, no qual o soluto se movimentará. Ao se identificar tais atores, deve-se explicitá-los em termos de concentração contida em determinado volume de controle, conforme ilustra a Figura 5.1a, para uma mistura binária constituída das espécies A e B, e a Figura 5.1b para mistura de n componentes (CREMASCO, 2019).

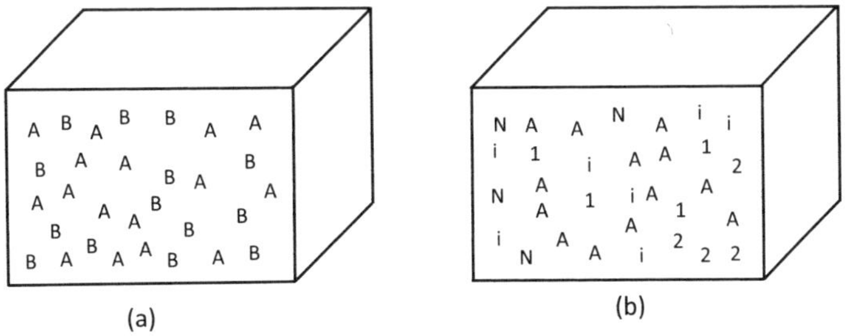

Figura 5.1 – Elemento de volume que contém distribuição de matéria: (a) mistura binária; (b) mistura multicomponente. Adaptada de Cremasco, (2019).

O volume de controle ilustrado na Figura 5.1a ou na Figura 5.2b, cuja concentração de certa espécie química i (A ou B; ou 1, 2...) refere-se à sua quantidade em base mássica ou molar por unidade de volume do meio. No caso de esse meio vir a ser líquido, tem-se "volume da solução"; sendo gás (ou vapor), tem-se "volume da mistura". As moléculas presentes no elemento de volume perdem as suas características individuais, assumindo as propriedades médias da população considerada. O presente capítulo intenciona apresentar conceitos inerentes à concentração de matéria (bases molar e mássica), à fração de matéria (bases molar e mássica), as suas diversas relações, bem como introduz definições de massa molar inerente à mistura e à solução. Além disso, este capítulo estabelece uma relação entre transferência de massa e termodinâmica ao ressaltar a importância da pressão de vapor na definição de umidade relativa, bem como a sua influência no valor da massa molar do ar úmido.

FORMULÁRIO

A concentração da mistura gasosa, C, considerando-a ideal é

$$C = \frac{P}{RT} \tag{5.1}$$

com a temperatura T em K; pressão, P em atm; e concentração C, mol/cm^3. A umidade relativa do ar, φ, é obtida por meio de

$$\varphi = \frac{y_{H_2O}}{y_{H_2O}^{vap}} \tag{5.2}$$

sendo $y_{H2O} = P_{H2O}P$, com P_{H2O}, pressão parcial do vapor de água e P, pressão total do sistema. O valor da pressão de vapor para a água advém de (REID; PRAUSNITZ; SHERWOOD, 1977),

$$\ell n P_{H_2O}^{vap} = 18,3096 - \frac{3.816,44}{(T - 46,13)} \tag{5.3}$$

com a temperatura T em K; pressão, P^{vap}_{H2O} em mmHg. A Tabela 5.2 apresenta as definições e relações básicas de concentração em se tratando de mistura (gás ou vapor) ou solução (líquido) binária. A Tabela 5.3, por sua vez, refere-se a tais relações, contudo se considerando abordagem multicomponente.

Tabela 5.2 – Definições e relações básicas para mistura ou solução binária

Nomenclatura	Solução ou mistura multicomponente
Concentração mássica da solução ou da mistura	$\rho = \rho_A + \rho_B$ (5.4)
Concentração mássica da espécie i = A ou B	ρ_i, massa da espécie química i por unidade de volume da solução (ou da mistura).
Fração mássica da espécie i = A ou B	$w_i = \dfrac{\rho_i}{\rho}$ (5.5)
Somatório das frações mássicas	$w_A + w_B = 1$ (5.6)
Massa molar da mistura ou da solução em base mássica	$\dfrac{1}{M} = \dfrac{w_A}{M_A} + \dfrac{w_B}{M_B}$ (5.7)
Concentração molar da solução ou da mistura	$C = C_A + C_B$ (5.8)
Concentração molar da espécie i = A ou B	C_i, mols da espécie química i por unidade de volume da solução (ou da mistura).
Fração molar da espécie i = A ou B	$y_i = \dfrac{C_i}{C}$ (gases e vapores) (5.9)
	$x_i = \dfrac{C_i}{C}$ (líquidos) (5.10)
Somatório das frações molares	$y_A + y_B = 1$ (gases e vapores) (5.11)
	$x_A + x_B = 1$ (líquidos) (5.12)
Massa molar da mistura ou da solução em base molar	$M = y_A M_A + y_B M_B$ (gases e vapores) (5.13)
	$M = x_A M_A + x_B M_B$ (líquidos) (5.14)
Relação entre as concentrações mássica e molar	$C = \dfrac{\rho}{M}$ (5.15)
Relação entre as concentrações mássica e molar para a espécie i = A ou B	$C_i = \dfrac{\rho_i}{M_i}$ (5.16)

Tabela 5.3 – Relações básicas para a concentração do soluto i para mistura ou solução multicomponente

Nomenclatura	Solução ou mistura multicomponente	
Concentração mássica da solução ou da mistura	$\rho = \sum_{i=1}^{N} \rho_i$	(5.17)
Concentração molar da solução ou da mistura	$C = \sum_{i=1}^{N} C_i$	(5.18)
Somatório das frações mássicas	$\sum_{i=1}^{N} w_i = 1$	(5.19)
Somatório das frações molares	$\sum_{i=1}^{N} x_i = 1$ (líquido)	(5.20)
	$\sum_{i=1}^{N} y_i = 1$ (gás, vapor)	(5.21)
Massa molar da solução ou da mistura em base mássica	$\frac{1}{M} = \sum_{i=1}^{N} \frac{w_i}{M_i}$	(5.22)
Massa molar da solução ou da mistura em base molar	$M = \sum_{i=1}^{N} x_i M_i$ (líquido)	(5.23)
	$M = \sum_{i=1}^{N} y_i M_i$ (gás, vapor)	(5.24)

Informação adicional

$R = 82{,}05\ (cm^3.atm)/(mol.K)$; 1 atm = 760 mmHg.

SOLUÇÃO

a) O valor da massa molar do ar seco, em base molar e para mistura binária, resulta da Equação (5.13),

$$M = y_A M_A + y_B M_B \quad (1)$$

Identificando A = N_2 e B = O_2 têm-se, da Tabela 5.1, M_A = 28,0134 g/mol e M_B = 31,9988 g/mol, bem como y_A = 0,791 e y_B = 0,209, cujos valores substituídos na Equação (1) fornece

$$M = (0{,}791)(28{,}0134) + (0{,}209)(31{,}9988) = 28{,}846 \text{ g/mol} \tag{2}$$

Para a obtenção do valor da massa molar do ar seco, considerando-o mistura multicomponente, lança-se mão da Equação (5.24), ou

$$M = \sum_{i=1}^{N} y_i M_i \tag{3}$$

A partir dos valores de massa molar e fração molar apresentados na Tabela 5.1, tem-se na Equação (3),

$$\begin{aligned} M = {} & (0{,}7803)(28{,}0134) + (0{,}2100)(31{,}9988) + (0{,}0094)(39{,}9480) + \\ & + (3{,}15\times10^{-4})(44{,}0098) + (1{,}82\times10^{-5})(20{,}1830) + (5{,}24\times10^{-6})(4{,}0026) + \\ & + (1{,}14\times10^{-6})(83{,}8000) + (8{,}71\times10^{-8})(131{,}3000) + (1{,}52\times10^{-6})(16{,}0430) + \\ & + (5{,}06\times10^{-7})(2{,}0159) + (2{,}95\times10^{-7})(44{,}0128) + (1{,}97\times10^{-7})(28{,}0106) + \\ & + (9{,}96\times10^{-9})(17{,}0306) + (9{,}94\times10^{-10})(46{,}0055) + (2{,}03\times10^{-10})(64{,}0630) + \\ & + (1{,}99\times10^{-10})(34{,}0800) + (3{,}89\times10^{-7})(47{,}9982) = 28{,}969 \text{ g/mol} \end{aligned} \tag{4}$$

b) O cálculo da concentração molar do ar seco baseia-se na Equação (5.1) independentemente de o ar seco vir a ser considerado como mistura binária ou multicomponente. Retoma-se a Equação (5.1), substituindo-se nesta R – 82,05 (cm^3.atm)/(mol.K); T = 25 + 273,15 = 298,15 K e P = 0,94 atm,

$$C = \frac{P}{RT} = \frac{(0{,}94)}{(82{,}05)(298{,}15)} = 3{,}843\times10^{-5} \text{ mol/cm}^3 \tag{5}$$

c) Para a obtenção do valor da fração mássica do constituinte i (A ou B; N_2 ou O_2) substituem-se as Equações (5.15) e (5.16) na Equação (5.9), resultando

$$y_i = \frac{\rho_i M}{\rho M_i} \tag{6}$$

Identificando-se a definição de fração mássica, Equação (5.5), na Equação (6), esta é reescrita como

$$w_i = y_i \frac{M_i}{M} \tag{7}$$

Uma vez que M_A = 28,0134 g/mol, y_A = 0,791 e M = 28,846 g/mol (para mistura binária), tem-se para o gás nitrogênio

$$w_A = (0,791)\frac{(28,0134)}{(28,846)} = 0,768 \tag{8}$$

Para o gás oxigênio, utiliza-se a relação entre as frações mássicas (Equação (5.6)), ou

$$w_B = 1 - w_A = 1 - 0,768 = 0,232 \tag{9}$$

O valor da concentração mássica da espécie química i advém da substituição da concentração mássica da mistura, ρ, presente na Equação (5.15) na Equação (5.5), ou

$$\rho_i = w_i CM \tag{10}$$

Tendo em vista que $w_A = 0,768$ e $w_B = 0,232$, $C = 3,843 \times 10^{-5}$ mol/cm³, M = 28,846 g/mol, têm-se para os gases nitrogênio (A) e oxigênio (B), respectivamente

$$\rho_A = (0,768)(3,843\times10^{-5})(28,846) = 8,514\times10^{-4}\ g/cm^3 \tag{11}$$

$$\rho_B = (0,232)(3,843\times10^{-5})(28,846) = 2,570\times10^{-4}\ g/cm^3 \tag{12}$$

A concentração mássica do ar seco resulta da substituição dos resultados 11 e 12 na Equação (5.4),

$$\rho = \rho_A + \rho_B = 8,514\times10^{-4} + 2,570\times10^{-4} = 1,108\times10^{-3}\ g/cm^3 \tag{13}$$

Em se tratando do ar enquanto mistura multicomponente, com a composição apresentada na Tabela 5.1, faz-se procedimento de cálculo análogo ao da mistura binária. Para a obtenção do valor da fração mássica do constituinte i, utiliza-se a Equação (7), as frações molares apresentadas na Tabela 5.1 e a massa molar do ar seco igual a M = 28,969 g/mol (para mistura multicomponente). Os resultados para a fração mássica dos constituintes da mistura gasosa estão apresentados na Tabela 1.

Tabela 1 – Fração mássica dos constituintes do ar seco

Espécie	N_2	O_2	Ar	CO_2	Ne	He	Kr	Xe	CH_4
w_i	0,7546	0,2320	0,0130	$4{,}79 \times 10^{-4}$	$1{,}27 \times 10^{-5}$	$7{,}24 \times 10^{-7}$	$3{,}30 \times 10^{-6}$	$3{,}95 \times 10^{-7}$	$8{,}42 \times 10^{-7}$

Espécie	H_2	N_2O	CO	NH_3	NO_2	SO_2	H_2S	O_3
w_i	$3{,}52 \times 10^{-8}$	$4{,}48 \times 10^{-7}$	$1{,}90 \times 10^{-7}$	$5{,}86 \times 10^{-9}$	$1{,}58 \times 10^{-9}$	$4{,}49 \times 10^{-10}$	$2{,}34 \times 10^{-10}$	$6{,}45 \times 10^{-7}$

Os valores das frações mássica, apresentados na Tabela 1, bem como os resultados 4 e 5, são utilizados na Equação (10) para o cálculo da concentração mássica de cada espécie constituinte da mistura multicomponente. Os resultados para tais valores de concentração mássica estão apresentados na Tabela 2.

Tabela 2 – Concentração mássica dos constituintes do ar seco: mistura multicomponente

Espécie	N_2	O_2	Ar	CO_2	Ne	He	Kr	Xe	CH_4
ρ_i (g/cm³)	$8{,}399 \times 10^{-4}$	$2{,}582 \times 10^{-4}$	$1{,}446 \times 10^{-5}$	$5{,}327 \times 10^{-7}$	$1{,}411 \times 10^{-8}$	$8{,}059 \times 10^{-10}$	$3{,}671 \times 10^{-9}$	$4{,}394 \times 10^{-10}$	$9{,}370 \times 10^{-10}$

Espécie	H_2	N_2O	CO	NH_3	NO_2	SO_2	H_2S	O_3	
ρ_i (g/cm³)	$3{,}920 \times 10^{-11}$	$4{,}989 \times 10^{-10}$	$2{,}120 \times 10^{-10}$	$6{,}518 \times 10^{-12}$	$1{,}757 \times 10^{-12}$	$4{,}997 \times 10^{-13}$	$2{,}606 \times 10^{-13}$	$7{,}174 \times 10^{-10}$	

O valor da concentração mássica da mistura advém da Equação (5.17), ou a partir do somatório das concentrações mássicas presentes na Tabela 2, tem-se

$$\rho = \sum_{i=1}^{N} \rho_i = 1{,}113 \times 10^{-3}\ \text{g/cm}^3 \tag{14}$$

d) Massa molar do ar úmido para as condições apresentadas no item b), considerando-se, entretanto, o valor da umidade relativa igual a 70%. Para o cálculo do valor da fração molar do vapor de água, recorre-se às Equações (5.2) e (5.3), estas retomadas como

$$\ell n P_{H_2O}^{vap} = 18{,}3096 - \frac{3.816{,}44}{(T - 46{,}13)} \tag{15}$$

com a temperatura T em K; pressão, P^{vap}_{H2O} em mmHg. Como T = 298,15 K, tem-se na Equação (15),

$$\ell nP^{vap}_{H_2O} = 18,3096 - \frac{3.816,44}{(298,15 - 46,13)}$$

ou

$$P^{vap}_{H_2O} = 23,72 \text{ mmHg} = 0,0312 \text{ atm} \tag{16}$$

Uma vez que P = 0,94 atm,

$$y^{vap}_{H_2O} = \frac{0,312}{0,94} = 0,0332 \tag{17}$$

Tendo em vista que a umidade relativa do ar é igual a 70% (φ = 0,70), resulta da Equação (5.2)

$$y_{H_2O} = \varphi y^{vap}_{H_2O} = (0,70)(0,0332) = 0,0232 \tag{18}$$

Observe, neste item, que a mistura gasosa é composta de ar seco (A) e vapor de água (B), na qual a fração molar do vapor de água é igual a $y_B = y_{H2O} = 0,0232$, sendo que a fração molar do ar seco nessa mistura advém da utilização do resultado 16 na Equação (5.11),

$$y_A = 1 - y_B = 1 - 0,0232 = 0,9768 \tag{19}$$

Assumindo o ar seco (A) enquanto mistura binária, tem-se: M_A = 28,846 g/mol, y_A = 0,9768 (ar seco) e M_B = 18,015 g/mol, y_B = 0,0232 (vapor de água). Desse modo, obtém-se o valor da massa molar do ar úmido utilizando-se a Equação (5.13), ou

$$M = (0,9768)(28,846) + (0,0232)(18,015) = 28,595 \text{ g/mol} \tag{20}$$

Procedimento semelhante para o ar seco (A) enquanto mistura multicomponente. Nesse caso, têm-se: M_A = 28,969 g/mol, y_A= 0,9768 (ar seco) e M_B = 18,015 g/mol, y_B = 0,0232 (vapor de água). Desse modo, leva-se tais valores na Equação (5.13), resultando

$$M = (0,9768)(28,969) + (0,0232)(18,015) = 28,715 \text{ g/mol} \tag{21}$$

REFERÊNCIAS BIBLIOGRÁFICAS

ALMEIDA, H. A. D. *Climatologia aplicada à geografia*. Campina Grande: EDUEPB, 2016. 317 p.

CENTRO DE GERENCIAMENTO DE EMERGÊNCIAS CLIMÁTICAS DA PREFEITURA DE SÃO PAULO (CGE). Umidade relativa do ar. Cidade de São Paulo, infraestrutura e obras, 2021. Disponível em: https://www.cgesp.org/v3/umidade-relativa-do-ar.jsp. Acesso em: 20 mar. 2021.

CREMASCO, M. A. *Difusão mássica*. São Paulo: Blucher, 2019. 284 p.

RAMOS, J. J. M.; LEITÃO, L. L. A atmosfera da Terra – sua origem, evolução e características actuais. *Boletim SPQ Atmosfera da Terra*, Lisboa, n. 44/45, p. 53-65, 1991.

REID, R. C.; PRAUSNITZ, J. M.; SHERWOOD, T. K. *The properties of gases and liquids*. 3. ed. New York: McGraw-Hill, 1977. 688 p.

DIFUSÃO EM GASES

CAPÍTULO 6
Mistura binária de gases apolares

Estrôncio: metal alcalino-terroso da família 2A, que abriga o magnésio e o cálcio. Mas, convenhamos, estrôncio? Que belo nome ao tempo de ser estranho. Encontra-se facilmente, na Tabela Periódica, uma miríade de nomes esquisitos, a ponto de se escalar vários times de futebol (dez, pelo menos), por exemplo, este: Goleiro: Promécio. Zaga: Ósmio, Fleróvio, Tenessino e Livermório. Meio de campo: Rênio, Ródio e Rutênio. Ataque: Selênio, Escândio e Ununóctio. Este último seria espécie de ponta esquerda controverso em um velho esquema 4-3-3, mas que traz um senhor nome, que, na dúvida dos seguidores do técnico russo Dmitri Mendeleev, foi substituído pelo Oganessônio. Esses nomes e tantos outros, que se somam em mais de uma centena (transurânicos ou não), ajudam a entender a estrutura da matéria e, dessa maneira, do Universo. A propósito, o elemento químico estrôncio é assim denominado devido à sua identificação, no final do século XVIII, em um mineral encontrado na vila escocesa Strontian, pois o termo "estranho" (xénos, em grego) foi utilizado para batizar o xenônio. Sim, há outras terminologias gregas interessantes, como "oculto" (krypós), "novo" (néos) e "inativo" (árgon) para nomearem o criptônio, o neônio e o argônio, respectivamente, isso sem contar a origem grega de hélio em identificação ao Sol, como discutido no Capítulo 2. Pois bem, o hélio (He), o neônio (Ne), o argônio (Ar), o criptônio (Kr), o xenônio (Xe) e o radônio (Rn) fazem parte do seleto grupo 18, conhecido como o dos gases nobres (o oganessônio, Og, não é gás e pertence ao 18). Essa família nobre é assim nomeada devido às suas camadas externas de valência serem consideradas completas e, portanto, estáveis, apresentando baixa reatividade química.

Tais gases são monoatômicos, incolores e inodoros, com baixos valores de entalpias de vaporização, devido às forças presentes entre os átomos (forças de dispersão de London), a ponto de serem considerados quase ideais. Tais gases, no passado, eram conhecidos como inertes, ou seja, sem qualquer reatividade química, o que não procede, assim como raros. O argônio, como pode ser observado na Tabela 5.1, é o terceiro elemento químico mais presente na atmosfera terrestre, perdendo apenas para o nitrogênio e o oxigênio; assim não é correto o denominar raro. Além da realeza ou estranheza que cerca os gases nobres, suas aplicações são encontradas em várias áreas, principalmente quando se intenta fornecer uma atmosfera inerte. O hélio é um gás de arraste amplamente utilizado em cromatografia gasosa, e empregado em criogenias a temperaturas baixas, indicadas para a manutenção de supercondutores. O argônio é utilizado enquanto gás de proteção em arco de solda, fornecendo ambiente livre de oxigênio e de nitrogênio, como também pode ser empregado no preenchimento de espaços vazios em barris de vinho, servindo como camada protetora para evitar a oxidação da bebida. Encontra-se o neônio no dia a dia, como nas luzes de faróis de neblina, lasers, avisos luminosos e sinais de publicidade. O criptônio também é encontrado em lasers, faróis e lâmpadas de alto desempenho. Encontra-se o xenônio na iluminação incandescente, desenvolvimento de raios-X, painéis de exibição de plasma. O xenônio possibilita melhor definição de raios-X com quantidades reduzidas de radiação. Quando misturado com oxigênio, aumenta o contraste na imagem da tomografia computadorizada. O radônio destoa da nobre família luminosa, devido à sua ação carcinogênica, ainda que se discuta a sua utilização em radioterapia. Exceto o radônio e o oganessônio, a família nobre é encontrada na atmosfera terrestre, o que nos leva à atenção quanto à importância de se estudar a natureza físico-química de suas interações, dentre as quais a compreensão da difusão mássica. Para tanto, são conhecidos valores experimentais do coeficiente de difusão entre alguns gases nobres presentes na atmosfera terrestre, que estão apresentados na Tabela 6.1, em duas temperaturas distintas e a 1 atm. Desse modo, pede-se:

a) obtenha, a partir da teoria cinética dos gases, os valores do coeficiente de difusão nas situações apresentadas na Tabela 6.1 e compare os resultados obtidos com aqueles experimentais;

b) refaça o item anterior considerando-se o modelo de Fuller, Schettler e Giddings (1966).

Tabela 6.1 – Valores experimentais do coeficiente de difusão, em cm^2/s, para gases nobres a 1 atm (VAN HEIJNINGEN, 1967)

T (°C)	Ar-Ne	Kr-Ne	Xe-Ne	Kr-Ar	Xe-Ar	Xe-Kr
22	0,316	0,257	0,218	0,136	0,111	0,074
127	0,530	0,438	0,368	0,237	0,195	0,132

COMENTÁRIOS

O fenômeno da difusão mássica refere-se ao espalhamento aleatório molecular do soluto em certo meio (estado da matéria) regido pela 2ª lei da termodinâmica, a qual implica na migração de determinada espécie química, conhecida como soluto A, através de um meio B. A difusão mássica, dessa maneira, é governada pela interação soluto-meio, cuja mobilidade e trajetória do soluto são influenciadas por suas características e propriedades, bem como daquelas do meio (CREMASCO, 2019). No caso da difusão em gases, o meio difusivo considerado é, como já mencionado, um gás, como também o soluto. Nesse caso, as forças de coesão entre soluto-meio são débeis, muito em particular em se tratando de gases nobres. A descrição basilar do movimento do soluto advém da teoria cinética dos gases, cujas hipóteses são: um gás ideal puro é composto por incontáveis moléculas esféricas de mesma espécie química, que se movimentam erráticas à mesma velocidade média molecular em todas as direções; havendo, todavia, colisões entre elas (CREMASCO, 2019). O coeficiente de difusão, D_{AB}, oriundo da teoria cinética pode se apresentar como (REID; PRAUSNITZ; POLING, 1987)

$$D_{AB} = 2{,}66 \frac{T^{3/2}}{\sigma_{AB}^2 P \Omega_D M_{AB}^{1/2}} \times 10^{-3} \tag{6.1}$$

sendo a massa molar reduzida na forma

$$M_{AB} = 2{,}0 \left(\frac{M_A M_B}{M_A + M_B} \right) \tag{6.2}$$

com a temperatura (T) em K; pressão (P) em atm; diâmetro de colisão (σ_{AB}) em Å; D_{AB} em cm²/s; em que σ_{AB} e a integral de colisão (Ω_D) dependem das forças intermoleculares. Devido à característica apolar dos gases nobres, o diâmetro de colisão, σ_{AB}, é calculado como (REID; PRAUSNITZ; POLING, 1987)

$$\sigma_{AB} = \frac{1}{2} \left(\sigma_A + \sigma_B \right) \tag{6.3}$$

sendo o valor para o diâmetro da espécie i (A ou B) encontrado em tabelas (REID; PRAUSNITZ; POLING, 1987) ou oriundos de propriedades críticas na forma (HIRSCHFELDER; BIRD; SPOTZ, 1949)

$$\sigma_i = 0{,}841 V_{c_i}^{1/3} \tag{6.4}$$

sendo V_{ci} o volume crítico da espécie i.

O valor da integral de colisão, Ω_D, presente na Equação (6.1), para moléculas apolares é fornecido por (NEUFELD; JANZEN; AZIZ, 1972)

$$\Omega_D = \frac{1,06036}{T^{*0,1561}} + \frac{0,193}{\exp\left(0,473T^*\right)} + \frac{1,03587}{\exp\left(1,52996T^*\right)} + \frac{1,76474}{\exp\left(3,8941T^*\right)} \tag{6.5}$$

com a temperatura reduzida, T^*, definida por

$$T^* = \frac{k_B T}{\varepsilon_{AB}} \tag{6.6}$$

sendo a energia máxima de atração oriunda de

$$\frac{\varepsilon_{AB}}{k_B} = \sqrt{\left(\frac{\varepsilon_A}{k_B}\right)\left(\frac{\varepsilon_B}{k_B}\right)} \tag{6.7}$$

onde a energia potencial da espécie i (A ou B) pode ser encontrada em tabelas (REID; PRAUSNITZ; POLING, 1987) ou por meio de propriedades termodinâmicas, segundo (HIRSCHFELDER; BIRD; SPOTZ, 1949)

$$\frac{\varepsilon_i}{k_B} = 0,77T_{c_i} \tag{6.8}$$

Já o modelo difusional de Fuller, Schettler e Giddings (1966) procura corrigir os efeitos de interação molecular por intermédio de suas influências na temperatura e no diâmetro difusional, estabelecendo

$$D_{AB} = \frac{\sqrt{2}T^{1,75}}{d_{AB}^2 P M_{AB}^{1/2}} \times 10^{-3} \tag{6.9}$$

com M_{AB} obtido da Equação (6.2); T está em K e P em atm. O diâmetro de difusão (ou difusional), d_{AB}, em Å, é definido por

$$d_{AB} = \left(\sum v\right)_A^{1/3} + \left(\sum v\right)_B^{1/3} \tag{6.10}$$

A propriedade $(\sum v)_i$, sendo i = A ou B, refere-se ao volume difusional de Fuller, Schettler e Giddings (1966) da molécula i, cujo valor, para moléculas simples, está contido na Tabela 6.2. No caso de moléculas complexas, o valor do volume difusional é conhecido por meio da técnica de contribuição de grupos (átomos), que estão contidos na Tabela 6.3. No caso de presença de grupos, o sinal negativo implica na necessidade de se diminuir o valor apontado na tabela após a soma das contribuições de cada átomo, proporcionais à sua presença, na fórmula estrutural da molécula analisada (CREMASCO, 2019).

Tabela 6.2 – Volumes moleculares de difusão (FULLER; SCHETTLER; GIDDINGS, 1966)

Moléculas	$\sum v$	Moléculas	$\sum v$
H_2	7,07	H_2O	12,70
D_2	6,70	CO	18,90
He	2,88	CO_2	26,90
N_2	17,90	N_2O	35,90
O_2	16,60	NH_3	14,90
ar	20,10	$CClF_2$	114,80
Kr	22,80	SF_6	69,70
Ar	16,10	SO_2	41,10
Xe	37,90	Cl_2	37,70
Ne	5,59	Br_2	67,20

Tabela 6.3 – Incrementos nos volumes atômicos e estrutural de difusão (FULLER; SCHETTLER; GIDDINGS, 1966)

Moléculas	v	Moléculas	v
C	16,5	$C\ell$	19,5
H	1,98	S	17,0
O	5,48	anel aromático	−20,2
N	5,69	anel heterocíclico	−20,2

FORMULÁRIO

A Tabela 6.4 apresenta os valores da massa molar e de propriedades críticas dos gases nobres avaliados neste capítulo.

Tabela 6.4 – Propriedades de gases (REID; PRAUSNITZ; POLING, 1987)

Gás nobre	Fórmula molecular	M (g/mol)	T_c (K)	V_c (cm³/mol)
Argônio	Ar	39,948	150,8	74,8
Criptônio	Kr	83,800	290,4	91,2
Neônio	Ne	20,183	44,4	41,6
Xenônio	Xe	131,300	289,7	118,4

O desvio relativo entre os valores calculados do coeficiente de difusão e aqueles fornecidos na Tabela 6.1 pode ser na forma

$$\text{Desvio}(\%) = \frac{\left(D_{ABcal} - D_{ABexp}\right)}{D_{ABexp}} \times 100 \tag{6.11}$$

em que o subscrito "cal" se refere ao valor calculado, e o subscrito "exp", ao experimental.

SOLUÇÃO

a) A estimativa dos valores do coeficiente de difusão para os pares de gases nobres apresentados na Tabela 6.1, a partir da teoria cinética dos gases, advém da utilização da Equação (6.1),

$$D_{AB} = 2,66 \frac{T^{3/2}}{\sigma_{AB}^2 P \Omega_D M_{AB}^{1/2}} \times 10^{-3} \tag{1}$$

Para ilustração de cálculos, elege-se o par argônio-neônio (Ar-Ne), sendo A = Ar em B = Ne, à temperatura de 127 °C = 127 + 273,15 = 400,15 K e 1 atm, com a massa molar reduzida, M_{AB}, obtida da Equação (6.2),

$$M_{AB} = 2,0 \left(\frac{M_A M_B}{M_A + M_B} \right) \tag{2}$$

Da Tabela 6.4, nota-se M_A = 39,948 g/mol e M_B = 20,183 g/mol que, substituídos na Equação (2),

$$M_{AB} = (2,0)\left[\frac{(39,948)(20,183)}{39,948 + 20,183}\right] = 26,817\ g/mol \tag{3}$$

Já os valores do diâmetro de Lennard-Jones de A = Ar e B = Ne são obtidos da Equação (6.4), sendo que os respectivos valores do volume crítico estão contidos na Tabela 6.4, da qual decorre,

$$\sigma_A = 0,841 V_{b_A}^{1/3} = (0,841)(74,8)^{1/3} = 3,543\ \overset{o}{A} \tag{4}$$

$$\sigma_B = 1,18 V_{c_B}^{1/3} = (0,841)(41,6)^{1/3} = 2,914\ \overset{o}{A} \tag{5}$$

Substituindo os resultados 4 e 5 na Equação (6.3)

$$\sigma_{AB} = \frac{1}{2}(\sigma_A + \sigma_B) = \frac{1}{2}(3,543 + 2,914) = 3,229\ \overset{o}{A} \tag{6}$$

O valor da integral de colisão, Ω_D, presente na Equação (1), para moléculas apolares, resulta da Equação (6.5), sendo a temperatura reduzida, T^*, oriunda da Equação (6.6), ou

$$T^* = \frac{k_B T}{\varepsilon_{AB}} \tag{7}$$

com a energia máxima de atração entre as moléculas A e B advinda da Equação (6.7),

$$\frac{\varepsilon_{AB}}{k_B} = \sqrt{\left(\frac{\varepsilon_A}{k_B}\right)\left(\frac{\varepsilon_B}{k_B}\right)} \tag{8}$$

em que a energia potencial da espécie i (A ou B) é obtida da Equação (6.8),

$$\frac{\varepsilon_i}{k_B} = 0,77 T_{c_i} \tag{9}$$

Uma vez que os valores da temperatura crítica para o Ar e Ne estão presentes na Tabela 6.4, têm-se para tais gases, respectivamente,

$$\frac{\varepsilon_A}{k_B} = 0,77T_{c_A} = (0,77)(150,8) = 116,116 \text{ K} \tag{10}$$

$$\frac{\varepsilon_B}{k_B} = 0,77T_{c_B} = (0,77)(44,4) = 34,118 \text{ K} \tag{11}$$

Levando os resultados 10 e 11 na Equação (8)

$$\frac{\varepsilon_{AB}}{k_B} = \sqrt{\left(\frac{\varepsilon_A}{k_B}\right)\left(\frac{\varepsilon_B}{k_B}\right)} = \sqrt{(116,116)(34,118)} = 63,006 \text{ K} \tag{12}$$

A temperatura reduzida para T = 400,15 K é obtida substituindo esse valor de temperatura e o resultado 12 na Equação (7),

$$T^* = \frac{k_B T}{\varepsilon_{AB}} = \frac{400,15}{63,006} = 6,351 \tag{13}$$

Substituindo esse resultado na Equação (6.5), obtém-se o valor da integral de colisão,

$$\Omega_D = \frac{1,06036}{(6,351)^{0,1561}} + \frac{0,193}{\exp\left[(0,473)(6,351)\right]} + \frac{1,03587}{\exp\left[(1,52996)(6,351)\right]} + \frac{1,76474}{\exp\left[(3,8941)(6,351)\right]} = 0,795 \tag{14}$$

Desse modo, pode-se estimar o valor do coeficiente de difusão do par Ar-Ne, para T = 400,15 K e P = 1 atm, substituindo os resultados 3, 6 e 14 na Equação (1),

$$D_{AB} = \frac{(2,66\times10^{-3})(400,15)^{3/2}}{(3,229)^2(1)(0,795)(26,817)^{1/2}} = 0,496 \text{ cm}^2/\text{s} \tag{15}$$

Visto a 127 °C o valor experimental do coeficiente de difusão, do par Ar-Ne, ser igual a 0,53 cm²/s, tem-se o desvio relativo calculado a partir da Equação (6.11),

$$\text{Desvio}(\%) = \frac{(D_{AB\text{cal}} - D_{AB\text{exp}})}{D_{AB\text{exp}}}\times100 = \frac{(0,496-0,53)}{0,53}\times100 = -6,42\% \tag{16}$$

Faz-se procedimento análogo para os demais pares de gases nobres, A-B, à pressão de 1 atm e nas temperaturas iguais a 22 °C (295,15 K) e 127 °C (400,15 K). De posse das propriedades críticas presentes na Tabela 6.4, são apresentados na Tabela 1 os valores individuais do diâmetro de Lennard-Jones e da energia potencial máxima para os gases nobres avaliados neste capítulo, calculados pelas Equações (6.4) e (6.8), respectivamente. De posse dos valores individuais da massa molar de cada gás nobre, presente na Tabela 6.4, e dos resultados contidos na Tabela 1, torna-se possível obter, para o par A-B (Ar-Ne ou Kr-Ne ou Xe-Ne ou Kr-Ar ou Xe-Ar ou Xe-Kr), os valores da massa molar reduzida (M_{AB}), do diâmetro de colisão (σ_{AB}), Equação (6.3), e da energia máxima de atração (ε_{AB}/k_B), Equação (6.7), que estão apresentados na Tabela 2.

Tabela 1 – Valores do diâmetro de Lennard-Jones e de energia potencial máxima

Gás nobre	Símbolo	σ (Å)	ε/k_B (K)
Argônio	Ar	3,543	116,116
Criptônio	Kr	3,786	223,608
Neônio	Ne	2,914	34,188
Xenônio	Xe	4,130	223,069

Tabela 2 – Valores da massa molar reduzida, diâmetro de colisão e energia máxima de atração

Par	Ar-Ne	Kr-Ne	Xe-Ne	Kr-Ar	Xe-Ar	Xe-Kr
M_{AB}	26,817	32,531	34,988	54,104	61,258	102,305
σ_{AB}	3,2290	3,3500	3,5220	3,6650	3,8365	3,9580
ε_{AB}/k_B	63,006	87,434	87,329	161,135	160,941	223,338

A integral de colisão, Ω_D, presente na Equação (1), depende da temperatura do sistema que, no presente capítulo, são 22 °C (295,15 K) e 127 °C (400,15 K). Para tanto, é necessário conhecer a temperatura reduzida (T^*), Equação (6.6). A Tabela 3 apresenta os resultados tanto para a temperatura reduzida quanto para a integral de colisão nas temperaturas (em K) estudadas.

Tabela 3 – Valores da temperatura reduzida e da integral de colisão

Par	Ar-Ne	Kr-Ne	Xe-Ne	Kr-Ar	Xe-Ar	Xe-Kr
T^* (295,15 K)	4,684	3,376	3,380	1,832	1,834	1,321
Ω_D (295,15 K)	0,835	0,888	0,888	1,057	1,056	1,210
T^* (405,15 K)	6,351	4,577	4,582	2,483	2,486	1,792
Ω_D (400,15 K)	0,795	0,839	0,839	0,957	0,957	1,065

Conhecidos os valores de P = 1 atm, T = 295,15 K ou 400,15 K, os resultados de M_{AB} e de σ_{AB} apresentados na Tabela 2 e aqueles de Ω_D contidos na Tabela 3, estes são substituídos na Equação (1), possibilitando a estimativa dos valores do coeficiente de difusão. Os resultados estão na Tabela 4, a qual mostra, também, os valores do desvio relativo em relação aos valores experimentais (Tabela 6.1), calculado pela Equação (6.11).

Tabela 4 – Valores calculados de D_{AB} e do desvio relativo em relação ao valor experimental

Par	Ar-Ne	Kr-Ne	Xe-Ne	Kr-Ar	Xe-Ar	Xe-Kr
D_{AB} (295,15 K)	0,299	0,237	0,207	0,129	0,111	0,07
Desvio (%)	−5,38	−7,78	−5,05	−5,15	0,00	−5,41
D_{AB} (400,15 K)	0,496	0,396	0,346	0,225	0,193	0,126
Desvio (%)	−6,42	−9,59	−5,98	−5,06	−1,03	−4,55

Note que os resultados de D_{AB} estão, de modo geral, bastante razoáveis, indicando a pertinência do modelo analisado para gases nobres.

b) O modelo difusional de Fuller, Schettler e Giddings (1966) considera o efeito da temperatura presente na integral de colisão, implícita no expoente da temperatura, Equação (6.9), assim como estabelece o diâmetro difusional enquanto substituto ao colisional, Equação (6.10), as quais aqui são retomadas, respectivamente,

$$D_{AB} = \frac{\sqrt{2}T^{1,75}}{d_{AB}^2 P M_{AB}^{1/2}} \times 10^{-3} \tag{17}$$

$$d_{AB} = \left(\sum v\right)_A^{1/3} + \left(\sum v\right)_B^{1/3} \tag{18}$$

Para efeito de demonstração de cálculos, retoma-se o par argônio-neônio (Ar-Ne), sendo A = Ar e B = Ne, à temperatura de 127 °C = 127 + 273,15 = 400,15 K e 1 atm. Da Tabela 6.2, verifica-se que os valores do volume difusional dos gases argônio e neônio são iguais, respectivamente, a $(\sum v)_{Ar}$ = 16,10 cm³/mol e $(\sum v)_{Ne}$ = 5,59 cm³/mol, resultando da Equação (18),

$$d_{AB} = \left(\sum v\right)_A^{1/3} + \left(\sum v\right)_B^{1/3} = \left(16{,}10\right)^{1/3} + \left(5{,}59\right)^{1/3} = 4{,}300\ \mathring{A} \tag{19}$$

São conhecidos os valores da massa reduzida, para o par Ar-Ne, M_{AB} = 26,817 g/mol (resultado 3), P = 1 atm e T = 400,15 K e o resultado 19, de forma que se pode substituí-los na Equação (17),

$$D_{AB} = \frac{\left(\sqrt{2}\times 10^{-3}\right)\left(400{,}15\right)^{1{,}75}}{\left(4{,}300\right)^2\left(1\right)\left(26{,}817\right)^{1/2}} = 0{,}529\ cm^2/s \tag{20}$$

apontando o valor do desvio relativo (Equação (6.11)) em relação ao valor experimental (Tabela 6.1),

$$Desvio(\%) = \frac{\left(D_{ABcal} - D_{ABexp}\right)}{D_{ABexp}}\times 100 = \frac{\left(0{,}529 - 0{,}530\right)}{0{,}530}\times 100 = -0{,}19\% \tag{21}$$

Procede-se cálculos semelhantes para o restante dos pares de gases nobres, A-B, à pressão de 1 atm e nas temperaturas de 22 °C (295,15 K) e de 127 °C (400,15 K). De posse dos valores individuais do diâmetro difusional dos gases nobres estudados neste capítulo, contidos na Tabela 6.2, obtém-se, para o par A-B (Ar-Ne ou Kr-Ne ou Xe-Ne ou Kr-Ar ou Xe-Ar ou Xe-Kr), os valores do diâmetro difusional de colisão, d_{AB}, por meio da Equação (19), cujos resultados estão apresentados na Tabela 5.

Tabela 5 – Valores do diâmetro de colisão difusional

Par	Ar-Ne	Kr-Ne	Xe-Ne	Kr-Ar	Xe-Ar	Xe-Kr
d_{AB} (Å)	4,300	4,611	5,134	5,361	5,8840	6,195

Visto P = 1 atm, T = 295,15 K ou 400,15 K, os resultados de M_{AB} na Tabela 2 e aqueles de d_{AB} presentes na Tabela 5, estes são substituídos na Equação (17), resultando nos valores do coeficiente de difusão, os quais estão apresentados na Tabela 6. Vale ressaltar que, nessa tabela também estão os valores do desvio relativo em relação aos valores experimentais (Tabela 6.1).

Tabela 6 – Valores calculados de D_{AB} pelo modelo de Fuller, Schettler e Giddings (1966) e do desvio relativo em relação ao valor experimental

Par	Ar-Ne	Kr-Ne	Xe-Ne	Kr-Ar	Xe-Ar	Xe-Kr
D_{AB} (295,15 K)	0,310	0,245	0,191	0,141	0,110	0,076
Desvio (%)	−1,90	−4,67	−12,39	3,68	−0,91	2,70
D_{AB} (400,15 K)	0,529	0,418	0,325	0,239	0,187	0,130
Desvio (%)	−0,19	−4,57	−11,68	0,84	−4,10	−1,52

Observe que modelo de Fuller, Schettler e Giddings (1966) também descreve satisfatoriamente a estimativa de D_{AB}, e, devido à simplicidade de sua aplicação, é o modelo recomendado para estimativa do coeficiente de difusão para gases apolares.

REFERÊNCIAS BIBLIOGRÁFICAS

CREMASCO, M. A. *Difusão mássica.* São Paulo: Blucher, 2019. 284 p.

FULLER, E. N.; SCHETTLER, P. D.; GIDDINGS, J. C. New method for prediction of binary gas-phase diffusion coefficients. *Industrial & Engineering Chemistry*, Washington, v. 58, n. 5, p. 18-27, 1966.

HIRSCHFELDER, J. O.; BIRD, R. B.; SPOTZ, E. L. The transport properties of gases and gaseous mixtures. *Chemical Reviews*, Washington, v. 44, n. 1, p. 205-231, 1949.

NEUFELD, P. D.; JANZEN, A. R.; AZIZ, R. A. Empirical equations to calculate 16 of the transport collision integrals Ωl,s* for the Lennard-Jones (12-6) potential. *The Journal of Chemical Physics*, v. 57, n. 3, p. 1100-1102, 1972.

REID, R. C.; PRAUSNITZ, J. M.; POLING, B. E. *The properties of gases and liquids.* 4. ed. New York: McGraw-Hill, 1987. 742 p.

VAN HEIJNINGEN, R. J. J. *Diffusion in binary gaseous mixture.* 1967. 52 f. Thesis (Doctoral Dissertation) - Leiden University, Leinden, 1967.

CAPÍTULO 7
Mistura binária apolar-polar

Contabilizou-se, no final da década de 2010, a morte de mais de 800 pessoas por hora no Planeta decorrente do ar poluído (HEILEMAN, 2019). Além dos danos à saúde, os custos creditados à poluição atmosférica ultrapassaram os US$ 5 trilhões por ano, sendo um indicador de desigualdade entre as nações, uma vez que 97% das cidades, acima de 100 mil habitantes, situadas em países de baixa e média renda não atendiam aos critérios de qualidade do ar. Nos países ditos desenvolvidos o índice atingiu 49%. Existem diversas ações para enfrentar o problema da poluição atmosférica, como expandir os espaços verdes nas cidades, promover transportes públicos sustentáveis e controlar incêndios florestais (HEILEMAN, 2019), principalmente aqueles associados ao desmatamento desvairado. Os poluentes atmosféricos, quanto à sua origem, são classificados como primários e secundários. Os poluentes primários resultam diretamente da fonte de emissão, como os materiais particulados inaláveis, monóxido de carbono (CO), dióxido de enxofre (SO_2), monóxido de nitrogênio (NO), dióxido de nitrogênio (NO_2) (CETESB, 2018). Os poluentes secundários referem-se aqueles formados na atmosfera por consequência de reação química entre os poluentes e/ou aqueles encontrados naturalmente na atmosfera, como o ozônio (O_3), que resulta de reações fotoquímicas que dependem da incidência de luz solar, dentre outros fatores (CETESB, 2018). A dispersão na atmosfera de tais poluentes é um vasto campo de investigação em transferência de massa, principalmente em nível macroscópico, contudo se torna importante avaliar como ocorre tal dispersão em nível molecular e, neste caso, essa dispersão passa a ser domínio do exame de difusão mássica, em particular da difusão mássica em gases. Nesse caso, objetiva-se calcular o valor do coeficiente de difusão do CO, SO_2, NO, NO_2 e O_3 em ar seco a 28 °C e 0,96 atm. Para tanto, são fornecidas as suas propriedades na Tabela 7.1. Observa-se, nessa tabela, que foram fornecidos os valores experimentais de tais coeficientes e, deste modo, solicita-se a comparação entre os valores calculados com aqueles experimentais.

Tabela 7.1 – Propriedades de gases (REID; PRAUSNITZ; POLING, 1987)

Espécies químicas	M (g/mol)	V_c (cm³/mol)	T_b (K)	T_c (K)	μ (Debye)	D_{AB} (cm²s)
NO	30,006	57,7	121,4	180,0	0,2	*0,231
NO_2	46,006	167,8	293,3	431,4	0,4	*0,139
SO_2	64,063	122,2	263,2	430,8	1,6	*0,124
CO	28,010	93,2	81,7	132,9	0,1	**0,208
O_3	47,998	127,3	181,2	261,1	0,6	***0,123

*valores experimentais a 296 K e 1 atm (TANG et al., 2014); **valor experimental a 293 K e 1 atm (CLEARY et al., 2015); *** valor experimental a 273 K e 1 atm (LANGENBERG et al., 2020).

COMENTÁRIOS

No capítulo anterior exemplificou-se a difusão de matéria por meio de mecanismo aleatório envolvendo moléculas apolares. Entretanto, é imperiosa a lembrança de que as moléculas possuem cargas elétricas, que acarretam forças atrativa e repulsiva, as quais governam o fenômeno das colisões moleculares. No caso em particular de moléculas polares, como aquelas apresentadas na Tabela 7.1, espera-se interações moleculares distintas daquelas relacionadas às moléculas apolares, em que se identificam: força dipolo-dipolo (ambas as moléculas serem polares), dipolo-dipolo induzido (uma molécula apolar e a outra polar) (CREMASCO, 2019). No presente capítulo, objetiva-se a obtenção dos valores do coeficiente de difusão, D_{AB}, das moléculas polares A = CO, SO_2, NO, NO_2 ou O_3 em um meio apolar, B = ar seco (M_B = 28,846 g/mol) em determinada condição de temperatura e pressão utilizando-se Equação (6.1), ou

$$D_{AB} = 2{,}66\frac{T^{3/2}}{\sigma_{AB}^2 P\Omega_D M_{AB}^{1/2}}\times 10^{-3} \tag{7.1}$$

sendo a massa molar reduzida obtida segundo a Equação (6.2),

$$M_{AB} = 2,0\left(\frac{M_A M_B}{M_A + M_B}\right) \tag{7.2}$$

com a temperatura (T) em K; pressão (P) em atm; diâmetro de colisão (σ_{AB}) em Å; D_{AB} em cm^2/s; em que σ_{AB} e a integral de colisão (Ω_D) dependem das forças intermoleculares. Pede-se que se avalie o desempenho de tal correlação, comparando-se os resultados com aqueles experimentais (T_2, P_2), mas que estão em condições de temperatura e de pressão distintas (T_1, P_1), fazendo como que se procure alternativas para a sua estimativa na forma

$$D_{AB}\Big|_{T_2,P_2} = D_{AB}\Big|_{T_1,P_1}\left(\frac{P_1}{P_2}\right)\left(\frac{T_2}{T_1}\right)^{3/2}\left(\frac{\Omega_{D1}}{\Omega_{D2}}\right) \tag{7.3}$$

FORMULÁRIO

No caso de o par A-B ser mistura polar, o diâmetro de colisão advém de

$$\sigma_{AB} = \left(\sigma_A \sigma_B\right)^{1/2} \tag{7.4}$$

sendo o diâmetro de Lennard-Jones para o ar seco igual a σ_B = 3,711 Å. Para moléculas polares pode-se utilizar,

$$\sigma_i = \left[\frac{1,585 V_{b_i}}{\left(1 + 1,3\delta_i^2\right)}\right]^{1/3} \tag{7.5}$$

com

$$\delta_i = \frac{1,94 \times 10^3 \mu_i^2}{V_{b_i} T_{b_i}} \tag{7.6}$$

em que o momento dipolar da molécula i, μ_i, é dado em Debye; T_b, temperatura normal no ponto de ebulição da espécie considerada, em Kelvin. A relação entre o volume molar à temperatura normal de ebulição e aquela crítica é obtida de (TYN; CALUS, 1975)

$$V_{b_i} = 0,248 V_{c_i}^{1,048} \tag{7.7}$$

O valor da integral de colisão, considerando-se a polaridade das moléculas, advém de

$$\Omega_D^* = \Omega_D + \left(0{,}196\frac{\delta_{AB}^2}{T^*}\right) \tag{7.8}$$

com o valor de Ω_D calculado por intermédio da Equação (6.5), admitindo o valor da temperatura reduzida oriundo da Equação (6.6), aqui retomados, respectivamente, como

$$\Omega_D = \frac{1{,}06036}{T^{*0{,}1561}} + \frac{0{,}193}{\exp\left(0{,}473T^*\right)} + \frac{1{,}03587}{\exp\left(1{,}52996T^*\right)} + \frac{1{,}76474}{\exp\left(3{,}8941T^*\right)} \tag{7.9}$$

$$T^* = \frac{k_B T}{\varepsilon_{AB}} \tag{7.10}$$

O termo relacionado à polaridade, presente na Equação (7.8), é definido segundo

$$\delta_{AB} = \left(\delta_A \delta_B\right)^{1/2} \tag{7.11}$$

em que δ_i para i = A ou B obtido da Equação (7.6). Já o valor da energia máxima de atração é obtido da Equação (6.7), ou

$$\frac{\varepsilon_{AB}}{k_B} = \sqrt{\left(\frac{\varepsilon_A}{k_B}\right)\left(\frac{\varepsilon_B}{k_B}\right)} \tag{7.12}$$

para o ar seco, ε_B/k = 78,6 K. Para moléculas polares, entretanto, pode-se utilizar (CREMASCO, 2019)

$$\frac{\varepsilon_i}{k_B} = 1{,}18\left(1 + 1{,}3\delta_i^2\right)T_{b_i} \tag{7.13}$$

para i = A ou B.

O valor do desvio relativo entre os valores calculados do coeficiente de difusão e aqueles fornecidos na Tabela 7.1 é calculado por

$$\text{Desvio}\left(\%\right) = \frac{\left(D_{ABcal} - D_{ABexp}\right)}{D_{ABexp}} \times 100 \tag{7.14}$$

em que o subscrito “cal” se refere ao valor calculado, e o subscrito “exp”, ao experimental.

SOLUÇÃO

Procura-se, neste capítulo, estimar o valor do coeficiente de difusão, D_{AB}, em que A = CO, SO_2, NO, NO_2 ou O_3 em B = ar seco para T = 28 °C = 28 + 273,15 = 301,15 K e P = 0,96 atm, utilizando-se a Equação (7.1), ou

$$D_{AB} = 2,66 \frac{T^{3/2}}{\sigma_{AB}^2 P \Omega_D M_{AB}^{1/2}} \times 10^{-3} \quad (1)$$

Uma vez que a constante presente na Equação (1), bem como a temperatura e a pressão são as mesmas para todos os gases poluentes, pode-se retomá-la como

$$D_{AB} = \frac{\gamma}{\sigma_{AB}^2 \Omega_D^* M_{AB}^{1/2}} \quad (2)$$

com

$$\gamma = 2,66 \times 10^{-3} \frac{T^{3/2}}{P} = \left(2,66 \times 10^{-3}\right) \frac{\left(301,15\right)^{3/2}}{\left(0,96\right)} = 14,481 \quad (3)$$

Visto a espécie B ser ar seco (M_B = 28,846 g/mol) e considerando-se as massas molares para os poluentes A = CO, SO_2, NO, NO_2 ou O_3 apresentadas na Tabela 7.1, calcula-se o valor da massa molar reduzida conforme a Equação (7.2), para utilizá-la, na Equação (1) como $M_{AB}^{1/2}$, cujos resultados obtidos estão apresentados na Tabela 1.

Tabela 1 – Valores calculados para a massa molar reduzida

Espécies químicas	M_A (g/mol)	M_{AB} (g/mol)	$M_{AB}^{1/2}$
NO	30,006	29,415	5,424
NO_2	46,006	35,459	5,955
SO_2	64,063	39,780	6,307
CO	28,010	28,422	5,331
O_3	47,998	36,035	6,003

Nota-se na Equação (1) a necessidade de se determinar o diâmetro de colisão, σ_{AB}. Conhece-se que o diâmetro característico do ar seco, σ_B = 3,711 Å, enquanto o das demais moléculas, A, depende de sua natureza polar. Nesse caso, deve-se utilizar as Equações (7.5) e (7.6). Contudo, são desconhecidos os valores do volume molar à temperatura normal de ebulição, V_b, de tais moléculas; mas sim os volumes críticos, V_c. A Equação (7.7), por seu turno, estabelece a relação entre esses dois volumes. Nesse caso, substitui-se essa equação nas Equações (7.5) e (7.6), resultando, respectivamente

$$\sigma_i = \left[\frac{0{,}393 V_{c_i}^{1{,}048}}{\left(1 + 1{,}3\delta_i^2\right)} \right]^{1/3} \tag{4}$$

com

$$\delta_i = \frac{7{,}823 \times 10^3 \mu_i^2}{V_{c_i}^{1{,}048} T_{b_i}} \tag{5}$$

Conhecidos da Tabela 7.1 os valores de V_c, T_b e μ, pode-se calcular o parâmetro δ segundo a Equação (5) e substituí-lo, em conjunto com os valores de V_c na Equação (4) para obter o valor do diâmetro de Lennard-Jones de cada poluente, σ_A. Esse valor em conjunto com aquele do ar seco, σ_B = 3,711 Å, são substituídos na Equação (4) tornando-se possível conhecer os valores do diâmetro de colisão, σ_{AB}, de cada poluente. A Tabela 2 apresenta os resultados encontrados.

Tabela 2 – Valores calculados para o diâmetro de colisão

Espécies químicas	V_c (cm^3/mol)	T_b (K)	μ (Debye)	δ	σ_A (Å)	σ_{AB} (Å)
NO	57,7	121,4	0,2	0,0368	3,018	3,347
NO_2	167,8	293,3	0,4	0,0199	4,384	4,033
SO_2	122,2	263,2	1,6	0,4944	3,580	3,645
CO	93,2	81,7	0,1	0,0083	3,571	3,640
O_3	127,3	181,2	0,6	0,0968	3,966	3,836

O valor de Ω^*_D, presente na Equação (1), é calculado por intermédio da Equação (7.8), considerando-se a temperatura reduzida advinda da Equação (7.10), sendo a energia máxima de atração oriunda da Equação (7.12), corrigida pela polaridade segundo a Equação (7.13). O termo que considera a polaridade na correção da integral de colisão é definido pela Equação (7.11), ou

$$\delta_{AB} = \left(\delta_A \delta_B\right)^{1/2} \tag{6}$$

Visto que o ar seco é apolar, a Equação (6) aponta para $\delta_{AB} = 0$, resultando $\Omega_D^* = \Omega_D$. Na estimativa do valor da integral de colisão, Ω_D, será considerado a polaridade presente tão somente na temperatura reduzida, T^*, Equação (7.10), para T = 301,15 K, ou

$$T^* = 301,15\frac{k_B}{\varepsilon_{AB}} \tag{7}$$

em que o valor da energia máxima de atração, ε_{AB}/k_B, Equação (7.12), conhecendo-se $\varepsilon_B/k_B = 78{,}6$ K para o ar seco, enquanto para os gases poluentes, todos polares, a Equação (7.13) para a estimativa da respectiva energia potencial, ε_A/k_B, sendo que, no presente capítulo o valor de δ para cada gás foi calculado e está presente na Tabela 2. De posse de tais valores torna-se possível obter o valor da temperatura reduzida, T^* (Equação (7)), para cada gás presente na Tabela 2, é possível obter os resultados da integral de colisão, Ω_D. Com esse último resultado, bem como, com os valores de $M_{AB}^{1/2}$ fornecidos na Tabela 1, e de diâmetro de colisão, σ_{AB}, presentes na Tabela 2, e da constante $\gamma = 14{,}481$ (resultado 3), obtém-se os valores dos coeficientes binários de difusão, os quais estão apresentados na Tabela 3.

Tabela 3 – Valores da integral de colisão e do coeficiente de difusão dos poluentes em ar seco

Espécies químicas	T_b (K)	δ	ε_A/k_B (K)	ε_{AB}/k_B (K)	T^*	Ω_D	D_{AB} (cm^2/s)
NO	121,4	0,0368	143,5	106,20	2,836	0,965	0,247
NO_2	293,3	0,0199	346,27	164,98	1,825	1,111	0,135
SO_2	263,2	0,4944	409,26	179,36	1,679	1,147	0,151
CO	81,7	0,0083	96,41	87,05	3,459	0,916	0,224
O_3	181,2	0,0969	216,42	130,42	2,309	1,025	0,160

Solicita-se, neste capítulo, a estimativa dos coeficientes binários de difusão em outras condições de temperatura e de pressão de modo a comparar os resultados com aqueles encontrados na Literatura (veja a Tabela 7.1). Para tanto, utiliza-se a Equação (7.3), ou

$$D_{AB}\Big|_{T_2,P_2} = D_{AB}\Big|_{T_1,P_1}\left(\frac{P_1}{P_2}\right)\left(\frac{T_2}{T_1}\right)^{3/2}\left(\frac{\Omega_{D1}}{\Omega_{D2}}\right) \tag{8}$$

em que $P_1 = 0{,}96$ atm e $T_1 = 301{,}15$ K e os valores de $D_{AB}|_{T1,P1}$ e Ω_{D1} são aqueles presentes na Tabela 3. Exceto para o monóxido de carbono em que $T_2 = 293$ K; para as demais espécies a temperatura de análise é $T_2 = 296$ K e em todos os casos $P_2 = 1$ atm.

Observa-se, na Equação (8), a necessidade de se reavaliar a integral de colisão Ω_{D2}, pois esta depende da temperatura reduzida. Dessa feita, torna-se possível estimar os valores de $D_{AB}|_{T2,P2}$ e compará-los com os experimentais, D_{ABexp}, utilizando-se a Equação (7.14),

$$\text{Desvio}(\%) = \frac{\left(D_{ABcal} - D_{ABexp}\right)}{D_{ABexp}} \times 100 \tag{9}$$

Os resultados obtidos estão contidos na Tabela 4 e se mostram satisfatórios. Chama a atenção que o maior valor para o desvio relativo está associado à molécula que apresenta maior polaridade (SO_2), indicando a necessidade de aprimoramento do modelo para a predição de D_{AB}.

Tabela 4 – Estimativa do coeficiente de difusão em outras condições de temperatura e pressão e comparação com resultados experimentais

Espécies químicas	T_2 (K)	T^*	Ω_{D2}	$D_{AB}\|_{T_2,P_2}$ (cm^2/s)	D_{AB}(exp.) (cm^2/s)	Desvio (%)
NO	296	2,787	0,969	0,230	0,231	–0,43
NO_2	296	1,794	1,118	0,125	0,139	–10,07
SO_2	296	1,650	1,154	0,140	0,124	12,90
CO	293	3,366	0,922	0,205	0,208	–1,44
O_3	273	2,093	1,059	0,128	0,153	–16,34

REFERÊNCIAS BIBLIOGRÁFICAS

CETESB. Qualidade do ar no Estado de São Paulo, 2018. Disponível em: http://cetesb.sp.gov.br/ar/publicacoes-relatorios/. Acesso em: 24 jul. 2020.

CLEARY, T.; YANG, J.; FERNANDEZ, M. New research on diffusion of carbon monoxide through gypsum wallboard. Suppression, Detection and Signaling Research and Applications Symposium (SupDET 2015). Disponível em: https://nfpa.org/-/media/Files/News-and-Research/Resources/ResearchFoundation/Symposia/2015SUPDET/ 2015papers/SUPDET2015Cleary.ashx. Acesso em: 25 jul. 2020.

CREMASCO, M. A. *Difusão mássica*. São Paulo: Blucher, 2019. 284 p.

HEILEMAN, L. O direito ao ar puro. Folha de São Paulo, 2019. Disponível em: https://www1.folha.uol.com.br/opiniao/2019/06/o-direito-ao-ar-puro.shtml. Acesso em: 05 jul. 2021.

LANGENBERG, S.; CARSTEN, T.; HUPPERICH, D.; SCHEIGHOEFER, S.; SCHURATH, U. Determination of binary gas-phase diffusion coefficients of unstable and adsorbing atmospheric trace gases at low temperature – arrested flow and twin tube method Stefan. *Atmosphere Chemistry and Physics*, v. 20, p. 3669-3682, 2020.

REID, R. C.; PRAUSNITZ, J. M.; POLING, B. E. *The properties of gases and liquids*. 4. ed. New York: McGraw-Hill, 1987. 742 p.

TANG, M. J.; COX, R. A.; KALBERER, M. Compilation and evaluation of gas phase diffusion coefficients of reactive trace gases in the atmosphere, v. 1. Inorganic compounds. *Atmosphere Chemistry and Physics*, v. 14, p. 9233-9247, 2014.

TYN, M. T.; CALUS, W. F. Diffusion coefficients in dilute binary liquid mixtures. *Journal of Chemical & Engineering Data*, Washington, v. 20, n. 1, p. 106-109, 1975.

CAPÍTULO 8

Mistura binária de gases polares

Existe um mar de melancia no meu quintal. Plantado por mim. Cascas lançadas aleatoriamente, e delas, sementes. Pés e pés de melancias que poderiam se estender até o Calcanhar (um riacho que corre à cerca de 100 metros da casa de meus pais). Mal sabia que os pés de melancia serviriam para alimentar os porcos do sítio e, deles, aproveitar os seus dejetos. E disso, quem sabe, um dia nasceria uma microplanta destinada à produção de biogás para gerar eletricidade à casa, ao paiol e ao curral. Não só no sítio do Calcanhar, mas potencializar a produção do biogás no campo (a partir de resíduos orgânicos) devido à necessidade de tratamento sanitário em áreas rurais, o aproveitamento energético (ou seja, geração de energia) tendo em vista o elevado número de domicílios sem acesso à rede elétrica, e a produção de biofertilizante (MARQUES, 2006). Associa-se a esses benefícios, o fato de o meio ambiente sofrer consequências negativas decorrente do despejo de dejetos sem tratamento, seja em águas ribeirinhas, como o Calcanhar, seja diretamente no solo. Produtores rurais do oeste do Paraná, por exemplo, na segunda década do século XXI, geraram a sua energia elétrica, inclusive aumentando a sua renda por meio da comercialização da energia extra produzida (GLOBO RURAL, 2021). Mas não só a zona rural pode ganhar com a biodigestão, pois essa é uma alternativa para municípios desprovidos de área para aterros sanitários. O biodigestor, Figura 8.1, refere-se, tradicionalmente, a um equipamento (fechado), alimentado por resíduos orgânicos, como restos de alimentos ou esterco, que são misturados com água. Dada a ausência de oxigenação, micro-organismos (bactérias anaeróbias) biodegradam a mistura, produzindo biofertilizante e biogás (LINS; MITO; FERNANDES, 2011).

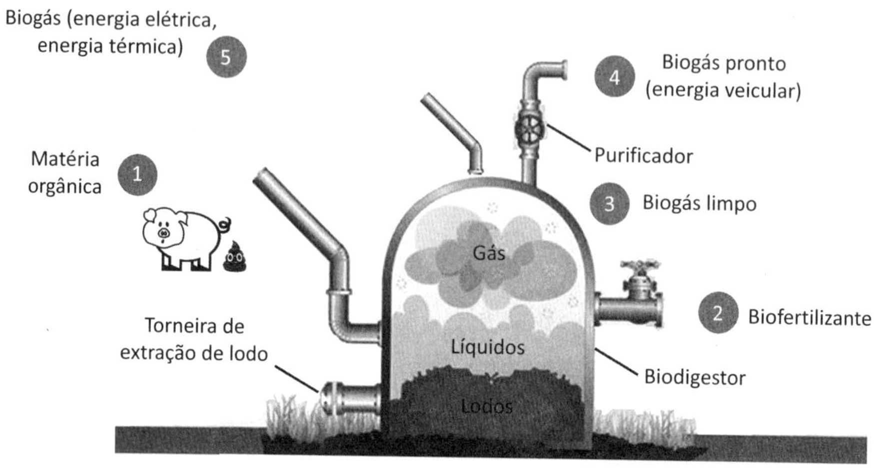

Figura 8.1 – Processo de biodigestão. Adaptado de MFrural (2021).

Uma vantagem adicional do biogás está na possibilidade de se obter créditos de carbono por meio do Certificado de Redução de Emissão que, por sua vez, é decorrente da implementação de projetos de Mecanismo de Desenvolvimento Limpo (MDL), visando a redução de emissão de gases que causam o efeito estufa. Os créditos de carbono são negociados entre quem implanta um MDL e aquele que necessita diminuir a emissão de CO_2 (NOVUS, 2011). Destaque-se que a utilização de biogás, enquanto combustível, é possível devido à presença majoritária do gás metano (CH_4) em sua composição, enquanto o restante da mistura gasosa é composto de dióxido de carbono (CO_2) com traços de oxigênio (O_2), nitrogênio (N_2), hidrogênio (H_2), sulfeto de hidrogênio (H_2S), amônia (NH_3) e de vapor de água (H_2O), entre outras moléculas (SOUSA; BEZERRA; LOPES, 2020). Nota-se que dentre os constituintes do biogás está a amônia, igualmente gerada por atividades antropogênicas, responsáveis pelas principais fontes de emissões de poluentes gasosos e particulados na atmosfera (BAHINO et al., 2018). Enquanto o metano é o constituinte majoritário no biogás e entre as espécies orgânicas na atmosfera, a amônia é a espécie alcalina mais abundante na atmosfera e contribui, por exemplo, para a neutralização dos ácidos atmosféricos produzidos pela oxidação de enxofre e de nitrogênio (GEA et al., 2018). Observa-se, portanto, que tanto o biogás quanto a atmosfera terrestre são uma mistura complexa de gases polares e apolares. Nesse caso, para que se faça um projeto adequado de um equipamento destinado à purificação do biogás ou mesmo do ar, torna-se elementar o conhecimento dos coeficientes de difusão dos gases nele presente, em particular de moléculas polares, como é o caso da amônia e do vapor de água. Sendo assim, pede-se:

a) obtenha o valor do coeficiente de difusão de amônia e vapor de água a 35 °C e 0,92 atm;

b) avalie o efeito da polaridade na energia potencial relativa à interação entre NH_3-H_2O.

COMENTÁRIOS

Cabe destacar que, usualmente, a produção de biogás dá-se pelo processo em batelada com alimentação descontinuada, em que se abastece o biodigestor de uma só vez para, a seguir, ser fechado para que não ocorra entrada de O_2, sendo aberto ao final da biodigestão. Para que se empregue o biogás em motores a combustão é necessária a remoção de CO_2, para aumentar o poder calorífico do combustível, assim como remover o gás sulfídrico (H_2S), H_2O, NH_3 (LINS; MITO; FERNANDES, 2011), tendo em vista a ação corrosiva de tais gases. Para a remoção desses gases, as suas moléculas apresentam cargas elétricas, acarretando forças atrativa e repulsiva, as quais influenciam o fenômeno de colisões moleculares. No caso em particular de moléculas polares é de se esperar comportamento distinto em relação ao fenômeno de atração-repulsão quando comparado com moléculas apolares, principalmente devido ao campo elétrico, com a presença de forças dipolo-dipolo (no caso de ambas as moléculas serem polares), modificando consideravelmente a sua geometria. Tal efeito é percebido na energia potencial associada à colisão entre duas moléculas gasosas A e B descrito, por exemplo, pelo modelo de Stockmayer (MIAN, 1967),

$$\phi(r) = \varepsilon_{AB}\left[\left(\frac{\sigma_{AB}}{r}\right)^{12} - \left(\frac{\sigma_{AB}}{r}\right)^{6} - \delta_{AB}\left(\frac{\sigma_{AB}}{r}\right)^{3}\right] \tag{8.1}$$

com a energia máxima de atração advinda da Equação (7.12),

$$\frac{\varepsilon_{AB}}{k_B} = \sqrt{\left(\frac{\varepsilon_A}{k_B}\right)\left(\frac{\varepsilon_B}{k_B}\right)} \tag{8.2}$$

em que, para i = A ou B, a energia de cada espécie envolvida é oriunda da Equação (7.13),

$$\frac{\varepsilon_i}{k_B} = 1{,}18\left(1 + 1{,}3\delta_i^2\right)T_{b_i} \tag{8.3}$$

sendo o momento dipolar da molécula i, μ_i, dado em Debye; T_b, a temperatura normal no ponto de ebulição da espécie considerada, em Kelvin. Já o termo associado à polaridade da espécie i foi apresentada na Equação (7.6), aqui retomada

$$\delta_i = \frac{1{,}94 \times 10^3 \mu_i^2}{V_{b_i} T_{b_i}} \tag{8.4}$$

O termo relacionado à polaridade da mistura é definido a partir da Equação (7.11),

$$\delta_{AB} = \left(\delta_A \delta_B\right)^{1/2} \tag{8.5}$$

com δ_i para i = A ou B. O diâmetro de colisão das moléculas polares, por sua vez, é resultado da Equação (7.4), ou

$$\sigma_{AB} = \left(\sigma_A \sigma_B\right)^{1/2} \tag{8.6}$$

e o diâmetro característico da molécula i (A ou B) fruto da Equação (7.5), ou

$$\sigma_i = \left[\frac{1,585 V_{b_i}}{\left(1 + 1,3\delta_i^2\right)}\right]^{1/3} \tag{8.7}$$

FORMULÁRIO

No presente capítulo busca-se obter os valores do coeficiente de difusão, D_{AB}, das moléculas polares A = NH_3 e B = H_2O, em determinada condição de temperatura e pressão utilizando-se Equação (7.1),

$$D_{AB} = 2,66 \frac{T^{3/2}}{\sigma_{AB}^2 P \Omega_D M_{AB}^{1/2}} \times 10^{-3} \tag{8.8}$$

sendo a massa molar reduzida obtida da Equação (7.2), ou

$$M_{AB} = 2,0 \left(\frac{M_A M_B}{M_A + M_B}\right) \tag{8.9}$$

com a temperatura (T) em K; pressão (P) em atm; diâmetro de colisão (σ_{AB}) em Å; D_{AB} em cm^2/s; em que σ_{AB} e a integral de colisão (Ω_D) dependem das forças intermoleculares. O valor da integral de colisão, considerando-se a polaridade das moléculas, advém da Equação (7.8),

$$\Omega_D^* = \Omega_D + \left(0,196 \frac{\delta_{AB}^2}{T^*}\right) \tag{8.10}$$

com o valor de Ω_D calculado por intermédio da Equação (7.9), considerando-se a temperatura reduzida oriunda da Equação (7.10), aqui retomadas, respectivamente, como

$$\Omega_D = \frac{1,06036}{T^{*0,1561}} + \frac{0,193}{\exp\left(0,473T^*\right)} + \frac{1,03587}{\exp\left(1,52996T^*\right)} + \frac{1,76474}{\exp\left(3,8941T^*\right)} \tag{8.11}$$

$$T^* = \frac{k_B T}{\varepsilon_{AB}} \tag{8.12}$$

Informações adicionais

A Tabela 8.1 apresenta as propriedades tanto para a amônia gasosa quanto para o vapor de água a serem consideradas neste capítulo.

Tabela 8.1 – Propriedades da amônia e do vapor de água (REID; PRAUSNITZ; SHERWOOD, 1977)

Gás	M (g/mol)	V_b (cm³/mol)	T_b (K)	μ (Debye)
NH_3	17,031	25,0	239,7	1,5
H_2O	18,015	18,7	373,2	1,8

Constante de Boltzmann: $k_B = 8{,}3145 \times 10^{-3}$ kJ/(mol.K).

SOLUÇÃO

a) Procura-se, neste item, estimar o valor do coeficiente de difusão, D_{AB}, em que $A = NH_3$ e $B = H_2O$, utilizando-se a Equação (8.8), ou

$$D_{AB} = \frac{0{,}00266T^{3/2}}{P\sigma_{AB}^2\Omega_D^* M_{AB}^{1/2}} = \frac{\gamma}{\sigma_{AB}^2\Omega_D^* M_{AB}^{1/2}} \tag{1}$$

com T = 35 °C = 35 + 273,15 = 308,15 K e P = 0,92 atm, de onde se tem

$$\gamma = 2{,}66\times 10^{-3}\frac{T^{3/2}}{P} = \left(2{,}66\times 10^{-3}\right)\frac{\left(308{,}15\right)^{3/2}}{\left(0{,}92\right)} = 15{,}64$$

que, substituída na Equação (1), fornece

$$D_{AB} = \frac{15{,}64}{\sigma_{AB}^2\Omega_D^* M_{AB}^{1/2}} \tag{2}$$

O valor da massa molar reduzida resulta da aplicação da Equação (8.9), considerando-se nesta os valores das massas molares da amônia e da água, presentes na Tabela 8.1,

$$M_{NH_3-H_2O} = 2\left(\frac{M_{NH_3} M_{H_2O}}{M_{NH_3} + M_{H_2O}}\right) = (2)\frac{(17{,}031)(18{,}015)}{(17{,}031+18{,}015)} = 17{,}509 \text{ g/mol} \tag{3}$$

Nota-se na Equação (2) a necessidade de se determinar o diâmetro de colisão, σ_{AB}, que depende de sua natureza polar. Nesse caso, deve-se utilizar as Equações (8.4) e (8.7), tanto para NH_3 quanto para H_2O. Tendo em vista que foram fornecidos, para essas espécies, o volume molar à temperatura normal de ebulição, a temperatura de ebulição e o momento dipolar, têm-se, da Equação (8.4), para a amônia e água, respectivamente

$$\delta_{NH_3} = 1{,}94\times10^{-3}\frac{\mu^2_{NH_3}}{V_{bNH_3}} = \left(1{,}94\times10^{-3}\right)\frac{(1{,}5)^2}{(25{,}0)(239{,}7)} = 0{,}782 \tag{4}$$

$$\delta_{H_2O} = 1{,}94\times10^{-3}\frac{\mu^2_{H_2O}}{V_{bH_2O}} = \left(1{,}94\times10^{-3}\right)\frac{(1{,}8)^2}{(18{,}7)(373{,}2)} = 0{,}901 \tag{5}$$

Substituindo os resultados 4 e 5 na Equação (8.5),

$$\delta_{AB} = \delta_{NH_3-H_2O} = \sqrt{(0{,}782)(0{,}901)} = 0{,}810 \tag{6}$$

Conhecidos os valores do diâmetro de colisão, volume molar à temperatura de ebulição dos gases envolvidos no fenômeno, assim como os resultados 4 e 5, têm-se na Equação (8.7), para NH_3 e H_2O, respectivamente

$$\sigma_{NH_3} = \left[\frac{(1{,}585)(25{,}0)}{1+(1{,}3)(0{,}782)^2}\right]^{1/3} = 2{,}862 \text{ Å} \tag{7}$$

$$\sigma_{H_2O} = \left[\frac{(1{,}585)(18{,}7)}{1+(1{,}3)(0{,}901)^2}\right]^{1/3} = 2{,}434 \text{ Å} \tag{8}$$

Levando os resultados (7) e (8) na Equação (8.6),

$$\sigma_{NH_3-H_2O} = \left(\sigma_{NH_3}\sigma_{H_2O}\right)^{1/2} = \left[(2{,}862)(2{,}434)\right]^{1/2} = 2{,}640 \text{ Å} \tag{9}$$

Observa-se, na Equação (2), a necessidade de se conhecer o valor da integral de colisão, cuja expressão para espécies polares está apresentada na Equação (8.10). Contudo, para obter o valor de Ω_D, presente nessa equação, é preciso conhecer a temperatura reduzida, segundo a Equação (8.12) que, por sua vez, depende da energia máxima de atração entre o par de moléculas considerado, por meio da Equação (8.2) que, por seu turno, é função da contribuição de cada espécie polar, de acordo com a Equação (8.3). Desse modo, conhecidos os valores da temperatura de ebulição tanto da amônia gasosa quanto do vapor de água (Tabela 8.1), os resultados (4) e (5), tem-se na Equação (8.3),

$$\frac{\varepsilon_{NH_3}}{k_B}=1{,}18\left(1+1{,}3\delta_{NH_3}^2\right)T_{bNH_3}=\left(1{,}18\right)\left[1+\left(1{,}3\right)\left(0{,}782\right)^2\right]\left(239{,}7\right)=477{,}941\text{ K} \quad (10)$$

$$\frac{\varepsilon_{H_2O}}{k_B}=1{,}18\left(1+1{,}3\delta_{H_2O}^2\right)T_{bH_2O}=\left(1{,}18\right)\left[1+\left(1{,}3\right)\left(0{,}901\right)^2\right]\left(373{,}2\right)=904{,}778\text{ K} \quad (11)$$

Substituindo os resultados 10 e 11 na Equação (8.2),

$$\frac{\varepsilon_{NH_3-H_2O}}{k_B}=\sqrt{\left(\frac{\varepsilon_{NH_3-NH_3}}{k_B}\right)\left(\frac{\varepsilon_{NH_3-H_2O}}{k_B}\right)}=\sqrt{\left(477{,}941\right)\left(904{,}778\right)}=657{,}594\text{ K} \quad (12)$$

A temperatura reduzida, T^*, advém da Equação (8.12). Isso posto, substitui-se nesta o resultado 12 e T = 308,15 K,

$$T_{NH_3-H_2O}^*=\frac{308{,}15k_B}{\varepsilon_{NH_3-H_2O}}=\frac{308{,}15}{657{,}594}=0{,}469 \quad (13)$$

Levando o resultado 13 na Equação (8.11), tem-se

$$\Omega_D=\frac{1{,}06036}{T^{*0{,}1561}}+\frac{0{,}193}{\exp\left(0{,}473T^*\right)}+\frac{1{,}03587}{\exp\left(1{,}52996T^*\right)}+\frac{1{,}76474}{\exp\left(3{,}8941T^*\right)}=2{,}138 \quad (14)$$

O segundo termo presente no lado direito da Equação (8.10), é obtido, considerando-se nesta, os resultados 6 e 13, ou

$$0{,}196\frac{\delta_{NH_3-H_2O}^2}{T_{NH_3-H_2O}^*}=\left(0{,}196\right)\frac{\left(0{,}81\right)^2}{\left(0{,}469\right)}=0{,}274 \quad (15)$$

Calcula-se o valor da integral de colisão por meio da Equação (8.10). Para tanto, substitui-se, nesta, os resultados 14 e 15

$$\Omega^*_{D,NH_3-H_2O} = 2,138 + 0,274 = 2,412 \tag{16}$$

O valor do coeficiente de difusão para a mistura gasosa NH_3-H_2O, advém da substituição dos resultados 3, 9 e 16 na Equação (2),

$$D_{NH_3-H_2O} = \frac{(15,64)}{(2,640)^2(2,412)(17,509)^{1/2}} = 0,222 \text{ cm}^2/\text{s} \tag{17}$$

b) O efeito da polaridade na energia potencial relativa à interação entre NH_3-H_2O é avaliado mediante a utilização da Equação (8.1), ou

$$\phi(r) = \varepsilon_{AB}\left[\left(\frac{\sigma_{AB}}{r}\right)^{12} - \left(\frac{\sigma_{AB}}{r}\right)^{6} - \delta_{AB}\left(\frac{\sigma_{AB}}{r}\right)^{3}\right] \tag{18}$$

No caso de se considerar o efeito da polaridade, são conhecidos os valores de δ_{AB} e σ_{AB}, segundo os resultados 6 e 9, respectivamente. O valor de ε_{AB} advém do resultado 12, considerando-se a presença da constante de Boltzmann, $k_B = 8,3145 \times 10^{-3}$ kJ/(mol.K), ou

$$\varepsilon_{NH_3-H_2O} = 657,549 k_B = (657,549)(8,3145 \times 10^{-3}) = 5,468 \text{ kJ/mol} \tag{19}$$

Dessa maneira, a expressão para a energia potencial, para o par polar, é

$$\phi(r) = 5,478\left[\left(\frac{2,640}{r}\right)^{12} - \left(\frac{2,640}{r}\right)^{6} - 0,81\left(\frac{2,640}{r}\right)^{3}\right] \tag{20}$$

A expressão para a energia potencial para a mistura gasosa NH_3-H_2O, admitindo-a apolar, advém da Equação (18), todavia assumindo $\delta_{AB} = 0$, de onde resulta

$$\phi(r) = \varepsilon_{AB}\left[\left(\frac{\sigma_{AB}}{r}\right)^{12} - \left(\frac{\sigma_{AB}}{r}\right)^{6}\right] \tag{21}$$

Nessa situação, a energia máxima de atração para o gás amônia e vapor de água, assumindo-se moléculas apolares, é oriunda da Equação (8.3), considerando-se nesta $\delta_i = 0$, ou

$$\frac{\varepsilon_i}{k_B} = 1{,}18T_{b_i} \tag{22}$$

Têm-se, por via de consequência, os seguintes resultados para NH_3 e H_2O, respectivamente,

$$\frac{\varepsilon_{NH_3}}{k_B} = 1{,}18T_{bNH_3} = (1{,}18)(239{,}7) = 282{,}846\ K \tag{23}$$

$$\frac{\varepsilon_{H_2O}}{k_B} = 1{,}18T_{bH_2O} = (1{,}18)(373{,}2) = 440{,}376\ K \tag{24}$$

Substituindo-se esses valores na Equação (8.2), tem-se

$$\frac{\varepsilon_{NH_3-H_2O}}{k_B} = \sqrt{\left(\frac{\varepsilon_{NH_3}}{k_B}\right)\left(\frac{\varepsilon_{H_2O}}{k_B}\right)} = \sqrt{(282{,}846)(440{,}376)} = 352{,}929\,K \tag{25}$$

Para o cálculo do diâmetro de colisão, σ_{AB}, considera-se a Equação (6.3), retomada como

$$\sigma_{NH_3-H_2O} = \frac{1}{2}\left(\sigma_{NH_3} + \sigma_{H_2O}\right) \tag{26}$$

Visto $\delta_i = 0$, retoma-se a Equação (8.7) como

$$\sigma_i = \left(1{,}585V_{b_i}\right)^{1/3} \tag{27}$$

Verifica-se da Tabela 8.1: $V_{bNH3} = 25{,}0$ cm³/mol e $V_{bH2O} = 18{,}7$ cm³/mol que, substituídos na Equação (27), fornecem

$$\sigma_{NH_3} = \left[(1{,}585)(25{,}0)\right]^{1/3} = 3{,}409\ \mathring{A} \tag{28}$$

$$\sigma_{H_2O} = \left[(1{,}585)(18{,}7)\right]^{1/3} = 3{,}095\ \mathring{A} \tag{29}$$

Substituindo os resultados 28 e 29 na Equação (26),

$$\sigma_{NH_3-H_2O} = \frac{1}{2}\left(\sigma_{NH_3} + \sigma_{H_2O}\right) = \frac{1}{2}\left(3{,}409 + 3{,}095\right) = 3{,}252\ \mathring{A} \qquad (30)$$

Assim, a expressão para a energia potencial, na hipótese de as moléculas serem apolares, advém da substituição de $k_B = 8{,}3145 \times 10^{-3}$ kJ/(mol.K) e dos resultados 25 e 30 na Equação (21),

$$\phi(r) = 2{,}934\left[\left(\frac{3{,}252}{r}\right)^{12} - \left(\frac{3{,}252}{r}\right)^{6}\right] \qquad (31)$$

A Figura 1 apresenta os resultados advindos das Equações (20) e (31). Nota-se, claramente, o efeito da polaridade em que há maior quantidade de energia envolvida. Observa-se, também, na situação em que as forças de atração e repulsão se equivalem (em $\phi = 0$ kJ/mol), a distância entre as moléculas é maior na situação em que as assumem como apolares quando comparadas à situação de polaridade. Tal efeito, inclusive, é percebido no valor do coeficiente de difusão que, para a consideração de interação apolar, $D_{AB} = 0{,}23$ cm²/s, ou seja, valor maior do que o valor encontrado quando se aproxima da situação de interação de moléculas polares.

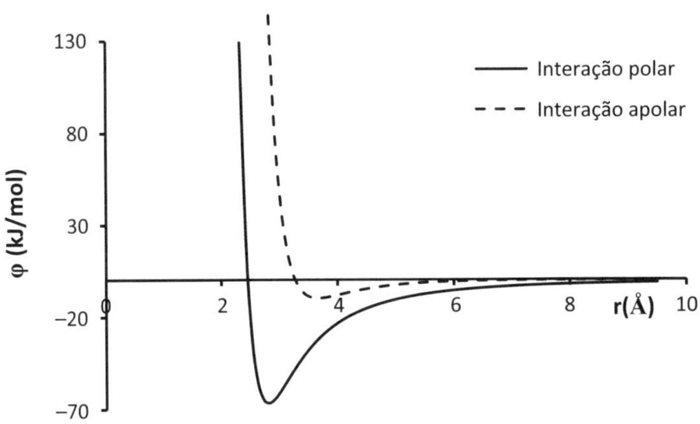

Figura 1 – Efeito da polaridade na energia potencial relativa à interação entre NH_3-H_2O.

REFERÊNCIAS BIBLIOGRÁFICAS

BAHINO, J.; YOBUÉ, V.; GALY-LACAUX, C.; ADON, M.; AKPO, A.; KEITA, S.; LIOUSSE, C.; GARDRAT, E.; CHIRON, C.; OSSOHU, M.; GNAMIEN, S.; DJOSSOU, J. A pilot study of gaseous pollutants' measurement (NO_2, SO_2, NH_3, HNO_3 and O_3) in Abidjan, Côte d'Ivoire: contribution to an overview of gaseous pollution in African cities. *Atmosphere Chemistry and Physics*, v. 18, n. 7, p. 5173-5198, 2018.

GEA, C.; ZHUB, C.; FRANCISCO, J. S.; ZENG, X. C.; WANG, J. A molecular perspective for global modeling of upper atmospheric NH_3 from freezing clouds. *PNAS*, v. 115, n. 24, p. 6147-6152, 2018.

GLOBO RURAL. Produtores do Paraná geram e vendem energia elétrica através de biodigestores, 2021. Disponível em: https://g1.globo.com/economia/agronegocios/globo-rural/noticia/2021/06/20/produtores-do-parana-geram-e-vendem-energia-eletrica-atraves-de-biodigestores.ghtml. Acesso em: 20 jan. 2022.

LINS, L. P.; MITO, J. Y. L.; FERNANDES, D. M. Composição média do biogás de diferentes tipos de biomassa. *In:* IV Simpósio internacional sobre gerenciamento de resíduos agropecuários e agroindustriais, 2015, Rio de janeiro. Disponível em: http://www.sbera.org.br/4sigera/files/4.28_JessicaYukiLimaMito.pdf. Acesso em: 20 jan. 2022.

MARQUES, M. D. R. Produção de biogás a partir de resíduos orgânicos provenientes da Casa do Homem do Campo. *In:* Mostra de extensão inovação e pesquisa da poli/upe, 2016, Escola Politécnica da Universidade de Pernambuco – POLI/UPE. Disponível em: http://revistas.poli.br/~anais/index.php/anais/article/view/456. Acesso em: 20 jan. 2022.

MFRURAL. Kit biodigestor para a produção de biogás. MFRURAL, 2021. Disponível em: https://www.mfrural.com.br/detalhe/422244/kit-biodigestor-para-producao-de-biogas. Acesso em: 20 jan. 2022.

MIAN, A. A. *Measurement and prediction of binary gaseous diffusion coefficients.* 1967. 98 f. Thesis (Doctoral Disseration) – Louisiana State University and Agricultural & Mechanical College, Department of Chemical Engineering, 1967.

NOVUS. Biodigestores e créditos de carbono, 2011. Disponível em: https: https://www.novus.com.br/site/default.asp?Idioma=55&TroncoID=053663&SecaoID=273506&SubsecaoID=0&Template=../artigosnoticias/user_exibir.asp&ID=735150. Acesso em: 20 jan. 2022.

REID, R. C.; PRAUSNITZ, J. M.; SHERWOOD, T. K. *The properties of gases and liquids.* 3. ed. New York: McGraw-Hill, 1977. 688 p.

SOUSA, E. F.; BEZERRA, J. M.; LOPES, J. R. A. Estimativa da produção de biogás e composição gravimétrica dos resíduos sólidos do município de Bom Sucesso – PB. *Novos Cadernos,* Belém, v. 22, n. 2, p. 201-219, 2020.

CAPÍTULO 9

Efeito da não idealidade no coeficiente de difusão em gases

Jared Diamond, em sua obra *Colapso – como as sociedades escolhem o fracasso ou o sucesso* (DIAMOND, 2005), aborda as causas que contribuíram para o esgotamento de civilizações, feito a do Império Maia, na península de Yucatán (México). Diamond aponta alguns fatores para tanto: o desmatamento, gestão da água, aumento demográfico e recursos limitados. No mundo contemporâneo, segundo Diamond, a sociedade encontra-se vulnerável devido ao acúmulo de poluentes no ambiente, carência de energia e mudanças climáticas. Os povos que cuidaram de seus recursos naturais foram bem-sucedidos, antecipando-se, ao seu modo, às mudanças ambientais e climáticas e, por via de consequência, sobreviveram. As sociedades que exploraram em excesso os seus recursos optaram, certo modo, pelo colapso. Nota-se que tal opção, de alguma maneira, está associada à falta de capacidade de não se antever o problema ou mesmo não saber resolvê-lo no momento de sua percepção. A vulnerabilidade de uma sociedade está relacionada ao comportamento desmedido, em que uma minoria causa malefícios para a maioria, tendo em consideração os próprios interesses (CREMASCO, 2014). Interesses esses, e por vezes, fortemente atrelados à questão econômica, que resultam em impactos desastrosos à sociedade. Tendo em vista tal consequência predatória também para o meio ambiente, observa-se a existência de três dimensões: o aspecto econômico, o compromisso social e a questão ambiental. Essas dimensões interagem entre si: das dimensões social e ambiental, resulta a socioambiental; entre a econômica e a ambiental, a econômico-ambiental; e entre a social e econômica, a socioeconômica. O balanceamento de tais dimensões não se refere somente ao momento presente e que visam atender às carências da geração atual, mas também das gerações futuras, cujo apontamento é uníssono à definição para Desenvolvimento Sustentável. Como trazer essa questão para o âmbito da transferência de massa? A emissão de poluentes atmosféricos está intimamente relacionada à vulnerabilidade da sociedade contemporânea, comprometendo sobremaneira as gerações futuras. Dentre os poluentes atmosféricos está o metano, que é o composto orgânico volátil mais abundante na atmosfera e a espécie química majoritária no gás natural, respondendo por entre 80% e 90% da constituição da mistura gasosa. A disponibilidade de grandes quantidades de metano em nosso Planeta poderia colocá-lo na vanguarda de uma lista de matérias-primas para a indústria química (CABALLERO; PÉREZ, 2014), entretanto com olhos voltados para o Desenvolvimento Sustentável. Uma alternativa a ser avaliada é a oxidação catalítica de metano para a produção de metanol, sendo este usado como combustível e como matéria-prima na indústria química (CORTÉS-ORTIZ; GUERRERO-FAJARDO, 2017). A oxidação direta do metano ao metanol é uma rota atraente porque elimina um passo de alta demanda energética, o qual se refere à reforma do metano no gás de síntese. Ressalte-se, entretanto, que a conversão do metano em metanol não atinge 100%, sendo limitado por vários fatores, dentre os quais, aqueles associados à transferência de massa. Desse modo, para que ocorra uma análise pluridisciplinar envolvendo cinética química e transferência de massa, é imperativo que se conheça o valor do coeficiente de difusão. Por via de consequência, admita uma mistura binária gasosa contendo 90% de metano e 10% de metanol. Obtenha o valor do coeficiente de difusão termodinâmico mútuo a 50 °C e 3 atm.

COMENTÁRIOS

Observe que se intenta conhecer o valor do coeficiente de difusão termodinâmico mútuo da mistura binária metano-metanol, remetendo à avalição do efeito da não idealidade termodinâmica na predição desse coeficiente. Tal situação pode se explicitada na 1ª lei de Fick, posta na forma unidirecional segundo (CREMASCO, 2019)

$$J_{A,z} = -D^{v}_{AB}\frac{P}{RT}\frac{dy_A}{dz} \tag{9.1}$$

da qual se identifica o coeficiente de difusão termodinâmico, D^{v}_{AB},

$$D^{v}_{AB} = D_{AB}\Gamma^{v} \tag{9.2}$$

sendo o fator termodinâmico, Γ^{v}, obtido de (CREMASCO, 2019)

$$\Gamma^{v} = 1 - 2y_A y_B \delta_{AB}\frac{P}{RT} \tag{9.3}$$

com

$$\delta_{AB} = 2B_{AB} - B_{AA} - B_{BB} \tag{9.4}$$

em que o parâmetro δ_{AB} traduz a não idealidade termodinâmica da mistura gasosa, estando, por sua vez, associado ao segundo coeficiente do virial de cada espécie presente na mistura gasosa real, assim como dela própria, válida para baixas pressões. Na situação de idealidade, $\delta_{AB} = 0$, resultando em $\Gamma^{v} = 1$, o que é válido para pressões moderadas. A importância dos coeficientes do virial recai em suas relações diretas com as forças intermoleculares.

FORMULÁRIO

Para efeito de cálculos, assuma a correlação de McGlashan e Potter (1962) para obter o valor da segunda constante do virial para gases puros,

$$\frac{B}{V_c} = 0,430 - 0,886\left(\frac{T_c}{T}\right) - 0,694\left(\frac{T_c}{T}\right)^2 \tag{9.5}$$

com a temperatura em Kelvin e os resultados da constante do virial em cm^3/mol. No caso de misturas binárias, têm-se as seguintes expressões para a determinação, respectivamente, dos valores do volume crítico de cada espécie contida na mistura binária, assim como a temperatura crítica (PRAUSNITZ; LICHTENTHALER; AZEVEDO, 1999),

$$V_{cAB} = \frac{1}{8}\left(V_{cA}^{1/3} + V_{cB}^{1/3}\right)^3 \tag{9.6}$$

$$T_{cAB} = \left(T_{cA}T_{cB}\right)^{1/2} \tag{9.7}$$

A Equação (6.9) é utilizada para a obtenção do valor do coeficiente de difusão, ou

$$D_{AB} = \frac{\sqrt{2}T^{1,75}}{d_{AB}^2 P M_{AB}^{1/2}} \times 10^{-3} \tag{9.8}$$

na qual T está em K e P em atm. A massa molar reduzida é obtida da Equação (6.2),

$$M_{AB} = 2,0\left(\frac{M_A M_B}{M_A + M_B}\right) \tag{9.9}$$

enquanto o diâmetro de difusão (ou difusional), d_{AB}, em Å, advém da Equação (6.10), aqui retomada

$$d_{AB} = \left(\sum v\right)_A^{1/3} + \left(\sum v\right)_B^{1/3} \tag{9.10}$$

Tanto para o metano quanto para o metanol, a determinação da grandeza $(\sum v)_i$, advém da utilização da Tabela 6.3. As demais propriedades do metano (CH_4) e do metanol (CH_4O) estão apresentadas na Tabela 9.1.

Tabela 9.1 – Propriedades de gases constituintes do biogás (REID; PRAUSNITZ; SHERWOOD, 1977)

Gás	M (g/mol)	V_c (cm^3/mol)	T_c (K)
CH_4	16,043	99,0	190,6
CH_4O	32,042	118,0	512,6

Informação adicional

R = 82,058 (atm.cm^3)/(mol.K).

SOLUÇÃO

Trata-se da obtenção do valor do coeficiente de difusão de uma mistura binária, considerando-se a correção de não idealidade, ou coeficiente de difusão termodinâmico, na forma da Equação (9.2),

$$D_{AB}^{v} = D_{AB}\Gamma^{v} \tag{1}$$

O valor do coeficiente de difusão isento da correção de não idealidade advém da Equação (9.8),

$$D_{AB} = \frac{\sqrt{2}T^{1,75}}{d_{AB}^2 P M_{AB}^{1/2}} \times 10^{-3} \tag{2}$$

com

$$M_{AB} = 2,0\left(\frac{M_A M_B}{M_A + M_B}\right) \tag{3}$$

e

$$d_{AB} = \left(\sum v\right)_A^{1/3} + \left(\sum v\right)_B^{1/3} \tag{4}$$

sendo o fator termodinâmico oriundo da Equação (9.3), aqui retomado

$$\Gamma^v = 1 - 2y_A y_B \delta_{AB} \frac{P}{RT} \tag{5}$$

com

$$\delta_{AB} = 2B_{AB} - B_{AA} - B_{BB} \tag{6}$$

Para o cálculo do valor do D_{AB}, a molécula do CH_4 é tida como complexa, cujo valor do volume molecular de difusão resultará dos incrementos nos volumes atômicos e estruturais contidos na Tabela 6.3. No caso do metano, tem-se

$$\left(\sum v\right)_{CH_4} = v_C + 4v_H \tag{7}$$

Identificando-se a contribuição dos átomos de carbono e de hidrogênio, pode-se escrever a partir das informações contidas na Tabela 6.3,

$$\left(\sum v\right)_{CH_4} = (1)(16,5) + (4)(1,98) = 24,42 \text{ cm}^3/\text{mol} \tag{8}$$

No caso do metanol, tem-se

$$\left(\sum v\right)_{CH_4O} = v_C + 4v_H + v_O \tag{9}$$

Considerando-se as contribuições atômicas presentes na Tabela 6.3,

$$\left(\sum v\right)_{CH_4O} = (1)(16,5) + (4)(1,98) + (1)(5,48) = 29,90 \text{ cm}^3/\text{mol} \tag{10}$$

O valor do diâmetro de difusão, portanto, será obtido por meio da substituição dos resultados 8 e 10 na Equação (3)

$$d_{AB} = \left(24,41\right)^{1/3} + \left(29,90\right)^{1/3} = 6,01 \text{ Å} \tag{11}$$

Tendo em vista que $M_A = M_{CH4} = 16{,}043$ g/mol e $M_B = M_{CH4O} = 32{,}042$ g/mol (Tabela 9.1), determina-se o valor da massa reduzida empregando-se a Equação (3),

$$M_{AB} = (2{,}0)\left[\frac{(16{,}043)(32{,}042)}{16{,}043 + 32{,}042}\right] = 21{,}381 \text{ g/mol} \tag{12}$$

assim como T = 50 + 273,15 = 323,15 K e P = 3 atm, pode-se retomar a Equação (2), considerando-se o resultado 12,

$$D_{AB} = \frac{\left(\sqrt{2}\times 10^{-3}\right)(323{,}15)^{1{,}75}}{(3{,}0)(6{,}01)^2(21{,}381)^{1/2}} = 6{,}95\times 10^{-2}\text{ cm}^2/\text{s} \tag{13}$$

Objetiva-se, neste capítulo, considerar o efeito da correção termodinâmica no valor do coeficiente de difusão, obtido ao se admitir a Equação (9.3). Para tanto, deve-se conhecer os valores da segunda constante do virial para cada gás, puro, obtido da Equação (9.5),

$$\frac{B}{V_c} = 0{,}43 - 0{,}886\left(\frac{T_c}{T}\right) - 0{,}694\left(\frac{T_c}{T}\right)^2 \tag{14}$$

Visto que são fornecidos os valores do volume crítico e da temperatura crítica para cada espécie química constituinte da mistura gasosa, têm-se, a partir da Tabela 9.1, para o metano (AA) e metanol (BB), respectivamente

$$B_{AA} = (99)\left[0{,}43 - (0{,}886)\left(\frac{190{,}60}{323{,}15}\right) - (0{,}694)\left(\frac{190{,}60}{323{,}15}\right)^2\right] = -33{,}70\text{ cm}^3/\text{mol} \tag{15}$$

$$B_{BB} = (118)\left[0{,}43 - (0{,}886)\left(\frac{512{,}60}{323{,}15}\right) - (0{,}694)\left(\frac{512{,}60}{323{,}15}\right)^2\right] = -321{,}16\text{ cm}^3/\text{mol} \tag{16}$$

Para obter o valor da segunda constante do virial cruzada, é preciso considerar o volume crítico e a temperatura crítica para a mistura gasosa, cujos valores resultam das Equações (9.6) e (9.7), respectivamente. Substituindo os valores dos volumes críticos e das temperaturas críticas tanto do metano (A) quanto do etanol (B), fornecidos na Tabela 9.1, em tais equações, obtém-se

$$V_{cAB} = \frac{1}{8}\left(V_{cA}^{1/3} + V_{cB}^{1/3}\right)^3 = \frac{1}{8}\left[(99)^{1/3} + (118)^{1/3}\right]^3 = 108{,}22\text{ cm}^3/\text{mol} \tag{17}$$

$$T_{cAB} = \left(T_{cA} T_{cB}\right)^{1/2} = \left[\left(190,6\right)\left(512,6\right)\right]^{1/2} = 312,57 \text{ K} \tag{18}$$

Substituindo os resultados 17 e 18 na Equação (14),

$$B_{AB} = \left(108,22\right)\left[0,43 - \left(0,886\right)\left(\frac{312,57}{323,15}\right) - \left(0,694\right)\left(\frac{312,57}{323,15}\right)^{2}\right] = -116,48 \text{ cm}^3/\text{mol} \tag{19}$$

Para o cálculo do valor do coeficiente δ_{AB} serão utilizados os resultados 15, 16 e 19 na Equação (6),

$$\delta_{AB} = 2B_{AB} - B_{AA} - B_{BB} = \left(2\right)\left(116,48\right) + 33,70 - 321,16 = 121,70 \text{ cm}^3/\text{mol} \tag{20}$$

Visto R = 82,058 atm.cm^3/(mol.K), P = 3 atm, T = 323,15 K, tem-se

$$\frac{P}{RT} = \frac{\left(3,0\right)}{\left(82,058\right)\left(323,15\right)} = 11,31 \times 10^{-5} \text{ cm}^3/\text{mol} \tag{21}$$

Sabendo-se que o valor da fração molar do CH_4 é $y_A = 0,90$, portanto $y_B = 0,10$; o valor do fator termodinâmico advém da substituição dessas informações em conjunto com os resultados 20 e 21 na Equação (5),

$$\Gamma^{v} = 1 - 2y_A y_B \delta_{AB} \frac{P}{RT} = 1 - \left(2\right)\left(0,90\right)\left(0,10\right)\left(121,70\right)\left(11,31 \times 10^{-5}\right) = 0,9975 \tag{22}$$

Obtém-se o valor do coeficiente de difusão termodinâmico substituindo-se os resultados 13 e 22 na Equação (1),

$$D^{v}_{AB} = D_{AB}\Gamma^{v} = \left(6,95 \times 10^{-2}\right)\left(0,9975\right) = 6,95 \times 10^{-2} \text{ cm}^2/\text{s} \tag{23}$$

Observa-se que existe um desvio relativo de apenas 0,3% ao não se considerar o efeito de não idealidade termodinâmica, reforçando, dessa maneira, que, para pressões moderadas, pode-se admitir a suposição da idealidade termodinâmica para a predição do valor do coeficiente de difusão em gases.

REFERÊNCIAS BIBLIOGRÁFICAS

CABALLERO, A.; PÉREZ, P. J. El metano como materia prima: un reto vigente. *Investigación Química*, v. 110, n. 2, p. 131-139, 2014.

CORTÉS-ORTIZ, W. G.; GUERRERO-FAJARDO, C. A. Oxidación catalítica selectiva para la conversión de metano a metanol: Uma revisión. *Ciencia e Ingeniería Neogranadina*, Nueva Granada, Colombia, v. 28, n. 1, p. 45-71, 2017.

CREMASCO, M. A. *A sobrevivência sustentável.* Maringá: Caderno Cultura, O Diário do Norte do Paraná, 2014. D3 p.

CREMASCO, M. A. *Difusão mássica.* São Paulo: Blucher, 2019. 284 p.

DIAMOND, J. *Colapso – Como as sociedades escolhem o fracasso ou o sucesso.* Rio de Janeiro: Editora Record, 2005. 724 p.

McGLASHAN, M. L.; POTTER, D. J. N. An apparatus for the measurement of the second virial coefficients of vapours; the second virial coefficients of some n-alkanes and of some mixtures of n-alkanes. *Proceedings of the Royal Society of London. Series A, Mathematical and Physical Sciences*, London, v. 267, n. 1331, p. 478-500, 1962.

PRAUSNITZ, J. M.; LICHTENTHALER, R. N.; AZEVEDO, E. G. *Molecular thermodynamics of fluid-phase equilibria.* 3. ed. Upper Saddler River: Prentice-Hall, 1999. 860 p.

REID, R. C.; PRAUSNITZ, J. M.; SHERWOOD, T. K. *The properties of gases and liquids.* 3. ed. New York: McGraw-Hill, 1977. 688 p.

CAPÍTULO 10
Mistura multicomponente

A civilização ocidental, em seu etnocentrismo, preceitua que uma sociedade é fortalecida na medida em que se detém e difunde o saber, e este se dá, entre outros meios, pela escrita da História, oferecendo a impressão de que a escrita e o progresso de uma sociedade fazem parte de um processo linear e irreversível. O texto, assim como os grandes monumentos, evidencia tal processo, constituindo uma tradição. Por meio dessa tradição, as sociedades que nela não se enquadravam eram consideradas sem história e selvagens. Os Guarani, nesse contexto, são exemplo típico, pois a sua exclusão foi decretada por diversas formas. Inicialmente por uma ideia já adquirida: nada fizeram de extraordinário antes da chegada da pressuposta civilização (FONSECA; CREMASCO, 2022) oriunda da Europa a partir do século XVI. A selvageria, definida por padrões europeus à época da chegada dos espanhóis e portugueses no território então nomeado como Guayrá (atualmente identificado à região delimitada pelos rios Paraná, Paranapanema, Tibagi, Ivaí e Iguaçu no estado do Paraná), era combatida pela Igreja católica e, de imediato, identificada no cotidiano dos Guarani: a nudez, o canibalismo e a poligamia. Com a chegada dessa Igreja aparecem elementos estranhos à cultura dos povos originários, a começar com a instalação da cruz e do templo, forçando os indivíduos a reorganizarem o seu território, ignorando uma espiritualidade existente e decorrente, sobretudo, da manifestação da natureza (SILVA, 2018). Dentre tal manifestação está Kaa'pora (Caipora no folclore brasileiro) ou espírito da mata, que se manifesta de diversas maneiras, dentre as quais em ervas medicinais de contraveneno de serpentes (MONTOYA, 1989) ou para males estomacais (MACHADO, 1955).

O discernimento guarani-kaiowá contempla a dimensão do sagrado, em que os mitos são experimentados na realidade segundo a sua maneira de ser (GUIMARÃES, 2016), bem como constituem a sua sabedoria, a qual inclui conhecimento milenar sobre, entre tantos saberes, ervas medicinais. Na cultura guarani, o domínio de ervas medicinais, como as encontradas nas famílias *Myrtaceae*, *Fabaceae*, *Asteraceae*, *Lauracea*, *Poaceae* (PEREIRA et al., 2016), era e é demonstração de elevado conhecimento botânico e terapêutico. Quando, portanto, se menciona que determinado povo ou nação, como é o caso do Brasil, é de origem da selva, isto está longe de diminuí-lo, pois se resgata imensa riqueza cultural, trazendo a visão de mundo, práticas culturais e simbólicas das chamadas comunidades tradicionais (FONSECA; CREMASCO, 2022). Como exemplo, pode-se citar o manejo indígena na Amazônia sobre métodos e técnicas da manipulação de espécies vegetais pelos Kayapó, abrindo fronteiras para a descoberta de novos alimentos, remédios, corantes e óleos essenciais (OLIVEIRA, 2016). Cabe destacar que os óleos essenciais são obtidos a partir de material vegetal, incluindo flores, raízes, cascas, folhas, sementes e frutas, e cuja constituição básica são os terpenos e terpenoides. Terpenos são hidrocarbonetos simples, enquanto terpenoides são terpenos modificados com diferentes grupos funcionais (cetonas, álcoois, ésteres, ácidos carboxílicos, aldeídos) e grupos de metila oxidados movidos ou removidos em várias posições estruturais (FONSECA; CREMASCO, 2022). O Brasil é uma fonte quase inesgotável de terpenos e terpenoides, contidos em uma gama de óleos essenciais, presentes, por sua vez, em espécies vegetais distribuídas em seis biomas com diferentes características, como ilustram a Tabela 10.1 e a Figura 10.1. A Tabela 10.1 apresenta as características de cada bioma brasileiro, identificado com plantas nativas, a partir das quais se tem os óleos essenciais e, nestes, alguns terpenos e terpenoides e suas atividades farmacológicas. A Figura 10.1 apresenta algumas plantas nativas brasileiras, sua distribuição pelos biomas, e um composto terpeno ou terpenoide presente em seu óleo essencial. As espécies de plantas nativas representadas pelos números de 1 a 6 estão associadas aos biomas identificados na Tabela 10.1. Existem várias técnicas destinadas à extração de óleos essenciais, podendo-se citar a enfleuragem, maceração, extração por solvente e por fluidos supercríticos (FONSECA; CREMASCO, 2022). Tradicionalmente a obtenção de óleos essenciais dá-se por hidrodestilação, em que a extração é realizada ao se pôr a biomassa diretamente em contato com a água, como também existe a destilação com água e vapor, na qual a biomassa é adicionada em um compartimento sobre o nível da água, esta evapora e percola a matriz vegetal; e uma variante desta ou destilação direta com vapor de água, cuja biomassa é posta em um equipamento no qual se injeta diretamente o vapor de água. A função do vapor de água, nos últimos dois processos, é o de romper os vasos de determinada planta aromática, extraindo o óleo essencial (VALENTIM; SOARES, 2018).

Tabela 10.1 – Biomas brasileiros: características, terpenos e terpenoides oriundos da flora nativa (a partir de Fonseca e Cremasco (2022))

Bioma	Características	Espécie nativa	Terpeno/ Terpenoide	Aplicação
1. Floresta amazônica	É a maior formação florestal do Planeta, condicionada pelo clima equatorial úmido. A maior parte do Brasil é coberta pela floresta amazônica na qual existem cerca de 55 mil espécies diferentes de plantas	*Piper hispidinervum*	α-terpinoleno	antitumoral
2. Cerrado	O Cerrado é composto por pastagens, savanas e florestas secas e campo. É o segundo maior bioma na América do Sul	*Lippia gracilis*	timol	anti-inflama-tório
3. Caatinga	É o único bioma tipicamente brasileiro, sendo classificado como savana-estépica, caracterizada pelo predomínio de plantas caducifólias lenhosas, arbustivas, muito ramificadas e densamente emaranhadas por trepadeiras	*Spondias sp*	fitol	antinocicep-tivo
4. Mata atlântica	A Mata Atlântica é um complexo sistema endêmico, com formações vegetais heterogêneas, compreendendo desde campos abertos em regiões montanhosas até florestas chuvosas perenes nas terras baixas do litoral	*Baccharis dracunculi-folia*	β-cariofileno	antioxidante
5. Pampa	Trata-se de uma região natural e pastoril de planícies com coxilhas cobertas por campos, com aspecto de savana, caracterizado pela presença de herbáceas	*Bougainvilla glabra*	β-ionona	antimicrobial
6. Pantanal	Constituído por uma savana estépica, alagada em sua maior parte. Esse bioma é uma planície aluvial influenciada por rios, cujo ecossistema é formado por terrenos predominantemente arenosos	*Mentha arvensis*	piperitona	vermífugo

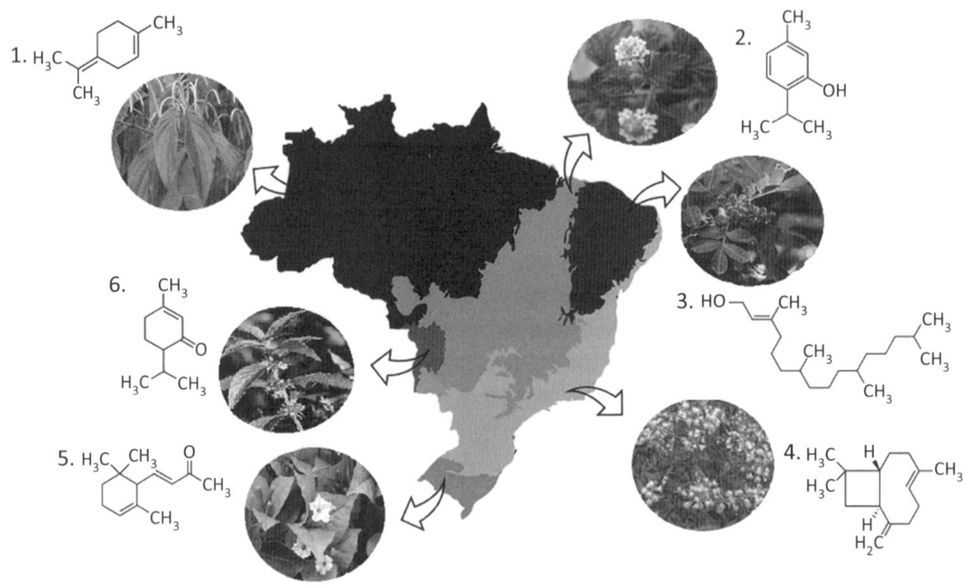

Figura 10.1 – Flora nativa brasileira: terpenos e terpenoides (FONSECA; CREMASCO, 2022).

Tendo em vista a riqueza da biodiversidade brasileira, suponha a existência hipotética de certa espécie vegetal, *Yvyra nhanderulis*, que tenha as características das espécies apresentadas na Tabela 10.1. As folhas da Yvyra foram submetidas à extração por arraste a vapor, obtendo-se um óleo essencial composto pelas substâncias químicas descritas na Tabela 10.1. Esse óleo essencial foi exposto a certa técnica de vaporização a 50 °C e 1 atm, cuja mistura gasosa foi analisada, obtendo-se os resultados, em termos de percentual mássico, conforme reportados na Tabela 10.2.

Tabela 10.2 – Características da mistura gasosa de substâncias voláteis do óleo essencial de *Yvyra nhanderulis*

	α-terpinoleno	timol	fitol	β-cariofileno	β-ionona	piperitona
Fórmula molecular	$C_{10}H_{16}$	$C_{10}H_{14}O$	$C_{20}H_{40}O$	$C_{15}H_{24}$	$C_{13}H_{20}O$	$C_{10}H_{16}O$
M_A (g/mol)	136,23	150,22	296,53	204,36	192,30	152,23
w_A (%)	20,0	32,4	8,5	9,3	10,5	19,3

Devido à necessidade de se conhecer o fundamento de transferência de massa associado à vaporização do óleo essencial aqui abordado, obtenha:

a) o valor da massa molar da mistura gasosa, bem como das frações molares das espécies que a compõe;

b) o valor do coeficiente de difusão do α-terpinoleno na mistura gasosa a 1 atm e 50 °C;

c) o valor do coeficiente de difusão do α-terpinoleno na mistura gasosa a 0,94 atm e 30 °C.

COMENTÁRIOS

Os navios ditos civilizatórios trouxeram o vírus do sarampo, da varíola e da gripe para os ameríndios. As doenças se espalharam pelas Américas. A varíola dizimou os Asteca e o vírus da gripe ocasionou epidemias devastadoras, principalmente para os Guarani. Estimativas apontam que mais de 90% da população originária morreu por doenças trazidas pelos europeus (PAVÃO et al., 2020). Esse processo, regado por ambição e ganância, reduziu uma população que em 1500 estava entre 2 a 4 milhões de habitantes para, hoje, por volta de 750 mil, espalhados pelo Brasil. Esse declínio se deve pela ocupação de seu território cultural por epidemias, como a varíola, sarampo, coqueluche, catapora, tifo, difteria, gripe, peste bubônica entre outras (VIEIRA, 2010). Entretanto, a sabedoria dos povos oriundos das selvas não se limita ao tempo histórico ou a falas depreciativas de altos mandatários (JORDY, 2021), para trazer esperança àqueles que se dizem civilizados (FONSECA; CREMASCO, 2022). Acrescente-se que as plantas medicinais, cuja eficiência terapêutica, toxicologia, dentre outros aspectos, estão comprovadas cientificamente, podem ser exploradas por meio de cultivo sustentável por agricultores de baixa renda, nos diversos biomas ilustrados na Figura 10.1, inclusive com a adição de tecnologia simples e de baixo custo para o processamento de óleos essenciais, agregando renda às suas famílias. Cabe ao profissional de tecnologia contextualizar a sua ação técnica, incluindo elementos culturais e sociais, sem, contudo, abrir mão de sua sólida formação. No capítulo em questão, tem-se a difusão mássica de certo soluto em meio gasoso constituído por vários componentes. Em outras palavras, o soluto, no caso o α-terpinoleno, difunde-se em uma mistura gasosa, que o inclui, constituídos de outras espécies químicas, que são as espécies voláteis do óleo essencial. De igual modo ao Capítulo 5, pode-se identificar os voláteis em determinado volume de controle, conforme indicado na Figura 5.1b. A determinação do coeficiente de difusão do α-terpinoleno, que será identificado ao subscrito 1, na mistura gasosa multicomponente M, é realizada mediante a utilização da lei de Blanck (PRAUSNITZ; LICHTENTHALER; AZEVEDO, 1999) para meio gasoso estagnado, ou

$$D_{1M} = \frac{(1-y_1)}{\sum_{j=2}^{N} \frac{y_j}{D_{1j}}} \tag{10.1}$$

em que D_{1j} se refere ao coeficiente de difusão do soluto 1 no componente j = 2, 3,... ou N, presente na mistura gasosa.

FORMULÁRIO

A obtenção da massa molar da mistura advém da Equação (5.22), aqui retomada como

$$\frac{1}{M} = \sum_{i=1}^{N} \frac{w_i}{M_i} \tag{10.2}$$

enquanto o valor da fração molar da espécie i resulta da combinação entre as Equações (5.5), (5.9), (5.15) e (5.16), ou

$$y_i = w_i \frac{M}{M_i} \tag{10.3}$$

O cálculo do valor do coeficiente de difusão poderia ser realizado utilizando-se a Equação (6.1), entretanto opta-se por se avaliar o modelo difusional de Fuller, Schettler e Giddings (1966), descrito pela Equação (6.9), retomada como

$$D_{1j} = \frac{\sqrt{2}T^{1,75}}{d_{1j}^2 P M_{1j}^{1/2}} \times 10^{-3} \tag{10.4}$$

em que T está em K e P em atm. A massa molar reduzida é obtida da Equação (6.2),

$$M_{1j} = 2,0\left(\frac{M_1 M_j}{M_1 + M_j}\right) \tag{10.5}$$

O diâmetro de difusão (ou difusional), d_{1j}, em Å, é definido pela Equação (6.10), reescrita como

$$d_{1j} = \left(\sum v\right)_1^{1/3} + \left(\sum v\right)_j^{1/3} \tag{10.6}$$

A grandeza $(\sum v)_i$ para i = 1 ou j, refere-se ao volume associado à difusão da molécula i, cujo valor para algumas moléculas simples, está apresentado na Tabela 6.2 e, para moléculas complexas, segundo a Tabela 6.3. Para a estimativa do valor do coeficiente de difusão do oxigênio na mistura em outra temperatura e pressão, utiliza-se a seguinte relação

$$\frac{D_{1M}\big|_{T_2,P_2}}{D_{1M}\big|_{T_1,P_1}} = \left(\frac{P_1}{P_2}\right)\left(\frac{T_2}{T_1}\right)^{1,75} \tag{10.7}$$

SOLUÇÃO

a) O valor da massa molar da mistura gasosa dos constituintes do óleo essencial da *Yvyra nhanderulis*, advém da Equação (10.2), retomada como

$$\frac{1}{M}=\frac{w_1}{M_1}+\frac{w_2}{M_2}+\frac{w_3}{M_3}+\frac{w_4}{M_4}+\frac{w_5}{M_5}+\frac{w_6}{M_6} \tag{1}$$

da qual são identificados os subscritos 1, 2, 3, 4, 5 e 6 ao α-terpinoleno, timol, fitol, β-cariofileno, β-ionona e piperitona, respectivamente. Substituindo-se o valor da fração mássica de cada espécie química e o valor de sua respectiva massa molar, contida na Tabela 10.2, na Equação (1),

$$\frac{1}{M}=\frac{0,20}{136,23}+\frac{0,324}{150,22}+\frac{0,085}{296,53}+\frac{0,093}{204,36}+\frac{0,105}{192,30}+\frac{0,193}{152,23} \tag{2}$$

obtendo-se, M = 161,80 g/mol.

O valor da fração molar, de cada espécie apresentada na Tabela 10.2, advém do emprego da Equação (10.3), substituindo-se nesta o valor de sua fração mássica e respectivo valor de massa molar. Tomando o α-terpinoleno como exemplo de cálculo, tem-se da Tabela 10.2, M_1 = 136,23 g/mol, w_1 = 0,20 e o resultado 2 que, levados à Equação (10.3), fornece

$$y_i = w_i\frac{M}{M_i}=(0,20)\frac{(161,80)}{(136,23)}=0,238 \tag{3}$$

A Tabela 1 apresenta os valores das frações molares do restante dos constituintes dos voláteis do óleo essencial de *Yvyra nhanderulis*.

Tabela 1 – Frações molares das substâncias voláteis do óleo essencial de *Yvyra nhanderulis*

	α-terpinoleno	timol	fitol	β-cariofileno	β-ionona	piperitona
M_A (g/mol)	136,23	150,22	296,53	204,36	192,30	152,23
w_A	0,200	0,324	0,085	0,093	0,105	0,193
y_A	0,238	0,349	0,046	0,074	0,088	0,205

b) Este item se refere à questão da difusão de um soluto em uma mistura gasosa multicomponente, cujo valor do coeficiente de difusão advém da Equação (10.1), retomada segundo

$$D_{1M} = \frac{(1-y_1)}{\frac{y_2}{D_{12}} + \frac{y_3}{D_{13}} + \frac{y_4}{D_{14}} + \frac{y_5}{D_{15}} + \frac{y_6}{D_{16}}} \tag{4}$$

Sabendo que $y_1 = 0{,}238$, bem como substituindo os valores das frações molares presentes na Tabela 1 na Equação (4), esta pode ser retomada como

$$D_{1M} = \frac{0{,}762}{\frac{0{,}349}{D_{12}} + \frac{0{,}046}{D_{13}} + \frac{0{,}074}{D_{14}} + \frac{0{,}088}{D_{15}} + \frac{0{,}205}{D_{16}}} \tag{5}$$

O valor do coeficiente de difusão do vapor de α-terpinoleno na mistura considerada, dependerá da difusão binária desta espécie em cada uma das espécies químicas presente na mistura gasosa. Para o par ij, sendo i = 1 e i ≠ j, utiliza-se a Equação (10.4), ou

$$D_{1j} = \frac{\sqrt{2}T^{1,75}}{d_{1j}^2 P M_{1j}^{1/2}} \times 10^{-3} \tag{6}$$

com

$$M_{1j} = 2{,}0\left(\frac{M_1 M_j}{M_1 + M_j}\right) \tag{7}$$

Os valores das massas molares das espécies envolvidas na difusão, encontram-se na Tabela 10.2, de maneira a possibilitar o cálculo das massas molares reduzidas, utilizando-se a Equação (7). Dessa maneira, tem-se:

α-terpinoleno (1) – timol (2):

$$M_{12} = (2{,}0)\left[\frac{(136{,}23)(150{,}22)}{136{,}23 + 150{,}22}\right] = 142{,}88\ \text{g/mol} \tag{8}$$

α-terpinoleno (1) – fitol (3):

$$M_{13} = (2{,}0)\left[\frac{(136{,}23)(296{,}53)}{136{,}23+296{,}53}\right] = 186{,}69\ \text{g/mol} \tag{9}$$

α-terpinoleno (1) – β-cariofileno (4)

$$M_{14} = (2{,}0)\left[\frac{(136{,}23)(204{,}36)}{136{,}23+204{,}36}\right] = 163{,}48\ \text{g/mol} \tag{10}$$

α-terpinoleno (1) – β-ionona (5):

$$M_{15} = (2{,}0)\left[\frac{(136{,}23)(192{,}3)}{136{,}23+192{,}3}\right] = 159{,}48\ \text{g/mol} \tag{11}$$

α-terpinoleno (1) – piperitona (6)

$$M_{16} = (2{,}0)\left[\frac{(136{,}23)(152{,}23)}{136{,}23+152{,}23}\right] = 143{,}79\ \text{g/mol} \tag{12}$$

O valor do diâmetro difusional de colisão é obtido da Equação (10.6),

$$d_{ij} = \left(\sum v\right)_i^{1/3} + \left(\sum v\right)_j^{1/3} \tag{13}$$

Uma vez que as moléculas envolvidas na difusão em questão são complexas, serão utilizados os incrementos nos volumes atômicos de difusão, conforme a Tabela 6.3, considerando as fórmulas moleculares (Tabela 10.2) e estruturais (Figura 10.2) fornecidos neste capítulo, ou seja,

Para o (1) α-terpinoleno ($C_{10}H_{16}$)

$$\left(\sum v\right)_1 = (10)\times v_C + (16)\times v_H - 20{,}2$$

ou

$$\left(\sum v\right)_1 = (10)\times(16{,}5) + (16)\times(1{,}98) - 20{,}2 = 176{,}48\ \text{cm}^3/\text{mol} \tag{14}$$

Para o (2) timol ($C_{10}H_{14}O$)

$$\left(\sum v\right)_2 = (10)\times v_C + (14)\times v_H + (1)\times v_O - 20,2$$

ou

$$\left(\sum v\right)_2 = (10)\times(16,5) + (14)\times(1,98) + (1)\times(5,48) - 20,2 = 178,00\ \text{cm}^3/\text{mol} \qquad (15)$$

Para o (3) fitol ($C_{20}H_{40}O$)

$$\left(\sum v\right)_3 = (20)\times v_C + (40)\times v_H + (1)\times v_O$$

ou

$$\left(\sum v\right)_3 = (20)\times(16,5) + (40)\times(1,98) + (1)\times(5,48) = 414,68\ \text{cm}^3/\text{mol} \qquad (16)$$

Para o (4) β-cariofileno ($C_{15}H_{24}$)

$$\left(\sum v\right)_4 = (10)\times v_C + (16)\times v_H - (2)\times(20,2)$$

ou

$$\left(\sum v\right)_4 = (10)\times(16,5) + (16)\times(1,98) - (2)\times(20,2) = 156,28\ \text{cm}^3/\text{mol} \qquad (17)$$

Para o (5) β-ionona ($C_{13}H_{20}O$)

$$\left(\sum v\right)_5 = (13)\times v_C + (20)\times v_H + (1)\times v_O - 20,2$$

ou

$$\left(\sum v\right)_5 = (13)\times(16,5) + (20)\times(1,98) + (1)\times(5,48) - 20,2 = 239,38\ \text{cm}^3/\text{mol} \qquad (18)$$

Para o (6) piperitona ($C_{10}H_{16}O$)

$$\left(\sum v\right)_6 = (10)\times v_C + (16)\times v_H + (1)\times v_O - 20,2$$

ou

$$\left(\sum v\right)_6 = (10)\times(16,5)+(16)\times(1,98)+(1)\times(5,48)-20,2 = 181,96\ \text{cm}^3/\text{mol} \quad (19)$$

Por via de consequência, pode-se determinar o diâmetro d_{ij} para cada par ij; lembrando que i, no presente capítulo, é o α-terpinoleno. Dessa maneira, ao se utilizar os valores apresentados de 14 a 19 é possível calcular os valores do diâmetro de difusão empregando-se a Equação (13),

$$d_{12} = \left(\sum v\right)_1^{1/3} + \left(\sum v\right)_2^{1/3} = (176,48)^{1/3} + (178,00)^{1/3} = 11,22\ \mathring{A} \quad (20)$$

$$d_{13} = \left(\sum v\right)_1^{1/3} + \left(\sum v\right)_3^{1/3} = (176,48)^{1/3} + (414,68)^{1/3} = 13,07\ \mathring{A} \quad (21)$$

$$d_{14} = \left(\sum v\right)_1^{1/3} + \left(\sum v\right)_4^{1/3} = (176,48)^{1/3} + (156,28)^{1/3} = 11,00\ \mathring{A} \quad (22)$$

$$d_{15} = \left(\sum v\right)_1^{1/3} + \left(\sum v\right)_5^{1/3} = (176,48)^{1/3} + (239,38)^{1/3} = 11,82\ \mathring{A} \quad (23)$$

$$d_{16} = \left(\sum v\right)_1^{1/3} + \left(\sum v\right)_6^{1/3} = (176,48)^{1/3} + (181,86)^{1/3} = 11,27\ \mathring{A} \quad (24)$$

Tendo em vista que a temperatura e a pressão do sistema são 50 °C (T = 50 + 273,15 = 323,15 K) e 1 atm, respectivamente, pode-se retomar a Equação (6), para cada par ij, admitindo-se os valores calculados de 8 a 12 e de 20 a 24,

$$D_{12} = \frac{\left(\sqrt{2}\times 10^{-3}\right)(323,15)^{1,75}}{(11,22)^2(1,0)(142,88)^{1/2}} = 0,0231\ \text{cm}^2/\text{s} \quad (25)$$

$$D_{13} = \frac{\left(\sqrt{2}\times 10^{-3}\right)(323,15)^{1,75}}{(13,07)^2(1,0)(186,69)^{1/2}} = 0,0149\ \text{cm}^2/\text{s} \quad (26)$$

$$D_{14} = \frac{\left(\sqrt{2}\times 10^{-3}\right)(323,15)^{1,75}}{(11,00)^2(1,0)(163,48)^{1/2}} = 0,0225\ \text{cm}^2/\text{s} \quad (27)$$

$$D_{15} = \frac{\left(\sqrt{2}\times 10^{-3}\right)\left(323{,}15\right)^{1{,}75}}{\left(11{,}82\right)^{2}\left(1{,}0\right)\left(159{,}48\right)^{1/2}} = 0{,}0197\ \mathrm{cm}^2/\mathrm{s} \tag{28}$$

$$D_{16} = \frac{\left(\sqrt{2}\times 10^{-3}\right)\left(323{,}15\right)^{1{,}75}}{\left(11{,}27\right)^{2}\left(1{,}0\right)\left(143{,}79\right)^{1/2}} = 0{,}0229\ \mathrm{cm}^2/\mathrm{s} \tag{29}$$

O cálculo do valor do coeficiente de difusão do α-terpinoleno na mistura gasosa considerada advém da substituição dos resultados de 25 a 29 na Equação (5),

$$D_{1M} = \frac{0{,}762}{\dfrac{0{,}349}{0{,}0231}+\dfrac{0{,}046}{0{,}0149}+\dfrac{0{,}074}{0{,}0225}+\dfrac{0{,}088}{0{,}0197}+\dfrac{0{,}205}{0{,}0229}} = 0{,}0218\ \mathrm{cm}^2/\mathrm{s} \tag{30}$$

c) Intenta-se, neste item, a estimativa do valor do coeficiente de difusão do α-terpinoleno na mistura a 30 °C e 0,94 atm, lembrando que a temperatura utilizada na Equação (10.7) deve ser em Kelvin (T = 30 + 273,15 = 303,15 K). Para tanto, pode-se retomar essa equação, avaliada nas condições (T_2, P_2) e (T_1, P_1),

$$D_{1M}\big|_{T_2,P_2} = D_{1M}\big|_{T_1,P_1}\left(\frac{P_1}{P_2}\right)\left(\frac{T_2}{T_1}\right)^{1{,}75} \tag{31}$$

Substituindo nesta equação os valores conhecidos, obtém-se, finalmente,

$$D_{1M}\big|_{T_2,P_2} = \left(0{,}0218\right)\left(\frac{1}{0{,}94}\right)\left(\frac{303{,}15}{323{,}15}\right)^{1{,}75} = 0{,}0198\ \mathrm{cm}^2/\mathrm{s} \tag{32}$$

REFERÊNCIAS BIBLIOGRÁFICAS

FONSECA, L. A. A. P.; CREMASCO, M. A. Characteristics and applications of terpenes and terpenoids from Brazilian flora. In: DAVIES. C. A. (Eds.). *Terpenes and terpenoids: sources, aplications and biological significance.* Nova Science Publishers, cap. 7, p. 197-213, 2022.

FULLER, E. N.; SCHETTLER, P. D.; GIDDINGS, J. C. New method for prediction of binary gas-phase diffusion coefficients. *Industrial & Engineering Chemistry*, Washington, v. 58, n. 5, p. 18-27, 1966.

GUIMARÃES, V. M. B. *Pertencer à Terra*: resistência de saberes e diversidade da vida pelos Kaiowá-Guarani. Tese (Doutorado em Desenvolvimento Sustentável) – Universidade de Brasília, Brasília, 2016.

JORDY, S. Presidente da Argentina diz que brasileiros vieram da selva, 2021. Disponível em: https://www.cnnbrasil.com.br/internacional/presidente-da-argentina-diz-que-brasileiros-vieram-da-selva/. Acesso em: 09 jun. 2021.

MACHADO, A. *Vida e morte do bandeirante*. São Paulo: Martins Fontes, 1955. 260 p.

MONTOYA, A. R. *La conquista espiritual del Paraguay*. Buenos Aires: Equipo Difusor de Estudios de Historia Iberoamericana, 1989. 228 p.

OLIVEIRA, S. K. S. *Etnobotânica em duas comunidades da terra indígena São Marcos, Roraima*. 2016. 113 f. Tese (Doutorado em Biodiversidade e Biotecnologia) – Universidade Federal do Pará, Belém, 2016.

PAVÃO, S.; LOPES, I.; VILHARVA, K. N.; PEDRO, M. S.; GISLOTI, L. J. Plantas medicinais dos povos Kaiowa e Guarani como possível prática complementar no enfrentamento dos sintomas da Covid-19: conhecimento tradicional como arma contra a pandemia. *Revista Brasileira de Agroecologia*, v. 15, n. 4, p. 4-17, 2020.

PEREIRA, G. S.; NOELLI, F. S.; CAMPOS, J. B.; SANTOS, M. P.; ZOCCHE, J. J. Ecologia histórica Guarani: as plantas utilizadas no bioma Mata Atlântica do litoral sul de Santa Catarina (Parte 1). *Cadernos do Leeparq*, Pelotas, v. 13, n. 26, p. 198-246, 2016.

PRAUSNITZ, J. M.; LICHTENTHALER, R. N.; AZEVEDO, E. G. *Molecular thermodynamics of fluid-phase equilibria*. 3. ed. Upper Saddler River: Prentice-Hall, 1999. 860 p.

SILVA, L. A. *História, literatura e historiografia*: representação da resistência e luta no romance Guayrá (2017), de Marco Aurélio Cremasco. 2018. 66 f. Trabalho de Conclusão de Curso (História) – Universidade Estadual de Londrina, Londrina, 2018.

VALENTIM, J. A.; SOARES, E. C. Extração de óleos essenciais por arraste a vapor: um kit experimental para o ensino de Química. *Química Nova Escola*, v. 40, n. 4, p. 297-301, 2018.

VIEIRA, N. B. S. *Dinâmica de obtenção e consumo de plantas alimentares ao longo do tempo em uma aldeia guarani, e sua relação com a saúde na percepção indígena, São Paulo, Brasil*. 2010. 83 f. Dissertação (Mestrado em Medicina) – Universidade Federal de São Paulo, São Paulo, 2010.

DIFUSÃO EM LÍQUIDOS

CAPÍTULO 11
Difusão de gases dissolvidos em líquidos

– Estou bebendo estrelas! Reza a lenda que foi essa frase que o monge beneditino Pierre Pérignon, mestre da adega de Hautvillers, pequena vila da região de Champagne-Ardenne, França, disse ao experimentar aquele líquido espumante, obtido acidentalmente e que, no futuro, seria identificado ao champanhe. O estalo de um champanhe precede a neblina que jorra para fora da garrafa, envolvendo o ambiente com o seu perfume inebriante, anunciando o próximo movimento: despeje a bebida dourada e nervosa em uma taça e observe as bolhas minúsculas deslizando até o nível do líquido. Servido em taça apropriada e assumindo que ninguém se aventure a bebê-la, alguns especialistas garantem que o champanhe mantém sua efervescência por até cinco horas (PIVETTA, 2005). Estima-se em 20 milhões de bolhas em uma garrafa de champanhe de 750 ml, que batalham para atingir as papilas de centenas de milhares de Pérignon. A produção de champanhe (só o frisante oriundo daquela região francesa pode ser assim denominado) e de outros espumantes, envolve, tradicionalmente, uma primeira fermentação de uvas para produzir o vinho base, que é complementado, por exemplo, com açúcar de cana ou de beterraba, de modo que a segunda fermentação aconteça. O vinho oriundo dessa última fermentação permanece por, pelo menos, quinze meses para que as células de levedura (agora inativas) possam modificar o sabor da bebida, para, então, ser removida por congelamento e, em seguida, o vinho ser recortado, restabelecendo o espaço livre entre o volume da garrafa e do líquido nela contido, decretando a quantidade final de dióxido de carbono (CO_2) dissolvido. O champanhe é uma solução aquosa composta por etanol (12,5 % v/v), CO_2 dissolvido

(10-12 g/L), açúcares (< 50 g/L) e uma variedade de íons, como K^+, Ca^{2+} e Cl^- (KHAIREH; LIGER-BELAIR; BONHOMMEAU, 2021). Uma garrafa de champanhe padrão de 750 mL contém cerca de 9 g de CO_2 dissolvido, que correspondem a volume próximo a 5 litros de CO_2 (LIGER-BELAIR et al., 2012). Acima de 35,5% desse gás, e em contato com ar no interior de uma taça, o gás pode irritar o nariz de um apreciador com sensação de formigamento. O efeito sonoro e visual das bolhas, Figura 11.1, de um frisante é marcante na seleção da bebida, isso sem contar estudos que demonstram que a degustação de vinhos é profundamente influenciada por expectativas psicológicas determinadas pelo aparecimento da bebida ou pelo cenário, desde o fabricante até a iluminação do ambiente e a música (JONES, 2021).

Figura 11.1 – Bolhas em uma taça de champanhe (JONES, 2021).

Existe interesse em algumas bebidas quanto à quantidade dissolvida de CO_2, responsável pela formação de bolhas. No caso do champanhe, durante o seu processo de produção, há várias reações químicas complexas destinadas a transformar açúcares em, principalmente, álcool e CO_2. Uma compreensão mais comprometida de inúmeros parâmetros envolvidos no processo de borbulhamento é tema a ser estudado. A taxa em que as bolhas crescem tanto no champanhe como nos espumantes, em geral, estão associados a parâmetros físico-químicos do meio líquido, como a concentração de CO_2 e o seu coeficiente de difusão na bebida (AUTRET et al., 2005). Isso posto, pede-se:

a) estime o valor do coeficiente de difusão do CO_2 em água e CO_2 em etanol a 25 °C e compare com aqueles experimentais, iguais, respectivamente a $1{,}98 \times 10^{-5}$ cm²/s e $4{,}11 \times 10^{-5}$ cm²/s (SNIJDER et al., 1995);

b) estime o valor do coeficiente de difusão do CO_2 em champanhe a 20 °C ($\eta_B = 1{,}48$ cP) e compare com aquele experimental, igual a $1{,}41 \times 10^{-5}$ cm²/s (LIGER-BELAIR et al., 2003).

COMENTÁRIOS

O conhecimento básico de fundamentos de transferência de massa, como no caso da compreensão do mecanismo difusivo, que envolve a dispersão de gases em líquidos, é essencial para projetos de engenharia, em particular para o dimensionamento de colunas de borbulhamento para a absorção, por exemplo, de CO_2, presente em uma corrente gasosa expondo-a a um meio aquoso. Indo adiante da aplicação tecnológica, é imperativo destacar que o excesso de bolhas em líquidos pode desencadear riscos para plantas e animais. No caso de plantas, em particular as vasculares, o transporte de nutrientes pode ser interrompido devido ao súbito aparecimento de bolhas no xilema, responsável por fornecer água, a partir das raízes, para o restante do vegetal. Inclui-se, nesse contexto, a causa central de embolia nos seres humanos, feito aquela que ocorre com mergulhadores que retornam à superfície rapidamente após respirarem o ar contido a alta pressão em cilindros de mergulho. Tragédias podem ocorrer em decorrência de instabilidades presentes em gases dissolvidos em líquidos, como o ocorrido em agosto de 1986, quando o lago Nyos, República dos Camarões, absorveu considerável quantidade de CO_2 para, a seguir, liberar nuvem desse gás asfixiando e levando a óbito 1.700 habitantes em seu entorno (PIVETTA, 2015). A difusão molecular do CO_2 em meio líquido é uma consequência do constante movimento térmico estocástico das moléculas (AUTRET et al., 2005), conforme discutido nos Capítulos 3 e 4, ou seja, a teoria mais difundida para explicar a difusão mássica de gases em líquidos refere-se ao movimento aleatório de determinado soluto gasoso (A) em meio líquido (B), descrito no Capítulo 4 por meio da Equação de Langevin, cuja abordagem resulta na equação de Stokes-Einstein, Equação (3.10), aqui retomada já se considerando o resultado do D_{AB} em cm^2/s, o diâmetro de Stokes-Einstein, σ_A, em Å, e a temperatura em K, ou

$$D_{AB} = 1,465 \times 10^{-7} \frac{T}{\eta_B \sigma_A} \tag{11.1}$$

FORMULÁRIO

A Tabela 11.1 apresenta algumas correlações para a predição do valor do coeficiente de difusão de gases dissolvidos em líquidos. Nessa tabela, D_{AB} resulta em cm^2/s; M_B, massa molar do solvente, em g/mol; η_B, viscosidade dinâmica do solvente em cP; a temperatura da solução, em Kelvin (K); V_b é o volume molar à temperatura normal de ebulição e está em cm^3/mol, cujos valores para moléculas simples estão contidos na Tabela 11.2.

Tabela 11.1 – Correlações para a estimativa do coeficiente de difusão de gases dissolvidos em líquidos

Autores	Correlações
WILKE; CHANG (1955)	$D_{AB} = 7,4\times10^{-8}\,T\dfrac{(\varphi M_B)^{1/2}}{\eta_B V_{b_A}^{0,6}}$ (11.2) O parâmetro de associação do solvente é: $\varphi = 2,5$ (água); $\varphi = 1,9$ (metanol); $\varphi = 1,5$ (etanol); $\varphi = 1,0$ para o restante dos solventes
HAYDUK; MINHAS (1982)	$D_{AB} = 1,25\times10^{-8}\,T^{1,52}\eta_B^{\xi}\left(\dfrac{1}{V_{b_A}^{0,19}} - 0,292\right)$, com $\xi = \dfrac{9,58}{V_{b_A}} - 1,12$ (11.3) Indicada para a água enquanto solvente
HAYDUK; MINHAS (1982)	$D_{AB} = 1,33\times10^{-7}\,T^{1,47}\dfrac{\eta_B^{\xi}}{V_{b_A}^{0,71}}$, com $\xi = \dfrac{10,02}{V_{b_A}} - 1,12$ (11.4) Indicada para solventes orgânicos

Tabela 11.2 – Volumes molares à temperatura normal de ebulição (WILKE; CHANG, 1955)

Moléculas	H_2	O_2	N_2	ar	CO	CO_2	SO_2	NO	D_2O
V_b (cm^3/mol)	14,3	25,6	31,2	29,9	30,7	34,0	44,8	23,6	20,0

cont.

Moléculas	N_2O	NH_3	H_2O	H_2S	COS	Cl_2	Br_2
V_b (cm^3/mol)	36,4	25,8	18,9	32,9	51,5	48,4	53,2

Para a situação específica da difusão do dióxido de carbono tanto na água quanto no etanol (à pressão subcrítica), tem-se

*Difusão de CO_2 em H_2O, válida para 273 K a 348 K (VERSTEEG; van SAAIJ, 1988),

$$D_{CO_2-H_2O} = 2,35\times10^{-2}\exp\left(-\frac{2.119}{T}\right) \tag{11.5}$$

T em K, e D_{AB} em cm^2/s.

*Difusão do CO_2 em etanol, válida para 298 K a 333 K (SNIJDER et al., 1995),

$$D_{CO_2-etOH} = 3{,}365 \times 10^{-3} \exp\left(-\frac{1.314{,}7}{T}\right) \tag{11.6}$$

T em K, e D_{AB} em cm²/s. Para a comparação de desempenho das correlações apresentadas na Tabela 11.1, pode-se utilizar o desvio relativo, segundo

$$\text{Desvio}(\%) = \frac{\left(D_{ABcal} - D_{ABexp}\right)}{D_{ABexp}} \times 100 \tag{11.7}$$

sendo o subscrito "cal" relativo ao valor calculado, e o subscrito "exp", ao experimental.

Informações adicionais

Massa molar da água, M_B = 18,015 g/mol; massa molar do etanol, M_B = 46,069 g/mol; viscosidade dinâmica do etanol, η_B = 1,04 cP (REID; PRAUSNITZ; POLING, 1987); viscosidade dinâmica da água a 20 °C, η_B = 1,0 cP ; a 25°C, η_B = 0,8911 cP (KESTIN; SOKOLOV; WAKEHAM, 1978).

SOLUÇÃO

a) Este item se refere à predição do valor do coeficiente de difusão do dióxido de carbono dissolvido em água e em etanol a 25 °C ou 298,15 K, cujos valores calculados serão comparados com aqueles experimentais, com atenção ao critério 11.7. Para tanto, será avaliada a Equação (11.2) para ambos os meios difusivos (água e etanol) e as Equações (11.3) e (11.5) para a água enquanto meio difusivo, e as Equações (11.4) e (11.6) para o etanol como meio difusivo.

Considerando-se a água enquanto meio difusivo (solvente) a T = 25 °C = 25 + 273,15 = 298,15 K, bem como são conhecidos os valores de η_B = 0,8911 cP; M_B = 18,015 g/mol e φ = 2,5, e o volume molar à temperatura normal de ebulição do CO_2, V_{bA} = 34,0 cm³/mol (Tabela 11.2), na Equação (11.2),

$$D_{AB} = \left(7{,}4 \times 10^{-8}\right)\left(298{,}15\right)\frac{\left[\left(2{,}5\right)\left(18{,}015\right)\right]^{1/2}}{\left(0{,}8911\right)\left(34{,}0\right)^{0{,}6}} = 2{,}00 \times 10^{-5}\ \text{cm}^2/\text{s} \tag{1}$$

Visto o valor experimental do coeficiente de difusão do CO_2 em água a 25 °C ser $1{,}98 \times 10^{-5}$ cm²/s tem-se, da Equação (11.7), o seguinte valor para o desvio relativo

$$\text{Desvio}(\%) = \frac{\left(D_{AB\text{cal}} - D_{AB\text{exp}}\right)}{D_{AB\text{exp}}} \times 100 = \frac{\left(2{,}00\times10^{-5} - 1{,}98\times10^{-5}\right)}{1{,}98\times10^{-5}} \times 100 = 1{,}01\% \quad (2)$$

Tomando a correlação de Hayduk e Minhas (1982) e sabendo que $V_{bA} = 34{,}0$ cm³/mol,

$$\xi = \frac{9{,}58}{V_{b_A}} - 1{,}12 = \frac{9{,}58}{34{,}0} - 1{,}12 = -0{,}838 \quad (3)$$

que, substituída na Equação (11.3),

$$D_{AB} = \left(1{,}25\times10^{-8}\right)\left(298{,}15\right)^{1{,}52}\left(0{,}8911\right)^{-0{,}838}\left[\frac{1}{\left(34{,}0\right)^{0{,}19}} - 0{,}292\right] = 1{,}75\times10^{-5}\ \text{cm}^2/\text{s} \quad (4)$$

proporcionando o desvio relativo (Equação (11.7)) em relação ao valor experimental igual a

$$\text{Desvio}(\%) = \frac{\left(D_{AB\text{cal}} - D_{AB\text{exp}}\right)}{D_{AB\text{exp}}} \times 100 = \frac{\left(1{,}75\times10^{-5} - 1{,}98\times10^{-5}\right)}{1{,}98\times10^{-5}} \times 100 = -11{,}62\% \quad (5)$$

A Equação (11.5) foi desenvolvida especificamente para a estimativa do coeficiente de difusão do CO_2 em água na dependência, tão somente, da temperatura. Uma vez que T = 298,15 K, tem-se

$$D_{AB} = 2{,}35\times10^{-2}\exp\left(-\frac{2.119}{298{,}15}\right) = 1{,}93\times10^{-5}\ \text{cm}^2/\text{s} \quad (6)$$

acarretando o desvio relativo igual a

$$\text{Desvio}(\%) = \frac{\left(D_{AB\text{cal}} - D_{AB\text{exp}}\right)}{D_{AB\text{exp}}} \times 100 = \frac{\left(1{,}75\times10^{-5} - 1{,}93\times10^{-5}\right)}{1{,}93\times10^{-5}} \times 100 = -9{,}33\% \quad (7)$$

Note que a correlação de Wilke-Chang (1955), Equação (11.2), é a que mais bem descreve a predição do D_{AB} nessa situação, inclusive apresentando desempenho melhor do que aquela específica para a predição do coeficiente de difusão do CO_2 em água, o que está associado, provavelmente, ao desvio de seu ajuste experimental.

Faz-se o mesmo procedimento encontrado nas Equações (1) a (7) para T = 298,15 K e V_{bA} = 34,0 cm³/mol, considerando-se o etanol enquanto meio difusivo. Nesse caso, são conhecidos η_B = 1,04 cP; M_B = 46,069 g/mol e φ = 1,5. Da Equação (11.2),

$$D_{AB} = \left(7,4\times10^{-8}\right)\left(298,15\right)\frac{\left[\left(1,5\right)\left(46,069\right)\right]^{1/2}}{\left(1,04\right)\left(34,0\right)^{0,6}} = 2,13\times10^{-5}\ \mathrm{cm}^2/\mathrm{s} \tag{8}$$

O valor experimental do coeficiente de difusão do CO_2 em água a 25 °C é 4,11 × 10^{-5} cm²/s. Dessa maneira tem-se, da Equação (11.7), o valor do desvio relativo.

$$\text{Desvio}(\%) = \frac{\left(D_{AB\text{cal}} - D_{AB\exp}\right)}{D_{AB\exp}}\times100 = \frac{\left(2,13\times10^{-5} - 4,11\times10^{-5}\right)}{4,11\times10^{-5}}\times100 = -48,18\% \tag{9}$$

Para a utilização da Equação (11.4), deve-se obter o parâmetro de correção da viscosidade dinâmica, ξ. Sabendo que V_{bA} = 34,0 cm³/mol, tem-se

$$\xi = \frac{10,02}{V_{b_A}} - 0,71 = \frac{10,02}{34,0} - 0,71 = -0,415 \tag{10}$$

Assim, substitui-se esse valor em conjunto com T = 298,15 K, η_B = 1,04 cP e V_{bA} = 34,0 cm³/mol na Equação (11.4), levando a

$$D_{AB} = \left(1,33\times10^{-7}\right)\left(298,15\right)^{1,47}\frac{\left(1,04\right)^{-0,415}}{\left(34,0\right)^{0,71}} = 4,64\times10^{-5}\ \mathrm{cm}^2/\mathrm{s} \tag{11}$$

resultando no desvio relativo em relação ao valor experimental igual a

$$\text{Desvio}(\%) = \frac{\left(D_{AB\text{cal}} - D_{AB\exp}\right)}{D_{AB\exp}}\times100 = \frac{\left(4,64\times10^{-5} - 4,11\times10^{-5}\right)}{4,11\times10^{-5}}\times100 = 12,90\% \tag{12}$$

Na Equação (11.6) foi desenvolvida a estimativa do coeficiente de difusão do CO_2 em etanol. Visto T = 298,15 K, tem-se

$$D_{AB} = 3,365\times10^{-3}\exp\left(-\frac{1.314,7}{298,15}\right) = 4,09\times10^{-5}\ \mathrm{cm}^2/\mathrm{s} \tag{13}$$

levando a

$$\text{Desvio}(\%) = \frac{\left(D_{AB\text{cal}} - D_{AB\exp}\right)}{D_{AB\exp}}\times100 = \frac{\left(4,09\times10^{-5} - 4,11\times10^{-5}\right)}{4,11\times10^{-5}}\times100 = -0,49\% \tag{14}$$

Diferentemente da situação anterior, a correlação de Wilke-Chang (1955), Equação (11.2), apresenta desvio considerável em relação ao valor experimental. Nesse caso, a correlação específica para predição do coeficiente de difusão do CO_2 em etanol é que mais bem estima o valor calculado, denotando à especificidade do ajuste dos dados experimentais. As correlações de Hayduk e Minhas (1982) para a água e para o etanol enquanto solventes apresenta desempenho razoável.

b) Para a estimativa do valor do coeficiente de difusão do CO_2 em champanhe a 20 °C são conhecidos, além da temperatura, T = 20 °C = 20 + 273,15 = 293,15 K, a viscosidade dinâmica do champanhe, η_B = 1,48 cP. De posse das informações apresentadas neste capítulo e tendo em vista que se desconhece a massa molar do champanhe, pode-se avaliá-lo ou o considerando solução aquosa e, portanto, emprega-se a Equação (11.3), ou se considera enquanto solução alcóolica e, para tanto, emprega-se a Equação (11.4). Assumindo o champanhe enquanto solução aquosa, substitui-se T = 293,15 K, η_B = 1,48 cP, V_{bA} = 34,0 cm³/mol, ξ = - 0,838 (Equação (3)) na Equação (11.3),

$$D_{AB}=\left(1{,}25\times10^{-8}\right)\left(293{,}15\right)^{1{,}52}\left(1{,}48\right)^{-0{,}838}\left[\frac{1}{\left(34{,}0\right)^{0{,}19}}-0{,}292\right]=1{,}11\times10^{-5}\ \text{cm}^2/\text{s} \quad (15)$$

Visto o valor experimental ser D_{ABexp} = 1,41 × 10^{-5}, tem-se da Equação (11.7),

$$\text{Desvio}\left(\%\right)=\frac{\left(D_{ABcal}-D_{ABexp}\right)}{D_{ABexp}}\times100=\frac{\left(1{,}11\times10^{-5}-1{,}41\times10^{-5}\right)}{1{,}41\times10^{-5}}\times100=-21{,}28\% \quad (16)$$

Agora, considerando o champanhe como solução alcóolica, substitui-se T = 293,15 K, η_B = 1,48 cP, V_{bA} = 34,0 cm³/mol, ξ = - 0,415 (Equação (10)) na Equação (11.4),

$$D_{AB}=\left(1{,}33\times10^{-7}\right)\left(293{,}15\right)^{1{,}47}\frac{\left(1{,}48\right)^{-0{,}415}}{\left(34{,}0\right)^{0{,}71}}=3{,}91\times10^{-5}\ \text{cm}^2/\text{s} \quad (17)$$

resultando no desvio relativo em relação ao valor experimental igual a

$$\text{Desvio}\left(\%\right)=\frac{\left(D_{ABcal}-D_{ABexp}\right)}{D_{ABexp}}\times100=\frac{\left(3{,}91\times10^{-5}-1{,}48\times10^{-5}\right)}{1{,}48\times10^{-5}}\times100=164{,}19\% \quad (18)$$

ou seja, uma possibilidade descartada. Existe a alternativa de se avaliar a utilização da Equação de Stokes-Einstein, Equação (11.1). Nota-se, nessa equação, a necessidade de se conhecer o valor do diâmetro de Stokes-Einstein, σ_A. Foi fornecido neste capítulo o valor da viscosidade dinâmica da água a 20 °C, η_B = 1,0 cP. Pode-se estimar o valor do coeficiente de difusão do CO_2 em água nessa temperatura e, com o valor obtido, calcula-se o valor do diâmetro de Stokes-Einstein do dióxido de carbono, a partir da Equação (11.1), retomada como

$$\sigma_A = 1,465 \times 10^{-7} \frac{T}{\eta_B D_{AB}} \tag{19}$$

De posse desse valor e conhecida a viscosidade dinâmica do champanhe a 20 °C, obtém-se o valor de seu D_{AB}. Desse modo, assumindo, primeiramente, a água enquanto solvente à T = 293,15 K, bem como são conhecidos os valores de η_B = 1,0 cP; M_B = 18,015 g/mol e φ = 2,5, e o volume molar à temperatura normal de ebulição do CO_2, V_{bA} = 34,0 cm³/mol, tem-se na Equação (11.2),

$$D_{AB} = \left(7,4 \times 10^{-8}\right)\left(293,15\right) \frac{\left[\left(2,5\right)\left(18,015\right)\right]^{1/2}}{\left(1\right)\left(34,0\right)^{0,6}} = 1,75 \times 10^{-5}\ \mathrm{cm^2/s} \tag{20}$$

Substituindo esse resultado em conjunto com T = 293,15 K e η_B = 1,0 cP na Equação (19)

$$\sigma_A = 1,465 \times 10^{-7} \frac{T}{\eta_B D_{AB}} = \left(1,465 \times 10^{-7}\right) \frac{\left(293,15\right)}{\left(1\right)\left(1,75 \times 10^{-5}\right)} = 2,44\ \mathring{A} \tag{21}$$

Desse modo, obtém-se o valor do coeficiente de difusão do dióxido de carbono substituindo o resultado 21 em conjunto com T = 235,15 K e η_B = 1,48 cP na Equação (11.1),

$$D_{AB} = 1,465 \times 10^{-7} \frac{T}{\eta_B \sigma_A} = \left(1,465 \times 10^{-7}\right) \frac{\left(293,15\right)}{\left(1\right)\left(2,44\right)} = 1,19 \times 10^{-5}\ \mathrm{cm^2/s} \tag{22}$$

fornecendo desvio relativo em relação ao valor experimental igual a

$$\text{Desvio}\left(\%\right) = \frac{\left(D_{ABcal} - D_{ABexp}\right)}{D_{ABexp}} \times 100 = \frac{\left(1,19 \times 10^{-5} - 1,48 \times 10^{-5}\right)}{1,48 \times 10^{-5}} \times 100 = -19,59\% \tag{23}$$

ou seja, desempenho pouco melhor quando comparado com o resultado 16. Tal perfomance pode ser creditada à estimativa do diâmetro de Stokes-Einstein. Na situação de considerar o champanhe enquanto solvente a 20 °C e o valor experimental do CO_2 nesse meio líquido, o valor do diâmetro de Stokes-Einstein é

$$\sigma_A = 1,465 \times 10^{-7} \frac{T}{\eta_B D_{AB}} = \left(1,465 \times 10^{-7}\right) \frac{\left(293,15\right)}{\left(1,48\right)\left(1,41 \times 10^{-5}\right)} = 2,06\ \mathring{A} \tag{24}$$

valor próximo ao obtido no resultado 21.

REFERÊNCIAS BIBLIOGRÁFICAS

AUTRET, G.; LIGIER-BELAIR, G.; NUZILLARD, J.-M.; PARMENTIER, M.; MONTREYNAUD, A. D.; JEANDET, P.; DOAN, B.-T.; BELOEIL, J. C. Use of magnetic resonance spectroscopy for the investigation of the CO_2 dissolved in champagne and sparkling wines: a nondestructive and unintrusive method. *Analytica Chimica Acta*, v. 535, p. 73-78, 2005.

HAYDUK, W.; MINHAS, B. S. Correlations for prediction of molecular diffusivities in liquids. *The Canadian Journal of Chemical Engineering*, v. 60, p. 297-299, 1982.

JONES, N. The Science behind champagne bubbles, 2021. Disponível em: https://www.smithsonianmag.com/innovation/the-science-behind-champagne-bubbles-180979272. Acesso em: 21 jan. 2020.

KESTIN, J.; SOKOLOV, M.;WAKEHAM, W. A. Viscosity of liquid water in the range - 8°C to 150°C. *Journal of Physical and Chemical Reference Data*, v. 7, n. 3, p. 941-948, 1978.

KHAIREH, M. A.; LIGER-BELAIR, G.; BONHOMMEAU, D. A. Toward in silico prediction of CO_2 diffusion in champagne wines. *ACS Omega*, Washington, v. 6, p. 11231-11239, 2021.

LIGER-BELAIR, G.; PROST, E.; JEANDET, P.; NUZILLARD, J.-M. Diffusion Coefficient of CO_2 molecules as determined by 13C NMR in various carbonated veverages. *Journal of Agriculture and Food Chemistry*, Washington, v. 51, p. 7560-7563, 2003.

LIGER-BELAIR, G.; BOURGET, M.; PRON, H.; POLIDORI, G.; CILINDRE, C. Monitoring gaseous CO_2 and ethanol above champagne glasses: flute versus coupe, and the role of temperature. *PLoS ONE*, San Francisco, v. 7, n. 2, p. e30628, 2012.

PIVETTA, M. In the rising of bubbles, 2015. Disponível em: https://revistapesquisa.fapesp.br/en/in-the-rising-of-bubbles/. Acesso em: 21 jan. 2022.

REID, R. C.; PRAUSNITZ, J. M.; SHERWOOD, T. K. *The properties of gases and liquids*. 3. ed. New York: McGraw-Hill, 1977. 688 p.

SNIJDER, E. D.; TE RIELE, M. J. M.; VERSTEEG, G. F.; van SWAAIJ, W. P. M. Diffusion coefficients of CO, COS, N_2O, and N_2 in ethanol and toluene. *Journal of Chemical and Engineering Data*, v. 40, p. 37-39, 1995.

VERSTEEG, G. F.; van SAAIJ, W. P. M. Solubility and diffusivity of acid gases (CO_2, N_2O) in aqueous alkanolamine solutions. *Journal of Chemical Engineering Data*, Washington, v. 33, p. 29-34, 1988.

WILKE, C. R.; CHANG, P. Correlation of diffusion coefficients in dilute solutions. *AIChE Journal*, New York, v. 1, n. 2, p. 264-270, 1955.

CAPÍTULO 12

Difusão de não eletrólitos diluídos em líquidos: mistura binária

Aquela doença. Inominável. Aquela doença enquanto sinônimo de fim de jornada. Alguém que a tenha ou devido àquela doença dessa existência partiu. Doença que levou conhecido ou pessoa próxima. Aquela doença com c. C de câncer, problema de saúde pública mundial, sendo a segunda causa de óbitos no mundo e no Brasil. Trata-se de uma enfermidade caracterizada por crescimento anormal de células (neoplasia maligna), que afeta pessoas de todas as idades (BRANDÃO et al., 2010). A introdução da quimioterapia, uso de drogas com ação antitumoral, resultou em taxas significativas de cura de tipos tumorais que não eram controlados com sucesso pelo emprego exclusivo de cirurgia e/ou radioterapia. Até as primeiras décadas do século XXI, o desempenho dos agentes quimioterápicos disponíveis apresentou-se abaixo do ideal, quando o objetivo foi o tratamento de tumores sólidos humanos mais prevalentes (carcinoma de pulmão, próstata, cólon, mama, ovário, entre outros). Um dos principais fatores limitantes da eficácia das drogas antineoplásicas é a existência de células tumorais que apresentam mecanismos de resistência farmacológica. A natureza dos processos bioquímicos mediadores de resistência varia de acordo como o tipo quimioterápico em questão. Um dos mecanismos de resistência mais estudados é denominado resistência múltipla em decorrência, em boa parte dos casos estudados, da existência de P-glicoproteína na membrana celular, capaz de transportar tais compostos para fora de célula tumoral. Pesquisadores demonstram interesse no estudo de produtos naturais como possível fonte de agentes antineoplásicos. Acredita-se que a diversidade de estruturas químicas encontradas nesses compostos proporciona maior chance de se identificar novas moléculas com mecanismos inéditos de ação antitumoral. A descoberta da atividade anticancerígena do Taxol®, na década 1970, oferece bons argumentos a favor dessa linha de raciocínio. Conhecido também como paclitaxel, o Taxol® é um complexo alcaloide diterpenoide que apresenta a fórmula molecular $C_{47}H_{51}NO_{14}$, representada na Figura 12.1.

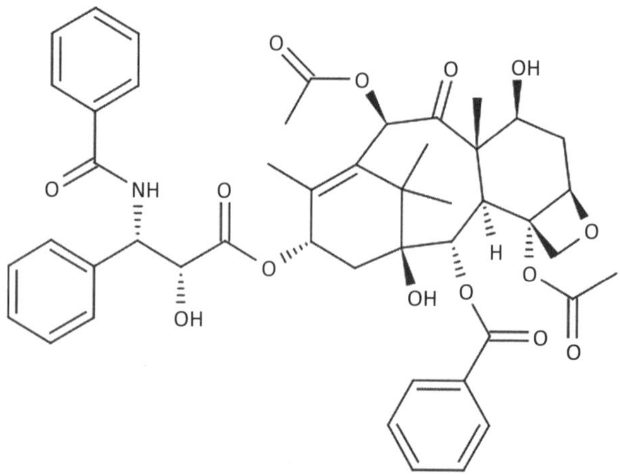

Figura 12.1 – Estrutura molecular do Taxol® (CREMASCO, 2011).

O Taxol®, originalmente extraído da casca do teixo americano, *Taxus brevifolia*, bem como de outras coníferas da família das Taxáceas (*T. canadensis*, *T. baccata*, *T. wallichiana*, *T. cuspidata*), interfere na multiplicação das células cancerígenas, reduzindo ou interrompendo o seu crescimento e disseminação no corpo. Sua ação antineoplásica é atribuída, principalmente, à sua capacidade de promover o agrupamento de microtúbulos de dímeros da tubulina e estabilizá-los. Estudos pré-clínicos *in vivo* mostraram que essa droga tem atividade antitumoral contra xenotransplantes de carcinomas humanos (cólon, mama e pulmão). Os resultados mais positivos foram em pacientes portadores de neoplasia de ovário, resistentes ao tratamento com derivados platínicos (CREMASCO, 2019). Uma pessoa acometida por câncer necessita de, aproximadamente, 2 g de Taxol® por ano. A concentração mássica de Taxol® na casca de um teixo americano é extremamente baixa, cerca de 100 mg/kg de casca. Em razão disso, são necessárias várias árvores para suprir o tratamento anual de uma pessoa. Por conseguinte, existe a preocupação no que se refere ao consumo de Taxol® em relação à renovação de sua matéria-prima, bem como ao impacto ambiental. Entretanto, a cultura de células vegetais (FETT-NETO et al., 1992) e a síntese química (HOLTON et al., 1994; NICOLAOU et al., 1994) foram alternativas para a produção em larga escala do fármaco. Os maiores desafios associados à recuperação e purificação do Taxol® a partir de meio líquido cultivado incluem a baixa concentração de Taxol®, tipicamente entre 20 mg/L e 150 mg/L (KETCHUM; GIBSON, 1993), concentrações altas de impurezas (> 6 g/L) e número alto de taxanos estruturalmente semelhantes ao Taxol® (CARDELINA, 1991; HARVEY et al., 1991). Dentre as técnicas de separação e de purificação do Taxol®, encontra-se a técnica cromatográfica, baseada em princípios de adsorção, empregando-se leito móvel simulado (CREMASCO, 2011). Essa técnica exige conhecimentos básicos de transferência de massa, tanto a respeito da fase estacionária quanto da fase móvel. Enquanto a fase estacionária se refere ao adsorvente, que deve apresentar afinidade com a molécula de Taxol®, a fase móvel diz respeito à solução líquida que contém o soluto e as impurezas em mistura com o solvente, que servirá como meio de transporte do soluto da fase líquida à fase estacionária. É crucial, por via de consequência, o entendimento do fenômeno difusivo do Taxol® na tal solução líquida. Desse modo, obtenha o valor do coeficiente de difusão do Taxol®, diluído em uma solução etanol/água a 25 °C (η = 0,97 cP; V_b = 38,0 cm^3/mol; M = 30,90 g/mol; φ = 2,1). Compare o resultado obtido com aquele experimental, $D_{\mathring{A}B}$ = 2,56 × 10^{-4} cm^2/min (CREMASCO; WANG, 2012).

COMENTÁRIOS

O ser humano é dotado de complexidade intraduzível: o indivíduo tem a sua existência como se fosse eterna. Como se o sofrimento fosse o do outro. Como se o problema não fosse dele. O câncer é mais próximo do que se imagina. Entre as neoplasias malignas, por exemplo, a mamária é a segunda mais incidente no mundo (SIDNEY; ROMEU; PINHEIRO, 2017). Mesmo que apresente reações adversas, como hipersensibilidade, a descoberta do Taxol® foi importante para a saúde da mulher, principalmente devido à falta de medicação específica para o tratamento de câncer mamário e no ovário. Todavia, quando de seu estudo clínico, na década de 1990, foi preciso sacrificar quatro mil árvores de teixo americano para render 360 g do Taxol®, de modo que foram utilizadas 28 mil árvores (adultas) para fornecer 25 kg de fármaco para atender cerca de 12 mil pacientes (BRANDÃO et al., 2010). Não se trata de desertificar para tratar, pois se estabelece o dilema ético em que existem duas questões importantes e que competem, mas que um deles deve prevalecer (YEGANIANTZ; MACÊDO, 2000). Felizmente, a Ciência encontrou a solução para a não desertificação, mostrando a possibilidade da obtenção do Taxol® por outras vias. Contudo, vive-se em uma época abalizada pela crise dos valores, decorrente de uma ética utilitarista (DOMINGUES, 2004). No início do século XXI, o Taxol® tornou-se o fármaco contra o câncer mais vendido de todos os tempos. O governo norte-americano investiu 484 milhões de dólares no desenvolvimento do medicamento, obtendo retorno de 35 milhões aos cofres públicos, enquanto determinada empresa privada investiu em torno de 1 bilhão de dólares e faturou 9 bilhões (LEITE, 2003). Ou seja: alguém ganhou, alguém perdeu. Quando se menciona poder público, entende-se a presença da população, que contribui para os impostos. Quem ganhou, notadamente, foi a iniciativa privada, cujo lucro não se soube se foi destinado para diminuir o valor de mercado do fármaco a quem precisa, principalmente para quem mais necessita. Tal reflexão é inerente a qualquer profissão, em particular quando se procura aprimorar técnicas de obtenção e purificação de fármacos que afetam a sociedade. Essa sociedade anseia pela consciência ética e técnica em que investe o seu patrimônio e a própria expectativa de vida. Entender, portanto, princípios técnicos básicos transcende a técnica pela técnica, sem, contudo, deixar de dominá-la. É crucial o entendimento de difusão mássica e do cálculo do valor do coeficiente de difusão, pois isto refletirá no projeto de engenharia, influenciando a pureza do fármaco. Nesse sentido, a difusão mássica de não eletrólitos em líquidos refere-se à difusão de determinado soluto A que não se dissolve em íons nesse estado de matéria; trata-se da difusão mássica de um líquido em outro, feito a água em vinho, por exemplo. O mecanismo difusivo amplamente aceito para tanto é aquele descrito pelo movimento browniano, no qual o soluto A (diluído) é arrastado devido às colisões sofridas por ação das moléculas do solvente B. A característica de diluição do soluto refere-se à sua concentração praticamente nula na solução, de modo que $x_A \to 0$, possibilitando a retomada da 1ª lei de Fick conforme a Equação (3.9), em uma direção, a ser escrita em termos da concentração do soluto, ou

$$J_{Az} = -D_{\mathring{A}B} \frac{dC_A}{dz} \tag{12.1}$$

Observe, na Equação (12.1), que a notação para o coeficiente de difusão está: $D_{\mathring{A}B}$. O sobrescrito na espécie A (Å) indica que o soluto está diluído no meio B. Diferentemente dos gases, em que $D_{AB} = D_{BA}$, em líquidos em situação de diluição (A diluído em B: $x_A \to 0$; B diluído em A: $x_B \to 0$), tem-se que $D_{\mathring{A}B} \neq D_{\mathring{B}A}$, pois os meios em questão são totalmente distintos um do outro, bem como o próprio soluto. Suponha que se despeje uma gota de vinho tinto em uma jarra de dois litros de água ($\eta_{água}$ = 1,0 cP a 20 °C). O líquido mudou de cor? Praticamente não. Agora, despeje uma gota de água em uma jarra de dois litros de vinho tinto (η_{vinho} = 1,7 cP a 20 °C). Percebe-se o mesmo fenômeno da não alteração de cor do líquido contido na jarra. A resistência à dispersão molecular da gota de líquido é regida pela natureza do líquido contido na jarra, governado em particular pelo efeito da viscosidade do meio. O mecanismo difusivo de matéria é explicado à luz da abordagem browniana, conforme apresentado nos Capítulos 3 e 4. Quanto à estimativa do coeficiente de difusão em condição de diluição infinita, $D_{\mathring{A}B}$, as correlações apresentadas na Tabela 11.1 podem ser avaliadas e comparadas com valores experimentais, mas com especial atenção quanto à predição do diâmetro da molécula do soluto, o qual está associado, por exemplo, ao valor de seu volume molar à temperatura normal de ebulição (V_b). O Taxol®, no presente capítulo, é o soluto a ser estudado e não é uma molécula simples para ser contemplada pelas informações sobre V_b, contidas na Tabela 11.2. Todavia, pode-se estimá-lo conhecendo-se a sua fórmula molecular, bem como a sua representação estrutural, Figura 12.1, mediante a estratégia de contribuição de grupos de Le Bas, conforme a Tabela 12.1.

Tabela 12.1 – Contribuição de grupos para volumes moleculares complexos (WILKE; CHANG, 1955)

Átomos	$+V_b$	Átomos em contribuições específicas	$+V_b$	Estruturas cíclicas presentes na molécula	$+V_b$
bromo	27,0	Oxigênio em ésteres metílicos	9,1	anel de 3 membros (p. ex., óxido de etileno)	–0,6
carbono	14,8	Oxigênio em éteres metílicos	9,9	anel de 4 membros (p. ex., ciclobutano)	–8,5
cloro	24,6	Oxigênio em outros éteres e ésteres	11,0	anel de 5 membros (p. ex., ciclopentano)	–11,5
hidrogênio	3,7	Oxigênio em ácidos	12,0	piridina	–15
iodo	37,0	Nitrogênio em dupla ligação	15,6	anel benzênico	–15
enxofre	25,6	Nitrogênio em aminas primárias	10,5	anel de naftaleno	–30
oxigênio	7,4	Nitrogênio em aminas secundárias	12,0	anel de antraceno	–47,5

FORMULÁRIO

A Tabela 12.2 apresenta algumas correlações para a predição do valor do coeficiente de difusão de líquidos diluídos em meios líquidos. Nessa tabela, D°_{AB} é dado em cm^2/s; η_B, em cP; a temperatura da solução, em Kelvin (K); V_b é o volume molar à temperatura normal de ebulição (cm^3/mol), cujos valores serão obtidos mediante contribuição de grupos para volumes moleculares complexos.

Para a comparação de desempenho das correlações apresentadas na Tabela 12.2, pode-se utilizar o desvio relativo, segundo

$$\text{Desvio}\,(\%) = \frac{\left(D^{\circ}_{AB\,cal} - D^{\circ}_{AB\,exp}\right)}{D^{\circ}_{AB\,exp}} \times 100 \tag{12.6}$$

sendo o subscrito "cal" relativo ao valor calculado, e o subscrito "exp", ao experimental.

Tabela 12.2 – Correlações para a estimativa do coeficiente de difusão de líquidos diluídos em meio líquido orgânico

Autores	Correlações	
WILKE; CHANG (1955)	$$D^{o}_{AB} = 7{,}4 \times 10^{-8} \frac{T(\varphi M_B)^{1/2}}{\eta_B V_{b_A}^{0,6}}$$ o parâmetro de associação do solvente é: φ = 2,5 (água); φ = 1,9 (metanol); φ = 1,5 (etanol); e φ = 1,0 para o restante dos solventes	(12.2)
LUSIS; RATCLIFF (1968)	$$D^{o}_{AB} = 8{,}52 \times 10^{-8} \frac{T}{\eta_B V_{b_B}^{1/3}} \left[1{,}4\left(\frac{V_{b_B}}{V_{b_A}}\right)^{1/3} + \left(\frac{V_{b_B}}{V_{b_A}}\right)\right]$$ Indicada para solventes orgânicos	(12.3)
HAYDUK; MINHAS (1982)	$$D^{o}_{AB} = 1{,}33 \times 10^{-7} \frac{T^{1,47}\eta_B^{\xi}}{V_{b_A}^{0,71}}, \text{ com } \xi = \frac{10{,}2}{V_{b_A}} - 0{,}71$$ Indicada para parafinas normais	(12.4)
SIDDIQ; LUCAS (1986)	$$D^{o}_{AB} = 9{,}89 \times 10^{-8} \frac{T^{1,47}}{\eta_B^{0,907}} \left(\frac{V_{b_A}^{0,265}}{V_{b_A}^{0,45}}\right)$$ Indicada para solventes orgânicos	(12.5)

SOLUÇÃO

Considerando-se que o meio líquido esteja a T = 298,15 K (25 °C), bem como são conhecidos os valores de $\eta_B = 0{,}97$ cP; $M_B = 30{,}90$ g/mol, $V_{bB} = 38{,}0$ cm^3/mol e $\varphi = 2{,}1$ nota-se, em todas as equações presentes na Tabela 12.2, a necessidade de se estimar o valor do volume molecular do Taxol®, V_{bA}. Para tanto, lança-se mão do volume de Le Bas. Sabe-se que a fórmula molecular do Taxol® é $C_{47}H_{51}NO_{14}$, e considerando a estrutura molecular apresentada na Figura 12.1, da qual é possível identificar: amina secundária; oxigênios presentes em éster metílico e dois outros ésteres, bem como em outro éter contido em anel de quatro membros; contribuição de três anéis benzênicos e dois anéis de seis membros, o valor do V_{bA} pode ser obtido por meio do volume de Le Bas, Tabela 12.1.

$$V_{b_A} = 47V_{b_C} + 51V_{b_H} + \underbrace{1(12)}_{\text{N em a min a secundária}} + \underbrace{5(7)}_{\text{oxigênio}} + \underbrace{2(2\times 11)}_{\text{O em outros ésteres}} + \underbrace{2(2\times 9{,}1)}_{\text{O em éster metílico}} + V_Y \quad (1)$$

com

$$V_{b_A} = \underbrace{(11-8,41)}_{\text{O em éter contido em anel de 04 membros}} - \underbrace{5(15)}_{\text{presença de anéis benzênicos}} = -72,4\ \text{cm}^3/\text{mol} \tag{2}$$

Identificando-se, na Tabela 12.1, a contribuição dos átomos e grupos contidos na Equação (1), tem-se

$$\begin{aligned} V_{b_A} &= (47)(14,8)+(51)(3,7)+(1)(12)+(5)(7,4)+(2)(22)+(2)(18,2)-72,4 = \\ &= 941,3\ \text{cm}^3/\text{mol} \end{aligned} \tag{3}$$

Visto o meio (solvente) estar a T = 298,15 K e conhecidos $\eta_B = 0,97$ cP; $M_B = 30,90$ g/mol, $V_{bB} = 38,0$ cm^3/mol e $\varphi = 2,1$, tem-se da Equação (12.2)

$$D_{\overset{\circ}{A}B} = \left(7,4\times10^{-8}\right)\frac{(298,15)\left[(2,1)(30,9)\right]^{1/2}}{(0,97)(941,3)^{0,6}} = 3,01\times10^{-6}\ \text{cm}^2/\text{s} = 1,81\times10^{-4}\ \text{cm}^2/\text{min} \tag{4}$$

Uma vez que o valor experimental é $D_{\mathring{A}B} = 2,56 \times 10^{-4}$ cm^2/min, calcula-se o desvio relativo mediante o emprego da Equação (12.6), ou

$$\text{Desvio}\,(\%) = \frac{\left(1,81\times10^{-4} - 2,56\times10^{-4}\right)}{2,56\times10^{-4}}\times100 = -29,30\,\% \tag{5}$$

Da Equação (12.3), tem-se

$$\begin{aligned} D_{\overset{\circ}{A}B} &= \frac{\left(8,52\times10^{-8}\right)(298,15)}{(0,97)(38)^{1/3}}\left[(1,4)\left(\frac{38}{941,3}\right)^{1/3} + \left(\frac{38}{941,3}\right)\right] = \\ &= 4,06\times10^{-6}\ \text{cm}^2/\text{s} = 2,44\times10^{-4}\ \text{cm}^2/\text{min} \end{aligned} \tag{6}$$

acarretando no desvio relativo igual a (veja a Equação (12.6))

$$\text{Desvio}(\%) = \frac{\left(2,44\times10^{-4} - 2,56\times10^{-4}\right)}{2,56\times10^{-4}}\times100 = -4,69\,\% \tag{7}$$

Para a avaliação da Equação (12.4), tem-se

$$\xi = \frac{10,2}{V_{b_A}} - 0,71 = \frac{10,2}{941,3} - 0,71 = -0,699$$

que resulta

$$D^{\circ}_{AB} = \left(1,33\times10^{-7}\right)\frac{\left(298,15\right)^{1,47}\left(0,97\right)^{-0,669}}{\left(941,3\right)^{0,71}} = 4,56\times10^{-6}\ \mathrm{cm^2/s} = 2,74\times10^{-4}\ \mathrm{cm^2/min} \quad (8)$$

apontando o desvio relativo igual a

$$\text{Desvio}\left(\%\right) = \frac{\left(2,74\times10^{-4} - 2,56\times10^{-4}\right)}{2,56\times10^{-4}}\times100 = 7,03\% \quad (9)$$

Finalmente, tem-se a Equação (12.5),

$$D^{\circ}_{AB} = \left(9,89\times10^{-8}\right)\frac{\left(298,15\right)^{1,47}}{\left(0,97\right)^{0,907}}\left[\frac{\left(38\right)^{0,265}}{\left(941,3\right)^{0,45}}\right] = 3,65\times10^{-6}\ \mathrm{cm^2/s} = 2,19\times10^{-4}\ \mathrm{cm^2/min} \quad (10)$$

levando ao desvio relativo igual a

$$\text{Desvio}\left(\%\right) = \frac{\left(2,19\times10^{-4} - 2,56\times10^{-4}\right)}{2,56\times10^{-4}}\times100 = -14,45\% \quad (11)$$

Observe que a correlação de Wilke e Chang (1955) apresenta fraco desempenho. Isso se deve tanto à complexidade da molécula do soluto quanto ao meio difusivo alcoólico. Por outro lado, constata-se o bom desempenho da correlação de Lusis e Ratcliff (1968), Equação (12.3).

REFERÊNCIAS BIBLIOGRÁFICAS

BRANDÃO, H. N.; DAVID, J. P.; COUTO, R. D.; NASCIMENTO, J. A. P.; DAVID, J. M. Química e farmacologia de quimioterápicos antineoplásicos derivados de plantas. *Química Nova,* São Paulo, v. 33, n. 6, p. 1359-1369, 2010.

CARDELINA, J. H. HPLC Separation of taxol and cephalomannine. *Journal of Liquid Chromatography*, London, v. 14, n. 4, p. 659-665, 1991.

CREMASCO, M. A. *Difusão mássica*. São Paulo: Blucher, 2019. 284 p.

CREMASCO, M. A. Taxol® separation in a simulated moving bed. *In:* NAKAJIMA, H. (eds.). *Mass Transfer – Advanced Aspects*. London: IntechOPen, 2011. p. 645-664.

CREMASCO, M. A.; WANG, N-H. L. Estimation of partition, free and specific diffusion coefficients of paclitaxel and taxanes in a fixed bed by moment analysis: experimental, modeling and simulation studies. *Acta Scientiarum. Technology*, Maringá, v. 34, n. 1, p. 33-40, 2012.

DOMINGUES, I. Ética, ciência e tecnologia. *Kriterion*, Belo Horizonte, n. 109, p. 159-174, 2004.

FETT-NETO, A. G.; DiCOSMO, F.; REYNOLDS, W. F.; SAKATA, K. Cell culture of Taxol yield as a source of the antineoplastic drug taxol and related taxanes. *Biotechnology*, v. 10, p. 1572-1575, 1992.

HARVEY, S. D., CAMPBELL, J. A.; KELSEY, R. G.; VANCE, N. C. Separation of Taxol from related taxanes in *Taxus Brevifolia* extracts by isocratic elution reverse-phase microcolumn hig-performance liquid chromatography. *Journal of Chromatography A*, v. 587, n. 2, p. 300-3005, 1991.

HAYDUK, W.; MINHAS, B. S. Correlations for prediction of molecular diffusivities in liquids. *The Canadian Journal of Chemical Engineering*, v. 60, p. 297-299, 1982.

HOLTON, R. A.; SOMOZA, C.; KIM, H. B.; LIANG, F.; BIEDIGER, R. J.; BOATMAN, P. D.; SHINDO, M.; SMITH, C. C.; KIM, S.; NADIZADEH, H.; SUZUKI, Y.; TAO, C.; VU, P.; TANG, S.; ZHANG, P.; MURTHI, K. K.; GENTILE, L. N.; LIU, J. H. First total synthesis of Taxol. *Journal of the American Chemical Society*, Washington, v. 116, n. 4, p. 1597-1598, 1994.

KETCHUM, R. E. B.; GIBSON, D. M. Rapid isocratic reversed phase HPLC of taxanes on new columns developed specifically for Taxol analysis. *Journal of Liquid Chromatography*, London, v. 16, n. 2, p. 2519-2530, 1993.

LEITE, M. O caso Taxol, 2003. Disponível em: https://www1.folha.uol.com.br/fsp/ciencia/fe0308200303.htm. Acesso em: 28 jan. 2022.

LUSIS, M. A.; RATCLIFF, C. Diffusion in binary liquid mixture at infinite dilution. *Canadian Journal of Chemical Engineering*, v. 46, p. 385-387, 1968.

NICOLAOU, K. C.; YANG, Z.; LIU, J. J.; UENO, H.; NANTERMET, P. G.; GUY, R. K.; CLAIBORNE, C. F.; RENAUD, J.; COULADOUROS, E. A.; PAUVANNAN, K.; SORENSE, E. J. Total synthesis of Taxol. *Nature*, v. 367, p. 630-634, 1994.

SIDDIQ, M. A.; LUCAS, K. Correlations for prediction of diffusion in liquids. *The Canadian Journal of Chemical Engineering*, v. 64, p. 839-843, 1986.

SIDNEY, K. M. M.; ROMEU, G. A.; PINHEIRO, C. G. Estudo de reações adversas ao paclitaxel em pacientes com câncer de mama em um hospital de referência. *Revista Brasileira de Farmácia Hospitalar e Serviços de Saúde*, São Paulo, v. 8, n. 1, p. 37-42, 2017.

WILKE, C. R.; CHANG, P. Correlation of diffusion coefficients in dilute solutions. *AIChE Journal*, New York, v. 1, n. 2, p. 264-270, 1955.

YEGANIANTZ, L.; MACÊDO, M. M. C. O desafio da ética agrícola. *Cadernos de Ciência & Tecnologia*, Brasília, v. 17, n. 3, p. 125-146, 2000.

CAPÍTULO 13

Difusão de não eletrólitos concentrados em líquidos: efeito da viscosidade dinâmica no coeficiente mútuo de difusão

– Estou bebendo estrelas! Talvez essa frase não retrate apenas a sensação frisante que o monge Pierre Pérignon experimentou ao provar o champanhe. Beber estrelas cabe a cada pessoa que se inebria quando contempla o céu noturno, desde que as cidades poluídas deixem de sê-las. As estrelas têm vida, mas não na escala temporal do ser humano, cuja existência é uma rajada de luz. A formação de moléculas no meio interestelar desperta o interesse de diversos ramos da Ciência por ser uma chave para compreender a complexidade química das nuvens interestelares, que pode ter relação com o aparecimento de vida (MONFREDINI, 2009). O nascimento de uma estrela segue um processo em que núcleos de nuvens moleculares entram em colapso, primeiro sob sua própria gravidade para, deste modo, formar protoestrelas. Tais protoestrelas são acompanhadas por um disco de acreção e ejetam um poderoso fluxo bipolar de gás chamado fluxo de saída. Um modo eficaz de observar a formação de estrelas massivas é observando masers (Microwave Amplification by Simulated Emission of Radiation), fontes de radiações eletromagnéticas que ocorrem quando uma população de moléculas (ou átomos) é bombeada para um nível de energia superior a partir do qual eles entram em colapso; ao fazê-lo, é liberada enorme quantidade de energia enquanto radiação de micro-ondas. Em particular, os masers de metanol oferecem uma excelente maneira de observar regiões formadoras de estrelas massivas e se originam não apenas nos discos de acreção em regiões geradoras de estrelas, denominados masers de metanol classe II, como nos fluxos bipolares, nesse caso eles são conhecidos como classe I (CLARISSE; SARMA, 2019). A emissão, portanto, de maser galáctico de metanol está associado a locais de criação de estrelas massivas (PESTALOZZI, 2007). Contudo, ao se beber estrelas, deve-se ter o cuidado de não se estar consumindo metanol. A grande maioria das intoxicações por metanol dá-se por ingestão, cuja toxicidade está associada aos seus metabólitos, principalmente ao ácido fórmico (SOUZA et al., 2018). Ao ser ingerido, o metanol pode causar cegueira e até a morte, como o ocorrido com 40 pessoas que, em 1999, faleceram em Salvador por consumirem aguardente contaminada com metanol. O metanol é o composto mais tóxico entre os álcoois, bastando meia colher de sopa para levar à morte uma pessoa de 60 kg (JOVELINO et al., 2015). Portanto, ao se beber estrelas que as sintam em borbulhas de CO_2, ainda que os antigos egípcios inspirados nas estrelas para a construção de suas pirâmides, já manipulavam o metanol, todavia como constituinte da mistura de substâncias produzidas na pirólise da madeira (SHELDON, 2017). Por muito tempo o metanol foi obtido via destilação da madeira e, devido a isso, foi denominado álcool de madeira. Robert Boyle, em 1664, foi o primeiro a empregar essa técnica de destilação, batizando o processo de espírito da madeira (JOVELINO et al., 2015; SHELDON, 2017). Por outro lado, a sua composição foi determinada em 1834 por Jean-Baptiste Dumas e Eugene Peligot (SHELDON, 2017). O metanol, CH_3OH, massa molar igual a 32,042 g/mol, também denominado de álcool metílico ou carbinol, é largamente consumido na indústria química. Cerca de 60 % de metanol produzido é empregado como material inicial ou solvente para síntese, bem como em misturas combustíveis (EPE, 2019). Desse modo, o conhecimento das propriedades do metanol e de suas interações com outros compostos, em particular com a água, é essencial para a sua manipulação, separação e purificação, incluindo aspectos de transferência de massa. Nesse sentido, Woolf (1985) obteve valores do coeficiente de difusão de metanol (A) em água (B), conforme indica a Tabela 13.1. Desse modo, estime os valores teóricos do coeficiente de difusão, sem e com efeito de viscosidade dinâmica, comparando-os com aqueles experimentais.

Tabela 13.1 – Dados experimentais do coeficiente de difusão de metanol em água a 25 °C (WOOLF, 1985)

x_A	0,0	0,1	0,2	0,3	0,4	0,5	0,6	0,7	0,8	0,9	1,0
$D_{AB} \times 10^5$ (cm²/s)	1,563	1,249	1,086	1,002	0,986	1,047	1,190	1,396	1,643	1,913	2,190

COMENTÁRIOS

A molécula do metanol, além de presente em masers oriundos de protoestrelas e, infelizmente, levar a óbito consumidores devido à ingestão de bebibas alcóolicas adulteradas, é essencial em reações industriais, podendo-se citar: desidrogenação; carbonilação; esterificação com ácidos orgânicos ou inorgânicos e derivados ácidos. A Figura 13.1 apresenta a cadeia do metanol, oriundo do gás de síntese, como produto químico industrial.

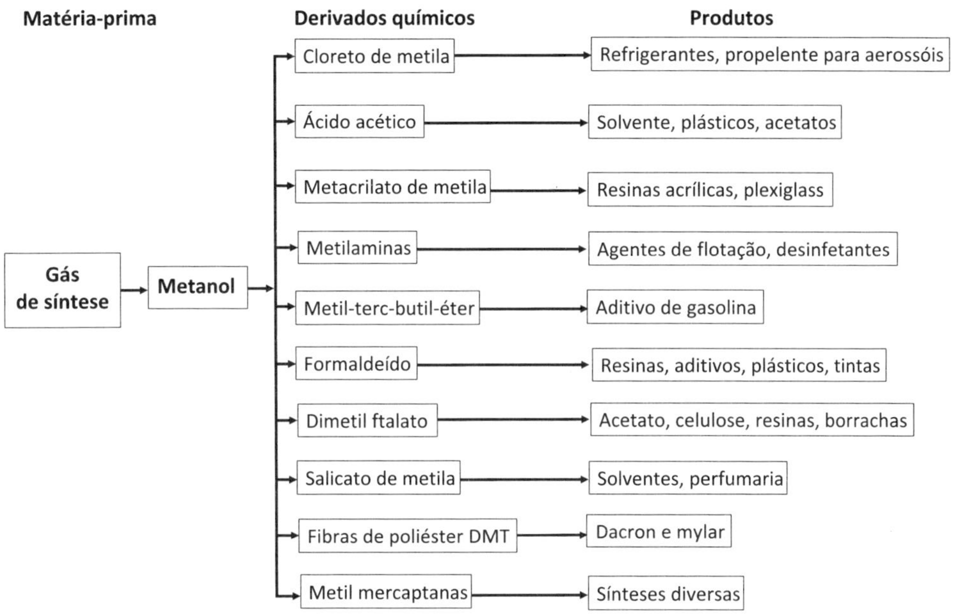

Figura 13.1 – Cadeia do metanol como produto químico industrial (EPE, 2019).

Seja a sua obtenção a partir do gás de síntese, seja como ponto de partida para diversos derivados químicos e destes em produtos, o conhecimento de fundamentos de engenharia é essencial, a começar de cálculos elementares, como o valor do coeficiente de difusão. Cabe destacar que esse coeficiente, em líquidos, depende fortemente da concentração das espécies envolvidas. Discutiu-se no capítulo anterior, em se tratando da difusão mássica em líquidos que, para situação de diluição infinita, $D_{\overset{\circ}{A}B} \neq D_{\overset{\circ}{B}A}$. Ao retomar a ilustração apresentada no capítulo anterior de se verter uma gota de vinho tinto em uma jarra de dois litros de água ($\eta_{água}$ = 1,0 cP a 20 °C) e verter uma gota de água em uma jarra de dois litros de vinho tinto (η_{vinho} = 1,7 cP a 20 °C), verifica-se a resistência à difusão do soluto imposta pelo solvente (meio difusivo). Na medida em que se aumenta o volume do líquido a ser despejado no conteúdo na jarra, passa-se a perceber a mudança de cor de seu conteúdo; e o coeficiente de difusão neste caso passa a ser reconhecido como coeficiente de difusão mútuo. A equação para o fluxo molar em solução concentrada, em termos da 1ª lei de Fick, é posta segundo

$$J_{A,z} = -C\dot{D}_{AB}\frac{dx_A}{dz} \qquad (13.1)$$

em que o coeficiente mútuo de difusão é identificado segundo

$$\dot{D}_{AB} = x_A D_{\overset{\circ}{B}A} + x_B D_{\overset{\circ}{A}B} \qquad (13.2)$$

Há casos que tal abordagem não é o suficiente devido à natureza das espécies envolvidas e da própria solução resultante de sua mistura. Em tal situação, a forma mais simples de correção do coeficiente mútuo de difusão dá-se por meio da proposta de Caldwell e Babb (1956), em que se considera o efeito da viscosidade dinâmica de cada componente da solução binária, como dela própria por meio de

$$\eta \dot{D}_{AB} = x_A \eta_A D^{\circ}_{BA} + x_B \eta_B D^{\circ}_{AB} \tag{13.3}$$

Há de se observar, nas Equações (13.2) e (13.3), a necessidade de se conhecer os coeficientes de difusão em condições de diluição infinita. Note na Tabela 13.1 que, na situação em que $x_A = 0$, tem-se a difusão do metanol diluído em água, ou seja, $D^{\circ}_{AB} = 1{,}563 \times 10^{-5}\ cm^2/s$; já no caso de $x_A = 1$, tem-se a diluição de água em metanol, de modo que $D^{\circ}_{BA} = 2{,}19 \times 10^{-5}\ cm^2/s$. Enquanto o coeficiente mútuo de difusão descrito pela Equação (13.2) independe da viscosidade dinâmica da solução, isto não pode ser escrito em relação à Equação (13.3). De posse dos dados experimentais sobre viscosidade dinâmica para solução metanol-água a 25 °C encontrados em KUBOTA et al. (1979), assim como de posse do modelo proposto por Cremasco (2019) para a predição dessa propriedade, tem-se a seguinte formulação para a estimativa do valor da viscosidade dinâmica,

$$\eta = \dot{\eta} \Lambda^q \tag{13.4}$$

e

$$\Lambda = 1 + 2x_A x_B \frac{\left(B_{AB} B_{BA}\right)^2}{\left[x_A B_{AB} + x_B B_{BA}\right]^3} \tag{13.5}$$

sendo a viscosidade dinâmica mútua da solução na forma

$$\dot{\eta} = x_A \eta_A + x_B \eta_B \tag{13.6}$$

FORMULÁRIO

Para o modelo sugerido pela Equação (13.5) e lembrando que A = metanol e B = água, tem-se $\eta_A = 0{,}5459$ cP e $\eta_B = 0{,}8911$cP a 25 °C (KUBOTA et al., 1979). A partir dos dados dessa referência, encontrou-se $B_{AB} = 1{,}72$; $B_{BA} = 1{,}02$; e $q = 1{,}302$,

$$\Lambda = 1 + 2x_A x_B \frac{3{,}078}{\left(1{,}72x_A + 1{,}02x_B\right)^3} \tag{13.7}$$

O desvio relativo médio para o desempenho dos resultados calculados do coeficiente mútuo de difusão em relação aos experimentais, encontrados na Tabela 13.1, é obtido de

$$DRM(\%) = \frac{1}{n}\sum_{i=1}^{n} Desvio_i \tag{13.8}$$

com o desvio relativo ao valor experimental para cada fração molar calculado por

$$Desvio(\%) = \frac{\left(D_{ABcal} - D_{AB\exp}\right)}{D_{AB\exp}} \times 100 \tag{13.9}$$

em que o subscrito "cal" indica valor calculado, e o subscrito "exp", experimental.

SOLUÇÃO

O foco do presente capítulo é o de avaliar o efeito da viscosidade dinâmica no valor do coeficiente mútuo de difusão, Equação (13.3). Antes, porém, será avaliado o desempenho do modelo sem se considerar tal efeito segundo a proposta de Darken (1948), Equação (13.2),

$$\dot{D}_{AB} = x_A D^{o}_{BA} + x_B D^{o}_{AB} \tag{1}$$

Foram fornecidos $D^{o}_{AB} = 1{,}563\times10^{-5}\ cm^2/s$ e $D^{o}_{BA} = 2{,}19\times10^{-5}\ cm^2/s$, de forma a Equação (1) ser reescrita, após considerar $x_B = 1 - x_A$,

$$\dot{D}_{AB} = 2{,}190\times10^{-5} x_A + 1{,}563\times10^{-5}\left(1 - x_A\right) \tag{2}$$

Considerando-se os valores de fração molar apresentados na Tabela 13.1, calcula-se os valores do coeficiente mútuo de difusão a partir da Equação (2), cujos resultados estão apresentados na Tabela 1. Tais resultados são comparados com aqueles experimentais fornecidos na Tabela 13.1 por meio da Equação (13.9), apontando os valores para o desvio relativo na Tabela 1.

Tabela 1 – Resultados para coeficiente mútuo de difusão termodinâmico (sem a influência da viscosidade dinâmica)

x_A	0,0	0,1	0,2	0,3	0,4	0,5	0,6	0,7	0,8	0,9	1,0
D_{AB} x 10^5 (cm^2/s)	1,563	1,626	1,688	1,751	1,814	1,877	1,939	2,002	2,065	2,127	2,190
Desvio (%)	0,00	−30,18	−55,43	−74,75	−83,98	−79,27	−62,94	−43,41	−25,68	−11,19	0,00

Utilizando-se as informações contidas na Tabela 1 e na Equação (13.8), obtém-se o valor para o desvio relativo médio, DRM, igual a −42,44% (ou seja, resultado sofrível). Para avaliar a influência da viscosidade dinâmica da solução a partir da Equação (13.3), lança-se mão das informações contidas no enunciado: $\eta_A = 0,5459$ cP e $\eta_B = 0,8911$ cP, $D^{\circ}_{AB} = 1,563\times10^{-5}\ cm^2/s$ e $D^{\circ}_{BA} = 2,19\times10^{-5}\ cm^2/s$ que, substituídos na Equação (13.3) fornece a seguinte expressão, em função da fração molar do metanol e da viscosidade dinâmica da solução,

$$\dot{D}_{AB} = \frac{1}{\eta}\left[1,196\times10^{-5}x_A + 1,393\times10^{-5}\left(1-x_A\right)\right] \tag{3}$$

Observe, na Equação (3), a necessidade de se conhecer o valor viscosidade dinâmica da solução, η, que é obtido a partir da Equação (13.4), retomada para a presente situação em que q = 1,302, ou

$$\eta = \dot{\eta}\Lambda^{1,302} \tag{4}$$

em que a equação para a determinação do valor da viscosidade dinâmica mútua da solução para cada valor de fração molar de metanol, Equação (13.6), sabendo que $\eta_A = 0,5459$ cP (metanol) e $\eta_B = 0,8911$ cP (água), é posta como

$$\dot{\eta} = 0,5459\ x_A + 0,8911\left(1-x_A\right) \tag{5}$$

Conhecendo-se os valores das frações molares do metanol substituídas na Equação (5), obtém-se os valores da viscosidade dinâmica mútua da solução, apresentados na Tabela 2.

Tabela 2 – Resultados calculados para a viscosidade dinâmica mútua da solução

x_A	0,0	0,1	0,2	0,3	0,4	0,5	0,6	0,7	0,8	0,9	1,0
$\dot{\eta}$ (cP)	0,8911	0,8566	0,8221	0,7875	0,7530	0,7185	0,684	0,6495	0,6149	0,5804	0,5459

O efeito da viscosidade dinâmica, Λ, advém da Equação (13.7) em termos da fração molar do metanol,

$$\Lambda = 1 + 2x_A\left(1 - x_A\right)\frac{3,078}{\left[1,72x_A + 1,02\left(1 - x_A\right)\right]^3} \tag{6}$$

A partir das frações molares apresentados na Tabela 13.1, e sabendo que q = 1,302, torna-se possível calcular o fator de correção da viscosidade dinâmica da solução a 25 °C, na forma Λ^q, em que os resultados estão apresentados na Tabela 3.

Tabela 3 – Correção na viscosidade dinâmica da solução

x_A	0,0	0,1	0,2	0,3	0,4	0,5	0,6	0,7	0,8	0,9	1,0
$\Lambda^{1,302}$	1,0	1,5900	1,8907	1,9874	1,9535	1,8420	1,6877	1,5145	1,3367	1,1635	1,0

Calcula-se o valor da viscosidade dinâmica da solução, Equação (4), para cada fração molar especificada na Tabela 13.1, considerando-se os respectivos valores da viscosidade dinâmica mútua contidos na Tabela 2 e da correção $\Lambda^{1,302}$, contidos na Tabela 3. Os resultados estão apresentados na Tabela 4.

Tabela 4 – Resultados calculados para a viscosidade dinâmica da solução

x_A	0,0	0,1	0,2	0,3	0,4	0,5	0,6	0,7	0,8	0,9	1,0
η (cP)	0,8911	1,362	1,5543	1,5651	1,4710	1,3235	1,1544	0,9837	0,8219	0,6753	0,5459

Com os valores contidos na Tabela 4, pode-se substituí-los na Equação (3), fornecendo os valores do coeficiente mútuo de difusão considerando-se a influência da viscosidade dinâmica da solução, que estão apresentados na Tabela 5, na qual também se encontram os valores dos desvios relativos.

Tabela 5 – Resultados para coeficiente de difusão considerando-se efeito da viscosidade dinâmica da solução

x_A	0,0	0,1	0,2	0,3	0,4	0,5	0,6	0,7	0,8	0,9	1,0
$D_{AB} \times 10^5$ (cm^2/s)	1,563	1,008	0,871	0,862	0,893	0,978	1,104	1,276	1,503	1,800	2,190
Desvio (%)	0,00	–19,30	–19,80	–13,97	–9,43	–6,59	–7,23	–8,60	–8,52	–5,91	0,00

Utilizando-se as informações contidas na Tabela 4 e na Equação (13.8), obtêm-se os valores para o desvio relativo médio, DRM, igual a –9,03%, ou seja, desempenho bem melhor em relação ao do modelo anterior. A Figura 1 ilustra os modelos analisados neste capítulo, apontando a nítida importância de se considerar o efeito da viscosidade dinâmica do meio difusivo no estudo em questão.

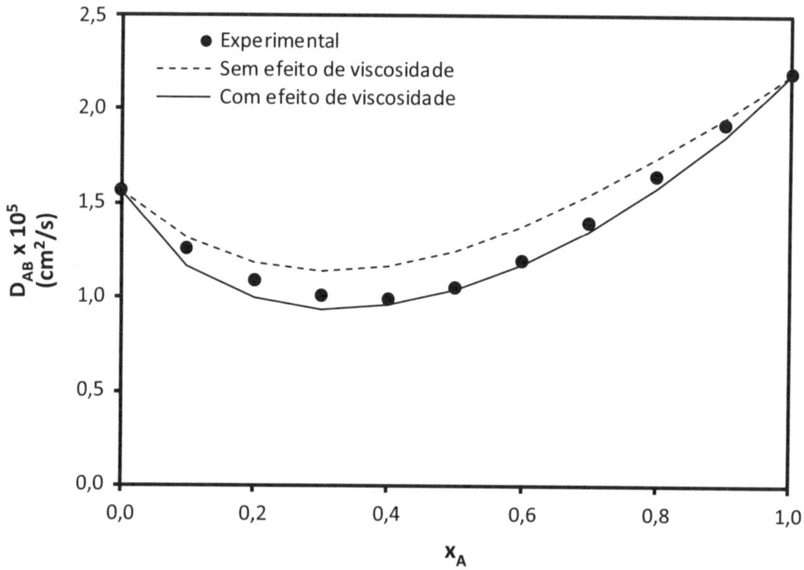

Figura 1 – Comparação entre os valores experimentais e de modelos teóricos para a predição do coeficiente de difusão termodinâmico da solução metanol-água a 25 °C.

REFERÊNCIAS BIBLIOGRÁFICAS

CALDWELL, C. S.; BABB, A. L. Diffusion an ideal binary liquid mixture. *The Journal of Physical Chemistry*, Washington, v. 60, n. 51, p. 51-56, 1956.

CLARISSE, N.; SARMA, A. P. Methanol masers in star-forming regions. *De Paul Discoveries*, Chicago, v. 8, n. 1, p. 1-11, 2019.

CREMASCO, M. A. *Difusão mássica*. São Paulo: Blucher, 2019. 284 p.

DARKEN, L. S. Diffusion, mobility and their interrelation through free energy in binary metallic systems. *The American Institute of Mining, Metallurgical, and Petroleum Engineers*, Englewood , Co, n. 175, p. 184-201, 1948.

EPE. Empresa de Pesquisa Energética. Competitividade do Gás Natural: Estudo de caso na indústria de metanol. Brasília: *Informe Técnico* n. EPE-DEA-IT-005/2019, 2019. 19 p.

JOVELINO, J. R.; MARQUES, A. R.; COSTA, T. M. M.; SILVA, R. S.; FRANÇA, K. B. Análise do processo de produção do metanol a partir da gaseificação da biomassa para aplicações industriais. *In:* Anais do I congresso nacional de engenharia de petróleo, gás natural e biocombustíveis, 2015, Universidade Federal do Rio Grande do Norte. Disponível em: https://www.editorarealize.com.br/editora/anais/conepetro/2015/Modalidade_4datahora_15_01_2015_01_59_45_idinscrito_678_babec7c1d2fa4e8a-7ec655e5769d85c0.pdf. Acesso em: 02 fev. 2022.

KUBOTA, H.; TSUDA, S.; MURATA, M.; YAMAMOTO, T.; TANAKA, Y.; MAKITA, T. Specific volume and viscosity of methanol-water under high pressure. *The Review of Physical Chemistry of Japan*, v. 49, n. 2, p.59-69, 1979.

MONFREDINI, T. *Formação de água e emissão maser em iras 16293-2422*, 2009. 140 f. Dissertação (Mestrado em Astrofísica) – Instituto Nacional de Pesquisas Espaciais, São José dos Campos, 2009.

PESTALOZZI, M. R. Methanol masers as tools to study high-mass star formation. Astrophysical masers and their environments. *Proceedings IAU Symposium*, Cambridge, n. 242, p. 89-96, 2007.

SHELDON, D. Methanol production – a technical history. *Johnson Matthey Technology Review*, v. 61, n. 3, p. 172-182, 2017.

SOUZA, F. G. T.; NOGUEIRA, V. V. E.; MAYNART, L. I.; OLIVEIRA, R. L.; MENDONÇA, T. C. S.; OLIVEIRA, P. D. Neuropatia óptica tóxica por inalação de metanol. *Revista Brasileira de Oftalmologia*, Rio de Janeiro, v. 77, n. 1, p. 47-49, 2018.

WOOLF, L. A. Insights into solute-solute-solvent interactions from transport property measurements with particular reference to methanol-water mixtures and their constituents. *Pure and Applied Chemistry*, v. 57, n. 8, p. 1083-1090, 1985.

CAPÍTULO 14

Difusão mássica de não eletrólitos concentrados em líquidos: correção da não idealidade

Trazer a paleta da personalidade na ponta do dedo. Vermelho? Vinho? Branco, rosa, amarelo, laranja, preto, marrom, cinza, pastel... nuances de azul ou de verde? Tonalidades neutras ou vibrantes? Apenas a rainha egípcia Cleópatra, em seu reinado, podia usar o vermelho para colorir suas unhas e quem se atrevesse a usá-lo, corria o risco de morte. Aliás, mesmo antes de Cleópatra, volta-se à China há cerca de 3 mil anos a.C. o costume de colorir as unhas, sendo que no século VII a.C., somente a realeza da dinastia Chou utilizava a cor dourada ou prateada nas unhas que, com o tempo, passaram a preferir o vermelho e o preto. Unhas pintadas nem sempre foram vistas em bons olhos: a etiqueta dos anos 1920 e 1930 ressalvava aquelas de unhas coloridas, mas com a chegada do cinema, em particular de Hollywood, o charme das atrizes fez com que o esmalte assumisse protagonismo na indústria de cosmético. Fazer as mãos e os pés deixou de ser tarefa divina a ser creditada a manicures e pedicures. Inclusive, a sua profissão está regulamentada na Classificação Brasileira de Ocupações, sendo que dentre os saberes específicos dessa profissão, além de cortar, lixar, polir e esmaltar as unhas, está a habilidade para remover o esmalte (CASTRO, 2015). A acetona, já foi utilizada largamente na remoção de esmalte, também conhecida como propanona, apresenta fórmula molecular C_3H_6O e massa molar igual a 59,08 g/mol, é um líquido volátil, altamente inflamável, bem como a molécula mais simples e a mais importante das cetonas, sendo empregada na produção de uma extensa família de derivados oxigenados, podendo-se citar: acetato de butila, isopropanol, etilenoglicol e acetato de etila. Tendo em vista a sua capacidade de realizar condensações aldólicas, a acetona é utilizada para obter derivados da dibenzilidenoacetona, eficazes agentes no diagnóstico de Alzheimer. Observa-se, também, que a acetona é matéria-prima na construção de N-cloroheterociclos com potencial atividade antimicrobiana (VELLASCO JR., 2011). É empregada como agente estabilizante do acetileno; como também diluente de óleos, gorduras, borracha e nitrocelulose; na obtenção de propeno; na extração de astaxantina, carotenoides totais e β-caroteno; na precipitação e concentração de proteínas; e na interrupção de processo fermentativo quando da obtenção de fármacos (BERTAN, 2021). Na intenção de estudar a difusão acetona-água a 35 °C, Tyn (1974) obteve valores do coeficiente de difusão de acetona (A) em água (B) para várias frações molares de acetona, conforme indica a Tabela 14.1. Desse modo, estime os valores teóricos do coeficiente de difusão termodinâmico e os compare com aqueles experimentais.

Tabela 14.1 – Dados experimentais do coeficiente de difusão (termodinâmico) de acetona e água a 35 °C (TYN, 1974)

x_A	0,0	0,1	0,2	0,3	0,4	0,5	0,6	0,7	0,8	0,9	1,0
$D_{AB} \times 10^5$ (cm²/s)	1,600	0,990	0,780	0,780	0,858	1,025	1,365	1,898	2,700	3,900	5,600

COMENTÁRIOS

Apesar de sua extensa aplicação, não se aconselha Cleópatras ou a realeza chinesa continuar utilizando acetona para a remoção de esmalte, considerando-se que a inalação de seu vapor pode causar irritação das mucosas, tosse, dor de cabeça, náuseas, vômito e diarreia, assim como o contato com a pele provoca ressecamento, levando, inclusive, a dermatites. Contudo, o manuseio da acetona bem como o conhecimento de sua interação com a água é de capital importância em processos industriais, por exemplo, em operações de absorção. Cabe destacar que o coeficiente de difusão, em líquidos, depende fortemente da concentração das espécies envolvidas. Foi apresentado no capítulo anterior a influência da viscosidade dinâmica no coeficiente mútuo de difusão, todavia nem sempre tal correção é o bastante para representar o fenômeno, necessitando-se, por exemplo, de se avaliar a influência da não idealidade termodinâmica no fenômeno de difusão mássica. Desse modo, a equação para o fluxo molar em solução concentrada, em termos da 1ª lei de Fick, é posta segundo

$$J_{A,z} = -CD_{AB}\frac{dx_A}{dz} \tag{14.1}$$

em que o coeficiente de difusão termodinâmico é identificado por

$$D_{AB} = \dot{D}_{AB}\,\Gamma^{p} \tag{14.2}$$

Para a obtenção do fator termodinâmico, Γ, para solução binária, pode-se utilizar vários modelos para o coeficiente de atividade, γ_A, uma vez que, da Equação (3.4),

$$\Gamma = 1 + x_A \frac{d\ell n\gamma_A}{dx_A} \tag{14.3}$$

O coeficiente p, presente na Equação (14.2), refere-se à correção empírica que considera diversos efeitos dos constituintes presentes na solução, que depende, entre outros fatores, do grau de associação, polaridade. O parâmetro $\dot{D}_{AB}$, reconhecido como coeficiente mútuo de difusão, advém de informações sobre a contribuição dos componentes A e B, conforme apresentado na Equação (13.2), aqui retomada

$$\dot{D}_{AB} = x_A D_{\underset{BA}{\circ}} + x_B D_{\underset{AB}{\circ}} \tag{14.4}$$

No caso de se avaliar o efeito da viscosidade dinâmica das espécies envolvidas no coeficiente mútuo de difusão, emprega-se a Equação (13.3), ou

$$\dot{\eta}\dot{D}_{AB} = x_A \eta_A D_{\underset{BA}{\circ}} + x_B \eta_B D_{\underset{AB}{\circ}} \tag{14.5}$$

A formulação para viscosidade dinâmica da solução segue o modelo de Cremasco (2019), Equações (13.4) a (13.6),

$$\eta = \dot{\eta}\Lambda^{q} \tag{14.6}$$

$$\Lambda = 1 + 2x_A x_B \frac{\left(B_{AB}B_{BA}\right)^2}{\left[x_A B_{AB} + x_B B_{BA}\right]^3} \tag{14.7}$$

e

$$\dot{\eta} = x_A \eta_A + x_B \eta_B \tag{14.8}$$

FORMULÁRIO

A partir das informações contidas na Literatura (TYN, 1974) para o sistema acetona-água a 35 °C, foi possível obter, neste livro, as constantes com A_{AB} = 1,548, A_{BA} = 1,448, de modo que se tem a seguinte expressão para o fator termodinâmico, considerando-se mistura binária, $x_B = 1 - x_A$,

$$\Gamma = 1 - 2x_A\left(1 - x_A\right)\frac{5,024}{\left[1,548x_A + 1,448\left(1 - x_A\right)\right]^3} \tag{14.9}$$

Para o caso do coeficiente p, presente na Equação (14.2), assume-se p = 0,64 (D'AGOSTINO et al., 2013). No caso da Equação (14.7), lembrando que A = acetona e B = água, têm-se η_A = 0,275 cP e η_B = 0,721 cP a 35 °C (TYN, 1974). Com os valores da viscosidade dinâmica da solução presentes em Tyn (1974), foi possível encontrar, para o modelo de Cremasco (2019), B_{AB} = 2,042; B_{BA} = 0,340; q = 1,01, resultando na Equação (14.7),

$$\Lambda = 1 + 2x_A x_B\frac{0,482}{\left(2,042x_A + 0,340x_B\right)^3} \tag{14.10}$$

O desvio relativo médio é obtido de

$$DRM(\%) = \frac{1}{n}\sum_{i=1}^{n}Desvio_i \tag{14.11}$$

com o desvio relativo do valor calculado em relação ao experimental para cada fração molar dado por

$$Desvio(\%) = \frac{\left(D_{ABcal} - D_{ABexp}\right)}{D_{ABexp}}\times 100 \tag{14.12}$$

sendo o subscrito "cal" relativo ao valor calculado, e o subscrito "exp", ao experimental.

SOLUÇÃO

O foco do presente capítulo é o de ampliar o estudo sobre os efeitos da concentração das espécies que compõem o meio difusivo no coeficiente de difusão, por meio da influência, concomitante, da viscosidade dinâmica no valor do coeficiente de difusão termodinâmico, considerando-a no coeficiente mútuo de difusão, Equação (14.5). Já o coeficiente de difusão termodinâmico é posto de acordo com a Equação (14.2) para p = 0,64, ou

$$D_{AB} = \dot{D}_{AB}\,\Gamma^{0,64} \tag{1}$$

com o fator termodinâmico fornecido pela Equação (14.9), ou

$$\Gamma = 1 - 2x_A(1-x_A)\frac{5,024}{\left[1,548\,x_A + 1,448(1-x_A)\right]^3} \tag{2}$$

A Tabela 1 apresenta os resultados para o fator termodinâmico do sistema acetona (A)-água (B) a 35 °C, para as frações molares apresentadas na Tabela 14.1

Tabela 1 – Resultados relativos ao fator termodinâmico

x_A	0,0	0,1	0,2	0,3	0,4	0,5	0,6	0,7	0,8	0,9	1,0
$\Gamma^{0,64}$	1	0,8019	0,6350	0,5074	0,4306	0,4147	0,4596	0,5334	0,6816	0,8329	1

No modelo de se considerar apenas a contribuição do fator termodinâmico, o coeficiente mútuo de difusão advém da Equação (14.4). Verifica-se, da Tabela 14.1, $D^{o}_{AB} = 1,60\times10^{-5}\ cm^2/s\ (x_A = 0)$ e $D^{o}_{BA} = 5,60\times10^{-5}\ cm^2/s\ (x_A = 1)$, de forma a Equação (14.4) ser reescrita, após considerar $x_B = 1 - x_A$,

$$\dot{D}_{AB} = 5,60\times10^{-5}x_A + 1,60\times10^{-5}(1-x_A) \tag{3}$$

De posse dos valores de fração molar apresentados na Tabela 14.1, calcula-se os valores do coeficiente mútuo de difusão a partir da Equação (3), cujos resultados estão apresentados na Tabela 2.

Tabela 2 – Resultados para coeficiente mútuo de difusão termodinâmico (sem a influência da viscosidade dinâmica): D_{AB} x 10^5 (cm^2/s)

x_A	0,0	0,1	0,2	0,3	0,4	0,5	0,6	0,7	0,8	0,9	1,0
D_{AB} x 10^5 (cm^2/s)	1,600	2,000	2,400	2,800	3,200	3,600	4,000	4,400	4,800	5,200	5,600

A partir dos valores do fator termodinâmico contidos na Tabela 14.1 e dos valores do coeficiente mútuo de difusão apresentados na Tabela 2, são obtidos os valores do coeficiente de difusão termodinâmico, cujos resultados estão apresentados na Tabela 3. Tais resultados são comparados com aqueles experimentais fornecidos na Tabela 14.1 por meio da Equação (14.12), apontando os valores para o desvio relativo na Tabela 3.

Tabela 3 – Resultados para coeficiente de difusão termodinâmico (sem a influência da viscosidade dinâmica)

x_A	0,0	0,1	0,2	0,3	0,4	0,5	0,6	0,7	0,8	0,9	1,0
$D_{AB} \times 10^5$ (cm^2/s)	1,600	1,604	1,524	1,421	1,378	1,493	1,838	2,347	3,272	4,331	5,600
Desvio (%)	0,00	62,02	95,39	82,18	60,61	45,66	34,65	23,55	21,19	11,05	0,00

Utilizando-se as informações contidas na Tabela 3 e na Equação (14.11), obtém-se o valor para o desvio relativo médio, DRM, igual a 39,75 %, utilizando-se apenas a correção termodinâmica. Na intenção de se avaliar apenas a influência da viscosidade dinâmica da solução e sem considerar o efeito do fator termodinâmico (Γ) no fenômeno estudado neste capítulo, lança-se mão das informações contidas no enunciado: $\eta_A = 0{,}275$ cP e $\eta_B = 0{,}721$ cP; $D^{\circ}_{AB} = 1{,}60 \times 10^{-5}\ cm^2/s$; e $D^{\circ}_{BA} = 5{,}60 \times 10^{-5}\ cm^2/s$ que, substituídos na Equação (14.5), fornecem a seguinte expressão em função da fração molar de acetona e da viscosidade dinâmica da solução,

$$\dot{D}_{AB} = \frac{1}{\eta}\left[1{,}540 \times 10^{-5} x_A + 1{,}154 \times 10^{-5}\left(1 - x_A\right)\right] \tag{4}$$

Observe, na Equação (4), a necessidade de se conhecer o valor viscosidade dinâmica da solução, η, que é obtido a partir da Equação (14.6), retomada para a presente situação em que q = 1,01, ou

$$\eta = \dot{\eta}\Lambda^{1{,}01} \tag{5}$$

em que a equação para a determinação do valor da viscosidade dinâmica mútua da solução para cada valor de fração molar de acetona, Equação (14.8), sabendo que $\eta_A = 0{,}275$ cP (acetona) e $\eta_B = 0{,}721$ cP (água), é reescrita como

$$\dot{\eta} = 0{,}275\ x_A + 0{,}721\left(1 - x_A\right) \tag{6}$$

Conhecendo-se os valores das frações molares da acetona substituídas na Equação (6), obtém-se os valores da viscosidade dinâmica mútua da solução, apresentados na Tabela 4.

Tabela 4 – Resultados calculados para a viscosidade dinâmica mútua da solução

x_A	0,0	0,1	0,2	0,3	0,4	0,5	0,6	0,7	0,8	0,9	1,0
$\dot{\eta}$ (cP)	0,7210	0,6764	0,6318	0,5872	0,5426	0,4980	0,4534	0,4088	0,3642	0,3196	0,2750

O efeito da viscosidade dinâmica, Λ, advém da Equação (14.10) em termos da fração molar da acetona,

$$\Lambda = 1 + 2x_A x_B \frac{0,482}{\left(2,042x_A + 0,340x_B\right)^3} \tag{7}$$

A partir das frações molares apresentadas na Tabela 14.1, e sabendo que q = 1,01, torna-se possível calcular o fator de correção da viscosidade dinâmica da solução a 35 °C, na forma Λ^q, em que os resultados estão apresentados na Tabela 5.

Tabela 5 – Correção na viscosidade dinâmica da solução

x_A	0,0	0,1	0,2	0,3	0,4	0,5	0,6	0,7	0,8	0,9	1,0
$\Lambda^{1,01}$	1,000	1,5488	1,4112	1,2761	1,1825	1,1196	1,0769	1,0473	1,0262	1,0111	1,000

Calcula-se o valor da viscosidade dinâmica da solução, Equação (5), para cada fração molar, considerando-se os respectivos valores da viscosidade dinâmica mútua contidos na Tabela 4 e da correção Λ^q, contidos na Tabela 5. Os resultados estão apresentados na Tabela 6.

Tabela 6 – Resultados calculados para a viscosidade dinâmica da solução

x_A	0,0	0,1	0,2	0,3	0,4	0,5	0,6	0,7	0,8	0,9	1,0
η (cP)	0,7210	1,0476	0,8916	0,7493	0,6416	0,5576	0,4883	0,4281	0,3737	0,3232	0,2750

De posse dos valores de apresentados na Tabela 6, pode-se substituí-los na Equação (4), resultando nos valores do coeficiente de difusão, considerando-se apenas a influência da viscosidade dinâmica da solução e desconsiderando-se o efeito do fator termodinâmico, que estão apresentados na Tabela 7. Nessa tabela também estão os valores dos desvios relativos (Equação (14.12)) em relação àqueles experimentais (Tabela 14.1).

Tabela 7 – Resultados para coeficiente de difusão considerando-se apenas o efeito da viscosidade dinâmica da solução (sem considerar o efeito do fator termodinâmico)

x_A	0,0	0,1	0,2	0,3	0,4	0,5	0,6	0,7	0,8	0,9	1,0
$D_{AB} \times 10^5$ (cm^2/s)	1,601	1,138	1,381	1,695	2,039	2,416	2,838	3,327	3,914	4,645	5,600
Desvio (%)	0,06	14,95	77,05	117,31	137,65	135,71	107,91	75,29	44,96	19,1	0,00

Utilizando-se as informações contidas na Tabela 7 e na Equação (14.11), obtêm-se os valores para o desvio relativo médio, DRM, igual a 66,36%, ou seja, desempenho igualmente sofrível em relação ao anterior (influência apenas do fator termodinâmico). Na situação, agora, em que se considera tanto o efeito do fator termodinâmico quanto da viscosidade dinâmica da solução, este se dá por meio da combinação entre as Equações (1) e (4), ou

$$\dot{D}_{AB} = \frac{1}{\eta}\left[1,540\times10^{-5}x_A + 1,154\times10^{-5}\left(1-x_A\right)\right]\Gamma^{0,64} \quad (8)$$

Obtém-se os valores do coeficiente termodinâmico de difusão, corrigido pela viscosidade dinâmica da solução, por meio do produto dos valores contidos nas Tabelas 1 e 7, em que os resultados, para cada fração molar da acetona, estão apresentados na Tabela 8. De igual modo ao já apresentado, nessa tabela também estão presentes os valores dos desvios relativos em relação àqueles experimentais.

Tabela 8 – Resultados para coeficiente de difusão termodinâmico

x_A	0,0	0,1	0,2	0,3	0,4	0,5	0,6	0,7	0,8	0,9	1,0
$D_{AB} \times 10^5$ (cm^2/s)	1,601	0,913	0,877	0,86	0,878	1,002	1,304	1,775	2,668	3,869	5,6
Desvio (%)	0,06	−7,78	12,44	10,26	2,33	−2,24	−4,47	−6,48	−1,19	−0,80	0,00

O valor do relativo médio, DRM, associado aos desvios relativos apresentando na Tabela 8 é igual a 0,19%, ou seja, um valor altamente significativo, indicando a importância de se considerar o modelo completo, que abarca os efeitos viscosos e de não idealidade no presente caso. A Figura 1 ilustra os modelos analisados neste capítulo.

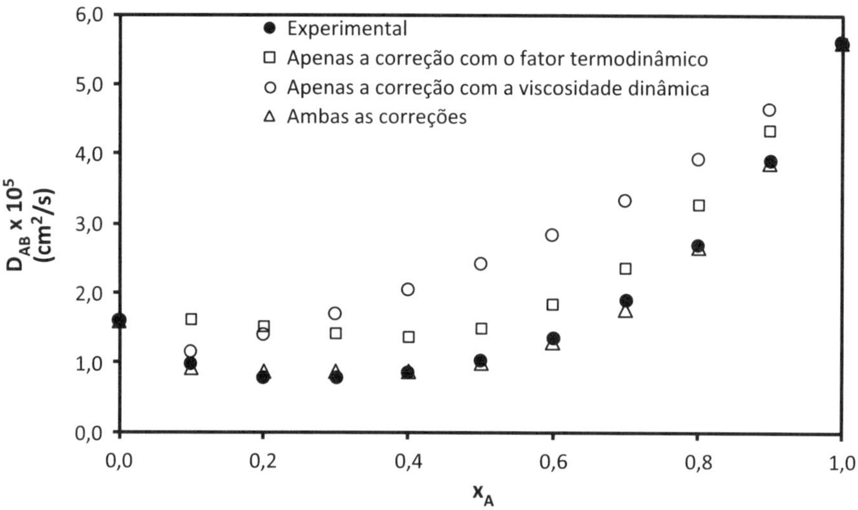

Figura 1 – Comparação entre os valores experimentais e de modelos teóricos para a predição do coeficiente de difusão termodinâmico da solução acetona-água a 35 °C.

REFERÊNCIAS BIBLIOGRÁFICAS

BERTAN, A. S. *Microfiltration of micelles from fermentation of* Streptomyces tsukubaensis *for the production of tacrolimus.* 2021. 129 f. Dissertação (Mestrado em Engenharia Química) - Universidade Estadual de Campinas, Campinas, 2021.

CASTRO, R. X. *Manicure e pedicure.* Montes Claros: Pronatec, 2015. 93 p.

CREMASCO, M. A. *Difusão mássica.* São Paulo: Blucher, 2019. 284 p.

D'AGOSTINO, C. D.; MOGGRIDGE, G. D.; GLADDEN, L. F.; MANTL, M. D. Prediction of mutual diffusion coefficients in non-ideal binary mixtures from PFG-NMR diffusion measurements. *Diffusion fundamentals*, Leipzig, Hannover, v. 20, n. 109, p. 1-2, 2013.

TYN, M. T. *Temperature and concentration dependence of liquid phase diffusion coefficients.* 1974. 327 f. Thesis - Loughborough University of Technology, Department of Chemical Engineering, 1974.

VELLASCO JR, W. T. Métodos de preparação industrial de solventes e reagentes químicos: Acetona. *Revista Virtual de Química*, Niterói, v. 3, n. 4, p. 339-343, 2011.

CAPÍTULO 15

Difusão de não eletrólitos em sistema multicomponente: solução diluída

A Declaração Universal dos Direitos Humanos destaca que os seres humanos nascem iguais e livres em direitos e dignidade, assim como aponta que todos têm o direito à qualidade de vida apropriada à sua saúde e bem-estar, incluindo comida, moradia, cuidados médicos e serviços assistenciais (BERTAN; CREMASCO, 2021). Isso diz respeito, inclusive, à atenção primária à saúde (APS), visando o atendimento das demandas de saúde dos indivíduos, das famílias e das comunidades, buscando reduzir as iniquidades existentes no setor da saúde (VASCONCELOS et al., 2018), pois quando a dignidade não é reconhecida, o ser humano torna-se uma coisa. E quando o ser humano faz parte de minorias ou, por algum motivo, é excluído, transforma-se em algo descartado, sem valor, sem propósito de vida. O indivíduo quando acometido por alguma doença que o impeça de trabalhar é visto sem valor para os meios produtivos, algo para se colocar de lado e, em alguns países, costuma ser visto como invisível, principalmente quando depende de medicamentos e o seu acesso é dificultado. Quem se importa? Quem se importa com o coração de alguém? Isso não é uma metáfora, pois doenças cardiovasculares, historicamente, são as principais causas de óbito no Planeta, respondendo por mais de 30% do total dos mais diversos tipos de mortes, dentre as quais: câncer, diabetes, malária, doenças respiratórias, neuropsíquicas, digestivas, hepáticas, renais etc. No Brasil, não é diferente. A problemática da saúde transcende especialidades, conclamando todas as áreas do conhecimento para que busquem, senão sanar problemas, mas minimizá-los. Nesse contexto, a busca de fármacos mais eficazes e de livre acesso principalmente às populações vulneráveis é tarefa de todos. Nesse sentido, dentre os fármacos empregados no tratamento de doenças cardiovasculares, desponta o verapamil ($C_{27}H_{38}N_2O_4$) ou 2-(3,4-dimetoxifenil)-5-[2-(3,4-dimetoxifenil) etil-metil-amino]-2-propan-2-il-pentanonitrila, importante antagonista de cálcio, eficaz no tratamento de hipertensão, arritmias e angina. O verapamil refere-se à mistura racêmica dos enantiômeros (-)-(S)-verapamil e (+)-(R)-verapamil, cujas fórmulas estruturais estão apresentadas na Figura 15.1.

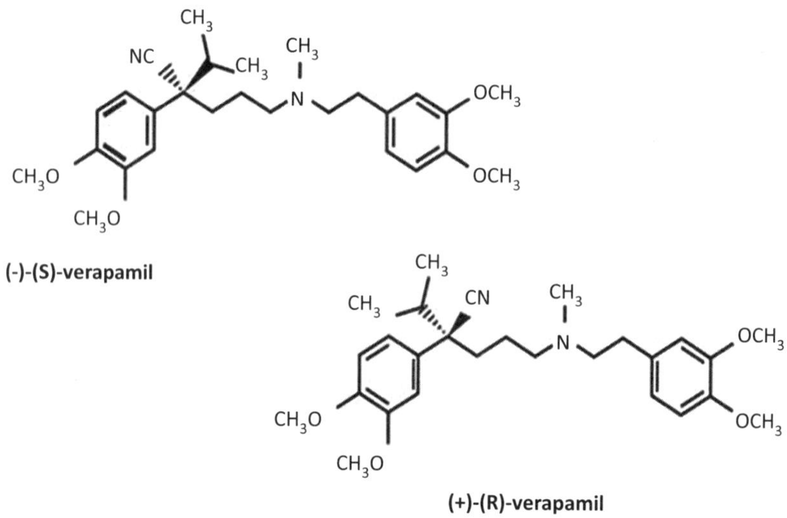

Figura 15.1 – Enantiômeros do verapamil (PERNA; CREMASCO; SANTANA, 2015).

Verificou-se que o (-)-(S)-verapamil é cerca de vinte vezes mais potente do que o (+)-(R)-verapamil em termos de ação em patologias descritas para a mistura racêmica. Além disso, existem vantagens do (-)-(S)-verapamil puro quando comparado ao verapamil racêmico, dentre as quais: aumento de especificidade, redução da dose e da carga no metabolismo, redução de efeitos colaterais e das interações com outros fármacos de uso comum (CREMASCO, 2013). Aqui, aflora a contribuição da Engenharia Química no contexto social quanto à questão da saúde: a busca científica e tecnológica para a separação e posterior purificação do (-)-(S)-verapamil presente em verapamil racêmico. Uma estratégia tecnológica para tanto é a utilização de processos adsortivos, nos quais se empregam uma fase estacionária quiral (adsorvente), e a fase móvel empregada (meio em que ocorre a difusão mássica). Essa, por sua vez, consiste na solução multicomponente a 25 °C de etanol (V_b = 60,8 cm^3/mol; η = 1,087 cP)/isopropanol (V_b = 81,4 cm^3/mol; η = 0,98 cP)/n-hexano (V_b = 140,6 cm^3/mol; η = 0,30 cP) na proporção molar de 10%, 8% e 82%, respectivamente. Em sendo assim, obtenha o valor do coeficiente de difusão do (-)-(S)-verapamil na solução multicomponente considerada.

COMENTÁRIOS

Celebra-se o Dia Mundial do Coração em 29 de setembro e o seu cuidado começa desde ações pessoais, passando pela atenção básica à saúde até os laboratórios de Farmácia, para que o ser humano tenha uma existência mais digna. Contextualizar, portanto, o problema da saúde, conscientizando-se que o seu esforço profissional transcende aspectos técnicos, torna o profissional de engenharia, no mínimo, mais digno. O entendimento de fundamentos de transferência de massa não é importante apenas para melhorar e otimizar processos, mas pode trazer esperança e conforto às pessoas. Para começar, a difusão de solutos em uma solução composta por vários constituintes é bastante comum no processamento de fármacos, em que, na purificação de determinado medicamento via adsorção, utiliza-se uma fase móvel (solvente) composta por duas ou mais espécies orgânicas. Nesse exemplo, o soluto, além de estar diluído em uma solução multicomponente, não é parte integrante da fase móvel. É razoável assumir, considerando-se situação de idealidade termodinâmica, que o valor do coeficiente de difusão do soluto diluído em uma solução multicomponente advenha de LIU et al. (2011)

$$\frac{1}{D_{o_1}} = \sum_{j=2}^{N} \frac{x_j}{D_{o_{1j}}} \tag{15.1}$$

em que 1 é o fármaco considerado e j as espécies constituintes da fase móvel.

FORMULÁRIO

Tendo em vista que (-)-(S)-verapamil está diluído em um meio orgânico, será utilizada a correlação de Lusis e Ratcliff (1968), Equação (12.3), aqui retomada na forma

$$D_{o_{1j}} = 8{,}52\times10^{-8}\frac{T}{\eta_j V_{b_j}^{1/3}}\left[1{,}4\left(\frac{V_{b_j}}{V_{b_1}}\right)^{1/3}+\left(\frac{V_{b_j}}{V_{b_1}}\right)\right] \tag{15.2}$$

SOLUÇÃO

Nota-se na Equação (15.2) que, independentemente do componente orgânico presente no meio considerado, existe a necessidade de se conhecer o valor do volume molar do (-)-(S)-verapamil, uma vez que são conhecidos os dos constituintes da fase móvel. Sabe-se que a fórmula molecular do (-)-(S)-verapamil é $C_{27}H_{38}N_2O_4$, e considerando a estrutura molecular apresentada na Figura 15.1, da qual se identificam: amina primária; amina terciária; oxigênios presentes em outros éteres; e contribuição de dois anéis benzênicos, o valor do V_{bA} do (-)-(S)-verapamil pode ser obtido por meio do volume de Le Bas, Tabela 12.1. Há de se considerar, todavia, que não se encontra a contribuição do átomo de nitrogênio presente em aminas terciárias, assumindo-se tal contribuição enquanto de amina secundária. Desse modo,

$$V_{b_A} = 27V_{b_C} + 38V_{b_H} + \underset{\text{N amina primária}}{1(10,5)} + \underset{\text{N amina terciária}}{1(12)} + \underset{\text{O em outros éteres}}{4(11)} - \underset{\text{presença de anéis benzênicos}}{2(15)} \quad (1)$$

Identificando-se, na Tabela 12.1, a contribuição dos átomos e grupos contidos na Equação (1), tem-se

$$\begin{aligned} V_{b_A} &= (27)(14,8)+(38)(3,7)+(1)(10,5)+(1)(12)+(4)(11)-(2)(15) = \\ &= 576,7 \text{ cm}^3/\text{mol} \end{aligned} \quad (2)$$

Para obter o valor do coeficiente de difusão do (-)-(S)-verapamil diluído na fase móvel, identificam-se: (-)-(S)-verapamil (1), etanol (2), isopropanol (3) e n-hexano (4), de modo a se escrever que o coeficiente de difusão do soluto 1, diluído na solução multicomponente e a considerando ideal, é posta na forma da Equação (15.1), aqui retomada como

$$\frac{1}{D_{1M}} = \frac{1}{D^{\circ}_{1}} = \frac{x_2}{D^{\circ}_{12}} + \frac{x_3}{D^{\circ}_{32}} + \frac{x_4}{D^{\circ}_{14}} \quad (3)$$

com os coeficientes binários de difusão de 1 em j (para j = 2, 3, 4), os quais serão obtidos via correlação de Lusis e Ratcliff (1968), Equação (15.2). Tendo em vista que o sistema está a 25 °C (= 298,15 K), foram fornecidos os valores da viscosidade dinâmica para etanol (j = 2), isopropanol (j = 3) e n-hexano (j = 4), sendo, respectivamente, $\eta_2 = 1,087$ cP, $\eta_3 = 0,98$ cP e $\eta_4 = 0,30$ cP. São conhecidos $V_{b1} = 576,7$ cm³/mol, $V_{b2} = 60,8$ cm³/mol, $V_{b3} = 81,4$ cm³/mol e $V_{b4} = 140,6$ cm³/mol. Assim, torna-se possível estimar o valor do coeficiente de difusão do (-)-(S)-verapamil diluído em cada um dos constituintes da fase móvel, a partir da Equação (15.2) do modo como se segue.

Coeficiente de difusão do (-)-(S)-verapamil diluído em etanol:

$$D^{\circ}_{12} = (8,52\times10^{-8})\frac{(298,15)}{(1,087)(60,8)^{1/3}}\left[(1,4)\left(\frac{60,8}{576,7}\right)^{1/3} + \left(\frac{60,8}{576,7}\right)\right] = 3,433\times10^{-6} \text{ cm}^2/\text{s} \quad (4)$$

Coeficiente de difusão do (-)-(S)-verapamil diluído em isopropanol:

$$D^{\circ}_{13} = (8,52\times10^{-8})\frac{(298,15)}{(0,98)(81,4)^{1/3}}\left[(1,4)\left(\frac{81,4}{576,7}\right)^{1/3} + \left(\frac{81,4}{576,7}\right)\right] = 3,653\times10^{-6} \text{ cm}^2/\text{s} \quad (5)$$

Coeficiente de difusão do (-)-(S)-verapamil diluído em n-hexano:

$$D^{\circ}_{14} = \left(8{,}52\times10^{-8}\right)\frac{\left(298{,}15\right)}{\left(0{,}30\right)\left(140{,}6\right)^{1/3}}\left[\left(1{,}4\right)\left(\frac{140{,}6}{576{,}7}\right)^{1/3}+\left(\frac{140{,}6}{576{,}7}\right)\right]=1{,}067\times10^{-5}\ \text{cm}^2/\text{s} \quad (6)$$

Visto terem sido fornecidos as frações molares dos constituintes da fase móvel: $x_2 = 0{,}10$; $x_3 = 0{,}08$ e $x_4 = 0{,}82$, substitui-se esses valores em conjunto com os resultados 4, 5 e 6 na Equação (3),

$$\frac{1}{D_{1M}} = \frac{0{,}10}{3{,}433\times10^{-6}} + \frac{0{,}08}{3{,}653\times10^{-6}} + \frac{0{,}82}{1{,}067\times10^{-5}}$$

ou

$$D_{1M} = 0{,}782\times10^{-5}\ \text{cm}^2/\text{s} \quad (7)$$

REFERÊNCIAS BIBLIOGRÁFICAS

BERTAN, A. S.; CREMASCO, M. A. *Chemical engineering and transdisciplinarity against covid-19. In:* SOUZA, P. M. D.; OLIVEIRA, E. A. D. (eds.). *Engenharia Química: inovação e tradição em tempos de pandemia.* Recife: Even3 Publicações, 2021. p. 24-42.

CREMASCO, M. A. A fronteira da indústria farmacêutica no Brasil: enantiômeros. *Ciência & Cultura*, São Paulo, v. 65, n. 3, p. 4-5, 2013. Disponível em: http://ciencia-ecultura.bvs.br/scielo.php?script=sci_arttext&pid=S0009-67252013000300002. Acesso em: 08 mar. 2021.

LIU, X.; BARDOW, A.; VLUGT, T. J. H. Maxwell-Stefan diffusivities and velocity cross-correlations in dilute ternary systems. *Diffusion fundamentals*, Leipzig, Hannover, v. 16, n. 81, p. 1-11, 2011.

LUSIS, M. A.; RATCLIFF, C. Diffusion in binary liquid mixture at infinite dilution. *Canadian Journal of Chemical Engineering*, v. 46, p. 385-387, 1968.

PERNA, R. F.; CREMASCO, M. A.; SANTANA, C. C. Chromatographical separation of verapamil racemate using a Varicol continuous multicolumn process. *Brazilian Journal of Chemical Engineering*, São José dos Pinhais, v. 32, n. 4, p. 929-939, 2015.

VASCONCELOS, M. I. O.; XAVIER, A. L. C.; NASCIMENTO, M. N.; CAVALCANTE, Y. A.; ROCHA, S. P.; GOMES, J. G. Avaliação da resolutividade e efetividade da atenção primária à saúde: revisão integrativa de literatura. *SANARE*, Sobral, v. 17, n. 1, p. 65-73, 2018.

CAPÍTULO 16

Difusão de não eletrólitos em sistema multicomponente: solução concentrada

A Revolução Industrial é identificada frequentemente ao período histórico iniciado no século XVIII, com intensidade transformadora na humanidade, em particular em relação aos meios de produção quanto à ampliação de sua escala. A Ciência, engendrada em cérebros criativos, tomou forma em equipamentos, feito a máquina de vapor do escocês James Watts para incrementar, entre outros, a fiação de algodão proveniente de colônias inglesas espalhadas pelo Planeta, a ponto de o Sol não se pôr à realeza britânica, pois foi na Inglaterra onde mais reverberou a Revolução Industrial. A movimentação de máquinas, antes realizada por tração animal, precisou ser reinventada com a introdução do vapor. Isso não só catapultou o avanço tecnológico, como também instigou o desenvolvimento científico, em especial da termodinâmica, no século XIX. E os animais de tração foram substituídos por cavalos-força, cujos corações foram trocados por motores e o sangue, por combustíveis. E, aqui, cabe destacar a importância do franco-alemão Rudolf Christian Karl Diesel, inventor do motor a combustão interna, pondo-o para funcionar com óleo de amendoim em agosto de 1893. Naquela época, boa parte dos esforços tecnológicos dedicados aos combustíveis estava direcionado ao aproveitamento das frações do petróleo, principalmente nos Estados Unidos. O monopólio do petróleo atravessou o século XX, apesar de Diesel ter depositado a patente de seu invento em fevereiro de 1897, originalmente para operar com óleo vegetal; sabendo-se que, hoje, se pode utilizar diesel mineral (ou gasóleo), um derivado do petróleo e assim batizado em homenagem a Karl Diesel. O Planeta ficou refém do petróleo e de suas consequências econômica e ambiental. Na primeira década de 2000, visto a elevação nos preços do petróleo e a problemática dos gases de efeito estufa, incluindo a poluição decorrente da emissão provocada pelo gasóleo, foi lançado o Programa Nacional de Produção e Uso do Biodiesel pelo governo brasileiro, direcionado à produção de combustíveis (SILVA; FREITAS, 2008) independentemente do petróleo, ou seja, retomar a ideia original Karl Diesel e ir além do óleo de amendoim e buscar outras fontes vegetais. Dentre tais fontes, destacam-se aquelas a partir da extração de óleos vegetais: de soja, mamona, dendê, babaçu, girassol, coco, canola, maracujá, abacate, linhaça, entre outros. Ressalte-se que a principal rota para a obtenção do biodiesel é a reação de transesterificação, conhecida como alcoólise, em que o processo consiste na reação entre um álcool (metanol ou etanol) e um triglicerídeo, assistida por um catalisador (básico: NaOH, KOH ou ácido: HCl, H_2SO), formando éteres alquílicos de ácidos graxos e glicerol (MALT; SOUZA, 2019). Apesar dos benefícios do biodiesel, há também desafios, como o que fazer com os subprodutos oriundos da reação para a sua obtenção, destacando-se a glicerina, sendo que se obtém 1 kg desta para cada 9 kg de biodiesel produzido (GHOTLI et al., 2015). Observa-se, portanto, a importância de ver a glicerina não como subproduto a ser descartado, mas como coproduto a ser explorado no contexto do Desenvolvimento Sustentável, com atenção aos pilares de sustentabilidade econômica, social e ambiental. Cabe a menção da diferença entre glicerina e glicerol: o glicerol ou 1,2,3-propanotriol (Figura 16.1), identificado em 1779 pelo suíço Carl Scheele, é um álcool trimédrico, incolor, inodoro e adocicado (aliás, a palavra glicerol tem raiz grega, *glykys*, que remete à doçura; o mesmo se aplica, por exemplo, à glicose), enquanto a glicerina é o glicerol na sua forma impura, notadamente com presença de água.

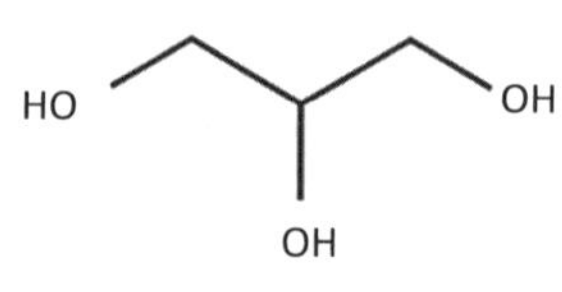

Figura 16.1 – Fórmula estrutural do glicerol.

Na sua forma bruta, o glicerol (e aqui, glicerina) pode ser convertido em vários compostos, como 1,2-propanediol, dihidroxiacetonas, poliglicois, poliglicerois, ácido succínico e poliésteres (GHOTLI et al., 2015). Após tratamento prévio, a glicerina pode ser utilizada como fonte energética alternativa na alimentação animal (HUEPA, 2013). Note que a produção do biodiesel também envolve a de glicerol. Nesse caso, a seleção do álcool a ser empregado na transesterificação é basilar. O metanol é comumente o eleito devido às facilidades cinéticas que proporciona à reação (LIMA et al., 2007), contudo o Brasil não é (atualmente) autossuficiente nesse insumo. O uso do etanol torna-se atrativo devido à alta produção brasileira e apresenta baixa toxicidade se comparado ao uso de metanol. Por outro lado, o emprego de etanol, devido à sua característica higroscópica e azeotrópica com água, direciona parte da reação de transesterificação, por catálise alcalina homogênea, para a formação de sabões (CREMASCO, 2019). A busca de se reunir vantagens técnicas do metanol com a disponibilidade do etanol permite empregá-los na produção do biodiesel, considerando-se a sua presença no glicerol. Um desafio tecnológico, por via de consequência, está na separação ternária envolvendo glicerol-metanol-etanol, e um dos primeiros passos para a compreensão de tal separação está na obtenção dos valores dos coeficientes de difusão. Isso posto, considere uma solução líquida constituída de, em proporção molar, 80% de glicerol (1), 16% de metanol (2) e 4% de etanol (3), cuja Tabela 16.1 apresenta algumas de suas propriedades e obtenha os valores de:

a) coeficientes binários de difusão das espécies consideradas em situação de diluição infinita;

b) coeficientes mútuos de difusão a partir da equação de Maxwell-Stefan;

c) coeficiente de difusão termodinâmico generalizado do glicerol na solução considerada.

Tabela 16.1 – Algumas propriedades características do glicerol, metanol e etanol

Espécie	*M (g/mol)	*V_c (cm³/mol)	ΔHv (kJ/mol)	***η (cP)	****ρ (g/cm³)
Glicerol (1)	92,095	264,0	**85,80	954	1,2608
Metanol (2)	32,042	118,0	*35,278	0,55	0,7914
Etanol (3)	46,069	167,1	*38,770	1,04	0,7894

*(REID; PRAUSNITZ; SHERWOOD, 1977); **(PEDLEY; NAYLOR; KIRB, 1986); ***(REID; PRAUSNITZ; POLING, 1987); ****VICENTE; TÔRRES (2014).

COMENTÁRIOS

A difusão mássica em meios que contêm vários componentes e cujas concentrações são significativas é abordada, habitualmente, pela generalização da 1ª lei de Fick e aplicação da equação de Maxwell-Stefan. A 1ª lei de Fick referenciada à espécie i pode ser escrita por meio das relações de Onsager em relação às demais espécies que compõem o meio difusivo na forma

$$\vec{J}_i = C\sum_{j=1}^{N-1} D_{ij}\vec{\nabla}x_i, \; i = 1, \; n-1 \tag{16.1}$$

O modelo de Maxwell-Stefan trata do enfoque híbrido entre a 2ª lei da termodinâmica por meio da força motriz característica ao transporte de matéria e conceitos de fluxos, os quais guardam a interação, por meio de velocidades, entre os componentes e o meio em que estão inseridos (CREMASCO, 2019), segundo

$$-\frac{x_i}{RT}\vec{\nabla}\mu_i = \sum_{j=1,j\neq i}^{N} \frac{x_i x_j\left(\vec{v}_i - \vec{v}_j\right)}{Đ_{ij}} \tag{16.2}$$

A Equação (16.2) denomina-se equação de Maxwell-Stefan, em que a força de arraste entre os componentes i e j é proporcional à diferença de suas velocidades absolutas, enquanto a difusividade atua contrariamente ao efeito desta força (VLUGT et al., 2011). O parâmetro $Đ_{ij}$ é identificado à difusividade ou coeficiente de difusão de Maxwell-Stefan. A 1ª lei de Fick, já se considerando a correção da não idealidade, é retomada em termos da equação de Maxwell-Stefan como

$$\vec{J} = -C\left[\mathbf{B}\right]^{-1}\left[\mathbf{\Gamma}\right]\left(\vec{\nabla}x\right) \tag{16.3}$$

sendo os elementos da matriz **B**

$$B_{ii} = \frac{x_i}{Đ_{in}} + \sum_{j=1,j\neq i}^{N-1} \frac{x_j}{Đ_{ij}} \tag{16.4}$$

e

$$B_{ij} = -x_i\left(\frac{1}{Đ_{ij}} - \frac{1}{Đ_{in}}\right) \tag{16.5}$$

Com o fator termodinâmico obtido de

$$\Gamma_{ij} = \delta + x_i \left.\frac{d\ln\gamma_i}{dx_j}\right|_{T,P,x_k,k\neq j=1,\ldots,N-1} \tag{16.6}$$

sendo δ o delta de Kronecker. Identifica-se a matriz dos coeficientes de difusão termodinâmicos segundo

$$\left[\mathbf{D}\right] = \left[\mathbf{B}\right]^{-1}\left[\mathbf{\Gamma}\right] \tag{16.7}$$

Enquanto aproximação (para situações de difusão em líquidos em diluição infinita), existe a proposição de cálculo para os coeficientes de difusão de Maxwell-Stefan por meio de coeficientes binários ou mútuos, $Đ_{ij}$, na forma

$$Đ_{ij} = x_i D^{\circ}_{j} + x_j D^{\circ}_{i} \tag{16.8}$$

Para estimar o valor do coeficiente de difusão, em diluição infinita, da espécie i em determinada espécie j, tem-se a seguinte formulação (LIU; BARDOW; VLUGT, 2011)

$$\frac{1}{D^{o}_{i}} = \sum_{j=1}^{N} \frac{x_j}{D^{o}_{ij}} \tag{16.9}$$

A relação entre o coeficiente de difusão generalizado, presente na 1ª lei de Fick, D_{iM}, e os coeficientes de difusão termodinâmico, D_{ij}, no caso em que os fluxos líquidos das espécies j são nulos, advém de

$$D_{iM} = \frac{(1 - x_i)}{\sum_{j=1, j\neq i}^{N} \frac{x_j}{D_{ij}}} \tag{16.10}$$

em que o coeficiente de difusão termodinâmico, D_{ij}, se relaciona com o de difusão de Maxwell-Stefan, $Đ_{ij}$, a partir do fator termodinâmico, Γ_{ij}, segundo

$$D_{ij} = Đ_{ij}\Gamma_{ij} \tag{16.11}$$

FORMULÁRIO

A correlação de Wilke e Chang (1955), Equação (12.2), é corrigida por meio da inclusão do parâmetro de associação do soluto (MIYABE; ISOGAI, 2011)

$$D^{o}_{ij} = 7{,}4\times 10^{-8}\left(\frac{T}{\eta_j}\right)\frac{(\varphi_j M_j)^{1/2}}{(\varphi_i V_{b_i})^{0{,}6}} \tag{16.12}$$

sendo j o solvente e i, o soluto; com o volume molar à temperatura normal de ebulição do soluto i obtido a partir do conhecimento de seu volume crítico (TYN; CALUS, 1975)

$$V_{b_i} = 0{,}248 V_{c_i}^{1{,}048} \tag{16.13}$$

A grandeza φ_k (k = i ou j) representa parâmetro de associação do solvente (k = j) ou parâmetro de associação do soluto (k = i) igual a 1,9 para o metanol e 1,5 para o etanol. Diferentemente da proposta de Wilke e Chang (1955), esse parâmetro associa-se ao parâmetro de solubilidade, δ_k, por meio de (MIYABE; ISOGAI, 2011)

$$\varphi_K = -1{,}16 + 0{,}28\delta_k - 5{,}11\times 10^{-3}\delta_k^2 \tag{16.14}$$

sendo válido para $9{,}16 < \delta_k < 23{,}53$ (cal $^{1/2}$)/(cm $^{3/2}$), ou seja, se deve utilizar, inclusive, unidades coerentes. Esse parâmetro é definido por (REID; PRAUSNITZ; POLING, 1987)

$$\delta_k = \left(\frac{\Delta U_k}{V_k} \right)^{1/2} \tag{16.15}$$

em que V_k é o volume molar da espécie (na fase líquida) envolvida (cm^3/mol), obtida a partir do conhecimento de sua massa molar (M_k) e massa específica (ρ_k) em determinada temperatura, ou

$$V_k = \frac{M_k}{\rho_k} \tag{16.16}$$

A grandeza ΔU_k diz respeito à energia requerida, isotermicamente, para evaporar o líquido k a partir da condição de líquido saturado para gás ideal, sendo aproximado por (REID; PRAUSNITZ; POLING, 1987)

$$\Delta U_k = \Delta H_{v,k} - RT \tag{16.17}$$

O coeficiente de atividade, presente na Equação (16.6), pode ser encontrado na teoria das soluções regulares segundo

$$\ell n \gamma_i = \Phi_j^2 V_i \frac{\left(\delta_i - \delta_j\right)^2}{RT} \tag{16.18}$$

com a fração volumétrica obtida por (REID; PRAUSNITZ; POLING, 1987)

$$\Phi_j = \frac{x_j V_j}{x_i V_i + x_j V_j} \tag{16.19}$$

de modo o fator termodinâmico ser escrito como

$$\Gamma = 1 - 2 x_i x_j \frac{\left(V_i V_j\right)^2}{\left(x_i V_i + x_j V_j\right)^3} \frac{\left(\delta_i - \delta_j\right)^2}{RT} \tag{16.20}$$

Informações adicionais

R = 1,987 cal/(mol.K); 1 cal = 4,1868 J.

SOLUÇÃO

a) O valor do coeficiente de difusão do soluto i diluído no solvente j é resultado do emprego da Equação (16.12), aqui retomada

$$D_{\overset{\circ}{ij}} = 7{,}4\times10^{-8}\left(\frac{T}{\eta_j}\right)\frac{\left(\varphi_j M_j\right)^{1/2}}{\left(\varphi_i V_{b_i}\right)^{0,6}} \tag{1}$$

São conhecidos, a partir da Tabela 16.1, os valores de viscosidade dinâmica, massa molar das espécies glicerol (1), metanol (2) e etanol (3). Os valores do volume molar à temperatura normal de ebulição do soluto k (k = 1, 2 ou 3) advém da Equação (16.13), a qual escrita para tais espécies, considerando-se os valores do volume crítico presente em tal tabela, resulta para o glicerol (1), metanol (2) e etanol (3), respectivamente

$$V_{b_1} = 0{,}248V_{c_1}^{1,048} = (0{,}248)(264{,}0)^{1,048} = 85{,}56\ \text{cm}^3/\text{mol} \tag{2}$$

$$V_{b_2} = 0{,}248V_{c_2}^{1,048} = (0{,}248)(118{,}0)^{1,048} = 36{,}79\ \text{cm}^3/\text{mol} \tag{3}$$

$$V_{b_3} = 0{,}248V_{c_3}^{1,048} = (0{,}248)(167{,}1)^{1,048} = 52{,}98\ \text{cm}^3/\text{mol} \tag{4}$$

São fornecidos $\varphi_2 = 1{,}9$ (metanol) e $\varphi_3 = 1{,}5$ (etanol) sendo necessário calcular esse valor para o glicerol, φ_1, por meio da Equação (16.14) que, por sua vez, depende do parâmetro de solubilidade, Equação (16.15). É importante observar que esse parâmetro será necessário para o cálculo do fator termodinâmico, a partir da Equação (16.18). Assim, considerando-se a Equação (16.17) na Equação (16.15),

$$\delta_k = \left(\frac{H_{v,k} - RT}{V_k}\right)^{1/2} \tag{5}$$

com o valor do volume molar da espécie k obtido da Equação (16.16),

$$V_k = \frac{M_k}{\rho_k} \tag{6}$$

Pode-se, dessa maneira, substituir os valores de massa molar, M_k, e massa específica, ρ_k, presentes na Tabela 16.1 do glicerol (1), metanol (2) e etanol (3) na Equação (6), chegando aos seguintes resultados

$$V_1 = \frac{M_1}{\rho_1} = \frac{(92{,}095)}{(1{,}2608)} = 73{,}04\ \text{cm}^3/\text{mol} \tag{7}$$

$$V_2 = \frac{M_2}{\rho_2} = \frac{(32{,}042)}{(0{,}7914)} = 40{,}49\ \text{cm}^3/\text{mol} \tag{8}$$

$$V_3 = \frac{M_3}{\rho_3} = \frac{(46{,}069)}{(0{,}7894)} = 58{,}36\ \text{cm}^3/\text{mol} \tag{9}$$

De posse dos resultados de 7 a 9 e visto T = 25 °C = 25 + 273,15 = 298,15 K; R = 1,987 cal/(mol.K), assim como recordando que se deve transformar a unidade de ΔH_v para cal/mol (1 cal = 4,1868 J), têm-se na Equação (5) para o glicerol (1), metanol (2) e etanol (3), respectivamente

$$\delta_1 = \left[\frac{20.492{,}90 - (1{,}987)(298{,}15)}{(473{,}04)}\right]^{1/2} = 16{,}51\ \text{cal}^{1/2}/\text{cm}^{3/2} \tag{10}$$

$$\delta_2 = \left[\frac{8.426{,}01 - (1{,}987)(298{,}15)}{(40{,}49)}\right]^{1/2} = 13{,}91\ \text{cal}^{1/2}/\text{cm}^{3/2} \tag{11}$$

$$\delta_3 = \left[\frac{9.260{,}06 - (1{,}987)(298{,}15)}{(58{,}36)}\right]^{1/2} = 12{,}19\,\text{cal}^{1/2}/\text{cm}^{3/2} \tag{12}$$

Obtém-se o parâmetro de associação (ou de solvente ou de soluto) para o glicerol substituindo o resultado 10 na Equação (16.14)

$$\begin{aligned} \varphi_1 &= -1{,}16 + 0{,}28\delta_k - 5{,}11\times10^{-3}\delta_k^2 = \\ &= -1{,}16 + (0{,}28)(16{,}51) - (5{,}11\times10^{-3})(16{,}51)^2 = 2{,}07 \end{aligned} \tag{13}$$

Torna-se possível, estimar os valores dos coeficientes binários de difusão em condição de diluição do modo como se segue:

Glicerol (1) diluído em metanol (2):

T = 298,15 K; η_j = 0,55 cP; φ_j = 1,9; M_j = 32,042 g/mol; φ_i = 2,07, V_{bi} = 85,56 cm³/mol.

$$D^{o}_{12} = \left(7{,}4\times10^{-8}\right)\frac{(298{,}15)}{(0{,}55)}\frac{\left[(1{,}9)(32{,}042)\right]^{1/2}}{\left[(2{,}07)(85{,}56)\right]^{0{,}6}} = 1{,}41\times10^{-5}\ \text{cm}^2/\text{s} \tag{14}$$

Glicerol (1) diluído em etanol (3):

T = 298,15 K; η_j = 1,04 cP; φ_j = 1,5; M_j = 46,069 g/mol; φ_i = 2,07, V_{bi} = 85,56 cm³/mol.

$$D^{o}_{13} = \left(7{,}4\times10^{-8}\right)\frac{(298{,}15)}{(1{,}04)}\frac{\left[(1{,}5)(46{,}069)\right]^{1/2}}{\left[(2{,}07)(85{,}56)\right]^{0{,}6}} = 0{,}79\times10^{-5}\ \text{cm}^2/\text{s} \tag{15}$$

Metanol (2) diluído em etanol (3):

T = 298,15 K; η_j = 1,04 cP; φ_j = 1,5; M_j = 46,069 g/mol; φ_i = 1,9, V_{bi} = 36,79 cm³/mol.

$$D^{o}_{23} = \left(7{,}4\times10^{-8}\right)\frac{(298{,}15)}{(1{,}04)}\frac{\left[(1{,}5)(46{,}069)\right]^{1/2}}{\left[(1{,}9)(36{,}79)\right]^{0{,}6}} = 1{,}38\times10^{-5}\ \text{cm}^2/\text{s} \tag{16}$$

Metanol (2) diluído em glicerol (1):

T = 298,15 K; η_j = 954 cP; φ_j = 2,07; M_j = 92,095 g/mol; φ_i = 1,9, V_{bi} = 36,79 cm³/mol.

$$D^{o}_{21} = \left(7{,}4\times10^{-8}\right)\frac{(298{,}15)}{(954)}\frac{\left[(2{,}07)(92{,}095)\right]^{1/2}}{\left[(1{,}90)(36{,}79)\right]^{0{,}6}} = 2{,}50\times10^{-8}\ \text{cm}^2/\text{s} \tag{17}$$

Etanol (3) diluído em glicerol (1):

T = 298,15 K; η_j = 954 cP; φ_j = 2,07; M_j = 92,095 g/mol; φ_i = 1,5, V_{bi} = 52,98 cm³/mol.

$$D^{o}_{31} = \left(7{,}4\times10^{-8}\right)\frac{(298{,}15)}{(954)}\frac{\left[(2{,}07)(92{,}095)\right]^{1/2}}{\left[(1{,}5)(52{,}98)\right]^{0{,}6}} = 2{,}13\times10^{-8}\ \text{cm}^2/\text{s} \tag{18}$$

Etanol (3) diluído em metanol (2):

T = 298,15 K; η_j = 0,55 cP; φ_j = 1,9; M_j = 32,042 g/mol; φ_i = 1,5, V_{bi} = 52,98 cm³/mol.

$$D^{\circ}_{32} = \left(7{,}4\times10^{-8}\right)\frac{(298{,}15)}{(0{,}55)}\frac{\left[(1{,}9)(32{,}042)\right]^{1/2}}{\left[(1{,}5)(52{,}98)\right]^{0{,}6}} = 2{,}27\times10^{-5}\ \text{cm}^2/\text{s} \tag{19}$$

b) Para a obtenção dos valores dos coeficientes binários (mútuos) de difusão supondo a presença das três espécies químicas, serão utilizados os modelos constituídos por meio das Equações (16.8) e (16.9), ou

$$Đ_{ij} = x_i D^{\circ}_{j} + x_j D^{\circ}_{i} \tag{20}$$

e

$$\frac{1}{D^{\circ}_{i}} = \sum_{j=1}^{N} \frac{x_j}{D^{\circ}_{ij}} \tag{21}$$

Visto o sistema ser ternário, identificou-se: glicerol (1), metanol (2) e etanol (3). Considerando-se as frações molares x_1 = 0,80, x_2 = 0,16 e x_3 = 0,04, bem como os valores dos coeficientes binários de difusão em condições de diluição obtidos no item anterior, tem-se

- Para o par glicerol (1) e metanol (2)

$$Đ_{12} = x_1 D^{\circ}_{2} + x_2 D^{\circ}_{1} \tag{22}$$

Com os resultados 14 e 15,

$$\frac{1}{D^{\circ}_{1}} = \frac{x_2}{D^{\circ}_{12}} + \frac{x_3}{D^{\circ}_{13}} = \frac{0{,}16}{1{,}41\times10^{-5}} + \frac{0{,}04}{0{,}79\times10^{-5}}$$

ou $$D^{\circ}_{1} = 6{,}10\times10^{-5}\ \text{cm}^2/\text{s} \tag{23}$$

A partir dos resultados 16 e 17

$$\frac{1}{D^{\circ}_{2}} = \frac{x_1}{D^{\circ}_{21}} + \frac{x_3}{D^{\circ}_{23}} = \frac{0{,}80}{2{,}50\times10^{-8}} + \frac{0{,}04}{1{,}38\times10^{-5}}$$

obtendo-se $D_{\overset{\circ}{2}} = 3{,}13\times10^{-8}\ \mathrm{cm^2/s}$ (24)

Tem-se na Equação (22)

$$Đ_{12} = (0{,}80)(3{,}13\times10^{-8}) + (0{,}16)(6{,}10\times10^{-5}) = 0{,}98\times10^{-5}\ \mathrm{cm^2/s} \quad (25)$$

- Para o par glicerol (1) e etanol (3)

$$Đ_{13} = x_1 D_{\overset{\circ}{3}} + x_3 D_{\overset{\circ}{1}} \quad (26)$$

De posse dos resultados 16 e 18

$$\frac{1}{D_{\overset{\circ}{3}}} = \frac{x_1}{D_{\overset{\circ}{31}}} + \frac{x_2}{D_{\overset{\circ}{23}}} = \frac{0{,}80}{2{,}13\times10^{-8}} + \frac{0{,}16}{1{,}38\times10^{-5}}$$

levando a $D_{\overset{\circ}{3}} = 2{,}66\times10^{-8}\ \mathrm{cm^2/s}$ (27)

Da Equação (26), obtém-se

$$Đ_{13} = (0{,}80)(2{,}66\times10^{-8}) + (0{,}04)(6{,}10\times10^{-5}) = 0{,}25\times10^{-5}\ \mathrm{cm^2/s} \quad (28)$$

- Para o par metanol (2) e etanol (3)

$$Đ_{23} = x_2 D_{\overset{\circ}{3}} + x_3 D_{\overset{\circ}{2}} \quad (29)$$

com os resultados 24 e 27, tem-se na Equação (29),

$$Đ_{23} = (0{,}16)(2{,}66\times10^{-8}) + (0{,}04)(3{,}13\times10^{-8}) = 0{,}55\times10^{-8}\ \mathrm{cm^2/s} \quad (30)$$

c) A obtenção do coeficiente termodinâmico generalizado da água na solução considerada advém do emprego do modelo considerando-se a Equação (16.10), aqui retomada como

$$D_{1M} = \frac{(1 - x_1)}{\dfrac{x_2}{D_{12}} + \dfrac{x_3}{D_{13}}} \quad (31)$$

com os coeficientes binários de difusão termodinâmico, D_{ij}, apresentados na Equação (16.11). Para o conhecimento de seus valores, é preciso conhecer o fator termodinâmico. Para o sistema glicerol (1) - metanol (2), tem-se na Equação (16.20),

$$\Gamma_{12} = 1 - 2x_1x_2 \frac{\left(V_1V_2\right)^2}{\left(x_1V_1 + x_2V_2\right)^3} \frac{\left(\delta_1 - \delta_2\right)^2}{RT} \tag{32}$$

Uma vez que T = 298,15 K; R = 1,987 cal/(mol.K); x_1 = 0,80; x_2 = 0,16 e dos resultados 7, 8, 10 e 11, tem-se na Equação (32)

$$\Gamma_{12} = 1 - (2)(0,80)(0,16)\frac{\left[(73,04)(40,49)\right]^2}{\left[(0,80)(73,04)+(0,16)(40,49)\right]^3}\left[\frac{(16,51-13,91)^2}{(1,987)(298,15)}\right] = 0,91 \tag{33}$$

A determinação do coeficiente de difusão termodinâmico do par glicerol (1) - metanol (2) com a substituição dos resultados 25 e 33 na Equação (16.11),

$$D_{12} = Đ_{12}\Gamma_{12} = \left(0,98\times10^{-5}\right)\left(0,91\right) = 0,89\times10^{-5}\ \text{cm}^2/\text{s} \tag{34}$$

Faz-se procedimento de cálculo semelhante para o par glicerol (1) - metanol (2). Tem-se, da Equação (16.20),

$$\Gamma_{13} = 1 - 2x_1x_3 \frac{\left(V_1V_3\right)^2}{\left(x_1V_1 + x_3V_3\right)^3} \frac{\left(\delta_1 - \delta_3\right)^2}{RT} \tag{35}$$

Visto T = 298,15 K; R = 1,987 cal/(mol.K); x_1 = 0,80; x_3 = 0,04 e dos resultados 7, 9, 10 e 12, tem-se na Equação (35)

$$\Gamma_{13} = 1 - (2)(0,80)(0,04)\frac{\left[(73,04)(58,36)\right]^2}{\left[(0,80)(73,04)+(0,04)(58,36)\right]^3}\left[\frac{(16,51-12,19)^2}{(1,987)(298,15)}\right] = 0,84 \tag{36}$$

Com isso, substitui-se os resultados 28 e 36 na Equação (16.11)

$$D_{13} = Đ_{13}\Gamma_{13} = \left(0,25\times10^{-5}\right)\left(0,84\right) = 0,21\times10^{-5}\ \text{cm}^2/\text{s} \tag{37}$$

O valor do coeficiente de difusão termodinâmico generalizado do glicerol na solução considerada para $x_1 = 0{,}80$; $x_2 = 0{,}16$; e $x_3 = 0{,}04$, advém da substituição desses valores em conjunto com os resultados 34 e 37 na Equação (31),

$$D_{1M} = \frac{(1-0{,}80)}{\dfrac{0{,}16}{0{,}89\times10^{-5}}+\dfrac{0{,}04}{0{,}21\times10^{-5}}} = 0{,}54\times10^{-5}\ \text{cm}^2/\text{s} \qquad (38)$$

REFERÊNCIAS BIBLIOGRÁFICAS

CREMASCO, M. A. *Difusão mássica*. São Paulo: Blucher, 2019. 284 p.

GHOTLI, R. A.; AZIZ, A. R. A.; ATADASHI, I. M.; HASAN, D. B.; KONG, P. S.; AROUA, M. K. Selected physical properties of binary mixtures of crude glycerol and methanol at various temperatures. *Journal of Industrial and Engineering Chemistry*, v. 21, p. 1039-1043, 2015.

HUEPA, L. M. D. *Glicerina semipurificada neutralizada na alimentação de leitões na fase pré-inicial (6 a 15 kg)*. 2013. 44 f. Dissertação (Mestrado em Zootecnia) - Universidade Estadual de Maringá, Maringá, 2013.

LIMA, J. R. O.; SILVA, R. B. S.; SILVA, C. C. M.; SANTOS, L. S. S.; SANTOS JR., J. R.; MOURA, E. M.; MOURA, V. R. Biodiesel de babaçu (*Orbignya sp.*) obtido por via etanólica. *Química Nova*, São Paulo, n. 30, v. 3, p. 600-603, 2007.

LIU, X.; BARDOW, A.; VLUGT, T. J. H. Maxwell-Stefan diffusivities and velocity cross-correlations in dilute ternary systems. *Diffusion fundamentals*, Leipzig, Hannover, v. 16, n. 81, p. 1-11, 2011.

MALT, F. I.; SOUZA, C. B. Tecnologia sustentável na produção de biodiesel. *Revista Brasileira de Gestão Ambiental e Sustentabilidade*, João Pessoa, v. 6, n. 13, p. 385-392, 2019.

MIYABE, K.; ISOGAI, R. Estimation of molecular diffusivity in liquid phase systems by the Wilke–Chang equation. *Journal of Chromatography A*, v. 1218, p. 6639-6645, 2011.

PREDLEY, J. B.; NAYLOR, R. D.; KIRBY, S. P. *Thermochemical data of organic compounds*. London: Chapman and Hall, 1986. 792 p.

REID, R. C.; PRAUSNITZ, J. M.; POLING, B. E. *The properties of gases and liquids*. 4. ed. New York: McGraw-Hill, 1987. 741 p.

REID, R. C.; PRAUSNITZ, J. M.; SHERWOOD, T. K. *The properties of gases and liquids*. 3. ed. New York: McGraw-Hill, 1977. 688 p.

SILVA, P. R. F.; FREITAS, T. F. S. Biodiesel: o ônus e o bônus de produzir combustível. *Ciência Rural*, Santa Maria, v. 38, n. 3, p. 843-851, 2008.

TYN, M. T.; CALUS, W. F. Diffusion coefficients in dilute binary liquid mixtures. *Journal of Chemical & Engineering Data*, Washington, v. 20, n. 1, p. 106-109, 1975.

VICENTE, V. B.; TÔRRES, R. B. Volume molar excesso de soluções líquidas binárias de glicerol + álcoois a diferentes temperaturas e à pressão atmosférica. *In: Anais* do congresso brasileiro de engenharia química, 2014, Universidade Federal de Santa Catarina – UFSC. Disponível em: https://proceedings.science/cobeq/cobeq-2014/papers/volume-molar-excesso-de-solucoes-liquidas-binarias-de-glicerol---alcoois-a-diferentes-temperaturas-e-a-pressao-atmosferi. Acesso em: 26 dez. 2021.

VLUGT, T. J. H.; LIU, X.; BARDOW, A. Multicomponent Maxwell-Stefan diffusivities at infinite dilution. *Diffusion fundamentals*, Leipzig, Hannover, v. 16, n. 74, p. 1-2, 2011.

WILKE, C. R.; CHANG, P. Correlation of diffusion coefficients in dilute solutions. *AIChE Journal*, New York, v. 1, n. 2, p. 264-270, 1955.

CAPÍTULO 17

Difusão de eletrólitos em líquidos: solução diluída

Água também é arte. Esse líquido primordial inspira mentes criativas nas artes plásticas, como a de Belo Serge, que utilizou 66 mil copos biodegradáveis, contendo água de chuva, em sua instalação artística (Figura 17.1), para denunciar a escassez de água no Planeta, bem como foram adicionadas tintas vegetais na água para delatar a sua poluição. Os copos de Belo dão luz a um corpo no útero, que pode ser o de qualquer de um de nós.

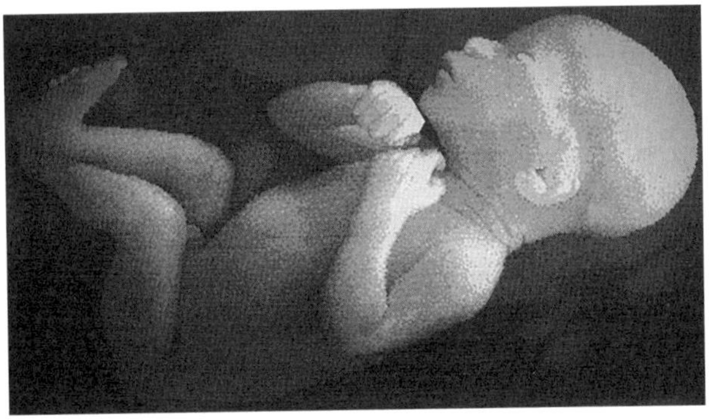

Figura 17.1 – Mosaico de água (área total da instalação = 344,45 m^2; BRUEL, 2014).

Um dos desafios mundiais é o de atender a demanda por água apropriada para diversos fins, pois existe a sua contaminação por diversos veículos (físicos, químicos e biológicos). Para o agricultor que deseja a utilizar na irrigação, a dureza da água é um dos critérios para definir a sua qualidade. Dureza, nesse caso, está associada à concentração de alcalinos terrosos, em particular sais de cálcio e de magnésio. A "água dura" tende a alcalinizar o solo, alterando o seu pH e, por consequência, imobilizar nutrientes importantes para as plantas, como o fósforo (ALMEIDA, 2010). A dureza da água é expressa em mg de carbonato de cálcio ($CaCO_3$) por litro de água (mg/L), sendo: água mole < 50 mg/L; dureza moderada: entre 50 e 150 mg/L; dura: entre 150 e 300 mg/L; e muito dura: > 300 mg/L (SILVA et al., 2011). Nesse cenário, um relatório do Plano Estratégico de Gestão Integrada da Bacia Hidrográfica do Rio Chapecó (Figura 17.2) no estado de Santa Catarina, realizado em 2009, mostrou que as águas dessa bacia apresentam baixas condições de salinidade, pH entre 5,0 e 10,0, e a dureza entre 8,0 mg/L a 150 mg/L. A Tabela 17.1 apresenta os sais típicos presentes no Rio Chapecó.

Figura 17.2 – Plano Estratégico de Gestão Integrada da Bacia Hidrográfica do Rio Chapecó. Adaptado de Governo do Estado de Santa Catarina (2009).

Tabela 17.1 – Possíveis sais contidos nos rios que compõem a Bacia Hidrográfica do Rio Chapecó (MACHADO; FREITAS; CAYE, 2002)

Sais	Fórmula molecular
Brometo de sódio	$NaBr$
Carbonato de cálcio	$CaCO_3$
Cloreto de magnésio	$MgCl_2$
Sulfato de magnésio	$MgSO_4$
Sulfato de cálcio	$CaSO_4$

Dada a importância de conhecer princípios básicos de difusão mássica na presente situação, pede-se:

a) classifique a água do Rio Chapecó quanto à dureza da água;

b) calcule os valores do coeficiente de difusão iônica a 25 °C no Rio Chapecó dos íons formados a partir dos sais presentes na Tabela 17.1, cuja água é utilizada para irrigação das plantações de soja da região oeste catarinense, à margem do arroio Calcanhar, indicado na Figura 17.2. Compare os resultados obtidos com aqueles experimentais apresentados na Tabela 17.2.

Tabela 17.2 – Coeficiente de difusão iônica em diluição infinita em água a 25 °C (CUSSLER, 1984)

Íon	Na^+	Mg^{2+}	Ca^{2+}	Cl^-	Br^-	CO_3^{-2}	SO_4^{-2}
$D_i \times 10^5$ (cm²/s)	1,33	0,71	0,79	2,03	2,08	0,92	1,06

c) obtenha o valor do coeficiente de difusão dos sais contidos na Tabela 17.1 em água a 25 °C e compare os resultados obtidos com os valores experimentais dos sais $D_{NaBr} = 1{,}627 \times 10^{-5}$ cm²/s, $D_{MgCl2} = 1{,}251 \times 10^{-5}$ cm²/s, $D_{MgSO4} = 0{,}849 \times 10^{-5}$ cm²/s (ROBINSON e STOKES, 1955);

d) estime o valor do coeficiente de difusão iônica do íon Na^+ em água a 35 °C e o compare com aquele experimental, que é $1{,}802 \times 10^{-5}$ cm²/s (ADAMSON, 1949).

COMENTÁRIOS

A água é essencial na agricultura para promover o incremento da produtividade nas lavouras. Para evitar problemas advindos da má qualidade da água, em particular quanto àqueles que afetam a saúde de quem trabalha diretamente com a irrigação, deve-se realizar um planejamento efetivo que assegure a boa qualidade da água (VASCONCELOS et al., 2009), a qual considera suas características físico-químicas, por exemplo, salinidade, sodicidade e toxicidade. A quantidade excessiva de sais pode comprometer o enraizamento da planta, pois a produtividade está relacionada com o equilíbrio de nutrientes no solo. Por isso, é necessário, antes do plantio, realizar a análise da área agrícola para a quantificação dos macros e micronutrientes, de modo a identificar a acidez do solo; em sendo positivo se torna essencial a calagem (adição de carbonato de cálcio). Percebe-se, portanto, a necessidade de reconhecer parâmetros importantes na água de irrigação, como a capacidade de difusão dos sais e íons nas águas do Rio Chapecó, que são sódio, cálcio e magnésio em forma de cloretos, sulfatos e bicarbonatos, que se dissociam em água segundo

$$NaBr \rightarrow Na^{+} + Br^{-} \tag{17.1}$$

$$CaCO_3 \rightarrow Ca^{2+} + CO_3^{2-} \tag{17.2}$$

$$MgC\ell_2 \rightarrow Mg^{2+} + 2C\ell^{-} \tag{17.3}$$

$$MgSO_4 \rightarrow Mg^{2+} + SO_4^{2-} \tag{17.4}$$

$$CaSO_4 \rightarrow Ca^{2+} + SO_4^{2-} \tag{17.5}$$

O mecanismo da difusão iônica em líquidos é semelhante àquele de não eletrólitos, ressaltando que o soluto, neste capítulo, refere-se ao eletrólito $M_{\nu+}X_{\nu-}$, que se dissolve em determinado solvente, gerando íons, M^{z+} (cátion) e X^{z-} (ânion), de forma as Equações (17.1) a (17.5) serem generalizadas segundo

$$M_{\nu_+}X_{\nu_-} \Leftrightarrow \nu_+M^{z+} + \nu_-X^{z-} \tag{17.6}$$

na qual o parâmetro ν se refere ao coeficiente estequiométrico e z_i, à valência do íon, em que o princípio da eletroneutralidade impõe

$$\nu_+z_+ + \nu_-z_- = 1 \tag{17.7}$$

implicando no fluxo unidirecional do eletrólito na relação entre os fluxos dos íons que o compõem segundo

$$J_{M_{\nu+}X_{\nu-},z} = \frac{J_{M_{\nu+},z}}{|z_-|} = \frac{J_{M_{\nu-},z}}{|z_+|} \tag{17.8}$$

em que o fluxo iônico (para o cátion ou ânion) segue a equação de Nernst-Planck (CREMASCO, 2019)

$$J_{i,z} = -D_i \frac{dC_i}{dz} + D_i \frac{C_i z_i}{RT} F \frac{dE}{dz} \tag{17.9}$$

F é a constante de Faraday, 9,648 × 10^4 C/mol. O fluxo molar presente na Equação (17.9) decorre do movimento browniano do íon i, influenciado tanto pelo gradiente de concentração molar iônica quanto pelo gradiente de potencial eletrostático. Esse movimento, por sua vez, resulta das colisões das moléculas do solvente com o íon i. O coeficiente de difusão iônica, D_i, advém, por exemplo, da equação de Nernst (CREMASCO, 2019)

$$D_i = 8{,}931 \times 10^{-10} \frac{\lambda_i}{|z_i|} T \tag{17.10}$$

λ_i refere-se à condutividade equivalente iônica, em Ω/eq.; D_i em cm²/s e a temperatura T em Kelvin. A partir da Equação (17.9), escrita para o cátion e para o ânion, assim como considerando que a Equação (17.8) admite que as velocidades dos íons são iguais, obtém-se, após manipulações algébricas dessas equações, a 1ª lei de Fick de acordo com (CREMASCO, 2019)

$$J_{M_{\nu+}X_{\nu-}} = -D_{\overset{o}{A}} \frac{dC_A}{dz} \tag{17.11}$$

em que o subscrito A é identificado ao eletrólito $M_{\nu+}X_{\nu-}$, e a expressão para o coeficiente de difusão iônico para o eletrólito em solução diluída advém de

$$D_{\overset{o}{A}} = \frac{\left(|z_+| + |z_-|\right) D_{M_{\nu_+}} D_{X_{\nu_-}}}{|z_+| D_{M_{\nu_+}} + |z_-| D_{X_{\nu_-}}} \tag{17.12}$$

ou, após a substituição da Equação (17.10), para i = M^{z+} e i = X^{z-}, na Equação (17.12),

$$D_{\overset{o}{A}} = 8{,}931 \times 10^{-10} T \left(\frac{\lambda_+ \lambda_-}{\lambda_+ + \lambda_-} \right) \left(\frac{|z_+| + |z_-|}{|z_+||z_-|} \right) \tag{17.13}$$

em que $|z_i|$ é o módulo da valência do íon; T, temperatura em Kelvin; e os resultados dos coeficientes de difusão em cm²/s.

FORMULÁRIO

A Tabela 17. 3 fornece os valores da condutividade equivalente iônica para alguns íons.

Tabela 17.3 – Condutividade equivalente iônica limite em diluição infinita em água a 25 °C (ROBINSON; STOKES, 1955) e módulo da valência de cada íon

Íon	Na^+	Mg^{2+}	Ca^{2+}	Cl^-	Br^-	CO_3^{-2}	SO_4^{-2}
$\lambda_i \times 10^5$ Ω/eq)	50,10	53,00	59,50	76,35	78,15	69,30	80,00
$\lvert z_i \rvert$	1	2	2	1	1	2	2

O valor da condutividade equivalente iônica pode ser obtido para temperaturas diferentes de 25 °C por meio da seguinte correlação para o íon sódio (a partir de Perry e Chilton (1973)).

$$\lambda_i = \lambda\Big|_{25^\circ C} + (1{,}092)(T-25) + \left(4{,}72\times10^{-3}\right)(T-25)^2 - \left(1{,}15\times10^{-5}\right)(T-25)^3 \quad (17.14)$$

Para efeito de comparação entre os resultados obtidos e aqueles experimentais, utiliza-se o desvio relativo, segundo

$$\text{Desvio}(\%) = \frac{\left(D_{ical} - D_{i\,exp}\right)}{D_{i\,exp}} \times 100 \quad (17.15)$$

em que o subscrito "cal" se refere ao valor calculado, e o subscrito "exp", ao experimental.

SOLUÇÃO

a) No que se refere à classificação das águas do Rio Chapecó em termos de dureza, verifica-se, do enunciado que a concentração de $CaCO_3$, ficou entre 8,0 mg/L e 150 mg/L. Uma vez que a água é considerada mole na situação em que tal concentração é inferior a < 50 mg/L e de dureza moderada entre 50 e 150 mg/L de $CaCO_3$, pode-se escrever que a água do Rio Chapecó se apresenta de mole à dureza moderada.

b) Para a obtenção dos valores do coeficiente de difusão dos íons em água a 25 °C, formados a partir dos sais presentes na Tabela 17.1, utiliza-se a Equação (17.10).

Tomando o íon cloro, Cl^-, enquanto exemplo de cálculo, verifica-se, da Tabela 17.3, que $\lambda_i = 76{,}35\ \Omega/\text{eq}$. Tendo em vista que $|z_i| = 1$, tem-se na Equação (17.10)

$$D_{C\ell^-} = \left(8{,}931\times10^{-10}\right)\frac{(298{,}15)(76{,}35)}{(1)} = 2{,}033\times10^{-5}\ \text{cm}^2/\text{s} \tag{1}$$

Por inspeção da Tabela 17.2, verifica-se que o valor experimental do coeficiente de difusão iônica do íon Cl^- é $2{,}03 \times 10^{-5}$ cm²/s, permitindo utilizar a Equação (17.15) para avaliar o desvio relativo entre esse valor e aquele apresentado na Equação (1), ou

$$\text{Desvio}\ (\%) = \frac{\left(2{,}033\times10^{-5} - 2{,}03\times10^{-5}\right)}{2{,}03\times10^{-5}}\times100 = 0{,}15\% \tag{2}$$

Realizando o mesmo procedimento para os demais íons, têm-se os resultados para os valores dos coeficientes de difusão dos íons nas águas do rio Chapecó, a 25 °C, assim como os valores dos desvios relativos em comparação aos valores experimentais, apresentados na Tabela 1.

Tabela 1 – Valores do coeficiente de difusão iônica

Íon	D_{iexp} x 10^5 (cm²/s)	D_{ical} x 10^5 (cm²/s)	Desvio %
Na^+	1,33	1,334	0,30
Mg^{2+}	0,71	0,706	–0,56
Ca^{2+}	0,79	0,792	0,25
Cl^-	2,03	2,033	0,15
Br^-	2,08	2,081	0,05
CO_3^{-2}	0,92	0,923	0,33
SO_4^{-2}	1,06	1,065	0,47

c) Visto a intenção de se conhecer o valor do coeficiente de difusão dos sais a 25 °C nas águas do Rio Chapecó, toma-se o NaBr como exemplo. Utiliza-se, para tanto, a Equação (17.13), bem como se retoma a Tabela 17.3, em que se verificam $\lambda_{Na^+} = 50{,}1\ \Omega/\text{eq}$ e $\lambda_{Br^-} = 78{,}15\ \Omega/\text{eq}$. Uma vez que as valências desses íons são $|z_+| = |z_-| = 1$, tem-se na Equação (17.13),

$$D_{\underset{A}{o}} = \left(8{,}931\times10^{-10}\right)(298{,}15)\left[\frac{(50{,}10)(78{,}15)}{50{,}10+78{,}15}\right]\left[\frac{1+1}{(1)(1)}\right] = 1{,}626\times10^{-5}\ \text{cm}^2/\text{s} \tag{3}$$

O valor experimental do coeficiente de difusão a diluição infinita a 25 °C para o NaBr é igual a 1,627 × 10^{-5} cm^2/s, em que se pode obter o valor do desvio relativo a partir da Equação (17.15)

$$\text{Desvio}(\%) = \frac{\left(1,626\times10^{-5} - 1,627\times10^{-5}\right)}{1,627\times10^{-5}}\times 100 = -0,061\% \quad (4)$$

Adotando procedimento similar para demais sais, os resultados obtidos para os valores do coeficiente de difusão de tais eletrólitos, em água, a 25 °C, assim como os respectivos desvios relativos em relação àqueles experimentais, estão apresentados na Tabela 2.

Tabela 2 – Valores do coeficiente de difusão dos sais

Sais	$D_{\mathring{A}exp}$ x 10^5 (cm^2/s)	$D_{\mathring{A}cal}$ x 10^5 (cm^2/s)	Desvio %
NaBr	1,627	1,626	–0,061
$MgCl_2$	1,251	1,250	–0,080
$MgSO_4$	0,849	0,849	–0,012

d) Obtém-se o valor do coeficiente de difusão iônica do íon Na^+ em água a 35 °C utilizando-se a Equação (17.10). Deve-se conhecer o valor da condutividade equivalente iônica nessa temperatura por meio da Equação (17.14). Para tanto, deve-se conhecer o valor dessa propriedade a 25 °C, fornecida na Tabela 17.3 ou λ_i = 50,10 Ω/eq. Dessa maneira, tem-se na Equação (17.14)

$$\lambda_i = 50,10 + (1,092)(35-25) + \left(4,72\times10^{-3}\right)(35-25)^2 - \left(1,15\times10^{-5}\right)(35-25)^3 = \\ = 61,481\ \Omega/\text{eq} \quad (5)$$

Visto a valência do íon Na^+ ser $|z_+|$ = 1, resulta da Equação (17.10), para T = 35 °C = 308,15 K,

$$D_{Na^+} = \left(8,931\times10^{-10}\right)\frac{(308,15)(61,481)}{(1)} = 1,692\times10^{-5}\ \text{cm}^2/\text{s} \quad (6)$$

Visto o valor experimental do coeficiente de difusão iônica em diluição infinita do íon Na^+ em água a 35 °C ser igual $1{,}802 \times 10^{-5}$ cm^2/s, obtém-se o seguinte valor para o desvio relativo

$$\text{Desvio}\,(\%) = \frac{\left(1{,}692\times 10^{-5} - 1{,}802\times 10^{-5}\right)}{1{,}802\times 10^{-5}}\times 100 = -6{,}10\,\% \tag{7}$$

REFERÊNCIAS BIBLIOGRÁFICAS

ADAMSON, A. W.; COBBLE, J. W.; NIELSEN, J. M. Differential diffusion coefficients of sodium ion in sodium chloride solutions. *The Journal of Chemical Physics*, v. 17, n. 8, p. 1-3, 1949.

ALMEIDA, O. A. D. *Qualidade da água de irrigação*. 1. ed. Salvador: Embrapa, 2010. 234 p.

BERTAN, I. *Influências dos sais na cultura da soja*. Comunicação pessoal. 20/03/2021.

BRUEL, G. J. O maior mosaico de água do mundo. 2014. Disponível em: https://zupi.pixelshow.co/o-maior-mosaico-de-agua-mundo/. Acesso em: 18 mar. 2021.

CREMASCO, M. A. *Fundamentos de transferência de massa*. 3. ed. São Paulo: Blucher, 2015. 460 p.

CREMASCO, M. A. *Difusão mássica*. São Paulo: Blucher, 2019. 284 p.

CUSSLER, E. L. *Diffusion: Mass transfer in fluid systems*. Cambridge: Cambridge University Press, 1984. 525 p.

GOVERNO DO ESTADO DE SANTA CATARINA. *Plano estratégico de gestão integrada da bacia hidrográfica do Rio Chapecó*, 2009. Disponível em: http://www.aguas.sc.gov.br/jsmallfib_top/Comite%20Rio%20Chapeco/Irani/Publicacoes/02-Relatorio-Plano-Estrategico-Bacia-Chapeco---Etapa-B.pdf. Acesso em: 18 mar. 2021.

INSTITUTO NACIONAL DE CIÊNCIA E TECNOLOGIA EM SALINIDADE. Manejo da salinidade na agricultura: estudos básicos e aplicados. *In:* RIBEIRO, M. R.; FILHO, M. R. R.; MACHADO, J. L. F.; FREITAS, M. A. D.; CAYE, B. R. Evolução hidrogeoquímica dos aqüíferos no oeste catarinense. *In:* XII Congresso brasileiro de águas subterrâneas, 2002, Cidade Universitária, São Paulo. Disponível em: https://aguassubterraneas.abas.org/asubterraneas/article/view/22725. Acesso em: 28 mar. 2021.

PERRY, R. H.; CHILTON, C. H. *Chemical engineers' handbook*. 5. ed. Tóquio: McGraw-Hill Kogakusha, 1973. 2559 p.

ROBINSON, R. A.; STOKES, R. H. *Electrolyte solutions*. London: Butterworths Publications, 1955. 512 p.

SILVA, I. N.; FONTES, L. D. O.; TAVELLA, L. B.; OLIVEIRA, J. B. D.; OLIVEIRA, A. C. D. Qualidade da água na irrigação. *Agropecuária Científica no Semi-Árido*, Campina Grande, v. 7, n. 3, p. 1-5, 2011.

VASCONCELOS, R. S.; LEITE, K. D. N.; CARVALHO, C. M. D.; ELOI, W. M.; SILVA, L. M. F. D.; FEITOSA, H. D. O. Qualidade da água utilizada para irrigação na extensão da microbacia do Baixo Acaraú. *Revista Brasileira de Agricultura Irrigada*, Fortaleza, v. 3, n. 1, p. 30-38, 2009.

CAPÍTULO 18

Difusão de eletrólitos em líquidos: solução concentrada

A família estava reunida em torno do fogo, Fabiano sentado no pilão caído... A cachorra Baleia, com o traseiro no chão e o resto do corpo levantado, olhava as brasas que se cobriam de cinzas (RAMOS, 1971). O romance Vidas secas, de Graciliano Ramos, publicado em 1938, é um clássico da Literatura brasileira. O livro, de poucas páginas todavia de grandeza inominável, retrata a saga do vaqueiro Fabiano e de sua família através da caatinga nordestina, cuja razão primeira era a mínima sobrevivência, desde alimentar-se de preás até a mordiscar mandacarus. A terra, árida, não seria a companhia ideal para vencer a fome, ainda que o céu noturno do sertão nordestino, pincelado por Graciliano, embevecesse os olhos de quem o lê. Além da beleza literária de Vidas secas, essa obra detalha aspectos da geografia brasileira, ao apresentar particularidades da Caatinga, importante bioma do país que, junto com o do Cerrado, do Pampa, do Pantanal, o Amazônico e o Atlântico, fornecem biodiversidade única no Planeta e, das quais ao serem manejadas de modo sustentável e compromissadas socialmente, permitem à população que não repita a odisséia de Fabiano. Contudo, nem todo o solo nacional se apresenta manejável quanto à produção de produtos agrícolas, principalmente no que se refere ao fornecimento de nutrientes básicos ao desenvolvimento de determinada cultura. Tendo em mente a preocupação quanto à sustentabilidade, o uso de fertilizantes, entendendo-os como a substância mineral ou orgânica, cujo objetivo é o de devolver ao solo nutrientes extraídos a cada colheita (COSTA; SILVA, 2012). Excrementos animais e cinza vegetal, por exemplo, foram os primeiros insumos usados como fertilizantes, sendo que, a partir da segunda metade do século XIX, inicia-se estudos sobre o emprego de fertilizantes químicos, com Von Liebig, ao postular que alguns elementos, presentes no solo e em quantidades adequadas, facilitam o crescimento das plantas. Na falta desses, basta adicionar NPK, ou seja, nitrogênio (N), potássio (P) e sódio (K). O potássio é útil para a reter água nas plantas, proporcionar resistência às doenças, enquanto cabe ao nitrogênio estimular o crescimento da planta e originar proteínas. Já o fósforo interfere na fotossíntese e auxilia os processos de armazenamento e transferência de energia, bem como na divisão celular e crescimento das células (COSTA; SILVA, 2012). Dentre os nutrientes, o nitrogênio é o que mais influencia a produtividade agrícola. Estimativas indicam que os fertilizantes nitrogenados são responsáveis por 80 % dos custos com fertilizantes. O sulfato de amônio, $(NH_4)_2SO_4$, contribui para melhorar a qualidade do grão quanto ao suprimento de enxofre para a planta e não sofre volatização (VITTI et al., 2002), particularmente em solos ácidos, como o do Brasil, Convém mencionar que os solos brasileiros são deficientes em enxofre (S) na camada superficial, notadamente os do Cerrado. As misturas de grânulos aplicadas em coberturas nitrogenadas deveriam incluir rotineiramente produtos com S, devido ao sinergismo com o N, aumentando a eficiência de aproveitamento deste último. O enxofre participa na composição de aminoácidos (metionina, cistina, cisteína, taurina), bem como da ferrodoxina, enzima-chave no processo da fixação simbiótica do N_2 atmosférico (CABEZAS; SOUZA, 2008). É necessário apontar que o sulfato de amônio (SA) não é indicado apenas enquanto fertilizante, mas também como micronutriente em fermentação na produção de fármacos (BERTAN, 2021). Além disso, a maioria das proteínas comerciais são purificadas via precipitação por sulfato de amônio. Nesse caso, a purificação via precipitação tem sido historicamente usada para fracionamento de biomoléculas a partir do plasma de sangue, contudo podendo ser empregadas em outras aplicações que envolvam macromoléculas biológicas (BAKER et al., 2019). A utilização do SA, por ser altamente cosmotrópico, estabiliza a estrutura da proteína, induzindo o fenômeno de agregação entre elas sem desnaturá-las. Tal efeito é útil tanto na precipitação quanto pode ser utilizado em processos de ultrafiltração, em que se intenciona a separação de proteínas de outras moléculas de alto valor agregado. Como pode ser observado, o sulfato de amônio é um sal de importância destacada, e o entendimento de fundamentos básicos de transferência de massa é essencial para a sua utilização tecnológica. Desse modo, pede-se:

a) obtenha o valor do coeficiente de difusão do eletrólito $(NH_4)_2SO_4$ diluído em água a 25 °C e compare o resultado com aquele experimental, que é $1{,}527 \times 10^{-5}$ cm²/s (ROBINSON; STOKES, 1955);

b) tendo como base a Tabela 18.1, na qual constam os valores do coeficiente de difusão termodinâmico iônico experimental para $(NH_4)_2SO_4$ em água a 25 °C, estime tais valores nas concentrações presentes nesta tabela, bem como construa um gráfico comparativo entre os valores experimentais e aqueles calculados.

Tabela 18.1 – Coeficiente de difusão de $(NH_4)_2SO_4$ a 25 °C em solução aquosa para diferentes molalidades (a partir de Lobo (1993))

m_A (mol/kg)	0,225	0,271	0,377	0,500	0,649	0,822	1,021	1,247	1,448	1,525	1,680
$D_A \times 10^5$ (cm^2/s)	0,922	0,898	0,848	0,798	0,748	0,702	0,657	0,619	0,591	0,582	0,565

COMENTÁRIOS

No que se refere à proposição de mecanismo para a difusão mássica de eletrólitos e de não eletrólitos em líquidos, emprega-se classicamente a teoria do movimento browniano. De forma geral, as moléculas do solvente, no caso a água, colidem com os íons, arrastando-os em direções erráticas (Figura 18.1), seguindo a descrição, para o coeficiente de difusão em condição de diluição, de acordo com a equação de Stokes-Einstein, Equação (3.10).

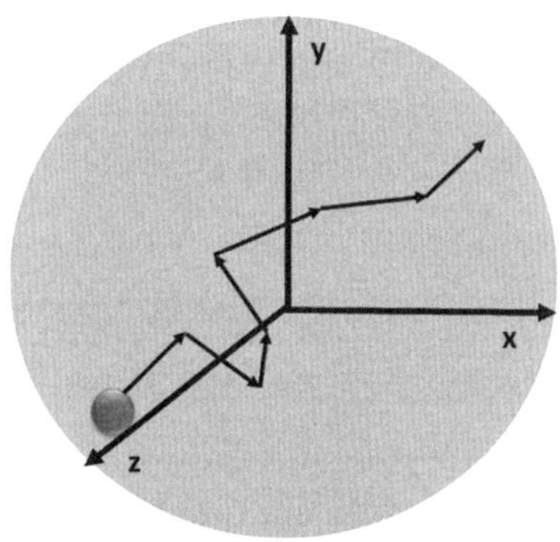

Figura 18.1 – Movimento browniano.

No caso da difusão de eletrólitos, a abordagem para o estudo de seu mecanismo de difusão em líquidos é semelhante ao apresentado no Capítulo 14, em que o coeficiente de difusão termodinâmico é identificado segundo a Equação (14.2). Na presente situação e em se tratando de uma solução salina concentrada de $(NH_4)_2SO_4$, o coeficiente de difusão termodinâmico iônico é corrigido pelo fator termodinâmico iônico, $\Gamma_\pm$,

$$D_A = \dot{D}_A \Gamma_\pm \tag{18.1}$$

O coeficiente de difusão, $\dot{D}_A$, de acordo com Gordon (1937), admite a influência da viscosidade dinâmica da solução devido à presença do eletrólito na forma

$$\dot{D}_A = D_{\overset{o}{A}}\left(\frac{\eta_{H_2O}}{\eta}\right) \tag{18.2}$$

em que $D_{\overset{o}{A}}$ se refere ao coeficiente de difusão do sal em condição de diluição infinita em água; η_{H2O}, a viscosidade dinâmica da água à temperatura da solução salina; η, viscosidade dinâmica da solução salina. Propõe-se, neste livro, a partir de dados encontrados em NPCS Board of Consultants & Engineers (2008), a seguinte correlação, válida para $0{,}2 \leq m_A \leq 2$ mol/kg,

$$\frac{\eta_{H_2O}}{\eta} = 1 - 0{,}186 m_A \tag{18.3}$$

em que m_A se refere à molalidade do eletrólito A, $(NH_4)_2SO_4$, dada em mol de A por 1 kg de solvente (água). Já o fator termodinâmico iônico, $\Gamma_\pm$, encontrado na Equação (18.1) é definido por

$$\Gamma_\pm = 1 + m_A \frac{d\ell n\gamma_A^m}{dm_A} \tag{18.4}$$

Uma expressão para o termo $\ln\gamma_A{}^m$ é aquela advinda do modelo de Bromley-Zematis, a qual para eletrólito do tipo 2:1, é posta em função da molalidade como

$$\ell n\gamma_A^m = -\frac{A\sqrt{3}m_A^{1/2}}{1+\sqrt{3}m_A^{1/2}} + \frac{\alpha m_A}{\left(1+2{,}25m_A\right)^2} + 3Bm_A + 9Cm_A^2 + 27Dm_A^3 \tag{18.5}$$

com

$$\alpha = 6\left(0{,}06 + 0{,}6B\right) \tag{18.6}$$

e B = −0,0287 (BROMLEY, 1973). Aqui, também, buscou-se as demais constantes considerando-se os dados encontrados em Momeni, Najibi e Sadeghi (2017), do qual foi possível obter, para este livro, A = 3,0; C = 0,035; e $D = -4{,}25 \times 10^{-3}$, válidas para $0{,}2 \leq m_A \leq 2{,}0$ mol/kg.

FORMULÁRIO

A obtenção do coeficiente de difusão do eletrólito em condição de diluição infinita em água, presente na Equação (18.2), advém da Equação (17.13), ou

$$D_{\underset{A}{o}} = 8{,}931 \times 10^{-10} T \left(\frac{\lambda_+ \lambda_-}{\lambda_+ + \lambda_-} \right) \left(\frac{|z_+| + |z_-|}{|z_+||z_-|} \right) \tag{18.7}$$

sendo λ_i a condutividade equivalente iônica, com $\lambda_+ = 73{,}50\ \Omega/\text{eq}$ para o NH_4^+ e $\lambda_- = 80{,}0\ \Omega/\text{eq}$ para o SO_4^{-2} na temperatura de 25 °C (ROBINSON; STOKES, 1955); $|z_i|$ o módulo da valência do íon (cátion ou ânion); T, temperatura em Kelvin; e o resultado do coeficiente de difusão em cm²/s. O fator termodinâmico iônico, $\Gamma_\pm$, é obtido derivando-se a Equação (18.5) em termos de concentração molal do eletrólito e substituindo o resultado na Equação (18.4), chega-se a

$$\Gamma_\pm = 1 - \left(\frac{1}{2} \right) \frac{A\sqrt{3} m_A^{1/2}}{\left(1 + \sqrt{3} m_A^{1/2}\right)^2} + \frac{\alpha m_A \left(1 - 2{,}25 m_A\right)}{\left(1 + 2{,}25 m_A\right)^3} + 3B m_A + 18 C m_A^2 + 81 D m_A^3 \tag{18.8}$$

O desempenho da Equação (18.1) pode ser observado em relação ao valor experimental na forma do desvio relativo médio,

$$DRM(\%) = \frac{1}{n} \sum_{i=1}^{n} \text{Desvio}_i \tag{18.9}$$

com o desvio relativo ao valor experimental para cada valor de molalidade por

$$\text{Desvio}(\%) = \frac{\left(D_{\underset{A\,cal}{o}} - D_{\underset{A\,exp}{o}} \right)}{D_{\underset{A\,exp}{o}}} \times 100 \tag{18.10}$$

sendo o subscrito "cal" relativo ao valor calculado, e o subscrito "exp", ao experimental.

SOLUÇÃO

a) A obtenção do valor do coeficiente de difusão do sal $(NH_4)_2SO_4$ diluído em água advém do emprego da Equação (18.7), retomada

$$D_{\underset{A}{o}} = 8{,}931 \times 10^{-10} T \left(\frac{\lambda_+ \lambda_-}{\lambda_+ + \lambda_-} \right) \left(\frac{|z_+| + |z_-|}{|z_+||z_-|} \right) \tag{1}$$

Visto se tratar de $(NH_4)_2SO_4$, os módulos da valência de seus íons são $|z_+| = 1$ e $|z_-| = 2$. Os valores da condutividade equivalente iônica dos íons em água a 25 °C (298,15 K) são $\lambda_{NH_4^+} = 73{,}50\ \Omega/eq$ e $\lambda_{SO_4^{-2}} = 80{,}00\ \Omega/eq$. Isso posto, tem-se na Equação (1)

$$D^{o}_{A} = \left(8{,}931\times10^{-10}\right)\left(298{,}15\right)\left[\frac{(73{,}50)(80{,}00)}{73{,}50+80{,}00}\right]\left[\frac{1+2}{(1)(2)}\right] = 1{,}530\times10^{-5}\ cm^2/s \qquad (2)$$

Tendo em vista que o valor experimental é igual a $1{,}527 \times 10^{-5}$ cm²/s, pode-se obter o desvio relativo a partir da Equação (18.10), ou

$$Desvio(\%) = \frac{\left(D^{o}_{A\,cal} - D^{o}_{A\,exp}\right)}{D^{o}_{A\,exp}}\times100 = \frac{\left(1{,}530\times10^{-5} - 1{,}527\times10^{-5}\right)}{1{,}527\times10^{-5}}\times100 = 0{,}20\% \qquad (3)$$

b) A avaliação do coeficiente termodinâmico iônico, a 25 °C, da solução salina em várias concentrações advém do emprego da Equação (18.1),

$$D_A = \dot{D}_A \Gamma_{\pm} \qquad (4)$$

Das Equações (18.2) e (18.3), pode-se escrever

$$\dot{D}_A = D^{o}_{A}\left(1 - 0{,}186 m_A\right) \qquad (5)$$

Tomando, para efeito de exemplificar os cálculos, a concentração molal do $(NH_4)_2SO_4$ igual a $m_A = 0{,}225$ mol/kg assim como o resultado 2, tem-se da Equação (5)

$$\dot{D}_A = \left(1{,}53\times10^{-5}\right)\left[1 - (0{,}186)(0{,}225)\right] = 1{,}466\times10^{-5}\ cm^2/s \qquad (6)$$

Considerando-se as concentrações em molal presentes na Tabela 18.1, assim como o resultado 2, obtém-se os valores de $\dot{D}_A$ a partir da Equação (5) para cada concentração molal de $(NH_4)_2SO_4$, cujos resultados estão apresentados na Tabela 1.

Tabela 1 – Valores de $\dot{D}_A$ em função da concentração molal de $(NH_4)_2SO_4$ em água a 25 °C

m_A (mol/kg)	0,225	0,271	0,377	0,500	0,649	0,822	1,021	1,247	1,448	1,525	1,680
$\dot{D}_A \times 10^5$ (cm²/s)	1,466	1,453	1,423	1,388	1,345	1,296	1,239	1,175	1,118	1,096	1,052

Para encontrar o valor do fator termodinâmico iônico, a ser utilizado na Equação (1), utiliza-se a Equação (18.8), substituindo-se nesta, o resultado 8, $m_A = 0{,}225$ mol/kg, A = 3,0; B = −0,0287, C = 0,035 e D = $-4{,}25 \times 10^{-3}$,

$$\Gamma_{\pm} = 1 - \left(\frac{1}{2}\right)\left\{\left[\frac{(3{,}0)\left(\sqrt{3}\right)(0{,}225)^{1/2}}{\left(1+\left(\sqrt{3}\right)(0{,}225)^{1/2}\right)^2}\right]\right\} +$$

$$+(6)\left[0{,}06+(0{,}6)(-0{,}0287)\right](0{,}225)\frac{\left[1-(2{,}25)(0{,}225)\right]}{\left[1+(2{,}25)(0{,}225)\right]^3}+(3)(-0{,}0287)(0{,}225)+ \tag{7}$$

$$+(18)(0{,}035)(0{,}225)^2+(81)\left(-4{,}25\times10^{-3}\right)(0{,}225)^3 = 0{,}625$$

Os resultados do fator termodinâmico iônico para as demais concentrações estão apresentados na Tabela 2.

Tabela 2 – Valores do fator termodinâmico iônico em função da concentração molal de $(NH_4)_2SO_4$ em água a 25 °C

m_A (mol/kg)	0,225	0,271	0,377	0,500	0,649	0,822	1,021	1,247	1,448	1,525	1,680
$\Gamma_{\pm}$	0,625	0,622	0,617	0,609	0,595	0,573	0,544	0,513	0,495	0,491	0,491

O valor do coeficiente de difusão termodinâmico iônico, portanto, é obtido substituindo-se os resultados 6 e 7 na Equação (4)

$$D_A = \dot{D}_A \Gamma_{\pm} = \left(1{,}466\times10^{-5}\right)(0{,}625) = 0{,}916\times10^{-5}\ \text{cm}^2/\text{s} \tag{8}$$

Faz-se procedimento de cálculo análogo para as demais concentrações de $(NH_4)_2SO_4$, cujos resultados estão na Tabela 3, os quais são comparados com aqueles experimentais fornecidos na Tabela 18.1 por meio da Equação (18.10), apontando os valores para o desvio relativo na Tabela 3.

Tabela 3 – Valores do coeficiente de difusão termodinâmico iônico em função da concentração molal de $(NH_4)_2SO_4$ em água a 25 °C e respectivos desvios em relação aos valores experimentais

m_A (mol/kg)	0,225	0,271	0,377	0,500	0,649	0,822	1,021	1,247	1,448	1,525	1,680
$D_A \times 10^5$ (cm²/s)	0,916	0,904	0,878	0,845	0,800	0,743	0,674	0,603	0,533	0,538	0,517
Desvio (%)	−0,65	−0,67	3,54	5,89	6,95	5,84	2,59	−2,58	−9,81	−7,56	−8,50

De posse das informações sobre os desvios relativos contidos na Tabela 3 e a Equação (18.9), obtém-se o valor para o desvio relativo médio, DRM, igual a −0,45%, demonstrando o desempenho bastante satisfatório do modelo apresentado neste capítulo. A Figura 1 ilustra a comparação entre os resultados experimentais e aqueles calculados.

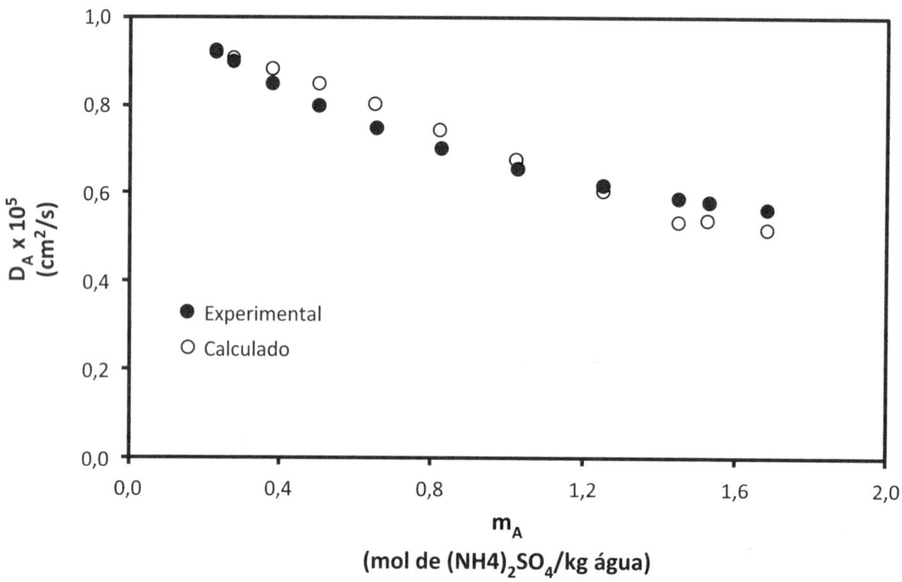

Figura 1 – Comparação entre os valores experimentais e calculados para o coeficiente de difusão termodinâmico de $(NH_4)_2SO_4$ em água a 25 °C em diferentes molalidades.

REFERÊNCIAS BIBLIOGRÁFICAS

BAKER, S. L.; MUNASINGHE, A.; KAUPBAYEVA, B.; KANG, N. R.; CERTIAT, M.; MURATA, H.; MATYJASZEWSKI, K.; LIN, P.; COLINA, C. M.; RUSSEL, A. L. Transforming protein-polymer conjugate purification by tuning protein solubility. *Nature Communication*, v. 10, n. 4718, p. 1-12, 2019.

BERTAN, A. S. *Microfiltration of micelles from fermentation of* Streptomyces tsukubaensis *for the production of tacrolimus*. 2021. 129 f. Dissertação (Mestrado em Engenharia Química) – Universidade Estadual de Campinas, Campinas, 2021.

BROMLEY, L. L. Thermodynamic properties of strong electrolytes in aqueous solutions. *AIChE Journal*, New York, v. 19, n. 2, p. 313-320, 1973.

CABEZAS, W. A. R. L.; SOUZA, M. A. Volatilização de amônia, lixiviação de nitrogênio e produtividade de milho em resposta à aplicação de uréia com sulfato de amônio ou gesso agrícola. *Revista Brasileira de Ciências do Solo*, Viçosa, v. 32, p. 2331-2342, 2008.

COSTA, L. M.; SILVA, M. F. O. *A indústria química e o setor de fertilizantes*. Brasília: Biblioteca Digital, 2012. 50 p.

CREMASCO, M. A. *Difusão mássica*. São Paulo: Blucher, 2019. 275 p.

GORDON, A. R. The diffusion constant of an electrolyte, and its relation to concentration. *The Journal of Chemical Physics*, v. 5, n. 7, p. 522-526, 1937.

LOBO, V. M. M. Mutual diffusion coefficients in aqueous electrolyte solutions. *Pure and Applied Chemistry*, v. 65, n. 12, p. 2613-2640, 1993.

MOMENI, K.; NAJIBI, S. H.; SADEGHI, M. T. An evaluation of four electrolyte models for the prediction of thermodynamic properties of aqueous electrolyte solutions. *Iranian Journal of Oil & Gas Science and Technology*, v. 6, n. 2, p. 46-60, 2017.

NPCS BOARD of CONSULTANTES & ENGINEERS. *The complete technology book on minerals & mineral processing*. Delhi: Asia Pacific Business Press Inc, 2008. 712 p.

RAMOS, G. *Vidas secas*. 28. ed. São Paulo: Livraria Martins Editora, 1971. 172 p.

ROBINSON, R. A.; STOKES, R. H. *Electrolyte solutions*. London: Butterworths, 1955. 512 p.

VITTI, G. C.; TAVARES Jr., J. E.; LUZ, P. H. C.; COSTA, M. C. G. Influência da mistura de sulfato de amônio com uréia sobre a volatização de nitrogênio amoniacal. *Revista Brasileira de Ciências do Solo*, Viçosa, v. 26, p. 663-671, 2002.

DIFUSÃO EM SÓLIDOS

CAPÍTULO 19
Difusão em sólidos cristalinos

Um dos olhares de Benjamim Franklin sobre o ser humano foi o de vê-lo como um animal que fabrica instrumentos. Somos tentados a debruçar no olhar dessa figura do iluminismo norte-americano e estender a reflexão para perceber que o ser humano, enquanto ente tecnológico, surgiu no instante em que tomou uma pedra e fez dela um instrumento para lascar, cortar, enfim usá-la para garantir a sua sobrevivência. Da pedra lascada, os seres humanos passaram à pedra polida e daí para o cobre, o bronze e o ferro (CREMASCO, 2015a). Períodos distintos da humanidade que foram nomeados de acordo com o respectivo material característico, indo da Idade da Pedra à dos Metais (NAVARRO, 2006), sendo uma delas, a Idade do Ferro. Convencionalmente, a Idade do Ferro estende-se de sete mil anos a.C. até o surgimento do domínio romano, por volta de seiscentos anos a.C. Embora ferramentas tenham existido desde a mais longínqua antiguidade, a civilização moderna caracteriza-se por seu caráter mecânico e automático (CUPANI, 2016). O emprego de materiais é determinante para tanto, desde a criação de ferramentas até a construção de pontes, edifícios etc. O ferro destaca-se, pois é o quarto metal mais abundante em massa na crosta terrestre, encontrando-se na forma de minérios, como hematita (Fe_2O_3), limonita ($Fe_2O_3.H_2O$), magnetita (Fe_3O_4), pirita (FeS_2) e siderita ($FeCO_3$). A sua liga com o carbono para a produção do aço contribuiu, até a segunda década do século XXI, em mais de 70% do total de produção de metais no Brasil. Os dividendos dessa produção acabam por não computar valores elementares do ser humano, a começar de sua própria existência. Em novembro de 2015 foram rompidas duas barragens da mineradora Samarco, empresa pertencente à Vale do Rio Doce e à anglo-australiana BHP Billiton, liberando toneladas de lama, oriunda da mineração de ferro, causando a destruição de duas pequenas vilas, transformando-as quais ruínas arqueológicas, deixando mortos e desaparecidos. A lama dispersou-se através da bacia do rio Doce, a quinta maior do país, comprometendo o abastecimento de água em diversas localidades, situadas nos estados de Minas Gerais e do Espírito Santo. Esse mar de lama atingiu o oceano Atlântico em pouco mais de duas semanas após o desastre. Estamos à mercê do tempo e da Natureza para atenuar as marcas de tragédia de Mariana? A existência de legislações é o bastante para nos confortar? Existem de fato ou só estão em papel para a divulgação de políticas de proteção socioambiental? Desleixo? Irresponsabilidade? Multar é o suficiente? A expressão "Mar de lama", tão própria para descrever o que ocorre no subterrâneo do poder, nunca foi tão evidente como o caso aqui relatado, deixando de ser metáfora para tornar-se realidade tão visível, palpável e assustadora (CREMASCO, 2015b). A dicotomia entre o emprego do ferro em diversas atividades de transformação, essencial para a economia, e o resultado de sua extração ao Meio Ambiente, é central na discussão sobre a importância dialética da tecnologia para a sobrevivência do e no Planeta. Nesse sentido, além da consciência social na formação de profissionais de tecnologia, está a sua sólida formação técnica. Cumpre mencionar que o processamento industrial do ferro cabe à siderurgia, ramo da metalurgia destinada à obtenção de ferro e de aço, sendo este uma liga ferro-carbono, empregado largamente enquanto estruturas metálicas. Prioriza-se, na siderurgia, a produção de aço, tendo em vista a facilidade de ser manuseado, visto o aço, quando comparado ao ferro, apresentar maior resistência mecânica e dureza. Tais propriedades estão atreladas ao teor de carbono presente no aço, relacionadas à resistência e à fragilidade da liga metálica. Para dosar as propriedades do aço, tem-se o processo de cementação, que consiste na inserção de átomos de carbono na estrutura cristalina do ferro em altas temperaturas. Tal operação envolve, necessariamente, a difusão atômica através da rede cristalina do metal e depende da natureza atômica (do átomo difundente e do átomo hospedeiro) e da configuração geométrica da rede cristalina. Sendo assim, é importante verificar que esses sólidos podem ser encontrados em diferentes arranjos (rede cristalina): cúbica, cúbica de corpo centrado (ccc) e cúbica de face centrada (cfc) (Figura 19.1). Considerando-se a necessidade de melhorar as propriedades mecânicas do ferro em seu formato cfc e ccc, determinada siderurgia decidiu estudar a difusão atômica tanto do átomo de carbono quanto o de ferro nas estruturas cristalinas de ferrita (ou α-Fe), ou seja, em sua rede ccc, que é estável abaixo de 910 °C, bem como na de austenita (ou γ-Fe), cuja configuração, agora cfc, é estável a partir dessa temperatura até 1.390 °C.

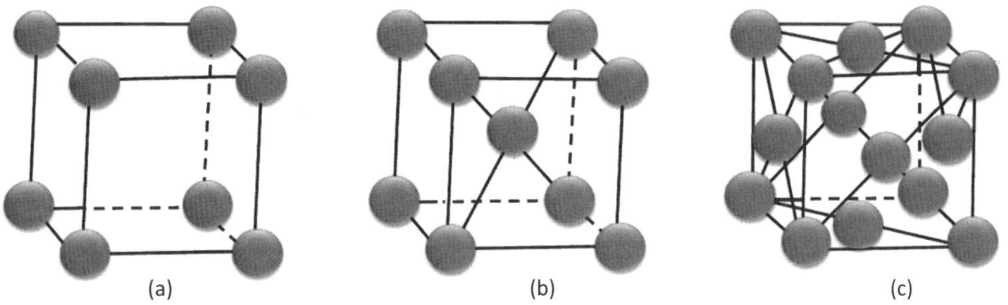

Figura 19.1 – Diferentes arranjos do sólido cristalino: (a) cúbica; (b) cúbica de corpo centrado (ccc); (c) cúbica de face centrada (cfc) (CREMASCO, 2019).

A partir das informações oferecidas na Tabela 19.1, obtenha:

a) o valor do coeficiente de difusão atômica para cada situação apresentada na tabela em questão;

b) o valor da diferença de entropia difusional para cada caso, admitindo-se, para tanto, que a frequência de vibração venha ser igual a 10^{13} Hz;

c) o valor da energia livre de Gibbs de migração atômica para cada situação apontada na Tabela 19.1.

Tabela 19.1 – Dados sobre difusão mássica em sólidos cristalinos (VAN VLACK, 1970)

Difundente	Rede cristalina	*z	δ (Å)**	D_0 (cm²/s)	E_A (cal/mol)	T (°C)
Carbono	Ferro cfc (austenia)	12	2,58	0,21	33.800	1.000
Carbono	Ferro ccc (ferrita)	8	2,48	0,0079	18.100	500
Ferro	Ferro cfc (austenita)	12	2,58	0,58	67.900	1.394
Ferro	Ferro ccc (ferrita)	8	2,48	5,8	59.700	800

*número de coordenação; **assumindo igual ao valor do diâmetro atômico.

COMENTÁRIOS

A difusão atômica em sólidos cristalinos depende do movimento atômico do soluto (difundente ou penetrante) na rede cristalina, ocorrendo, classicamente, por mecanismo de autodifusão, quando os átomos de mesma espécie alternam posições entre si; mecanismo de difusão interfacial, na qual os átomos do soluto e do meio têm diâmetros semelhantes e trocam de posições entre si; vacâncias, denominado defeito de Schotty, quando há falha na configuração geométrica e há espaços vazios e os átomos deslocam-se para esses espaços; e, intersticial, denominado defeito de Frenkel, que ocorre quando o soluto é menor do que o hospedeiro e move-se entre eles (Figura 19.2). Tais mecanismos estão relacionados à energia vibracional dos átomos – base da teoria do salto energético, em que os átomos buscam nova situação de conforto energético.

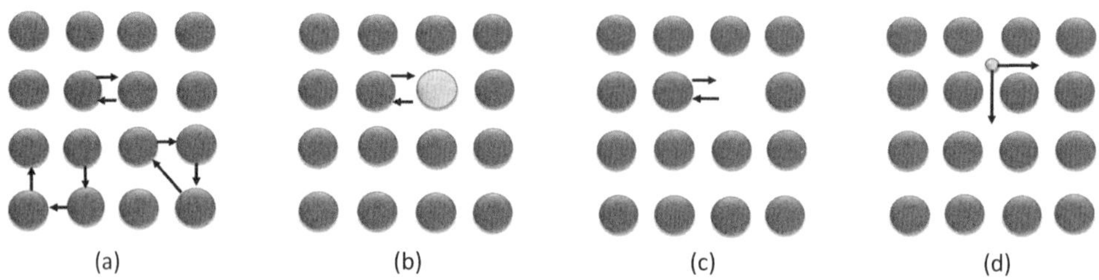

Figura 19.2 – Diferentes mecanismos de difusão atômica: (a) autodifusão; (b) difusão interfacial; (c) vacâncias (defeito de Schotty); (d) difusão intersticial (defeito de Frenkel). Baseada em Bracht (2000) e Mehrer (2007).

A teoria do salto energético parte do pressuposto que o átomo difundente mantém-se vibrando na sua posição inicial de equilíbrio, devido à energia cinética a ele associada (RT). Quando essa vibração, dependendo da temperatura, for suficientemente elevada, ΔG_m, o difundente salta – à distância δ –, encontrando-se em situação de transição, e após saltar à distância δ, passa a encontrar-se em nova situação de conforto energético, por meio da ocupação de espaço em que houver maior disponibilidade de ocupação, conforme ilustrado na Figura 19.3.

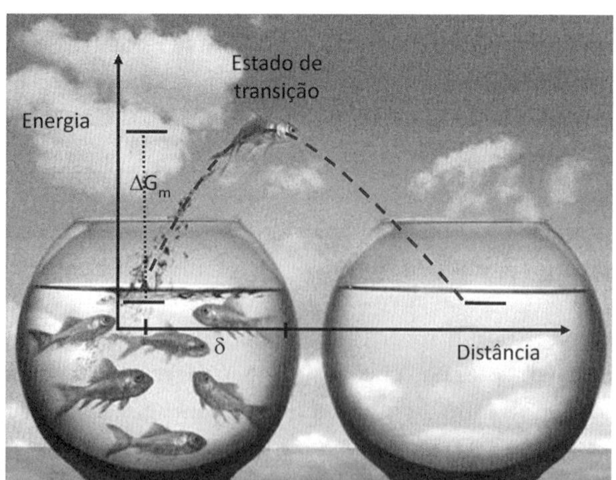

Figura 19.3 – Teoria do salto energético. Baseado em Depositphotos (2022).

O coeficiente de difusão atômica, a partir da teoria do salto energético, decorre da equação de Dushman-Langmuir segundo

$$D_a = \frac{\omega\delta^2}{z}\exp\left(-\frac{\Delta G_m}{RT}\right) \tag{19.1}$$

em que z é o número de coordenação, que depende da distribuição dos átomos hospedeiros na rede cristalina (Figura 19.1); ω é a frequência de vibração para que ocorra o salto energético do difundente; δ é a distância decorrente do salto energético do difundente; RT remete-se à energia cinética associada ao salto energético; e ΔG_m é a energia livre de Gibbs difusional, identificada a

$$-\frac{\Delta G_m}{RT} = \frac{\Delta S_m}{R} - \frac{\Delta H_m}{RT} \tag{19.2}$$

sendo ΔH_m a diferença de entalpia difusional; ΔS_m, diferença de entropia difusional; R, constante universal dos gases. Substituindo-se a Equação (19.2) na Equação (19.1), obtém-se

$$D_a = D_0 \exp\left(-\frac{\Delta H_m}{RT}\right) \tag{19.3}$$

ou, na sua forma clássica em termos de energia de ativação difusional em rede cristalina ideal

$$D_a = D_0 \exp\left(-\frac{E_A}{RT}\right) \tag{19.4}$$

em que E_A é a energia de ativação difusional; D_0 é o coeficiente pré-exponencial, que está associado à diferença de entropia difusional, ΔS_m, segundo

$$D_0 = \frac{1}{z}\omega\delta^2 \exp\left(\frac{\Delta S_m}{R}\right) \tag{19.5}$$

FORMULÁRIO

R = 8,3145 J/(mol.K); 1 cal/mol = 4,184 J/mol; 1 Å = 10^{-8} cm.

SOLUÇÃO

a) Os valores dos coeficientes de difusão atômica (D_a) para as situações apresentadas na Tabela 19.1, resultam da extração, dessa, das informações de D_0 em cm^2/s, E_A em J/mol, R em J/(mol.K) e T em K. Tomando, para exemplificar, a difusão atômica do carbono na rede cristalina da austenita: $D_0 = 0{,}21\ cm^2/s$; $E_A = 33.800$ cal/mol = 141.419,20 J/mol; T = 1.000 °C = 1.273,15 K. Substituindo-se esses valores, em conjunto com R = 8,3145 J/(mol.K), na Equação (19.4),

$$D_a = (0{,}21)\exp\left[-\frac{(141.419{,}2)}{(8{,}3145)(1.273{,}15)}\right] = 3{,}313\times10^{-7}\ cm^2/s \tag{1}$$

Procedimento análogo é realizado para as demais condições operacionais apontadas na Tabela 19.1, cujos resultados estão apresentados na Tabela 1.

Tabela 1 – Valores dos coeficientes de difusão atômica dos átomos carbono e ferro em austenita e ferrita

Difundente	Rede cristalina	D_0 (cm^2/s)	E_A (J/mol)	T (K)	D_a (cm^2/s)
Carbono	Ferro cfc (austenia)	0,21	141.419,20	1.273,15	$3{,}313 \times 10^{-7}$
Carbono	Ferro ccc (ferrita)	0,0079	75.730,40	773,15	$6{,}044 \times 10^{-8}$
Ferro	Ferro cfc (austenita)	0,58	284.093,60	1.667,15	$7{,}286 \times 10^{-10}$
Ferro	Ferro ccc (ferrita)	5,8	249.784,80	1.073,15	$4{,}033 \times 10^{-12}$

b) A obtenção dos valores da diferença de entropia difusional para as situações apresentadas na Tabela 19.1, decorre da utilização da Equação (19.5), todavia a reescrevendo como

$$\Delta S_m = R\ell n\left(\frac{zD_0}{\omega\delta^2}\right) \tag{2}$$

Assumiu-se que a frequência dos saltos energéticos é igual a 10^{13} Hz ou $10^{13}\ s^{-1}$; a distância do salto, δ, oferecida em Å, deve sê-la em cm (1 Å = 10^{-8} cm), bem como R = 8,3145 J/(mol.K). Retomando a difusão atômica do carbono na rede cristalina da austenita: z = 12, $D_0 = 0{,}21\ cm^2/s$, resulta da Equação (2),

$$\Delta S_m = (8{,}3145)\ell n\left[-\frac{(12)(0{,}21)}{(1{,}0\times10^{13})(2{,}58\times10^{-8})^2}\right] = 49{,}358\ J/(mol.K) \tag{3}$$

De igual modo, obtém-se os valores da diferença de entropia difusional dos átomos carbono e ferro em austenita e ferrita, que estão contidos na Tabela 2.

Tabela 2 – Valores da diferença de entropia difusional dos átomos carbono e ferro em austenita e ferrita

Difundente	Rede cristalina	z	δ (cm)	D_0 (cm²/s)	ΔS_m (J/mol.K)
Carbono	Ferro cfc (austenia)	12	$2{,}58 \times 10^{-8}$	0,21	49,358
Carbono	Ferro ccc (ferrita)	8	$2{,}48 \times 10^{-8}$	0,0079	18,714
Ferro	Ferro cfc (austenita)	12	$2{,}58 \times 10^{-8}$	0,58	57,805
Ferro	Ferro ccc (ferrita)	8	$2{,}48 \times 10^{-8}$	5,8	73,579

c) Os cálculos visando a obtenção dos valores da energia livre de Gibbs de migração atômica para cada caso apresentado na Tabela 19.1, podem ser realizados a partir da Equação (19.2), considerando-se a igualdade entre as Equações (19.3) e (19.4) ou seja, $E_A = \Delta H_m$, de modo ser a Equação (19.2) reescrita como

$$-\frac{\Delta G_m}{RT} = \frac{\Delta S_m}{R} - \frac{E_A}{RT} \tag{4}$$

ou

$$\Delta G_m = -T\Delta S_m + E_A \tag{5}$$

Considerando-se a difusão atômica do carbono na rede cristalina da austenita a 1.000 °C = 1.273,15 K, tem-se E_A = 141.419,20 J/mol (Tabela 1) e ΔS_m = 49,358 J/(mol.K) (resultado 3). Em sendo assim, obtém-se da Equação (5),

$$\Delta G_m = -(1.273{,}15)(49{,}358) + 141.419{,}20 = 78.579{,}062 \text{ J/mol} \tag{6}$$

Os resultados para a energia livre de Gibbs relacionada à migração atômica dos átomos carbono e ferro em austenita e ferrita, estão apresentados na Tabela 3.

Tabela 3 – Valores energia livre de Gibbs relacionada à migração atômica dos átomos carbono e ferro em austenita e ferrita

Difundente	Rede cristalina	E_A (J/mol)	T (K)	ΔS_m (J/mol.K)	ΔG_m (J/mol)
Carbono	Ferro cfc (austenia)	141.419,20	1.273,15	49,358	78.579,062
Carbono	Ferro ccc (ferrita)	75.730,40	773,15	18,714	61.261,794
Ferro	Ferro cfc (austenita)	284.093,60	1.667,15	57,805	187.723,994
Ferro	Ferro ccc (ferrita)	249.784,80	1.073,15	73,579	170.823,53

REFERÊNCIAS BIBLIOGRÁFICAS

BRACHT, H. Diffusion mechanisms and intrinsic point-defect properties in silicon. *MRS Bulletin*, v. 25, n. 6, p. 22-27, 2000.

CREMASCO, M. A. *Vale a pena estudar Engenharia Química*. 3. ed. São Paulo: Blucher, 2015a. 460 p.

CREMASCO, M. A. *Mar de Lama*. Caderno Cultura, O Diário do Norte do Paraná, 2015b. p. D 4.

CREMASCO, M. A. *Difusão mássica*. 3. ed. São Paulo: Blucher, 2019. 284 p.

CUPANI, A. *Filosofia da tecnologia: um convite*. 3. ed. Florianópolis: Editora da Universidade Federal de Santa Catarina, 2016. 233 p.

DEPOSITPHOTOS. Goldfish pulando para fora da água, 2022. Disponível em: https://br.depositphotos.com/4229032/stock-photo-goldfish-jumping-out-of-the.html. Acesso em: 02 mar. 2022.

MEHRER, H. *Diffusion in solids*. Leipzig: Springer, 2007. 651 p.

NAVARRO, A. Evolução dos Materiais. Parte1: da Pré-história ao Início da Era Moderna. *Revista Eletrônica de Materiais e Processos*, Campina Grande, v. 1, n. 1. p. 1-11, 2006.

VAN VLACK, L. H. *Princípios de ciências dos materiais*. São Paulo: Blucher, 1970. 448 p.

CAPÍTULO 20

Difusão simples em matrizes porosas

A visão, no desabrochar da primeira década do século XXI, sobre bens de produção não se voltou, tão somente, para o produto gerado seja no aspecto de qualidade seja no econômico, entre outros aspectos desejáveis. Com o crescimento, intensificação e inovação das atividades de processamento tecnológico, as atenções direcionaram-se também para resultados que consideram o impacto de resíduos advindos do processo produtivo. Como exemplo, cita-se a produção do bioetanol no Brasil via cana-de-açúcar. O processamento de cada tonelada da gramínea gerava aproximadamente 0,3 toneladas de bagaço, biomassa rica em polímeros (celulose, hemicelulose e lignina), onde boa parte era queimada para produzir energia elétrica. Além disso, o aproveitamento do bagaço pode originar bioetanol de segunda geração, sublinhando que o bioetanol de primeira geração advém da fermentação dos açúcares presentes no caldo da cana (sacarose e açúcares redutores). O bioetanol de segunda geração, por sua vez, necessita de hidrólise do bagaço para liberação de açúcares passíveis de redução biológica (OGEDA; PETRI, 2010). A biomassa celulósica é constituída por cadeias de celulose conectadas por ligações de hidrogênio. A hidrólise de celulose gera, entre outros açúcares, a D-glicose (Figura 20.1a) e celobiose (Figura 20.1b) (OGEDA; PETRI, 2010). Tais fibras são recobertas por hemiceluloses, que contém D-xilose e pequenas quantidades de D-glicose (Figura 20.1c) e ligninas. Simplificadamente, o processo para obter bioetanol envolve duas etapas, em que a primeira se refere à hidrólise de polissacarídeos presentes na biomassa, e a segunda diz respeito à obtenção de bioetanol via fermentação dos produtos oriundos da hidrólise de polissacarídeos.

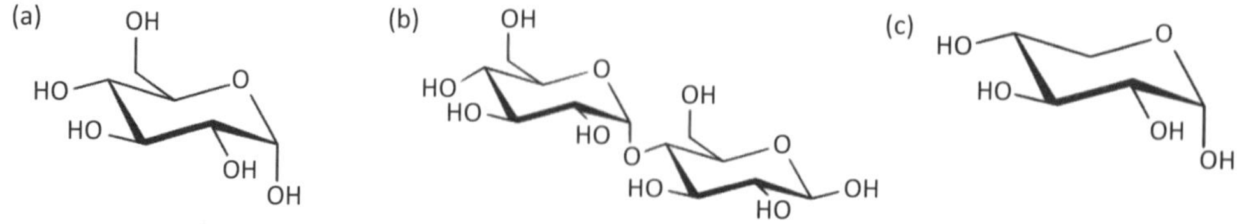

Figura 20.1 – a) D-glicose; b) Celobiose; c) D-xilose.

Dentre as várias técnicas de hidrólise, existe a que se configura como ácida, empregando-se, por exemplo, ácido sulfúrico. Por outro lado, essa técnica gera bioprodutos, feito o ácido acético, que pode degradar a D-xilose em furfural, bem como a lignina em compostos fenólicos (XIE et al., 2005). Ao se utilizar a hidrólise ácida, haverá uma etapa de separação adicional para preservar os açúcares fermentescíveis, como a glicose e a D-xilose. Uma dessas técnicas é o processo cromatográfico conhecido como leito móvel simulado, que se baseia em adsorção, portanto em uma operação de transferência de massa. Para tanto, torna-se fundamental conhecer as características das fases móvel e estacionária, esta reconhecida como adsorvente, em particular quanto ao mecanismo difusivo que ocorre no interior de seus poros. Na intenção de buscar a compreensão de fenômenos difusivos que envolve o pré-tratamento de açúcares fermentescíveis para posterior obtenção de bioetanol, conhece-se a porosidade do adsorvente que é $\varepsilon_p = 0{,}55$, apresentando basicamente meso e macroporos. Em sendo assim, obtenha os valores da difusividade nos poros da resina poli-(4-vinilpiridina) (PVP) de soluções aquosas a 65 °C, $\eta = 0{,}444$ cP (SANTANA; TÔRRES; LACERDA, 2015), dos açúcares D-glicose, celobiose e D-xilose. Compare os resultados obtidos com aqueles encontrados na Literatura (XIE et al., 2005): $D_p = 2{,}9 \times 10^{-4}$ cm²/min (glicose), $D_p = 2{,}0 \times 10^{-4}$ cm²/min (celobiose) e $D_p = 3{,}2 \times 10^{-4}$ cm²/min (xilose).

COMENTÁRIOS

É importante destacar que as biomoléculas decorrentes da hidrólise do bagaço de cana, independentemente da produção do bioetanol, encontram importância por si só. A D-glicose ($C_6H_{12}O_6$) é um carboidrato essencial enquanto fonte de energia primária para a maioria dos organismos, utilizada nos segmentos alimentício, farmacêutico, cosmético e químico (SILVA; FREITAS FILHO; FREITAS, 2018). A D-xilose ($C_5H_{10}O_5$) pode ser convertida em xilitol, cujo poder adoçante é praticamente o mesmo da sacarose, empregado em produtos, como gomas de mascar, confeitos, compotas, caramelos, chocolates, geleias, pudins, como também em artigos de higiene bucal (DIOGO, 2016). A celobiose ($C_{12}H_{22}O_{11}$) produz o 2,3-butanodiol, que é uma molécula precursora de perfumes, plastificantes e fármacos, além da possibilidade de ser convertido em butadieno (NAN et al., 2013). Nota-se, neste capítulo, que a questão transcende a própria transferência de massa. Com o enfoque de transformar a biomassa de cana-de-açúcar em coproduto, atende-se a um dos elementos básicos da responsabilidade social empresarial: a geração de lucro responsável, bem como acolhe o segundo princípio da Carta da Terra, que alude à integridade ecológica por meio da redução de descarte. Quanto, especificamente, ao aspecto da transferência de massa, o presente capítulo inaugura um tema central no universo de processamento químico e bioquímico, que é o emprego de matrizes porosas. O conhecimento de tais materiais é importante, não só para adsorção, como também para combustão, secagem, reações catalíticas que empregam catalisadores sólidos. Assim, quaisquer materiais por meio dos quais é possível encontrar uma "passagem" contínua de um lado para o outro geralmente são ditos porosos (CREMASCO, 2019), com especificidades de tamanhos de poros (σ_p), como aqueles destacados na Tabela 20.1. Já a Tabela 20.2, como – de certa maneira – consequência dos tamanhos de poros, apresenta os principais tipos de mecanismos ou regimes de difusão mássica encontrados em matrizes porosas.

Tabela 20.1 – Classificação de tamanho de poros segundo a União Internacional de Química Pura e Aplicada (IUPAC) (CREMASCO, 2019)

Tipo de poro	Faixa para o diâmetro médio de poros (σ_p)
Microporo	$\sigma_p < 2{,}0$ nm
Mesoporo	$2{,}0$ nm $< \sigma_p < 50{,}0$ nm
Macroporo	$\sigma_p > 50{,}0$ nm

Tabela 20.2 – Mecanismos de difusão mássica em sólidos porosos (CHOI; DO; DO, 2001)

Mecanismo de difusão mássica	Faixa para o diâmetro médio de poros (σ_p)
Difusão capilar (ou viscosa)	$\sigma_p > 20{,}0$ nm
Difusão simples ou de Fick	$\sigma_p > 10{,}0$ nm
Difusão de Knudsen (encontrada apenas em gases)	$2{,}0$ nm $< \sigma_p < 100{,}0$ nm
Difusão configuracional	$\sigma_p < 1{,}5$ nm

O mecanismo difusivo no interior da matriz porosa, abordada neste capítulo, é governado pela difusão simples ou de Fick. Tal mecanismo é encontrado na difusão de soluto(s) gás ou líquido em matrizes porosas que apresentam diâmetro de difusão muito inferior ao diâmetro dos poros, bem como caracterizado por tais matrizes que apresentam diâmetro de poros superior a 10 nm e porosidade superior a 0,3. É imperativo que não exista (ou que seja discreta) a afinidade termodinâmica entre soluto e as paredes dos poros. A difusividade (ou coeficiente de difusão nos poros, D_p) do soluto considerado na matriz porosa é obtida de

$$D_p = \frac{D_{AB}}{\tau} \tag{20.1}$$

sendo τ a tortuosidade da matriz porosa. Há de se mencionar que existem partículas, como as resinas poliméricas, que se comportam quais matrizes porosas, todavia a porosidade desse tipo de material está associada aos vazios decorrentes do entrelaçamento de regiões amorfas da matriz polimérica. Nesse caso, recorre-se à proposição clássica de Mackie e Meares (1955) para a obtenção do coeficiente de difusão nos poros ou difusividade nos poros na forma

$$D_p = D_{AB} \frac{\varepsilon_p}{\left(2 - \varepsilon_p\right)^2} \tag{20.2}$$

FORMULÁRIO

Para a obtenção do coeficiente de difusão livre do soluto A (ou D-glicose ou celobiose ou D-xilose) diluída em água (líquida) será utilizada a correlação de Wilke e Chang (1955), Equação (12.2), aqui retomada como

$$\frac{D^{\circ}_{AB}\,\eta_B}{T} = 7,4 \times 10^{-8} \frac{\left(\varphi M_B\right)^{1/2}}{V_{b_A}^{0,6}} \tag{20.3}$$

com $M_B = 18{,}015$ g/mol e $\varphi = 2{,}5$ (visto a água ser o solvente). O valor do volume molar à temperatura normal de ebulição para o soluto A pode ser obtido via emprego do modelo de Le Bas. Já a comparação entre os valores calculados da difusividade nos poros e aqueles experimentais decorrentes do emprego do desvio relativo, segundo

$$\text{Desvio}\left(\%\right) = \frac{\left(D_{pcal} - D_{pexp}\right)}{D_{pexp}} \times 100 \tag{20.4}$$

sendo o subscrito "cal" relativo ao valor calculado, e o subscrito "exp", ao experimental.

SOLUÇÃO

Uma vez que foi fornecido o valor da porosidade do adsorvente (PVP), $\varepsilon_p = 0{,}55$, a expressão a ser utilizada para a estimativa do valor da difusividade em seus poros decorre do emprego da Equação (20.2) que, para solutos diluídos em meio líquido,

$$D_p = D_{\overset{\circ}{AB}} \frac{\varepsilon_p}{\left(2 - \varepsilon_p\right)^2} \tag{1}$$

Tendo em vista que o adsorvente é o mesmo empregado para os açúcares avaliados neste capítulo, tem-se na Equação (1)

$$D_p = D_{\overset{\circ}{AB}} \frac{(0{,}55)}{(2 - 0{,}55)^2} = 0{,}2616\, D_{\overset{\circ}{AB}} \tag{2}$$

Note que a solução do capítulo depende do cálculo do valor do coeficiente de difusão do açúcar diluído em água, o qual advém da Equação (20.3)

$$\frac{D_{\overset{\circ}{AB}}\, \eta_B}{T} = 7{,}4 \times 10^{-8} \frac{(\varphi M_B)^{1/2}}{V_{b_A}^{0{,}6}} \tag{3}$$

em que $M_B = 18{,}015$ g/mol, $\varphi = 2{,}5$, $T = 65\ °C = 338{,}15$, $\eta_B = 0{,}444$ cP. Substituindo esses valores na Equação (3), tem-se

$$D_{\overset{\circ}{AB}} = \frac{\left(7{,}4 \times 10^{-8}\right)\left[(2{,}5)(18{,}015)\right]^{1/2}}{V_{b_A}^{0{,}6}} \left(\frac{338{,}15}{0{,}444}\right) = \frac{3{,}782 \times 10^{-4}}{V_{b_A}^{0{,}6}} \tag{4}$$

Observa-se na Equação (4) a sua dependência do volume molar, à temperatura normal de ebulição, do soluto A, em que o valor será aproximado por meio da contribuição de Le Bas.

Para a D-glicose. A sua fórmula molecular é $C_6H_{12}O_6$ e considerando a sua fórmula estrutural exposta na Figura 20.1a, pode-se identificar nesta a presença de átomos de carbono e de hidrogênio, bem como a presença de oxigênio tanto em um éter quanto em hidroxilas, assim como se verifica a presença de um anel de seis membros. Assim, tem-se,

$$V_{b_A} = 6V_{b_C} + 12V_{b_H} + \underset{\text{O em éter}}{V_{b_O}} + \underset{\text{O em hidroxila}}{5V_{b_O}} - \underset{\text{anel de seis membros}}{15} \tag{5}$$

A partir da Tabela 12.1,

$$V_{b_A} = (6)(14,8) + (12)(3,7) + (11) + (5)(7,4) - 15 = 166,2 \text{ cm}^3/\text{mol} \tag{6}$$

Substituindo esse resultado na Equação (4)

$$D^{o}_{AB} = \frac{(3,782 \times 10^{-4})}{(166,2)^{0,6}} = 1,759 \times 10^{-5} \text{ cm}^2/\text{s} \tag{7}$$

Esse resultado pode ser levado à Equação (2) de modo a calcular o valor da difusividade da solução aquosa contendo D-glucose nos poros do adsorvente PVP, ou

$$D_p = (0,2616)(1,759 \times 10^{-5}) = 4,603 \times 10^{-6} \text{ cm}^2/\text{s} = 2,760 \times 10^{-4} \text{ cm}^2/\text{min} \tag{8}$$

Uma vez que o valor experimental encontrado é $D_p = 2,9 \times 10^{-4}$ cm²/min, torna-se possível calcular o desvio relativo utilizando-se a Equação (20.4), ou

$$\text{Desvio}(\%) = \frac{(D_{pcal} - D_{pexp})}{D_{pexp}} \times 100 = \frac{(2,76 \times 10^{-4} - 2,90 \times 10^{-4})}{2,90 \times 10^{-4}} \times 100 = -4,77\% \tag{9}$$

Para a celobiose. De fórmula molecular $C_{12}H_{22}O_{11}$ e a fórmula estrutural apresentada na Figura 20.1b, pode-se identificar semelhantes átomos presentes em sua constituição, praticamente duplicando-se as suas contribuições em relação à D-glicose, observando-se, contudo, a presença de três átomos de oxigênio em éter e o restante em hidroxilas, assim como se verifica a presença de dois anéis de seis membros. Assim, tem-se,

$$V_{b_A} = 12V_{b_C} + 22V_{b_H} + \underbrace{3V_{b_O}}_{\text{O em éter}} + \underbrace{8V_{b_O}}_{\text{O em hidroxila}} - \underbrace{2(15)}_{\text{anéis de seis membros}} \tag{10}$$

A partir da Tabela 12.1,

$$V_{b_A} = (12)(14,8) + (22)(3,7) + (3)(11) + (8)(7,4) - (2)(15) = 321,2 \text{ cm}^3/\text{mol} \tag{11}$$

que, substituído na Equação (4), resulta

$$D^{o}_{AB} = \frac{(3,782 \times 10^{-4})}{(321,2)^{0,6}} = 1,185 \times 10^{-5} \text{ cm}^2/\text{s} \tag{12}$$

Assim, o valor da difusividade da solução aquosa contendo celobiose em PVP, ou

$$D_p = (0{,}2616)(1{,}185\times10^{-5}) = 3{,}10\times10^{-6}\ \text{cm}^2/\text{s} = 1{,}860\times10^{-4}\ \text{cm}^2/\text{min} \quad (13)$$

Tendo em vista que o valor experimental encontrado é $D_p = 2{,}0 \times 10^{-4}$ cm²/min, pode-se calcular o desvio relativo reempregando-se a Equação (20.4), ou

$$\text{Desvio}(\%) = \frac{(D_{pcal} - D_{p\exp})}{D_{p\exp}}\times100 = \frac{(1{,}86\times10^{-4} - 2{,}0\times10^{-4})}{2{,}0\times10^{-4}}\times100 = -7{,}0\% \quad (14)$$

A fórmula molecular da D-xilose é $C_5H_{10}O_5$ e visto sua fórmula estrutural estar ilustrada na Figura 20.1c, pode-se identificar praticamente os mesmos átomos presentes em sua constituição em relação à D-glicose, observando-se, contudo, a presença de um átomo de oxigênio em éter e os demais em hidroxilas, assim como se verifica a presença de um anel de seis membros. Dessa maneira, tem-se,

$$V_{b_A} = 5V_{b_C} + 10V_{b_H} + \underbrace{V_{b_O}}_{\text{O em éter}} + \underbrace{4V_{b_O}}_{\text{O em hidroxila}} - \underbrace{15}_{\text{anel de seis membros}} \quad (15)$$

A partir da Tabela 12.1,

$$V_{b_A} = (5)(14{,}8) + (10)(3{,}7) + (11) + (4)(7{,}4) - (15) = 136{,}6\ \text{cm}^3/\text{mol} \quad (16)$$

Substituindo o resultado 16 na Equação (4)

$$D^{\circ}_{AB} = \frac{(3{,}782\times10^{-4})}{(136{,}6)^{0{,}6}} = 1{,}979\times10^{-5}\ \text{cm}^2/\text{s} \quad (17)$$

Assim, o valor da difusividade da solução aquosa contendo D-xilose em PVP, ou

$$D_p = (0{,}2616)(1{,}979\times10^{-5}) = 5{,}177\times10^{-6}\ \text{cm}^2/\text{s} = 3{,}110\times10^{-4}\ \text{cm}^2/\text{min} \quad (18)$$

Visto o valor experimental ser $D_p = 3{,}2 \times 10^{-4}$ cm²/min, tem-se o seguinte desvio relativo

$$\text{Desvio}(\%) = \frac{(D_{pcal} - D_{p\exp})}{D_{p\exp}}\times100 = \frac{(3{,}11\times10^{-4} - 3{,}2\times10^{-4})}{3{,}2\times10^{-4}}\times100 = -2{,}93\% \quad (19)$$

REFERÊNCIAS BIBLIOGRÁFICAS

CHOI, J.-G.; DO, D. D.; DO, H. D. Surface diffusion of adsorbed molecules in porous media: monolayer, multilayer, and capillary condensation regime. *Industrial & Engineering Chemistry Research*, Washington, v. 40, n. 19, p. 4005-4031, 2001.

CREMASCO, M. A. *A sobrevivência sustentável*. Maringá: Caderno Cultura, O Diário do Norte do Paraná, 2014, p. D3.

CREMASCO, M. A. *Liberdade do pensamento*. Maringá: Caderno Cultura, O Diário do Norte do Paraná, 2016. p. D2.

CREMASCO, M. A. *Difusão mássica*. 3. ed. São Paulo: Blucher, 2019. 284 p.

DIOGO, J. A. *Bioprospecção e construção de hemicelulases para produção de xilose a partir do licor de xilo-oligossacarídeos e sua utilização na produção de xilitol via fermentativa*. 2016. 105 f. Dissertação (Mestrado em Engenharia de Alimentos) – Universidade Estadual de Campinas, Campinas, 2016.

MACKIE, J.; MEARES, P. The diffusion of electrolytes in a cation exchange resin membrane. *Proceedings of the Royal Society of London*, London, v. A323, p. 498-509, 1955.

NAN, H.; SEO, S-O.; OH, E. J.; SEO, J-H.; CATE, J. H. D.; JIN, Y-S. *2,3-butanediol production from cellobiose by engineered* Saccharomyces cerevisiae, v. 98, n. 12, p. 5757-5764, 2014.

OGEDA, T. L.; PETRI, D. F. Hidrólise enzimática de biomassa. *Química Nova*, São Paulo, v. 33, n. 7, p. 1549-1558, 2010.

SANTANA, C. W.; TÔRRES, E. G.; LACERDA, I. S. Ajuste de equações para a viscosidade cinemática de produtos de petróleo em função da temperatura. *In: 3º Congresso Brasileiro de P&D em Petróleo e Gás*, 2005, Universidade Federal de Campina Grande. Disponível em: http://www.portalabpg.org.br/PDPetro/3/trabalhos/IBP0493_05.pdf. Acesso em: 01 mar. 2022.

SILVA, R. O.; FREITAS FILHO, J. R.; FREITAS, J. C. R. D-Glicose, uma biomolécula fascinante: história, propriedades, produção e aplicação. *Revista Virtual de Química*, Niterói, v. 10, n. 4, p. 875-891, 2018.

XIE, Y.; PHELPS, D.; LEE, C-H.; SEDLAK, M.; HO, N.; WANG, N-H. L. Comparasion of two adsorbents for sugar recovery from biomass hydrolyzate. *Industrial & Engineering Chemistry Research*, Washington, v. 44, n. 17, p. 6816-6823, 2005.

WILKE, C. R.; CHANG, P. Correlation of diffusion coefficients in dilute solutions. *AIChE Journal*, New York, v. 1, n. 2, p. 264-270, 1955.

CAPÍTULO 21

Difusão superficial em matrizes porosas

No dia 12 de novembro de 2014, um módulo, equivalente a uma máquina de lavar roupa em dimensão, chegou à superfície do cometa 67P/Churyumov-Gerasimenko, assim denominado devido aos astrônomos ucranianos Klim Churyumov e Svetlana Gerasimenko, que o descobriram em setembro de 1969, dois meses após Neil Armstrong pisar na superfície da Lua. Batizado Philae, o tal módulo foi levado à órbita do cometa pela sonda espacial Rosetta, cujo nome faz referência a certa rocha vulcânica, que possibilitou a tradução de hieróglifos egípcios por Jean-François Champollion, no século XIX – a famosa Pedra de Roseta. Philae, nome do módulo, homenageia uma ilha, do rio Nilo, em que foi encontrado um obelisco essencial para a compreensão de tais hieróglifos. O Philae fixou-se na superfície do cometa à distância de um quilômetro do planejado, depois de viajar mais de 500 milhões de quilômetros da Terra e por cerca 6,5 bilhões de quilômetros por meio do Sistema Solar, durante dez anos e oito meses. Mas o que leva o ser humano a despender quase US$ 2 bilhões, na época, para enviar uma sonda para longe do olhar e fazê-la orbitar o Sol por cinco vezes, antes de atingir a região de pouso no cometa, a Agilkia? Agilkia? Ok. Trata-se de uma referência à ilha para a qual foram transferidos antigos templos egípcios da ilha de Philae, no ensejo de se preservar registros arqueológicos; não só da história do Egito, mas da humanidade. Todos esses nomes, Agilkia, Philae, Rosetta, não são por acaso e sim para evidenciar a relação da missão ao cometa Chury com a mais longínqua história de nosso Planeta. Além de, então, configurar-se em feito inédito na Ciência, a missão Rosetta teve como objetivo estudar a composição química daquele corpo celeste, que poderia nos trazer respostas, ou pelo menos indicativos, quanto à origem da vida na Terra. Uma teoria para tanto propõe que foram os cometas que nos trouxeram os primeiros ingredientes para a sopa primordial (CREMASCO, 2015), dentre os quais os aminoácidos, e deles as proteínas... até a vida como a concebemos. Entre os aminoácidos encontrados em proteínas, estão a L-fenilalanina (L-Phe), L-tirosina (L-Tyr) e o L-triptofano (L-Trp), classificados como aminoácidos aromáticos devido à presença de anel benzênico em suas estruturas. Esses aminoácidos são importantes na síntese de várias aminas biologicamente ativas (BOHINSKI, 1987). O L-Trp, Figura 21.1, é um aminoácido essencial, que apresenta como fórmula química $C_{11}H_{12}N_2O_2$, e massa molar de 204,23 g/mol. Esse aminoácido apesar de não ser sintetizado pelo organismo humano, deve compor a sua dieta. O triptofano é precursor da niacina, melatonina e serotonina, acarretando na importância de obtê-lo ou de separá-lo quando em solução com outros aminoácidos. Nesse caso, os aminoácidos são separados, usualmente, por cromatografia de troca iônica (DECHOW,1989), em particular utilizando a técnica de leito móvel simulado (CREMASCO; STARQUIT; WANG, 2009). Além do conhecimento de operações unitárias fluidomecânicas para a determinação de queda de pressão em colunas, deve-se ter em mãos técnicas de separação associadas à transferência de massa, em particular adsorção, que envolvem mecanismos de difusão mássica e, por via de consequência, conhecimento do coeficiente efetivo de difusão.

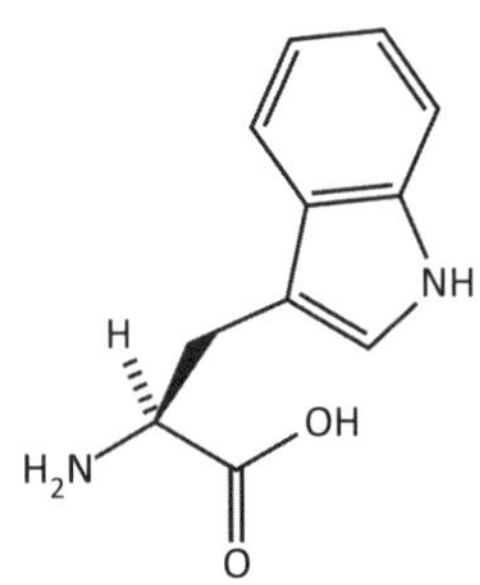

Figura 21.1 – Fórmula estrutural do L-Trp (CREMASCO; STARQUIT; WANG, 2009).

Luo et al. (2011) avaliaram sete tipos de resinas de troca iônica, que compõem a fase estacionária de um leito fixo e destinada ao estudo da capacidade de adsorção do L-Trp contido em solução de acetonitrila e água 6:94 (v/v). Dentre as resinas, estavam aquelas do tipo gel que, devido à presença grupos funcionais característicos, apresentaram desempenho melhor do que as macroporosas. Dada a caraterística do meio difusivo da fase estacionária de melhor performance, o mecanismo de difusão é descrito pela difusão superficial, em que os resultados experimentais para o coeficiente de difusão nos sítios ativos da resina, em função da temperatura, estão apresentados na Tabela 21.1. Em sendo assim, proponha uma expressão para o coeficiente de difusão superficial em função da temperatura, destinada à descrição do mecanismo da difusão mássica do L-Trp em uma resina de troca iônica.

Tabela 21.1 – Valores do coeficiente de difusão superficial em uma resina catiônica (LUO et al., 2011)

T (°C)	10	25	40	60
$D_S \times 10^7$ (cm²/s)	4,314	6,789	7,113	16,27

COMENTÁRIOS

No estudo da difusão de certo soluto (adsorbato) em determinada matriz sólida (cristalina, porosa, do tipo gel etc.), constata-se a afinidade termodinâmica entre soluto e sítios ativos de tal matriz, fazendo com que o soluto se desloque para ocupar os sítios ativos disponíveis, por meio da descrição de estado ativado que, à semelhança da Equação (19.4), fornece uma expressão para o coeficiente de difusão segundo

$$D_S = D_0 \exp\left(-\frac{E_A}{RT}\right) \tag{21.1}$$

em que D_0 se refere ao coeficiente pré-exponencial associado à entropia difusional; E_A, energia de ativação difusional; $R = 8{,}3145 \times 10^{-3}$ kJ/(mol.K), constante universal dos gases; e T, temperatura absoluta.

SOLUÇÃO

Na intenção de se obter uma expressão à semelhança da Equação (21.1), esta é reescrita como

$$\ell n D_S = \ell n D_0 - \frac{E_A}{RT} \tag{1}$$

Ao se construir um gráfico na forma $\ln D_S$ vs $1/RT$ e em se constatando uma reta enquanto resultado, obtém-se os valores da energia difusional a partir da inclinação de tal reta, e o coeficiente pré-exponencial em decorrência da intersecção da reta no eixo das ordenadas. Dessa maneira, retoma-se a Tabela 21.1 na Tabela 1,

Tabela 1 – Obtenção dos parâmetros associados ao modelo de Dushman-Langmuir

1/RT (mol/kJ)	0,4248	0,4034	0,3841	0,3610
$-\ln D_S$ (cm²/s)	14,6562	14,2028	14,1562	13,3288

A partir da Tabela 1, constrói-se o respectivo gráfico, que está apresentado na Figura 1, que fornece a seguinte reta, com coeficiente de determinação, R^2, igual a 0,905.

$$-\ell n D_S = 6{,}4802 + \frac{19{,}338}{RT}$$

ou

$$D_S = 1{,}534 \times 10^{-3} \exp\left(-\frac{19{,}338}{RT}\right) \tag{2}$$

com T em K e o valor de D_S obtido em cm^2/s, que é o resultado pretendido para este capítulo.

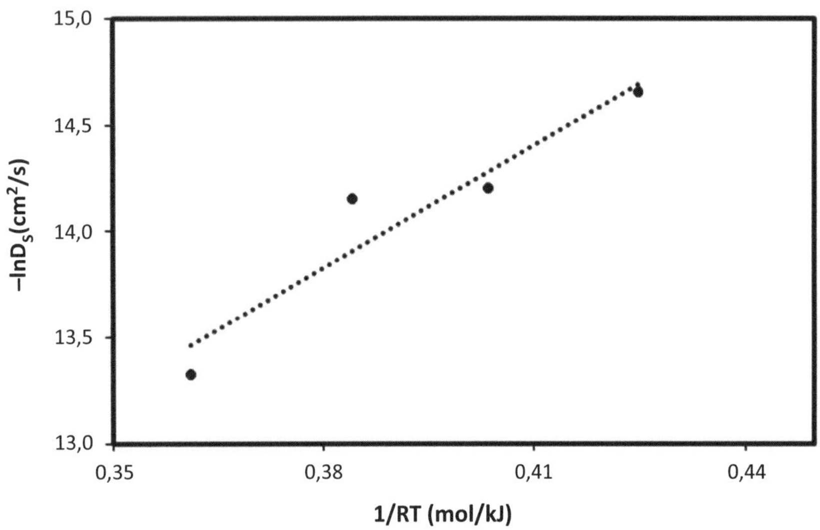

Figura 1 – Obtenção dos parâmetros associados ao modelo de Dushman-Langmuir.

REFERÊNCIAS BIBLIOGRÁFICAS

BOHINSKI, R. C. *Modern concepts in biochemistry.* 5. ed. Boston: Allyn and Bacon, 1987. 739 p.

CREMASCO, M. A. *Da aleatoriedade do pensamento.* Maringá: Caderno Cultura, O Diário do Norte do Paraná, 2015. p. D3.

CREMASCO, M. A.; STARQUIT, A.; WANG, N.-H. L. Separation of L-tryptophan present in an aromatic amino acids mixture in a four-columns simulated moving bed: experimental and simulation studies. *Brazilian Journal of Chemical Engineering,* São José dos Pinhais, v. 26, n. 3, p. 611-618, 2009.

DECHOW, F. J. *Separation and purification techniques in biotechnology*. New Jersey: Noyes Publication, 1989. 500 p.

LUO, W.; CHEN, H.; FAN, L.; HUANG, J.; HUANG, L.; XU, Z.; CEN, P. Adsorption behavior of L-tryptophan on ion exchange resin. *Korean Journal of Chemical Engineering*, Seul, v. 28, n. 5, p. 1272-1279, 2011.

CAPÍTULO 22
Difusão paralela em matrizes porosas

Quando o uirapuru canta os demais pássaros se calam, reverenciando-o. Diz a lenda que, durante quinze minutos ininterruptos sem se repetir, a sua melodia atravessa a floresta amazônica e o ser afortunado que o ouvir, pode pedir e será atendido; quem carregar uma de suas penas ou um ramo de seu ninho, se tornará irresistível. O uirapuru (*Cyphorhinus aradus*), *seresteiro, cantador de meu sertão, a mata inteira fica muda ao seu cantar* (JACOBINA; LATINI, 1963) beira à extinção devido à caça predatória. Ao ser extinto, parte da cultura brasileira deixa de existir, como deixam de existir outros seres mágicos como o Curupira e a Caipora, protetores das florestas. O desmatamento iguala-se à caça, pois mata o som da mata, o espírito da mata, a fertilidade do solo, levando-o à desertificação. A busca quase insana pela riqueza econômica em que se dizimam florestas em troca de monoculturas e pastagens ameaça não só os seres encantados, como também a própria humanidade. Mesmo a exploração de determinada espécie nativa a põe em risco de extinção, inclusive comprometendo aspectos econômicos. Como exemplo, pode-se citar o caso do safrol, importante insumo para diversos compostos químicos. O Brasil, até o final da década de 1980, era o principal produtor mundial de safrol, presente majoritariamente no óleo essencial da canela de sassafrás (*Ocotea Pretiosa Mezz*), encontrada no bioma Atlântico, em particular no vale do rio Itajaí-Açú, Santa Catarina. O risco de extinção da canela de sassafrás fez com que, no clarear dos anos 1990, o Instituto Brasileiro do Meio Ambiente e dos Recursos Naturais Renováveis vetasse a exploração predatória da *Ocotea Pretiosa Mezz*. O país, em piscar de olhos, passou de exportador para importador desse óleo essencial

(CREMASCO; COELHO; BRAGA, 2010). No final do século XX, técnicos da Empresa Brasileira de Pesquisa Agropecuária do Acre (onde canta o uirapuru) identificaram que o óleo essencial do arbusto de pimenta longa (*Piper hispidinervium C. DC*), nativa do bioma Amazônico, é rico em safrol, inclusive podendo ser explorado de forma sustentável, pois o óleo essencial encontra-se nos tecidos da planta, principalmente em sua copa, a qual pode ser podada porque a sua rebrota é facilitada (PIMENTEL, 2001). Além da *Piper hispidinervium C. DC*, outras espécies de piperáceas, *Piper aduncum* e a *Piper hispidum*, apresentam óleo essencial rico em safrol, $C_{10}H_{10}O_2$, que é um alil-benzeno, mais especificamente o 4-alil-1,2-metilenodioxibenzeno (CREMASCO; COELHO; BRAGA, 2010), cujo processamento resulta em diversos produtos, como ilustra a Figura 22.1.

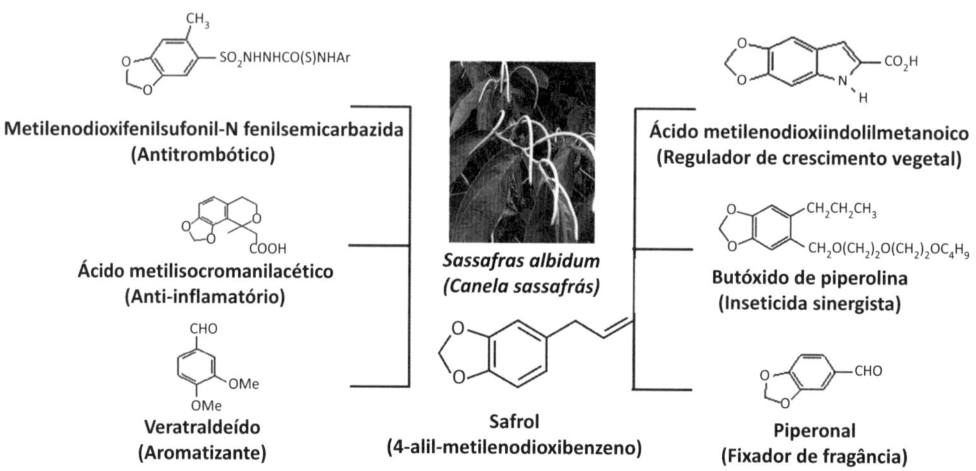

Figura 22.1 – Derivados do safrol. Baseado em Barreiro e Fraga (1999).

Um dos desafios na obtenção do safrol está na eleição da técnica para extraí-lo do óleo essencial. Dentre tais processos, está o emprego da adsorção (BRAGA, 2007). O seu estudo, entretanto, depende substancialmente de informações sobre termodinâmica, em particular, a respeito da isoterma de equilíbrio, bem como de transferência de massa, como os coeficientes associados à difusão mássica no interior do adsorvente considerado. Ramos (2014) utilizou-se da adsorção em leito fixo, em tal separação, empregando-se a solução de acetonitrila (C_2H_3N) e água (H_2O) enquanto fase móvel, cuja fração molar da acetonitrila é igual a 0,45, a 35 °C. Para a fase estacionária foram utilizadas adsorventes de sílica C_{18}, de diâmetro médio $d_p = 20$ μm e porosidade, $\varepsilon_p = 0{,}357$. Em tais condições, observou-se que a afinidade entre o safrol e a fase estacionária pode ser descrita por uma relação linear, cujo coeficiente de partição, a 35 °C, é $k_p = 2{,}835$. Desse modo, obtenha o valor do coeficiente efetivo de difusão, considerando-se o mecanismo de difusão em paralelo.

COMENTÁRIOS

Além da adsorção, há a técnica de extração do safrol, contido no óleo essencial, utilizando-se sais de mercúrio, todavia totalmente descartado tendo em vista a natureza tóxica do mercúrio tanto para o ser humano quanto para o meio ambiente. Pimentel (2001) descreve o emprego clássico da coobação para a destilação do safrol. Mesmo que viável, essa técnica apresenta gasto considerável de energia (CREMASCO; COELHO; BRAGA, 2010). Braga (2007), por seu turno, demonstrou que a operação de adsorção, utilizando carvão ativado enquanto adsorvente, não apresenta gasto de energia, assim como apresenta recuperação maior de safrol em relação à operação de coobação. No caso da adsorção, é fundamental o conhecimento de isotermas de equilíbrio bem como mecanismos difusivos que ocorrem no interior do adsorvente. No presente capítulo, esse mecanismo é governado pela difusão paralela, que está associada aos mecanismos difusivos simples (ou de Fick) nos poros e superficial em seus sítios ativos. Nesse caso, verifica-se tanto a difusão simples nos poros (na dependência de seu diâmetro médio; veja a Tabela 20.2) como também a difusão superficial, caracterizando a difusão em paralelo, cuja difusividade efetiva, D_{ef}, admitindo-se ambos os mecanismos difusivos, advém de (MA; WHITLEY; WANG, 1996)

$$D_{ef} = D_p + \left(\frac{1-\varepsilon_p}{\varepsilon_p}\right) D_S \frac{\partial q_A}{\partial \rho_A} \tag{22.1}$$

sendo D_p o coeficiente de difusão nos poros; D_S, o coeficiente de difusão superficial; $\partial q_A / \partial \rho_A$, informação sobre a relação de equilíbrio (isoterma de adsorção), sendo que para isotermas lineares $\partial q_A / \partial \rho_A = k_p$, resultando da Equação (22.1)

$$D_{ef} = D_p + \left(\frac{1-\varepsilon_p}{\varepsilon_p}\right) D_S k_p \tag{22.2}$$

FORMULÁRIO

A tortuosidade do adsorvente é desconhecida, entretanto foi fornecido o valor de sua porosidade, ε_p, então, o coeficiente de difusão nos poros pode ser obtido a partir da Equação (20.2), ou

$$D_p = D_{AB}^{o} \frac{\varepsilon_p}{\left(2-\varepsilon_p\right)^2} \tag{22.3}$$

no qual, $D_{\overset{\circ}{A}B}$ é o coeficiente de difusão do safrol diluído na solução acetonitrila/água, para o qual será utilizada a correlação de Lusis e Ratcliff (1968), Equação (12.3),

$$D_{\overset{\circ}{A}B} = 8,52 \times 10^{-8} \frac{T}{\eta_B V_{b_B}^{1/3}} \left[1,4 \left(\frac{V_{b_B}}{V_{b_A}} \right)^{1/3} + \left(\frac{V_{b_B}}{V_{b_A}} \right) \right] \tag{22.4}$$

O valor da viscosidade dinâmica da fase móvel é igual a $\eta_B = 0,5127$ cP e o valor do volume molar à temperatura normal de ebulição do safrol (soluto A) é $V_{bA} = 79,03$ cm³/mol (RAMOS, 2014). Já o volume molar à temperatura normal de ebulição da fase móvel (solvente B), advém de

$$V_{b_B} = x_1 V_{b_1} + x_2 V_{b_2} \tag{22.5}$$

sendo x, a fração molar; o subscrito 1 é identificado à acetronitrila, $x_1 = 0,45$, e o subscrito 2, à água, $x_2 = 0,55$. Para tanto, tem-se $V_{b2} = 18,9$ cm³/mol (Tabela 11.2), e o valor do volume molar à temperatura normal de ebulição da acetonitrila pode ser considerado a partir da correlação de Tyn e Calus (1975), Equação (7.7), ou

$$V_{b_i} = 0,248 V_{c_i}^{1,048} \tag{22.6}$$

em que o volume crítico da acetonitrila é igual a $V_c = 173$ cm³/mol (REID; PRAUSNITZ; POLING, 1987). O valor do coeficiente de difusão superficial advém da seguinte correlação, proposta neste livro a partir dos dados de Ramos (2014),

$$D_S = 5,32 \times 10^{-4} \exp\left(-\frac{15,38}{RT} \right) \tag{22.7}$$

com $R = 8,3145 \times 10^{-3}$ kJ/(mol.K) e T, temperatura absoluta em K, e o resultado de D_S em cm²/s.

SOLUÇÃO

A expressão para a obtenção do valor do coeficiente de difusão paralela decorre imediatamente da Equação (22.2)

$$D_{ef} = D_p + \left(\frac{1-\varepsilon_p}{\varepsilon_p} \right) D_S k_p \tag{1}$$

Verifica-se, do enunciado que $\varepsilon_p = 0,357$, o qual é substituído na Equação (22.3),

$$D_p = D_{\overset{\circ}{A}B} \frac{(0,357)}{(2-0,357)^2} = 0,1322 D_{\overset{\circ}{A}B} \tag{2}$$

cujo valor de $D_{\overset{\circ}{A}B}$ é obtido via Equação (22.4). Nesse caso, são conhecidos $T = 35\ °C = 273,15 + 35 = 308,15\ K$, $\eta_B = 0,5127\ cP$, $V_{bA} = 79,03\ cm^3/mol$. Para obter V_{bB}, utiliza-se a Equação (22.5), considerando-se $x_1 = 0,45$ e $x_2 = 0,55$ e $V_{b2} = 18,9\ cm^3/mol$. Resta, portanto, obter o valor do volume molar à temperatura normal de ebulição da acetonitrila, que resulta da Equação (22.6), admitindo-se nesta $V_c = 173\ cm^3/mol$,

$$V_{b_1} = 0,248 V_{c_1}^{1,048} = (0,248)(173,0)^{1,048} = 54,94\ cm^3/mol \tag{3}$$

Conhecidos os valores das frações molares das espécies que compõem o solvente, bem como os respectivos valores do volume molar à temperatura normal de ebulição, tem-se na Equação (22.5),

$$V_{b_B} = (0,45)(54,94) + (0,55)(18,9) = 35,12\ cm^3/mol \tag{4}$$

De posse de todos os valores conhecidos, tem-se na Equação (22.4)

$$D_{\overset{\circ}{A}B} = (8,52\times10^{-8}) \frac{(308,15)}{(0,5127)(35,12)^{1/3}} \left[(1,4)\left(\frac{35,12}{79,03}\right)^{1/3} + \left(\frac{35,12}{79,03}\right) \right] = 2,37\times10^{-5}\ cm^2/s \tag{5}$$

Obtém-se o valor do coeficiente de difusão nos poros ao levar o resultado 5 na Equação (2),

$$D_p = (0,1322)(2,37\times10^{-5}) = 3,16\times10^{-5}\ cm^2/s \tag{6}$$

A obtenção do valor do coeficiente de difusão superficial advém da substituição de $R = 8,3145 \times 10^{-3}\ kJ/(mol.K)$ e $T = 308,15\ K$ na Equação (22.7), ou

$$D_S = 5,32\times10^{-4} \exp\left[-\frac{(15,38)}{(8,3145\times10^{-3})(308,15)} \right] = 1,31\times10^{-6}\ cm^2/s \tag{7}$$

Finalmente, o valor do coeficiente de difusão paralela decorre da substituição de $\varepsilon_p = 0,357$, $k_p = 2,835$ e os resultados 6 e 7 na Equação (1)

$$D_{ef} = 3,16\times10^{-6} + \left(\frac{1-0,357}{0,357}\right)(1,31\times10^{-6})(2,835) = 9,85\times10^{-6}\ cm^2/s \tag{8}$$

Note que a ordem de grandeza dos coeficientes de difusão nos poros e superficial é a mesma, indicando a equiparação de importância dos respectivos mecanismos difusivos, implicando que não se pode desprezar a difusão superficial.

REFERÊNCIAS BIBLIOGRÁFICAS

BARREIRO, E. J.; FRAGA, C. A. M. The utilization of safrole, principal chemical constituent of sassafrás oil, in the synthesis of compounds actives in the arachidonic acid cascade: antiinflammatory, analgesic and antithrombotic. *Química Nova*, São Paulo, v. 22, n. 5, p. 744-759, 1999.

BRAGA, N. P. *Processo de obtenção e separação do piperonal a partir do óleo essencial de pimenta-longa* (Piper hispidinervium C. DC). 2007. 258 f. Tese (Doutorado em Engenharia Química) – Universidade Estadual de Campinas, Campinas, 2007.

CREMASCO, M. A.; COELHO, E.; BRAGA, N. P. Obtenção experimental da energia de ativação e do calor latente de vaporização utilizando-se análise termogravimétrica. *In: Anais* do XVIII Congresso Brasileiro de Engenharia Química, 2010. Disponível em: https://www.researchgate.net/publication/276275662_obtencao_experimental_da_energia_de_ativacao_e_do_calor_latente_de_vaporizacao_do_safrol_utilizando-se_analise_termogravimetrica. Acesso em: 12 fev. 2022.

JACOBINA; LATINI, M. *Uirapuru*. Os anjos cantam, v. 2. Nilo Amaro e seus cantores de ébano. Gravadora: Odeon, lado B, faixa 3, 1963. Disponível em: https://cifrantiga3.blogspot.com/2006/05/uirapuru.html. Acesso em: 2 de mar. 2022.

LUSIS, M. A.; RATCLIFF, C. A. Diffusion in binary liquid mixtures at infinite dilution. *The Canadian Journal of Chemical Engineering*, v. 46, n. 5, p. 385-387, 1968.

MA, Z.; WHITLEY, R. D.; WANG, N.-H. Pore and surface diffusion in multicomponent adsorption and liquid chromatography systems. *AIChE Journal*, New York, v. 42, n. 5, p. 1244-1262, 1996.

PIMENTEL, F. A. *Processo de redestilação para elevar a concentração de safrol no óleo essencial de pimenta longa*, 2001. Comunicado técnico n. 148. EMBRAPA/AC. Disponível em: http://bibliotecaflorestal.ufv.br/bitstream/handle/123456789/7016/Comunicado_Tecnico_148.pdf?sequence=1&isAllowed=y. Acesso em: 06 mar. 2022.

RAMOS, A. M. *Separação de piperonal contido em uma solução de síntese a partir do óleo essencial de pimenta-longa* (Piper hispidinervium C. DC) *por cromatografia líquida de alta eficiência com injeção empilhada*. 2014. 92 f. Tese (Doutorado em Engenharia Química) – Universidade Estadual de Campinas, Campinas, 2014.

REID, R. C.; PRAUSNITZ, J. M.; POLING, B. E. *The properties of gases and liquids*. 4. ed. New York: McGraw-Hill, 1987. 742 p.

TYN, M. T.; CALUS, W. F. Diffusion coefficients in dilute binary liquid mixtures. *Journal of Chemical Engineering Data*, Washington, v. 20, n. 1, p. 106-109, 1975.

CAPÍTULO 23
Difusão de Knudsen

A pandemia de covid-19, no início da década de 2020, marcou a história da humanidade, representando a interrupção abrupta da vida. Notícias veiculadas na mídia brasileira, em meados de abril de 2021, mostraram que o número de internações em UTIs de jovens superaram àqueles de mais idades; o número de óbitos ultrapassou àquele de nascimentos, bem como esse número duplicou quando se tratou de mulheres grávidas e puérperas que contraíram o coronavírus. É necessário que se escreva que o estudo e o combate à covid-19, entre outros males, envolvem conhecimentos e aptidões associados às ciências da saúde, humanas, biológicas, exatas, sociais; engenharias, arte, literatura, pois urge compreender e ter a dimensão da vida em sua plenitude, tendo em vista que a covid-19 interrompe o seu curso natural. O esforço direcionado ao combate à covid-19 transcende à especificidade de qualquer conhecimento e de atuação profissional, abarcando a todos feito células para formar tecido único. Como fica a Engenharia Química nesse contexto enquanto profissão voltada à técnica pela técnica, cujo objetivo de otimização de processos visa a lucros financeiros? A triste experiência da covid-19 chacoalha os alicerces clássicos da formação profissional, impondo a necessidade de habilidades múltiplas e sistêmicas (destacando-se a interconexão entre as habilidades técnica e humana), para a ampliar a formação técnica além das ciências ditas naturais; a consciência deve ser ampla, sobretudo humana e social, atrelada à sólida formação técnica para que se encontrem soluções criativas e factíveis em diversas situações, em particular para aquelas imprevisíveis. A capacidade de se trabalhar em equipe, por exemplo, carece de ultrapassar as fronteiras da Engenharia Química para sê-las de natureza transdisciplinar. É imperativo que a Engenharia Química busque assento proativo em discussões profundas no que se refere à covid-19 ou relativa à fome, moradia etc. Cabe à Engenharia Química, ao ouvir a demanda dos diversos atores que compõem a sociedade, buscar alternativas para desenvolver processos inovativos na obtenção de vacinas; em estudos de distanciamento social mediante modelos matemáticos; no desenvolvimento de materiais para a produção de máscaras inteligentes que, além de conceitos inerentes à separação mecânica do vírus, possa incluir agentes que o combatam; no aumento de escala para a produção de álcool em gel; na otimização da produção de oxigênio hospitalar para a sustentação de respiração mecânica. Aqui, a Engenharia Química precisa dialogar incessantemente com diretores clínicos, dos quais se extraem informações sobre o tempo de permanência de pacientes em UTIs, considerando-se comorbidades, faixa etária etc., apontando que a otimização do processo retro citado não tenha como referência apenas a energia dispendida desde a captura de ar úmido até a geração de O_2, para proporcionar economia energética e financeira ao hospital, mas que atende à necessidade vital do paciente (BERTAN; CREMASCO, 2021). Sim, aflora a variável mais importante a ser considerada: o fator humano, todavia expandindo esse conceito além daquele utilizado por engenheiros, projetistas e especialistas para designar o comportamento do ser humano no trabalho (DEJOURS, 2003). O fator humano como condição central em qualquer discussão. Para que se possa conciliar a dimensão humana e social como expertise intrínseca à Engenharia Química, esta, mais do que nunca, deve ser vigorosa em seus fundamentos conceituais. Dentre os quais, transferência de massa. Nesse caso, um dos processos químicos utilizados para a obtenção de oxigênio hospitalar é o emprego da técnica de adsorção por alternância de pressão (PSA – *pressure swing adsorption*). Essa técnica é fundamentada, classicamente, na utilização de duas colunas de adsorção que operam em ciclos de pressurização e despressurização, na qual a adsorção ocorre a alta pressão e a dessorção, a baixa pressão, sendo desenvolvida, usualmente, em quatro etapas: pressurização, adsorção, despressurização (*blowdown*) e purga. No processo PSA é importante a eleição adequada do adsorvente, tradicionalmente zeólitas dos tipos A e X, para proporcionar maior afinidade com o N_2 de modo a liberar O_2 com pureza elevada na corrente de refinado, conforme ilustra a Figura 23.1. Antes, porém, de alimentar a corrente gasosa às colunas que operam em PSA, é crucial a remoção da umidade contida na corrente de ar, capturado da atmosfera, visto a molécula de água apresentar diâmetro cinético menor do que às de N_2 e O_2 e, por conseguinte, vindo a competir na adsorção em PSA, comprometendo a pureza do O_2. A remoção de umidade ou "secagem" do ar também ocorre por adsorção via emprego de zeólitas (3A, por exemplo) ou de sílica gel, sendo esta a mais utilizada. Isso posto, considere a situação em que se deseja remover a umidade do ar, que apresenta 80% de umidade relativa, em condição operacional de 3,5 bar e a 30 °C. Para tanto, emprega-se sílica gel como adsorvente, cujas partículas apresentam porosidade igual a 0,37 e diâmetro médio de poros de 2,5 nm. Supondo que o ar (seco) é constituído de 79,1% de N_2 e 20,9% de O_2, e assumindo que o ar úmido venha a ser uma mistura gasosa pseudobinária (ar seco-vapor de água), pede-se:

a) qual o mecanismo difusivo predominante na difusão do ar úmido no adsorvente considerado? Demonstre por intermédio de cálculos;

b) obtenha valor do coeficiente efetivo de difusão do vapor de água, sabendo que

$$D_{ef} = D_K \frac{\varepsilon_p}{\left(2-\varepsilon_p\right)^2} + D_S \left(\frac{1-\varepsilon_p}{\varepsilon_p}\right)\left(\frac{1}{q^s_{H_2O}}\right)\frac{dq_{H_2O}}{dP_{H_2O}} \tag{23.1}$$

em que D_K é coeficiente de difusão de Knudsen; ε_p, porosidade da partícula; D_S, coeficiente de difusão superficial; q^s_{H2O}, capacidade de adsorção de uma monocamada de adsorvente, sendo dq_{H2O}/dP_{H2O} avaliada na condição operacional de pressão parcial do vapor de água considerando-se a sua umidade relativa, cuja isoterma de adsorção segue o modelo de Tóth (GUERRERO; JIMÉNEZ; NIÑO, 2014)

$$\left(\frac{1}{q^s_{H_2O}}\right)\frac{dq_{H_2O}}{dP_{H_2O}} = \frac{b}{\left[1+\left(b\right)P_{H_2O}\right]^{1+1/t}} \tag{23.2}$$

q_{H2O} é a quantidade adsorvida de umidade (g/g) e P_{H2O} pressão parcial do vapor de água na condição operacional considerando-se sua umidade relativa (Pa); t é a constante de Tóth igual a 10; $q^s_{H2O} = 0{,}4$ g/g, e

$$b = 1{,}409\times10^{-12}\exp\left(\frac{5.866{,}53}{T}\right) \tag{23.3}$$

com T em K e b em Pa^{-1}; já o coeficiente de difusão superficial, obtido em cm^2/s, advém de (GUERRERO; JIMÉNEZ; NIÑO, 2014)

$$D_S = 2{,}39\times10^{-4}\exp\left(-\frac{2.044{,}63}{RT}\right) \tag{23.4}$$

utilizando-se a temperatura em K.

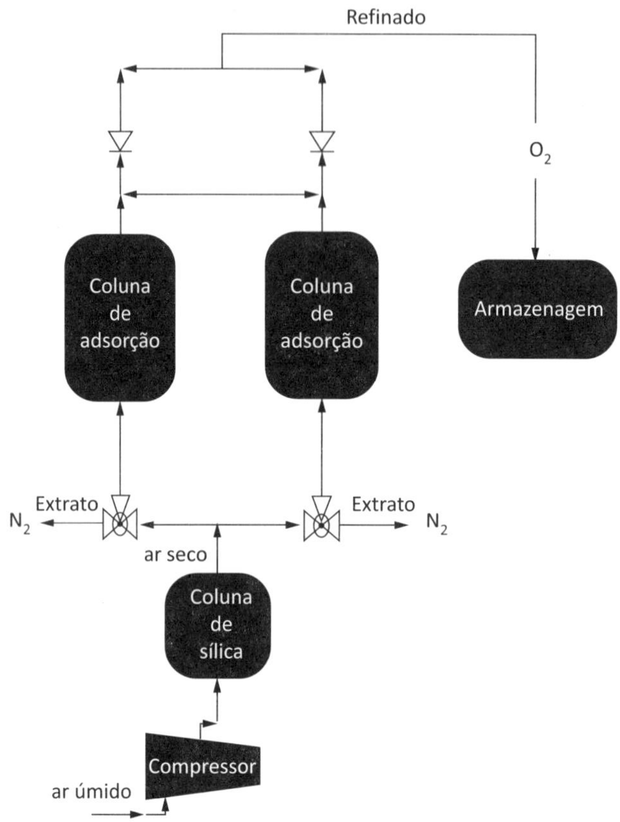

Figura 23.1 – Sistema de processamento de ar úmido para a obtenção de O_2. Baseado em Bertan e Cremasco (2021).

COMENTÁRIOS

A covid-19 despertou a urgência e a necessidade de se debruçar sobre o conceito de vida. Essa questão não é simples, pois a vida não existe no abstrato, e a busca de sua compreensão e de seu sentido é um dos maiores desafios filosóficos e científicos de todos os tempos. É necessário, portanto, compreender a vida com todas as suas inter-relações, renunciando à arrogância, encontrando um lugar na natureza e não acima dela (RODRIGUES, 2019). O combate à covid-19 demandou profundo conhecimento científico, tecnológico, dentre as diversas áreas do conhecimento, estimulando-se a reciprocidade nos intercâmbios e enriquecimentos mútuos (SANTOMÉ, 1998), caracterizando o que vem a ser transdisciplinaridade, a qual não se limita em conhecer as interações existentes, por exemplo, entre os saberes, mas se concentra em conhecer qual a importância de cada ligação no processo e o seu papel na solução do problema (JAPIASSU, 1976), que foi o combate à covid-19. A Engenharia Química faz parte desse contexto, permitindo o resgate da seguinte reflexão: "No mundo moderno, tecnológico, falar de um tema como este (a vida) pode parecer estar deslocado, fora de uma realidade que nos robotiza e nos separa cada vez mais desta dimensão que é intrínseca ao nosso corpo, à nossa existência com valor" (SILVA Jr., 2016). A Engenharia Química faz parte do todo e tem muito a contribuir para a manutenção da vida. Evidencia-se, neste presente capítulo, a importância seminal do conhecimento afeito à Engenharia Química, a começar pelo entendimento básico de difusão mássica, que está implícito no projeto químico para a geração de O_2 medicinal, essencial para a manutenção da vida de pacientes acometidos pela covid-19. Tal possibilidade tem início já na identificação, por exemplo, do valor do diâmetro médio dos poros da sílica-gel, σ_p, igual a 2,5 nm. Ao se observar a Tabela 20.1 constata-se que a matriz porosa apresenta, em média, mesoporos. Por inspeção da Tabela 20.2, por sua vez, verifica-se que o mecanismo difusivo é aquele descrito pela difusão de Knudsen, sendo válida, apenas, para gases. As moléculas gasosas leves tendem a colidir preferencialmente com as paredes dos poros ao invés de colidirem com outras moléculas, caracterizando a difusão de Knudsen (D_K). Esse fenômeno geralmente ocorre a pressões baixas ou quando os poros forem estreitos (da ordem do caminho livre médio do gás, λ_{AB}) (CREMASCO, 2019). Ao se trabalhar com uma matriz porosa que apresenta razoável distribuição de poros, com a presença, inclusive de macroporos, o mecanismo difusivo será resultante tanto da difusão de Knudsen quanto da difusão simples. Nesse caso e em não havendo afinidade termodinâmica entre o soluto e a matriz porosa, como é a situação representada pela Equação (23.1), o coeficiente efetivo de difusão é fruto da equação de Bosanquet na forma

$$\frac{1}{D_{ef}} = \frac{1}{\varepsilon_p D_{K,p}} + \frac{1}{\varepsilon_p D_p} \tag{23.5}$$

em que o coeficiente de difusão nos poros é obtido ou da Equação (20.1) ou da Equação (20.2). Já o coeficiente de difusão de Knudsen nos poros é obtido à semelhança de tais equações ou em termos da tortuosidade da partícula, τ,

$$D_{K,p} = \frac{D_K}{\tau} \tag{23.6}$$

ou em função da porosidade da partícula, ε_p,

$$D_{K,p} = D_K \frac{\varepsilon_p}{\left(2-\varepsilon_p\right)^2} \tag{23.7}$$

com o coeficiente de difusão de Knudsen definido por (CREMASCO, 2019)

$$D_K = 4{,}85\times10^3 \sigma_p \left(\frac{T}{M}\right)^{1/2} \tag{23.8}$$

sendo M a massa molar da mistura gasosa cujo valor, para sistemas binários, é obtido da Equação (5.13). No caso de autodifusão, basta fazer $M = M_A$ na Equação (23.8). Nessa equação, T está em Kelvin e o diâmetro médio dos poros, σ_p, em cm, e o resultado de D_K, em cm^2/s. Para verificar a predominância de determinado tipo de mecanismo difusivo, deve-se avaliar o número de Knudsen, Kn, (VERWEIJ; SCHILLO; LI, 2007),

$$Kn = \frac{\lambda_{AB}}{\sigma_p} \tag{23.9}$$

em que λ_{AB} é o caminho livre médio entre as moléculas gasosas A (H_2O) e B (ar seco), obtido a partir da Equação (1.24),

$$\lambda_{AB} = \frac{RT}{2^{1/2}\pi N_0 \sigma_{AB}^2 P} \tag{23.10}$$

no qual, R é a constante universal dos gases; T é a temperatura do processo; N_0 é o número de Avogadro; P, pressão; σ_{AB}, o diâmetro de colisão entre as moléculas A (vapor de água) e B (ar seco). No caso do par molecular apolar-polar, o diâmetro de colisão advém da Equação (7.4), retomada como

$$\sigma_{AB} = \left(\sigma_A \sigma_B\right)^{1/2} \tag{23.11}$$

sendo o diâmetro de Lennard-Jones para o ar seco σ_B = 3,711 Å e para a molécula polar da água, utiliza-se a Equação (7.5), ou

$$\sigma_i = \left[\frac{1{,}585 V_{b_i}}{\left(1 + 1{,}3\delta_i^2\right)}\right]^{1/3} \tag{23.12}$$

com

$$\delta_i = \frac{1{,}94 \times 10^3 \mu_i^2}{V_{b_i} T_{b_i}} \tag{23.13}$$

Para que exista o predomínio da difusão de Knudsen, Kn deve ser muito maior do que 1 (Kn >> 1). Caso seja muito menor do que 1 (Kn << 1), a difusão capilar ou difusão simples é o tipo de difusão predominante. Se Kn for próximo à 1 (Kn ~ 1), ocorre a difusão mista ou de transição, cuja descrição remete, por exemplo, à Equação (23.5), considerando-se, nesta, $D_{K,ef}$ oriundo da Equação (23.1) no lugar de $D_{K,p}$ (para a presente situação).

FORMULÁRIO

A Tabela 23.1 apresenta as propriedades dos gases avaliados neste capítulo.

Tabela 23.1 – Propriedades dos gases (REID; PRAUSNITZ; SHERWOOD, 1977)

Gás	M (g/mol)	V_b (cm³/mol)	T_b (K)	μ (Debye)
N_2	28,0134	31,2	77,4	0,0
O_2	31,9988	25,6	90,2	0,0
H_2O	18,015	18,7	373,2	1,8

A umidade relativa do ar, φ, advém da Equação (5.2), ou

$$\varphi = \frac{y_{H_2O}}{y_{H_2O}^{vap}} \tag{23.14}$$

com $y_{H2O} = P_{H2O}P$; P_{H2O} é a pressão parcial do vapor de água e P, pressão total do sistema. Utiliza-se a Equação (5.3) para a obtenção do valor da pressão de vapor para a água,

$$\ell n P_{H_2O}^{vap} = 18{,}3096 - \frac{3.816{,}44}{(T - 46{,}13)} \quad (\text{T em K}\, P_{H_2O}^{vap} \text{ em mmHg}) \tag{23.15}$$

Observa-se, na Equação (23.8), a necessidade de se conhecer o valor da massa molar do ar úmido, que é obtida a partir da Equação (5.13), aqui retomada

$$M = y_A M_A + y_B M_B \tag{23.16}$$

Informações adicionais

$R = 8{,}3145 \times 10^7$ (dyn.cm)/(mol.K); $N_0 = 6{,}023 \times 10^{23}$ moléculas/mol;

1 Å = 0,1 nm = 1×10^{-8} cm.

1 atm = 760 mmHg = 1,01325 bar = 101325 Pa = $1{,}01325 \times 10^6$ dyn/cm².

SOLUÇÃO

a) A verificação do mecanismo difusivo predominante na difusão do ar úmido no adsorvente considerado advém da utilização da Equação (23.9), ou

$$\text{Kn} = \frac{\lambda_{AB}}{\sigma_p} \tag{1}$$

Uma vez que σ_p = 2,5 nm, o valor do caminho livre médio resulta da Equação na Equação (23.10),

$$\lambda_{AB} = \frac{RT}{2^{1/2}\pi N_0 \sigma_{AB}^2 P} \tag{2}$$

Observa-se nessa equação que é preciso calcular o valor do diâmetro de colisão, σ_{AB}. Foi fornecido, no enunciado, o valor do diâmetro molecular do ar seco (B), σ_B = 3,711 Å, sendo desconhecido o valor daquele da molécula da água (A). Tendo em vista a natureza polar desta, a equação para a estimativa de seu diâmetro é aquela dada pela Equação (23.12), ou

$$\sigma_{H_2O} = \left[\frac{1,585 V_{b_{H_2O}}}{\left(1 + 1,3\delta_{H_2O}^2\right)}\right]^{1/3} \tag{3}$$

Uma vez que foi fornecido, para a molécula de água, o volume molar à temperatura normal de ebulição, a temperatura de ebulição e o momento dipolar, tem-se, da Equação (23.13),

$$\delta_{H_2O} = \frac{1,94 \times 10^3 \mu_{H_2O}^2}{V_{bH_2O} T_{bH_2O}} = \frac{\left(1,94 \times 10^3\right)\left(1,8\right)^2}{\left(18,7\right)\left(373,2\right)} = 0,901 \tag{4}$$

Desse modo, o diâmetro de colisão, conhecidos V_b e o resultado 4, tem-se na Equação (3),

$$\sigma_{H_2O} = \left[\frac{\left(1,585\right)\left(18,7\right)}{\left(1 + \left(1,3\right)\left(0,901\right)^2\right)}\right]^{1/3} = 2,434\,\overset{o}{A} \tag{5}$$

Levando o resultado 5 e σ_B = 3,711 Å na Equação (23.11)

$$\sigma_{H_2O-ar} = \left(\sigma_{H_2O}\sigma_{ar}\right)^{1/2} = \sqrt{\left(2,434\right)\left(3,771\right)} = 3,005\,\overset{o}{A} \tag{6}$$

Sabe-se que T = 30 °C = 303,15 K; P = 3,5 bar = 3,5 × 10^6 dyn/cm^2; R = 8,3145 × 10^7 (dyn.cm)/(mol.K); N_0 = 6,023 × 10^{23} moléculas/mol, estes, em conjunto com o resultado 6, são levados à Equação (2),

$$\lambda_{AB} = \frac{\left(8,3145\times10^{7}\right)\left(303,15\right)}{\left(2\right)^{1/2}\left(\pi\right)\left(6,023\times10^{23}\right)\left(3,005\times10^{-8}\right)^{2}\left(3,5\times10^{6}\right)} = 29,80\times10^{-7}\text{ cm} = 29,80\text{ nm} \quad (7)$$

Substituindo o resultado 7 e σ_p = 2,5 nm na Equação (1)

$$\text{Kn} = \frac{\lambda_{AB}}{\sigma_p} = \frac{\left(29,80\right)}{\left(2,5\right)} = 11,92 \quad (8)$$

O mecanismo difusivo, portanto, é regido pela difusão de Knudsen tendo em vista Kn >> 1.

b) O valor do coeficiente efetivo de difusão do vapor de água advém do emprego da Equação (23.1),

$$D_{ef} = D_K \frac{\varepsilon_p}{\left(2-\varepsilon_p\right)^2} + D_S\left(\frac{1-\varepsilon_p}{\varepsilon_p}\right)\left(\frac{1}{q^{s}_{H_2O}}\right)\frac{dq_{H_2O}}{dP_{H_2O}} \quad (9)$$

em que o coeficiente de difusão de Knudsen resulta da Equação (23.8), ou

$$D_K = 4,85\times10^{3}\sigma_p\left(\frac{T}{M}\right)^{1/2} \quad (10)$$

sendo M a massa molar do ar úmido, cujo valor advém da Equação (23.16),

$$M = y_A M_A + y_B M_B \quad (11)$$

O valor da massa molar do ar seco, em base molar e para mistura binária, advém dessa mesma equação, resgatada na forma

$$M_B = y_{O_2}M_{O_2} + y_{N_2}M_{N_2} \quad (12)$$

Da Tabela 23.1: M_{O2} = 31,9988 g/mol e M_{N2} = 28,0134 g/mol, bem como y_{O2} = 0,209 e y_{N2} = 0,791, resultando

$$M_B = \left(0,791\right)\left(28,0134\right) + \left(0,209\right)\left(31,9988\right) = 28,846\text{ g/mol} \quad (13)$$

Para a obtenção do valor da massa molar do ar úmido, adota-se a mesma estratégia de cálculo apresentada no Capítulo 5, admitindo-se, aqui, o valor da umidade relativa igual a 80%, T = 30 °C e P = 3,5 bar. Dessa maneira, recorre-se às Equações (23.14) e (23.15), esta retomada para T = 303,15 K como

$$\ell n P_{H_2O}^{vap} = 18,3096 - \frac{3.816,44}{(T-46,13)} = 18,3096 - \frac{3.816,44}{(303,15-46,13)} = 3,461 \tag{14}$$

ou

$$P_{H_2O}^{vap} = 31,85\ mmHg = 0,0425\ bar \tag{15}$$

Visto P = 3,5 bar,

$$y_{H_2O}^{vap} = \frac{(0,0425)}{(3,5)} = 0,0121 \tag{16}$$

Uma vez que a umidade relativa do ar é igual a 80 % (φ = 0,80), tem-se da Equação (23.14),

$$y_{H_2O} = \varphi y_{H_2O}^{vap} = (0,80)(0,0121) = 0,0097 \tag{17}$$

Desse modo, o valor da fração molar do ar seco advém da Equação (5.11),

$$y_B = 1 - y_A = 1 - 0,0097 = 0,9903 \tag{18}$$

Como o ar úmido foi tido como mistura pseudobinária em que M_A = 18,015 g/mol, y_A = 0,0097 (vapor de água), M_B = 28,846 g/mol, y_B = 0,9903 (ar seco), tem-se na Equação (11)

$$M_B = (0,0097)(18,015) + (0,9903)(28,846) = 28,741\ g/mol \tag{19}$$

Sabendo que o valor do diâmetro médio dos poros, σ_p = 2,5 nm = 2,5 × 10^{-7} cm, bem como T = 303,15, pode-se substituir tais valores, em conjunto com o resultado 19, na Equação (10)

$$D_K = (4,85\times10^3)((2,5\times10^{-7}))\left(\frac{303,15}{28,741}\right)^{1/2} = 3,94\times10^{-3}\ cm^2/s \tag{20}$$

O coeficiente de difusão superficial, obtido em cm^2/s, resulta da Equação (23.4) para T = 303,15 K,

$$D_S = 2,39\times10^{-4}\exp\left(-\frac{2.044,63}{303,15}\right) = 2,81\times10^{-7}\ cm^2/s \tag{21}$$

A derivada da isoterma de equilíbrio, dq_{H2O}/dP_{H2O}, é obtida da Equação (23.2), ou

$$\left(\frac{1}{q^s_{H_2O}}\right)\frac{dq_{H_2O}}{dP_{H_2O}} = \frac{b}{\left[1+(b)P_{H_2O}\right]^{1+1/t}} \tag{22}$$

avaliada na condição operacional de pressão parcial do vapor de água considerando-se sua umidade relativa, ou

$$P_{H_2O} = y_{H_2O}P \tag{23}$$

Visto y_{H2O} = 0,0097 e P = 3,5 bar = 3,5 × 10^5 Pa, tem-se na Equação (23)

$$P_{H_2O} = (0,0097)(3,5\times10^5) = 3.395\ Pa \tag{24}$$

O parâmetro b é obtido da Equação (23.3) para T = 303,15 K, ou

$$b = 1,409\times10^{-12}\exp\left(\frac{5.866,53}{303,15}\right) = 3,58\times10^{-4}\,Pa^{-1} \tag{25}$$

Substituindo t = 10 e os resultados 24 e 25 na Equação (22),

$$\left(\frac{1}{q^s_{H_2O}}\right)\frac{dq_{H_2O}}{dP_{H_2O}} = \frac{(3,58\times10^{-4})}{\left\{1+\left[(3,58\times10^{-4})(3.395)\right]^{10}\right\}^{1+\frac{1}{10}}} = 3,62\times10^{-5} \tag{26}$$

Levando os resultados 20, 21, 26 e ε_p = 0,37 na Equação (9) torna-se possível obter o valor do coeficiente efetivo de difusão segundo

$$D_{ef} = (3,94\times10^{-3})\frac{(0,37)}{(2-0,37)^2} + (2,81\times10^{-7})\left(\frac{1-0,37}{0,37}\right)(3,62\times10^{-4}) = 5,49\times10^{-4}\ cm^2/s \tag{27}$$

REFERÊNCIAS BIBLIOGRÁFICAS

BERTAN, A. S.; CREMASCO, M. A. *Chemical engineering and transdisciplinarity against covid-19.* Capítulo 1, p. 24 -42. *In:* Souza, P. M. D.; OLIVEIRA, E. A. D. Engenharia Química: inovação e tradição em tempos de pandemia, 2021.

CREMASCO, M. A. *Difusão mássica.* São Paulo: Blucher, 2019. 284 p.

DEJOURS, C. *O fator humano.* 4. ed. São Paulo: Editora FGV, 2003. 104 p.

GUERRERO, A. R.; JIMÉNEZ, P. B.; NIÑO, G. R. Modelado de curvas de ruptura en la adsorción de agua sobre sílica gel y zeolita 4A. *Revista Facultad de Ingeniería Universidad de Antioquia,* Medellín, n. 71, p. 179-190, 2014.

JAPIASSU, H. *Interdisciplinaridade e patologia do saber.* Rio de Janeiro: Imago, 1976. 221 p.

REID, R. C.; PRAUSNITZ, J. M.; SHERWOOD, T. K. *The properties of gases and liquids.* 3. ed. New York: McGraw-Hill, 1977. 688 p.

RODRIGUES, M. A. M. *Vida em Georges Canguilhem na complexidade informacional biológica, tecnológica e assimilação do organismo vivo à máquina.* 2019. 69 f. Trabalho de Conclusão de Curso (Curso de Filosofia) – Universidade Federal de Uberlândia, Uberlândia, 2019.

SANTOMÉ, J. T. *Globalização e interdisciplinaridade: o currículo integrado.* Porto Alegre: Artmed, 1998. 275 p.

SILVA JÚNIOR, A. *O que é alma.* Saber Humano. Edição Especial: Cadernos de Ontopsicologia, 2016. 14 p.

VERWEIJ, H.; SCHILLO, M. C.; LI, J. Fast mass transport through carbon nanotube membranes. *Small,* v. 3, n. 12, p. 1996-2004, 2007.

CAPÍTULO 24
Difusão configuracional

Passado. Qual é o tempo da Terra? E a idade da humanidade, começa a ser contada com o início da civilização? Ao se comparar o surgimento do ser humano em relação ao Planeta que o abriga, veremos que somos fagulhas de um fogo primordial. O Tempo, por si só, é relativo, pois se pode o ver, por exemplo, enquanto mítico, geológico ou histórico. No primeiro, abole-se a escala dos relógios, em que não se emprega o conceito clássico de tempo linear, pois o tempo mítico é cíclico. O tempo geológico, como implícito na etimologia grega para a raiz geo, que se refere à Terra, baliza-se em escala de milhões a bilhões de anos, e o histórico em escala bem inferior. Se olharmos o tempo mítico e o associarmos à Terra, inevitavelmente chegaremos à Gaia, a Terra primordial no panteão grego que, por si só, deu origem às montanhas, ao oceano genésico e ao próprio céu. Sim, se olharmos para o céu, podemos vê-lo naquele que envolve ou cobre a Terra, ou seja, em Urano (cuja etimologia grega remete a envolver, cobrir). Da união de Gaia e Urano brotaram seres elementares como também Cronos, ou o Tempo. Cronos se impôs ao deus Urano, mutilando-o e, como resultado, nasceu Vênus. Tem mais: Cronos, na mitologia romana, é identificado a Saturno, pai de Netuno, Plutão e Júpiter. Este, por sua vez, é o genitor de Mercúrio e de Marte. Esse tempo mítico está presente, à sua maneira, no Sistema Solar e a Terra é um planeta abençoado por todas deusas e deuses de diversas maneiras, a começar por conter água nos estados sólido, líquido e gasoso. Além de água, a Terra gesta o resultado de transformações orgânicas magníficas, como é o caso do petróleo (óleo de pedra, do Latim), cujo conhecimento, por parte da civilização, coincide com a percepção de tempo histórico, incluindo a referência bíblica na impermeabilização da Arca de Noé (BUENO, 2003), com os egípcios que o utilizavam na pavimentação de estradas, na construção de pirâmides e no processo de mumificação (CAVALCANTE, 2016) e, na hoje Américas, os nativos pré-colombianos enfeitavam suas cerâmicas com esse material (MARTINS et al., 2015). O petróleo é um combustível fóssil não renovável (THOMAS, 2001), cuja composição majoritária é de hidrocarbonetos (MILANI et al., 2000), e o seu emprego como combustível, especificamente de um de seus destilados, o querosene, deu-se de modo mais acentuado a partir do século XIX, na substituição do óleo de baleia na iluminação (THOMAS, 2001), principalmente nos Estados Unidos e na Europa. Com o advento do motor a explosão, os derivados do petróleo passaram a ser utilizados em diversas atividades, tanto para meio de transportes quanto para a produção indireta de insumos oriundos da petroquímica. O petróleo tornou-se, notadamente no século XX, o commodity mais importante no mundo, crucial para uma variedade de indústrias de transformação (MARTINHO, 2016). A paisagem industrial, onde o desenvolvimento tecnológico leva à complexidade crescente das organizações, conduz ao aprimoramento das indústrias, assim como para o aumento de riscos ao meio ambiente. O petróleo trouxe desafios planetários, em particular na geração e emissão de gases de efeitos estufa, além da poluição aquática e do solo em decorrência de vazamentos de seus produtos, isso sem contar a crescente violência entre nações, tendo em vista o alto poder econômico envolvido na sua comercialização, que também se esforçam por calar vozes pacificadoras e inovadoras em se tratando de sua substituição por combustíveis sustentáveis. Mas, para que ocorram mudanças, deve-se dominar a realidade tecnológica e, neste sentido, o objetivo central na indústria do refino de petróleo é a separação de hidrocarbonetos para posterior processamento na indústria petroquímica, geralmente utilizando-se colunas de destilação. Além dessa operação unitária, existem técnicas adsortivas empregando-se zeólitas devido à sua elevada seletividade e capacidade de purificação. Zeólitas são aluminossilicatos cristalinos que apresentam uma rede de estruturas tetraédricas que geram canais feito cavidades, possibilitando a separação de moléculas que apresentam a mesma dimensão de tais cavidades (GRECCO; RANGEL; URQUIETA-GONZÁLEZ, 2013). Essa seletividade, em decorrência da forma da matriz e da molécula do difundente levam as zeólitas a serem denominadas como peneiras moleculares. A ZSM-5, ilustrada na Figura 24.1, apresenta abertura média de poros na ordem de ~ 6 Å com canais tridimensionais, em sistema sinusoidal (5,1 × 5,5 Å) e reto (5,3 × 5,6 Å), que se entrelaçam. As zeólitas são utilizadas no refino de petróleo, bem como, na indústria petroquímica, tanto na adsorção seletiva quanto em reações catalíticas que envolvem hidrocarbonetos, como isomerização, alquilação e aromatização (ZENG et al., 2020), no processo de craqueamento catalítico em leito fluidizado, conhecido como FCC (CALDEIRA et al., 2016).

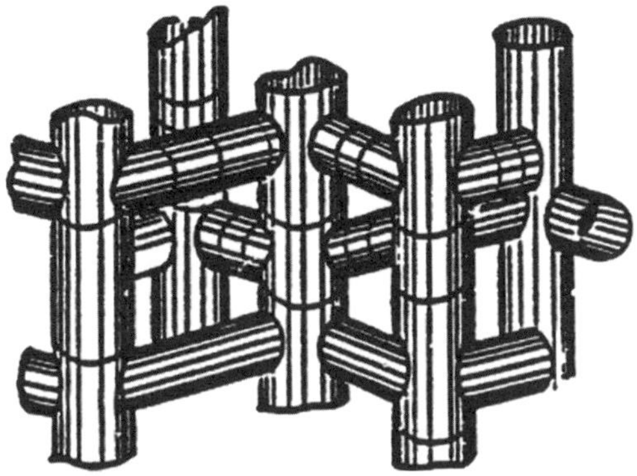

Figura 24.1 – Estrutura da zeólita ZMS-5 (XIAO, 1990).

Considerando-se a difusão configuracional de 2-metilbutano e de benzeno, em que as suas características estão contidas na Tabela 24.1, em zeólita ZMS-5, que apresenta número coordenação igual a 4, frequência de vibração das moléculas do soluto de 10^{12} Hz e o comprimento característico do salto energético do soluto na matriz hospedeira, δ, igual a 10 Å (XIAO, 1990), pede-se:

Tabela 24.1 – Algumas características dos hidrocarbonetos 2-metilbutano e benzeno

Hidrocarboneto	Fórmula molecular	M_A(g/mol)	σ_c (Å)	*E_A (kcal/mol)
2-metilbutano (2MB)	C_5H_8	72,15	5,0	8,23
Benzeno	C_6H_6	78,11	5,85	9,97

*(Valor corrigido a partir de Xiao (1990))

a) a condição de separação dos hidrocarbonetos apresentados na Tabela 24.1;

b) Xiao (1990), assumindo o modelo de estado ativado para a descrição do mecanismo de difusão configuracional de hidrocarbonetos em zeólitas ZMS-5, propôs a seguinte correlação para o fator pré-exponencial

$$D_0 = 3{,}6 \times 10^{-4} \left(\frac{T}{M_A} \right)^{1/2} \tag{24.1}$$

em que a temperatura T é utilizada em K; a massa molar do hidrocarboneto, M_A, em g/mol; e o resultado de D_0 em cm^2/s, em sendo assim obtenha o valor do coeficiente de difusão configuracional tanto do 2-metilbutano quanto do benzeno na zeólita ZMS-5 a 45 °C e compare os valores obtidos com aqueles experimentais, iguais, respectivamente, a $1{,}6 \times 10^{-9}$ cm²/s e $1{,}0 \times 10^{-10}$ cm²/s (XIAO, 1990);

c) obtenha valores da diferença de entropia configuracional, ΔS_c, em cal/mol, para os hidrocarbonetos apresentados na Tabela 24.1, na temperatura igual a 45 °C.

COMENTÁRIOS

A geopolítica do petróleo envolve cenários e dinâmicas políticas complexas, tendo em vista ser um recurso natural cobiçado por nações. A história da exploração de petróleo no Brasil recua até 1864, ano de permissão a Thomas Denny Sargeni para a exploração de minerais na Bahia (DIAS; QUAGLINO, 1993). Todavia, foi com a criação da Petrobras por Getúlio Vargas em 1953, que se inaugura o direcionamento tecnológico para a indústria petrolífera brasileira (PETROBRAS, 2021). Após a extração de petróleo, este é bombeado às refinarias nas quais ocorrem a separação de derivados tanto para a obtenção de combustíveis (gasolina e óleo diesel) quanto aqueles (nafta, por exemplo) destinados à produção de petroquímicos básicos, resultando em inúmeros produtos intermediários, a partir dos quais são produzidos plásticos, detergentes, fertilizantes etc. O uso dessa fonte de energia, por outro lado, traz riscos para o meio ambiente associado à sua extração, processo de refino, transporte e consumo. Os gases oriundos do processamento do petróleo e de seus derivados contribuem massivamente para a poluição atmosférica, assim como existe o efeito danoso de vazamentos quando do transporte de combustíveis em oleodutos e navios petroleiros (MARIANO, 2001). Registra-se que o primeiro derramamento, de vulto, de petróleo no Brasil ocorreu em 1975, em que 6 mil toneladas de óleo vazaram de um cargueiro sobre a Baía de Guanabara (ORTÍZ, 2014), apontando a não existência ou a falta de fiscalização que poderia evitar o desastre. Nesse sentido, o Planeta foi atormentado por derramamento de óleo em virtude de conflitos armados, como nas guerras Irã-Iraque em 1983 e a do Golfo em 1991 (RODRIGUES, 2018). Como pode ser observado, existem discussões que transcendem o tempo. Apesar da problemática envolvendo o petróleo, que abrange discussões éticas, é essencial buscar alternativas tecnológicas, inclusive para o seu emprego e processamento, como o entendimento de transferência de massa. Nessa situação, avalia-se o emprego de zeólitas, como pressuposto neste capítulo, no processamento de produtos oriundos do petróleo. Em tal situação, é fundamental a compreensão do mecanismo de transferência de massa, em especial aquele que ocorre em escala microscópica como, na presente situação, a difusão configuracional. Esse mecanismo tem curso quando um sólido natural ou artificialmente poroso apresenta diâmetro de poro de grandeza igual ao do difundente, cujo mecanismo é regido pela estrutura da molécula do soluto em relação ao meio difusivo, afetando os valores de coeficientes de difusão, conforme ilustra a Figura 24.2. Esse tipo de difusão é governado pela presença de microporos e, por isso, essa difusão também é chamada de intracristalina, na qual a configuração e as interações de campo potencial entre a matriz porosa e difundente são importantes (DANTAS, 2009). A Tabela 24.2 apresenta a classificação das zeólitas de acordo com o tamanho dos poros.

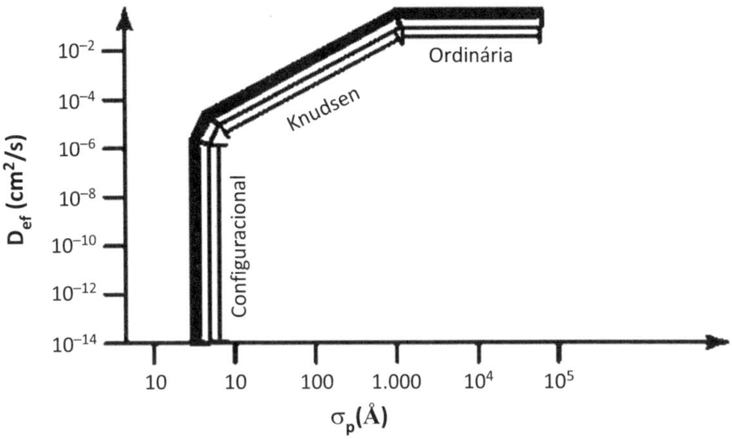

Figura 24.2 – Influência do diâmetro dos poros no coeficiente efetivo de difusão: mecanismos difusivos em poros (para gases) (CREMASCO, 2015).

Tabela 24.2 – Classificação de zeólitas segundo o tamanho de poros (PACE; RENDÓN; FUENTES, 2000)

Tipo de poro	Diâmetro de poro (Å)	Exemplos
Poro extragrande	$\sigma_p > 9$	$AlPO_4$-8, VPI-5
Poro grande	$6 < \sigma_p \leq 9$	Y, β, Ω, Mordenita
Poro médio	$5 < \sigma_p \leq 6$	ZSM-5, ZSM-11
Poro pequeno	$3 \leq < \sigma_p \leq 5$	Erionita, A, SAPO-34

O tamanho uniforme dos poros e o da molécula difundente determina a sua separação daquelas que apresentarem diâmetro superior ao dos poros. Uma relação empregada para avaliar tal separação é

$$\lambda_c = \frac{\sigma_c}{\sigma_{p,\text{máx}}} \tag{24.2}$$

em que $\sigma_{p,\text{máx}}$, é o valor da maior abertura da cavidade intracristalina da zeólita; e σ_c é o diâmetro cinético da molécula difundente. Para que ocorra a separação, baseada tão somente na exclusão por tamanho, o difundente necessariamente deve ter acesso às cavidades da zeólita e que, preferencialmente, a espécie da qual se deseja separar apresente diâmetro cinético maior do que a da referida cavidade. O mecanismo difusivo configuracional assemelha-se à descrição da difusão em sólidos cristalinos, na qual o difundente migra por saltos energéticos. A formulação para o coeficiente de difusão configuracional, portanto, é

$$D_c = D_0 \exp\left(-\frac{E_A}{RT}\right) \tag{24.3}$$

sendo o coeficiente pré-exponencial, D_0, advindo da Equação (19.5), ou

$$D_0 = \frac{1}{z}\omega\delta^2 \exp\left(\frac{\Delta S_c}{R}\right) \tag{24.4}$$

em que z é o número de coordenação, que depende dos átomos hospedeiros presentes na estrutura da zeólita; ω é a frequência de vibração para que ocorra o salto energético do difundente.

FORMULÁRIO

O desvio relativo entre os resultados pode ser obtido por

$$\text{Desvio}\,(\%) = \frac{\left(D_{ccal} - D_{c\exp}\right)}{D_{c\exp}} \times 100 \tag{24.5}$$

em que o subscrito "cal" se refere ao valor calculado, e o subscrito "exp", ao experimental.

Informações adicionais

R = 1,987 × 10^{-3} kcal/(mol.K); 1 Å = 10^{-8} cm; 1 cal = 10^{-3} kcal.

SOLUÇÃO

a) Avalia-se, neste item, a seletividade, quanto à exclusão de tamanho, da zeólita tipo ZMS-5 na separação das moléculas de 2-metilbutano (2MB) e de benzeno. Sabe-se que σ_c = 5,0 Å no caso de 2MB e que o valor máximo da abertura da cavidade da ZMS-5 é $\sigma_{p,máx}$ = 5,6 Å, resultando da Equação (24.2),

$$\lambda_c = \frac{\sigma_c}{\sigma_{p,\text{máx}}} = \frac{5,0}{5,6} = 0,89 \tag{1}$$

visto que $\lambda_c < 1$, as moléculas de 2MB serão retidas nas cavidades da zeólita ZSM-5. Para a molécula de benzeno (σ_c = 5,85 Å) em relação ao diâmetro da zeólita, tem-se na Equação (24.2),

$$\lambda_c = \frac{\sigma_c}{\sigma_{p,máx}} = \frac{5,85}{5,6} = 1,04 \qquad (2)$$

visto que $\lambda_c \approx 1$, faz com que se escreva que existe dificuldade de as moléculas de benzeno adentrarem na zeólita em questão, permitindo a separação entre benzeno e 2-metilbutano.

b) O desempenho do modelo de Xiao (1990) resulta da composição entre as Equações (24.1) e (24.3), as quais retomadas fornecem

$$D_0 = 3,6\times10^{-4}\left(\frac{T}{M_A}\right)^{1/2}\exp\left(-\frac{E_A}{RT}\right) \qquad (3)$$

Uma vez que R = 1,987 × 10^{-3} kcal/(mol.K) e T = 45 °C = 45 + 273,15 = 318,15 K, assim como da Tabela 24.1 são conhecidos os valores das massas molares do 2-metilbutano (M_A = 72,15 g/mol) e do benzeno (M_A = 78,11 g/mol), têm-se para esses hidrocarbonetos, a partir da Equação (3), respectivamente,

$$D_{c,2MB} = \left(3,6\times10^{-4}\right)\left(\frac{318,15}{72,15}\right)^{1/2}\exp\left[-\frac{8,34}{\left(1,987\times10^{-3}\right)\left(318,15\right)}\right] = 1,68\times10^{-9}\ \text{cm}^2/\text{s} \qquad (4)$$

$$D_{c,B} = \left(3,6\times10^{-4}\right)\left(\frac{318,15}{78,11}\right)^{1/2}\exp\left[-\frac{9,97}{\left(1,987\times10^{-3}\right)\left(318,15\right)}\right] = 1,03\times10^{-10}\ \text{cm}^2/\text{s} \qquad (5)$$

Os valores experimentais do coeficiente de difusão configuracional do 2-metilbutano e do benzeno na zeólita ZSM-5 são iguais, respectivamente, a 1,6 × 10^{-9} cm²/s e 1,0 × 10^{-10} cm²/s, obtendo-se os valores de desvio relativo empregando-se a Equação (24.5) para, respectivamente, 2MB e benzeno,

$$\text{Desvio}\left(\%\right) = \frac{\left(D_c - D_{c\exp}\right)}{D_{c\exp}}\times100 = \frac{\left(1,68\times10^{-9} - 1,6\times10^{-9}\right)}{1,6\times10^{-9}}\times100 = 5,00\% \qquad (6)$$

$$\text{Desvio}\left(\%\right) = \frac{\left(D_c - D_{c\exp}\right)}{D_{c\exp}}\times100 = \frac{\left(1,03\times10^{-10} - 1,0\times10^{-10}\right)}{1,0\times10^{-10}}\times100 = 3,00\% \qquad (7)$$

c) Os valores da diferença de entropia difusional, para os casos apresentados na Tabela 24.1, resultam da substituição da Equação (24.1) na Equação (24.4), cujo resultado se apresenta como

$$\Delta S_c = R\ell n\left[3{,}6\times10^{-4}\frac{z}{\omega\delta^2}\left(\frac{T}{M_A}\right)^{1/2}\right] \tag{8}$$

Foram fornecidos os valores do número de coordenação, z = 4; frequência dos saltos energéticos, 10^{12} Hz ou 10^{12} s^{-1}; distância característica do salto, δ = 10 Å, em cm (1 Å = 10^{-8} cm), bem como R = 1,987 × 10^{-3} kcal/(mol.K) = 1,987 cal/(mol.K). Substituindo-se esses valores na Equação (8),

$$\Delta S_c = 1{,}987\ell n\left[0{,}144\left(\frac{T}{M_A}\right)^{1/2}\right] \tag{9}$$

Visto T = 318,15 K e conhecidos os valores das massas molares do 2-metilbutano (M_A = 72,15 g/mol) e do benzeno (M_A = 78,11 g/mol), têm-se na Equação (9) para tais hidrocarbonetos, respectivamente,

$$\Delta S_{c,2MB} = (1{,}987)\ell n\left[(0{,}144)\left(\frac{318{,}15}{72{,}15}\right)^{1/2}\right] = -2{,}38\ \text{cal}/(\text{mol.K}) \tag{10}$$

$$\Delta S_{c,B} = (1{,}987)\ell n\left[(0{,}144)\left(\frac{318{,}15}{78{,}11}\right)^{1/2}\right] = -2{,}46\ \text{cal}/(\text{mol.K}) \tag{11}$$

REFERÊNCIAS BIBLIOGRÁFICAS

BUENO, C. *Planejamento operacional de refinarias.* 2003. 110 f. Dissertação (Mestrado em Engenharia da Produção) – Universidade Federal de Santa Catarina, Florianópolis, 2003.

CALDEIRA, V. P. S.; SANTOSA, A. G. D.; PERGHER, S. B. C.; COSTA, M. J. F.; ARAUJO, A. S. Use of a low-cost template-free ZSM-5 for atmospheric petroleum residue pyrolysis. *Química Nova*, São Paulo, v. 39, n. 3, p. 292-297, 2016.

CAVALCANTE, R. O início do petróleo no mundo, 2016. Disponível em: https://clickmacae.com.br/noticias/13234/o-inicio-do-petroleo-no-mundo. Acesso em: 11 jan. 2022.

CREMASCO, M. A. *Fundamentos de transferência de massa.* 3. ed. São Paulo: Blucher, 2015. 460 p.

DANTAS, T. L. P. *Separação de dióxido de carbono por adsorção a partir de misturas sintéticas do tipo gás de exaustão.* 2009. 159 f. Tese (Doutorado em Engenharia Química) – Universidade Federal de Santa Catarina, Florianópolis, 2009.

DIAS, J. L.; QUAGLINO, M. A. *A questão do petróleo no Brasil* – Uma história da Petrobrás. Rio de Janeiro: CPDOC: PETROBRAS, 1993. 211p.

GRECCO, S. D. T. F.; RANGEL, M. D. C.; URQUIETA-GONZÁLEZ, E. A. Zeólitas hierarquicamente estruturadas. *Química Nova*, São Paulo, v. 36, n. 1, p. 131-142, 2013.

MARIANO, J. B. *Impactos ambientais do refino do petróleo.* 2001. 289 f. Dissertação (Mestrado em Ciências) – Universidade Federal do Rio de Janeiro, Rio de Janeiro, 2001.

MARTINHO, H. M. D. G. M. Petróleo no ambiente marinho e os impactos ambientais e socioeconômicos. *Atas de Saúde Ambiental*, São Paulo, v. 4, p. 190-205, 2016.

MARTINS, S. S. S.; SILVA, M. P.; AZEVEDO, M. O.; SILVA, V. P. Produção de petróleo e impactos ambientais: algumas considerações, *Holos*, Natal, v. 6, p. 54-76, 2015.

MILANI, E. J.; BRANDÃO, J. A. S. L.; ZALÁN, P. V.; GAMBOA, A. P. Petróleo na margem continental brasileira: geologia, exploração, resultados e perspectivas. *Brazilian Jornal of Geophysics*, Rio de Janeiro, v. 18, n. 3, p. 351-396, 2000.

ORTÍZ, F. Baía de Guanabara: vazamento da Petrobras completa 14 anos, 2014. Disponível em: https://oeco.org.br/reportagens/28021-baia-de-guanabara-vazamento-da-petrobras-completa-14-anos/. Acesso em: 23 fev. 2022.

PACE, G. G.; RENDÓN, A. M.; FUENTES, G. R. *Zeolitas: características, propriedades y aplicaciones industriales.* 2. ed. Caracas: EdIT- Editora Innovación Tecnológica, 2000. 351 p.

PETROBRAS. Perfuramos com sucesso poço mais profundo da história do Brasil, 2021. Disponível em: https://petrobras.com.br/fatos-e-dados/perfuramos-com-sucesso-poco-mais-profundo-da-historia-do-brasil.htm. Acesso em: 23 fev. 2022.

RODRIGUES, A. C. Top 11: Os piores desastres ambientais da história, 2018. Disponível em: https://super.abril.com.br/mundo-estranho/top-11-os-piores-desastres-ambientais-da-historia/#:~:text=Quando%20a%20humanidade%20falha%20e,mas%20tamb%C3%A9m%20econ%C3%B4micos%20e%20sociais&text=O%20pior%20acidente%20nuclear%20da,em%20uma%20usina%20de%20energia. Acesso em: 23 fev. 2022.

THOMAS, J. E. *Fundamentos de engenharia do petróleo.* Rio de Janeiro: Interciência, 2001. 271 p.

XIAO, J. *The diffusion mechanism of hydrocarbons in zeolites.* 1990. 195 f. Thesis (Doctoral in Science Dissertation) – Massachusetts Institute of Technology, Cambridge, 1990.

ZENG, S.; XU, S.; GAO, S.; GAO, M.; ZHANG, W.; WEI, Y.; LIU, Z. Differentiating diffusivity in different channels of ZSM-5 zeolite by pulsed field gradient (PFG) NMR. *ChemCatChem Communication*, New Jersey, v. 12, p. 463-468, 2020.

DIFUSÃO EM MEMBRANAS

CAPÍTULO 25

Microfiltração

Esperançar é se levantar, esperançar é ir atrás, esperançar é construir, esperançar é não desistir. Esperançar é levar adiante, esperançar é juntar-se com outros para fazer de outro modo (FREIRE, 1997). A esperança viabiliza o ânimo quando do tratamento médico, reduzindo a dor e o desconforto físico (SANTOS et al., 2020). Quando uma doença renal é detectada, por exemplo, a pessoa espera cura rápida, mas sofre ao saber que a sua vida será regida pela diálise. Durante a diálise, aguarda-se um órgão compatível. Ao encontrá-lo e realizar a cirurgia, a pessoa nutre a esperança de que seu organismo aceite o novo órgão e passa a administrar imunossupressores, para que o seu organismo não rejeite o enxerto. A pessoa anseia em ter o imunossupressor à sua disposição, para que continue nutrindo a esperança de viver. Essa reflexão aponta claramente para uma importante questão social a ser resolvida, que necessariamente envolve investimentos em pesquisa, desenvolvimento e inovação na produção de fármacos imunossupressores. Acrescente-se o compromisso social dos pesquisadores, que transcende a técnica, pois dialoga com aqueles que nutrem a esperança a começar por tomar um pouco mais de água ou um copo de vinho (por limitação da ingestão de líquido durante o tratamento dialítico) e sonhar com o fim de suas incertezas (BERTAN; CREMASCO, 2020). Nesse contexto, o tacrolimo é um fármaco amplamente utilizado no tratamento após o transplante de órgãos, como também em outras enfermidades (Figura 25.1).

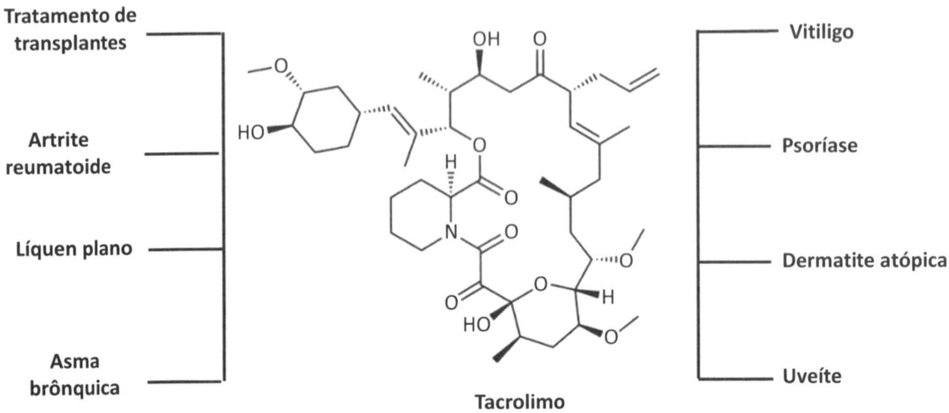

Figura 25.1 – Aplicações do tacrolimo. A partir de Bertan (2021).

Conhecido como FK506 e fujimicina, o tacrolimo é uma lactona macrolídea, hidrofílica e pouco solúvel em água, com massa molar de 822,05 g/mol e fórmula empírica $C_{44}H_{69}NO_{12}$. O FK506, fármaco inibidor de calcineurina, é obtido via fermentação, originalmente por bactérias *Streptomyces tsukubaensis*, cujos esporos se apresentam no formato cilíndrico, com 0,5 a 0,7 μm em diâmetro e 0,7 a 0,8 μm em comprimento (MURAMATSU; NAGAI, 2013), conforme ilustram as Figuras 25.2 (a) e (b).

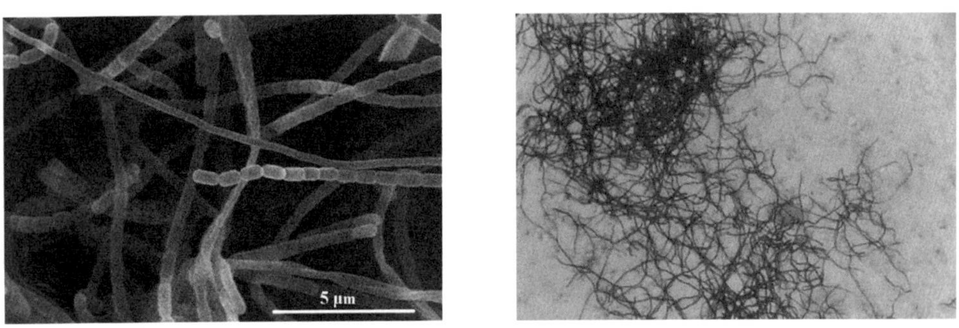

(a) (b)

Figura 25.2 – Cepa de *Streptomyces tsukubaensis* – (a) Micrografia eletrônica. Baseado em Muramatsu e Nagai (2013); (b) Microscopia óptica (1.000 x).

Vale ressaltar que, além do tacrolimo, é produzida biomassa bacteriana durante a fermentação, bem como compostos orgânicos, como açúcares e proteínas/enzimas (BERTAN; SILVA; CREMASCO, 2021), dentre as quais, a catalase (WANG et al., 2017), diâmetro de Stokes-Einstein igual a 104 Å (HORIIKE et al., 1983), utilizada em vários processos industriais (Figura 25.3).

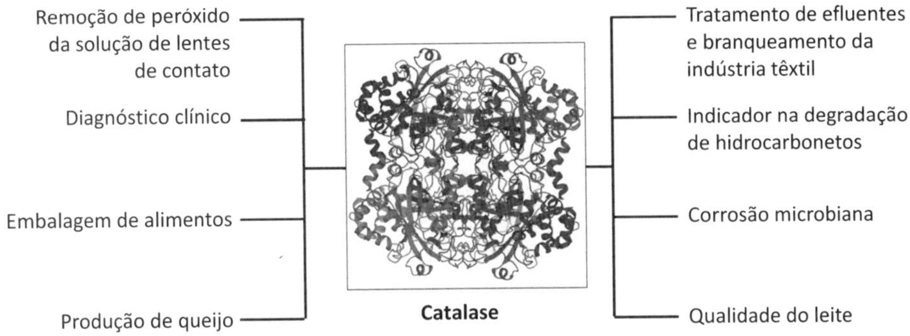

Figura 25.3 – Aplicações da catalase. Baseado em Kaushal et al. (2018).

Com intuito de pré-purificar o tacrolimo, após a fermentação, processos de separação por membrana (PSM) podem ser empregados, como a microfiltração (MF) e a ultrafiltração (UF), para posterior obtenção do fármaco puro. No caso da separação da biomassa ou micelas produzidas na fermentação, verifica-se que a MF é altamente recomendável (BERTAN; CREMASCO, 2021), enquanto a UF é indicada para a separação da catalase. Assim, objetivando a produção de tacrolimo, bactérias de *S. tsukubaensis* foram utilizadas na fermentação de um caldo adequado com fontes de carbono, nitrogênio e micronutrientes. O processo foi interrompido com a adição de acetona a partir da lise celular bacteriana. Gerou-se, portanto, uma solução de caldo fermentescível e acetona. Para a remoção da biomassa bacteriana dessa solução orgânica, empregou-se a MF a 14,5 psi e 26 °C, em que o meio filtrante para tanto foi uma membrana à base de ésteres mistos de celulose, com diâmetro médio dos poros (σ_p) igual a 3,0 μm, porosidade (ε_p) igual a 0,83 e área disponível para filtração igual a 17,30 cm^2. O caldo fermentado com acetona configurou-se em um líquido de viscosidade dinâmica (η_B) igual a 2,52 cP (BERTAN, 2021). Desse modo, pede-se:

a) sabendo que a pressão na saída do permeado (p_P) foi de 13,8 psi, determine tanto o valor resistência membrana quanto da permeabilidade hidráulica, L_p, do permeado por meio da membrana submetida à operação de MF perpendicular a partir das informações disponibilizadas na Tabela 25.1;

Tabela 25.1 – Microfiltração do caldo fermentado a p_F = 14,5 psi (BERTAN, 2021)

Volume (cm^3)	0	10	20	30
t (s)	0	12	23	31

b) admitindo-se a aplicação do modelo de Stokes-Einstein e do modelo da difusão simples no interior da matriz porosa, obtenha os valores do coeficiente efetivo de difusão da biomassa bacteriana (considerando-a em esporos de 0,5 μm de diâmetro e 0,7 μm em comprimento), do tacrolimo, da catalase e da acetona diluídos na solução oriunda da fermentação.

c) obtenha o valor do coeficiente efetivo viscoso do tacrolimo, da catalase, da acetona e da biomassa bacteriana na membrana considerada neste capítulo.

COMENTÁRIOS

A esperança é um agente que auxilia profissionais da saúde no cuidado e no enfrentamento das dificuldades vivenciadas pelos pacientes (SANTOS et al., 2020), bem como amplia a abrangência de projetos de engenharia, em particular para aqueles voltados às necessidades básicas do ser humano. Destaca-se a importância da esperança na sociedade enquanto elemento aglutinador de resultados científicos e tecnológicos, demonstrando ir além da produção técnica, principalmente para a população que permanece invisível às políticas públicas (BERTAN; CREMASCO, 2020). A esperança é essencial como elemento agregador no escopo de um projeto químico, pois é possível fazer ciência e desenvolver tecnologia inovadora com forte compromisso social, tendo em vista que os resultados da pesquisa não pertencem exclusivamente ao cientista, mas à sociedade como um todo. Nesse aspecto, ao se debruçar no problema da purificação de fármacos, o técnico não vê apenas a solução de um problema técnico, como também uma questão humana. Isso ocorre, por exemplo, ao se deparar com o processamento do tacrolimo, que abarca desde a preparação do caldo fermentado até a obtenção do fármaco puro (BERTAN; CREMASCO, 2020). Aqui, a microfiltração é essencial, pois auxilia a purificação do FK506 por meio da retenção das micelas presentes no caldo fermentescível, tornando-o mais limpo, enquanto a ultrafiltração (UF) atua na retenção de proteínas presentes no meio advindo da etapa de MF, como a catalase. Tanto a MF quanto a UF, assim como a nanofiltração (NF) e a osmose reversa (OI) compõem os processos de separação por membranas (PSM), sendo classificados quanto à dimensão dos poros da membrana e da pressão de operação (Figura 25.4). A Figura 25.5, por seu turno, ilustra a aplicação dos PSM para a separação de solutos de diâmetros diversos.

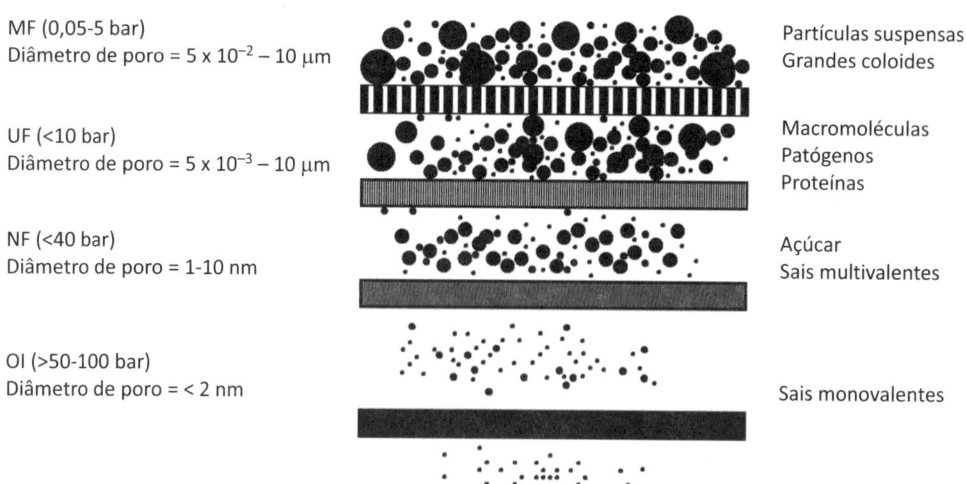

Figura 25.4 – Características de operação nos PSM. Adaptado de Sinergia Científica (2022).

A microfiltração é considerada uma extensão do processo clássico de filtração, cujas aplicações se encontram, por exemplo, no pré-tratamento de processos para obtenção de fármacos (BERTAN, 2021), no tratamento de águas residuárias (MAJOULI et al., 2012), clarificação do caldo de cana-de-açúcar (MORENO; OLIVEIRA; BARROS, 2012), na retenção de cepas de bactérias, como *Escherichia coli*, *Pseudomonas aeruginosa* e *Staphylococcus aureus* (GAVEAU et al., 2017). A operação de MF pode ser conduzida no modo perpendicular (*dead-end*) ou tangencial (*cross-flow*), ilustrados na Figura 25.6. Na operação de MF tangencial, a amostra flui ao longo da membrana e apenas uma parte das partículas retidas permanece na superfície da membrana.

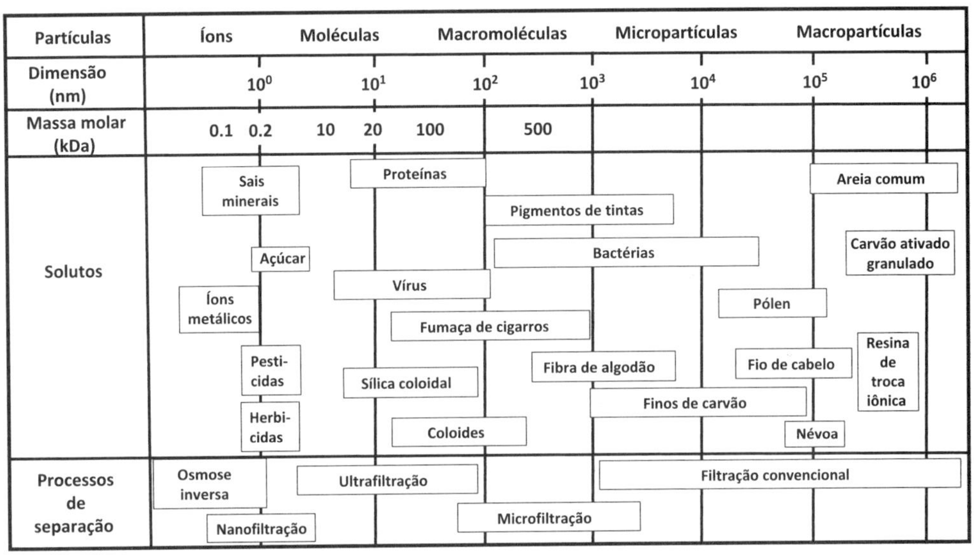

Figura 25.5 – Espectro da aplicação de processos por separação por membranas. Baseado em SEPRA (2021).

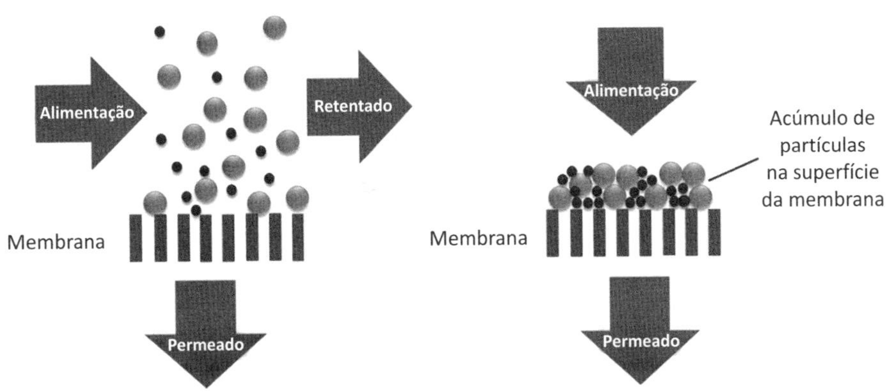

(a) Tangencial (b) Perpendicular

Figura 25.6 – Representações da microfiltração – MF. Adaptado de Baker (2000).

Na MF perpendicular, a amostra é alimentada no sistema e flui perpendicularmente a partir da superfície da membrana, retendo o material particulado maior do que o diâmetro do poro durante o percurso do permeado através do meio filtrante. Nesse caso, a velocidade de filtração (ou fluxo volumétrico), à pressão constante, é descrita como

$$J = \frac{1}{\text{Área}} \frac{dV}{dt} \tag{25.1}$$

sendo Área, a área da membrana destinada à microfiltração; V, o volume do permeado; e t, tempo de filtração. Essa mesma velocidade de filtração pode ser descrita pela lei de Darcy segundo

$$J = \frac{1}{\eta_B R_T} \Delta p \tag{25.2}$$

com $\Delta p = p_F - p_P$; p_F é a pressão de operação (na alimentação da solução); p_P, pressão na saída do permeado; η_B, viscosidade dinâmica da solução; R_T, resistência oferecida pela membrana. A velocidade (ou fluxo volumétrico) de filtração do permeado também pode ser descrita, considerando-se a permeabilidade hidráulica do permeado através da membrana por meio de

$$J = L_p \Delta p \tag{25.3}$$

Convém enfatizar que, assim como a resistência, a permeabilidade hidráulica é uma característica específica de cada membrana e a sua determinação permite aferir o grau de colmatação, ou seja, L_p é uma propriedade da membrana relacionada à facilidade a qual o permeado escoa através dos poros (NUNES, 2013). É necessário destacar que, para determinadas suspensões submetidas à microfiltração, o fluxo volumétrico do permeado diminui na medida em que se processa a microfiltração, decorrente do aumento da resistência da membrana (Al-ALAWY; Al-MUSAWI, 2013), que se dá por meio do bloqueio dos poros do meio filtrante. No caso da clarificação do caldo fermentado, a diminuição do fluxo do permeado pode ser atribuída principalmente à biomassa bacteriana e às proteínas que promovem o *fouling* (MASSOT et al., 2008), responsável pelo entupimento dos poros. Desse modo, existe um limite quanto ao valor de tal fluxo, conhecido como fluxo crítico (ou velocidade de filtração crítica). Field et al. (1995) definem o fluxo crítico como o maior fluxo de permeado no qual não se observa a sua diminuição com o tempo. Acima desse fluxo crítico é observado o *fouling* irreversível, pois nesta condição ocorre acúmulo das partículas que causam a formação da torta, como apresentado na Figura 25.6b. Dessa forma, o sistema deve ser operado abaixo do fluxo crítico para que seja possível garantir a minimização do *fouling* e da redução da frequência de limpezas, o qual pode ser verificado por meio da construção do gráfico V vs t, cujo resultado aponta em uma reta, em que inclinação é a vazão volumétrica do permeado (dV/dt = Q). A microfiltração descrita pelas Equações (25.1) a (25.3) é abordada sob o ponto de vista macroscópico, porém é possível associá-la com o mecanismo de difusão viscosa ou capilar ou de Poiseuille, encontrado em estruturas macroporosas, como na microfiltração. No caso da MF perpendicular, esta pode ser descrita pela 2ª lei de Fick,

$$\frac{\partial c}{\partial t} = D_{ef} \frac{\partial^2 c}{\partial z^2} \tag{25.4}$$

sendo c a concentração do material a ser retido na membrana; D_{ef}, o coeficiente efetivo de difusão de Poiseuille (ou coeficiente de difusão viscoso) definido, para MF tangencial, por

$$D_{V,ef} = \frac{k}{\eta_B}\left(\frac{p_F + p_P}{2}\right)\phi \tag{25.5}$$

em que a permeabilidade, k, é obtida a partir da abordagem de Kozeny-Carman (PINELA et al., 2005),

$$k = \frac{\sigma_p^2}{36\beta} \frac{\varepsilon_p^3}{\left(1-\varepsilon_p\right)^2} \tag{25.6}$$

O parâmetro β presente na Equação (25.6) é a constante de Kozeny, afetada pela característica da matriz porosa. Para fluxo paralelo ao longo de cilindros, este parâmetro é dado por (PACELLA et al., 2011)

$$36\beta = 542\varepsilon_p - 128 \tag{25.7}$$

O parâmetro ϕ, contido na Equação (25.5), representa o efeito da constrição dos poros da membrana, devido à proximidade entre os valores do diâmetro do soluto e dos poros da membrana, sendo obtido a partir da equação de Ferry-Renkin (BAKER, 2004)

$$\phi = 2\left(1 - \frac{\sigma_A}{\sigma_p}\right)^2 - \left(1 - \frac{\sigma_A}{\sigma_p}\right)^4 \tag{25.8}$$

em que σ_A e σ_p são os diâmetros do soluto e dos poros da membrana, respectivamente.

FORMULÁRIO

A Equação (25.4) é válida, também, para a difusão nos poros da membrana, considerando-se difusão simples, cujo coeficiente efetivo de difusão, é definido, considerando-se a constrição dos poros, como

$$D_{ef} = D_p \varepsilon_p \phi \tag{25.9}$$

na qual ε_p é a porosidade da membrana, sendo o coeficiente de difusão nos poros oriundo da Equação (20.2), retomada considerando-se a diluição dos solutos na solução advinda da fermentação,

$$D_p = D_{\overset{\circ}{A}B} \frac{\varepsilon_p}{\left(2-\varepsilon_p\right)^2} \tag{25.10}$$

Note, na Equação (25.10), a necessidade de se conhecer o valor do coeficiente de difusão dos diversos solutos abordados neste capítulo na solução de caldo fermentescível com acetona. Assumindo a diluição (em separado) de cada soluto na solução líquida considerada, esse coeficiente pode ser obtido a partir da equação de Stokes-Einstein, Equação (11.1),

$$D_{\overset{\circ}{A}B} = 1{,}465 \times 10^{-7} \frac{T}{\eta_B \sigma_A} \tag{25.11}$$

com o resultado do D_{AB} em cm²/s, utilizando-se, a viscosidade dinâmica, η_B, em cP, o diâmetro de Stokes-Einstein, σ_A, em Å, e a temperatura em K. Para macromoléculas, como é o caso do tacrolimo, M_A = 822,05 Da, pode-se lançar mão das informações encontradas em SCHULTZ e SOLOMON (1961) e LOMAN (2010), para a proposição, neste livro, da seguinte correlação

$$\sigma_A = 0{,}496 M_A^{1/2} \tag{25.12}$$

válida para $60 < M_A < 1.130$ Da; com M_A em Da (g/mol) e o resultado de σ_A em Å. No caso da biomassa bacteriana, existe a necessidade de se conhecer o seu diâmetro. Considerou-se que tal biomassa se refere (como aproximação) aos esporos de d_A = 0,5 μm de diâmetro e L_A = 0,7 μm em comprimento, necessitando, por via de consequência, o conhecimento do valor de seu diâmetro equivalente que, em sendo para esfera de igual volume, é dado por (CREMASCO, 2018)

$$\sigma_A = \left(\frac{6}{\pi} V_A\right)^{1/3} \tag{25.13}$$

em que o volume do esporo é obtido de (GAVEAU et al., 2017)

$$V_A = \frac{\pi}{6} d_A^3 + \pi d_A^2 L_A \tag{25.14}$$

Há de se observar que a Equação (25.12) é uma aproximação para macromoléculas, que não é extensiva para a acetona enquanto soluto. Por outro lado, a composição do meio difusivo é complexa, impedindo o emprego de correlações, para difusão em meio líquido, apresentadas em capítulos anteriores. Entretanto, pode-se utilizar a Equação (25.11) desde que se conheça o diâmetro de Stokes-Einstein da acetona. Dessa maneira, basta conhecer o valor experimental do D_{AB} da acetona em determinado meio líquido B, assim como a viscosidade dinâmica desse meio, para a temperatura a ser utilizada no processo que, no presente capítulo, é igual a 26 °C. Assim, utilizando-se a água enquanto meio difusivo, lança-se mão das informações contidas em TYN (1974) sobre o coeficiente de difusão da acetona diluída em água em diversas temperaturas, a partir das quais, propõe-se, no presente livro, a seguinte correlação, válida para 25 °C ≤ T ≤ 85 °C,

$$D^{o}_{AB} = 2,612 \times 10^{-3} \exp\left(-\frac{13,122}{RT} \right) \tag{25.15}$$

com R = 8,3145 × 10^{-3} kJ/(mol.K) e T em K, com o resultado do coeficiente de difusão em cm^2/s. Já, para a obtenção do valor da viscosidade dinâmica da água, em cP, pode-se utilizar a Equação (4.32) (REID; PRAUSNITZ; SHERWOOD, 1977)

$$\eta^{-0,2661} = \eta_0^{-0,2661} + \frac{T - T_0}{233} \tag{25.16}$$

com a temperatura de operação, T, em °C, T_0 = 25 °C e η_0 = 0,8911 cP. Igualando-se as Equações (25.11) e (25.12), obtém-se a seguinte expressão para a obtenção do diâmetro de Stokes-Einstein da acetona em função da temperatura e da viscosidade dinâmica da água (Equação (25.13))

$$\sigma_A = 5,609 \times 10^{-5} \frac{T}{\eta_B} \exp\left(\frac{13,122}{RT} \right) \tag{25.17}$$

Informações adicionais

1 Å = 1,0 × 10^{-4} μm = 1,0 × 10^{-8} cm = 1,0 × 10^{-10} m, 1 g/mol = 1 Da = 1,0 × 10^{-3} kDa;

1 psi = 6.894,76 Pa; 1 cP = 1 × 10^{-3} Pa.s.

SOLUÇÃO

a) Este item se refere à abordagem clássica de filtração, em que a determinação do valor da resistência associada à MF, R_T, advém da igualdade das Equações (25.1) e (25.2),

$$\frac{dV}{dt} = \frac{\text{Área}}{\eta_B R_T} \Delta p \tag{1}$$

Tendo em vista que a Equação (1) é válida para Δp constante, tal equação pode ser integrada desde o início da MF até o término dessa operação, resultando em

$$V = \frac{\text{Área}}{\eta_B R_T} \Delta pt = \alpha t \tag{2}$$

com

$$\alpha = \frac{\text{Área}}{\eta_B R_T} \Delta p \tag{3}$$

A partir das informações da Tabela 25.1, constrói-se o gráfico *V* versus *t*, Figura 1, resultando em uma reta de coeficiente de determinação, $R^2 = 0{,}9902$, cuja inclinação fornece $\alpha = 1{,}079\ cm^3/s$, que é coincidente ao valor da vazão volumétrica do permeado, Q.

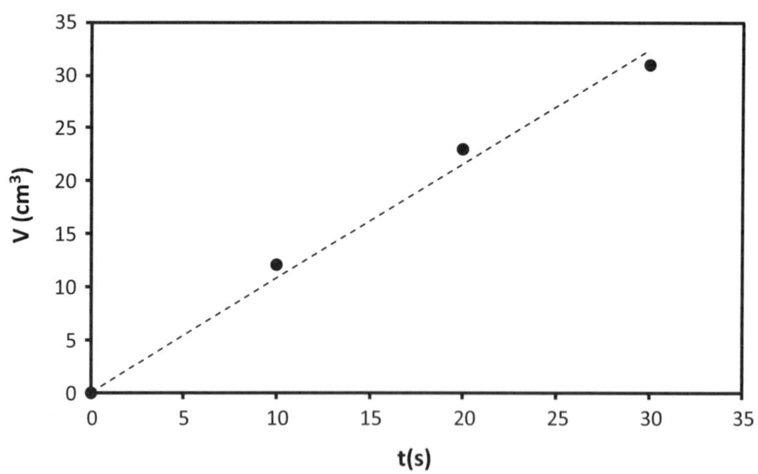

Figura 1 – Obtenção da vazão volumétrica do permeado para o cálculo da resistência à MF.

Visando a obtenção do valor da resistência do meio, isola-se o termo R_T, presente na Equação (3), ou

$$R_T = \frac{\text{Área}}{\alpha\eta_B}\Delta p \tag{4}$$

A diferença de pressão presente na Equação (4) é obtida a partir das pressões de alimentação, p_F = 14,5 psi = 99.974,02 Pa, e na saída do permeado, p_P = 13,8 psi = 95.147,69 Pa, resultando em Δp = 4.826,33 Pa. Dessa maneira, substitui-se esse resultado em conjunto com α = 1,079 cm³/s = 1,079 × 10^{-6} m³/s, bem como, com as informações contidas no enunciado, Área = 17, 30 m² = 17,30 × 10^{-4} m² e η_B = 2,52 cP = 2,52 × 10^{-3} Pa.s, na Equação (4),

$$R_T = \frac{\left(17,30\times10^{-4}\right)}{\left(1,079\times10^{-6}\right)\left(2,52\times10^{-3}\right)}\left(4.826,33\right) = 3,07\times10^{9}\ 1/\text{m} \tag{5}$$

O valor da permeabilidade hidráulica é obtido após igualar as Equações (25.2) e (25.3), resultando

$$L_p = \frac{1}{\eta_B R_T} \tag{6}$$

Substituindo η_B = 2,52 × 10^{-3} Pa.s e o resultado 5 na Equação (6),

$$L_p = \frac{1}{\left(2,52\times10^{-3}\right)\left(3,07\times10^{9}\right)} = 1,29\times10^{-7}\ \text{m}/\left(\text{Pa.s}\right) \tag{7}$$

b) Este item diz respeito, basicamente, à consideração da difusão em membranas porosas de modo análogo ao abordado no Capítulo 20, entretanto considerando-se a obtenção do valor da difusividade do soluto, corrigido com o fator de constrição do meio poroso, Equação (25.9), ou

$$D_{ef} = D_p\varepsilon_p\phi \tag{8}$$

com o fator de constrição obtido da Equação (25.8),

$$\phi = 2\left(1-\frac{\sigma_A}{\sigma_p}\right)^2 - \left(1-\frac{\sigma_A}{\sigma_p}\right)^4 \tag{9}$$

em que σ_A e σ_p são os diâmetros do soluto e dos poros da membrana, respectivamente. Sabe-se que σ_p = 3,0 μm = 3,0 × 10^4 Å. Assim, torna-se necessário conhecer os valores do diâmetro dos solutos tacrolimo, catalase, biomassa bacteriana e acetona. Dos solutos estudados neste capítulo, foi fornecido apenas o valor do diâmetro de Stokes-Einstein da catalase, $\sigma_A = 104$ Å. Assim, pode-se substituir esse valor na Equação (9),

$$\phi = (2)\left(1 - \frac{107,88}{3,0\times10^4}\right)^2 - \left(1 - \frac{104}{3,0\times10^4}\right)^4 = 1,000 \quad (10)$$

No caso do tacrolimo e da acetona, torna-se necessário a obtenção de seu diâmetro característico. Para o tacrolimo e tendo em vista que é conhecida a sua massa molar = 822,05 Da, tem-se da Equação (25.12),

$$\sigma_A = 0,496 M_A^{1/2} = (0,496)(822,05)^{1/2} = 14,22\ \overset{o}{A} \quad (11)$$

Substituindo o resultado 11 na Equação (9) e conhecendo-se $\sigma_p = 3,01 \times 10^4$ Å, obtém-se,

$$\phi = (2)\left(1 - \frac{14,22}{3,0\times10^4}\right)^2 - \left(1 - \frac{14,22}{3,0\times10^4}\right)^4 = 1,000 \quad (12)$$

O valor do diâmetro equivalente da biomassa bacteriana advém da composição entre as Equações (25.13) e (25.14), de modo ao substituir essa naquela, tem-se

$$\sigma_A = \left(d_A^3 + 6 d_A^2 L_A\right)^{1/3} \quad (13)$$

Uma vez que $d_A = 0,5$ μm e $L_A = 0,7$ μm, tem-se na Equação (13),

$$\sigma_A = \left(d_A^3 + 6 d_A^2 L_A\right)^{1/3} = \left[(0,5)^3 + (6)(0,5)^2(0,7)\right]^{1/3} = 1,06\,\mu m = 1,06\times10^4\ \overset{o}{A} \quad (14)$$

resultando, a partir da Equação (9), no seguinte valor para o fator de constrição dos poros,

$$\phi = (2)\left(1 - \frac{1,06\times10^4}{3,0\times10^4}\right)^2 - \left(1 - \frac{1,06\times10^4}{3,0\times10^4}\right)^4 = 0,661 \quad (15)$$

O cálculo do valor do diâmetro de Stokes-Einstein da acetona advém do emprego da Equação (25.17),

$$\sigma_A = 5,609\times10^{-5} \frac{T}{\eta_B} \exp\left(\frac{13,122}{RT}\right) \quad (16)$$

Com a viscosidade dinâmica do meio de referência (água), obtida da Equação (25.16), ou

$$\eta_B = \left[\eta_0^{-0,2661} + \frac{T - T_0}{233} \right]^{-1/0,2661} \tag{17}$$

Visto a temperatura de operação ser T = 26 °C e os valores de referência iguais a T_0 = 25 °C e η_0 = 0,8911 cP, tem-se na Equação (17),

$$\eta_B = \left[(0,8911)^{-0,2661} + \left(\frac{26 - 25}{233} \right) \right]^{-1/0,2661} = 0,8773 \text{ cP} \tag{18}$$

Tendo em vista que R = 8,3145 × 10^{-3} kJ/(mol.K), T = 26 °C = 26 + 273,15 = 299,15 K, pode-se substituir esses valores em conjunto com o resultado 18 na Equação (16),

$$\sigma_A = (5,609 \times 10^{-5}) \frac{(299,15)}{(0,8773)} \exp\left[\frac{(13,122)}{(8,3145 \times 10^{-3})(299,15)} \right] = 3,74 \text{ Å} \tag{19}$$

com o fator de constrição a partir da Equação (9),

$$\phi = (2)\left(1 - \frac{3,74}{3,0 \times 10^4}\right)^2 - \left(1 - \frac{3,74}{3,0 \times 10^4}\right)^4 = 1,000 \tag{20}$$

Observa-se, claramente, que qualquer que seja o mecanismo difusivo avaliado neste capítulo, o fator de constrição dos poros é importante apenas para a biomassa bacteriana, sendo a Equação (25.9) utilizada para esse caso, ou

$$D_{ef} = D_p \varepsilon_p \phi \tag{21}$$

e, para os demais solutos, tacrolimo, catalase e acetona,

$$D_{ef} = D_p \varepsilon_p \tag{22}$$

Substituindo a Equação (25.10) nas Equações (21) e (22) e já considerando o valor da porosidade, ε_p = 0,83, têm-se para a biomassa bacteriana (ϕ = 0,661) e o restante dos solutos (ϕ = 1,0), respectivamente,

$$D_{ef} = D_{\overset{\circ}{AB}} \left(\frac{\varepsilon_p}{2 - \varepsilon_p} \right)^2 \phi = D_{\overset{\circ}{AB}} \left(\frac{0,83}{2 - 0,83} \right)^2 (0,661) = 0,333 D_{\overset{\circ}{AB}} \tag{23}$$

$$D_{ef} = D_{\overset{o}{AB}} \left(\frac{\varepsilon_p}{2 - \varepsilon_p} \right)^2 = D_{\overset{o}{AB}} \left(\frac{0,83}{2 - 0,83} \right)^2 = 0,503 D_{\overset{o}{AB}} \tag{24}$$

A obtenção dos valores do coeficiente de difusão livre advém da Equação (25.11), ou

$$D_{\overset{o}{AB}} = 1,465 \times 10^{-7} \frac{T}{\eta_B \sigma_A} \tag{25}$$

Uma vez que são conhecidos T = 299,15 K; η_B = 2,52 cP e os diâmetros dos solutos: biomassa bacteriana (σ_A = 1,06 × 10⁴ Å), tacrolimo (σ_A = 14,22 Å), catalase (σ_A = 104 Å) e acetona (σ_A = 3,74 Å), torna-se possível obter o valor de seus coeficientes de difusão no meio difusivo considerado neste capítulo. Desse modo tem-se, a partir da Equação (25),

$$\text{Biomassa bacteriana: } D_{\overset{o}{AB}} = \left(1,465 \times 10^{-7}\right) \frac{(299,15)}{(2,52)\left(1,06 \times 10^4\right)} = 1,641 \times 10^{-9} \text{ cm}^2/\text{s} \tag{26}$$

$$\text{Tacrolimo: } D_{\overset{o}{AB}} = \left(1,465 \times 10^{-7}\right) \frac{(299,15)}{(2,52)(14,22)} = 1,223 \times 10^{-6} \text{ cm}^2/\text{s} \tag{27}$$

$$\text{Catalase: } D_{\overset{o}{AB}} = \left(1,465 \times 10^{-7}\right) \frac{(299,15)}{(2,52)(104)} = 1,672 \times 10^{-7} \text{ cm}^2/\text{s} \tag{28}$$

$$\text{Acetona: } D_{\overset{o}{AB}} = \left(1,465 \times 10^{-7}\right) \frac{(299,15)}{(2,52)(3,74)} = 4,650 \times 10^{-6} \text{ cm}^2/\text{s} \tag{29}$$

A obtenção do valor da difusividade efetiva da biomassa bacteriana advém da substituição do resultado 26 na Equação (23),

$$D_{ef} = 0,333 D_{\overset{o}{AB}} = (0,333)\left(1,641 \times 10^{-9}\right) = 0,546 \times 10^{-9} \text{ cm}^2/\text{s} \tag{30}$$

Os valores da difusividade efetiva do tacrolimo, da catalase e da acetona decorrem da substituição dos resultados 27 a 29 na Equação (24),

$$\text{Tacrolimo: } D_{ef} = 0,503 D_{\overset{o}{AB}} = (0,503)\left(1,223 \times 10^{-6}\right) = 0,615 \times 10^{-6} \text{ cm}^2/\text{s} \tag{31}$$

$$\text{Catalase: } D_{ef} = 0,503 D_{\substack{o\\AB}} = (0,503)(1,672 \times 10^{-7}) = 0,841 \times 10^{-7}\ \text{cm}^2/\text{s} \tag{32}$$

$$\text{Acetona: } D_{ef} = 0,503 D_{\substack{o\\AB}} = (0,503)(4,650 \times 10^{-6}) = 2,339 \times 10^{-6}\ \text{cm}^2/\text{s} \tag{33}$$

Observa-se o efeito do tamanho do soluto no fenômeno difusivo, com valores maiores para aqueles que apresentarem menor valor para o diâmetro característico de difusão.

c) Verificou-se, no item anterior, a influência da interação entre soluto/meio, traduzida no coeficiente de difusão. No presente item, o mecanismo difusivo dá-se muito mais pelo aspecto advectivo, ou seja, por ação externa ao fenômeno difusivo devido à ação de pressão. Nesse caso, o mecanismo difusivo remete à difusão capilar, em que o coeficiente efetivo de difusão, para a MF perpendicular, é obtido da Equação (25.5),

$$D_{V,ef} = \frac{k}{\eta_B}\left(\frac{p_F + p_P}{2}\right)\phi \tag{34}$$

Foi visto no item anterior, que a contribuição da constrição dos poros é importante apenas para a difusão da biomassa bacteriana, sendo que para os demais solutos (tacrolimo, catalase e acetona) este fator deixa de ser importante, ou

$$D_{V,ef} = \frac{k}{\eta_B}\left(\frac{p_F + p_P}{2}\right) \tag{35}$$

em que a permeabilidade é obtida da substituição da Equação (25.7) na Equação (25.6),

$$k = \frac{\sigma_p^2}{(542\varepsilon_p - 128)} \frac{\varepsilon_p^3}{(1-\varepsilon_p)^2} \tag{36}$$

O valor da permeabilidade, portanto, é obtido após substituir $\sigma_p = 3,0\ \mu\text{m} = 3,0 \times 10^{-6}$ m e $\varepsilon_p = 0,83$ na Equação (36),

$$k = \frac{(3,0 \times 10^{-6})^2}{[(542)(0,83) - 128]} \frac{(0,83)^3}{(1-0,83)^2} = 5,532 \times 10^{-13}\ \text{m}^2 \tag{37}$$

O conhecimento do valor da difusividade efetiva viscosa (ou capilar) resulta da substituição, na Equação (35), do resultado 37 associado aos valores de pressão $p_F = 99.974{,}02$ Pa; $p_P = 95.147{,}69$ Pa, bem como do valor da viscosidade dinâmica, $\eta_B = 2{,}52 \times 10^{-3}$ Pa.s, ou

$$D_{V,ef} = \frac{\left(5{,}532 \times 10^{-13}\right)}{\left(2{,}52 \times 10^{-3}\right)}\left(\frac{99.974{,}02 + 95.147{,}69}{2}\right) = 2{,}142 \times 10^{-5}\ m^2/s = 0{,}2142\ cm^2/s \quad (38)$$

O resultado 38 aplica-se para os solutos tacrolimo, catalase e acetona. Ressalte-se que a natureza do coeficiente viscoso de difusão é bastante diferente daqueles encontrados anteriormente, tendo em vista que é regido muito mais pelas características fluidodinâmicas do meio poroso, do que pela natureza físico-química associada à interação soluto/meio. A importância do soluto aparece devido o seu tamanho em relação ao diâmetro dos poros da matriz porosa, traduzida no fator de constrição. Para a biomassa bacteriana, encontrou-se $\phi = 0{,}661$, de modo a substituir esse valor em conjunto com o resultado 38 na Equação (34),

$$D_{V,ef} = \frac{\left(5{,}532 \times 10^{-13}\right)}{\left(2{,}52 \times 10^{-3}\right)}\left(\frac{99.974{,}02 + 95.147{,}69}{2}\right)\left(0{,}661\right) = 1{,}416 \times 10^{-5}\ m^2/s = \\ = 0{,}1416\ cm^2/s \quad (39)$$

REFERÊNCIAS BIBLIOGRÁFICAS

AL-ALAWY, A. F.; AL-MUSAWI, S. M. Microfiltration membranes for separating oil/water emulsion. *Iraqi Journal of Chemical and Petroleum Engineering*, Bagdá, v. 14, n. 4, p. 53-70, 2013.

BAKER, R. W. *Membrane technology and applications*. 2. ed. Chichester: John Wiley & Sons, Ltd, 2004. 545 p.

BERTAN, A. S.; SILVA, S. C. M.; CREMASCO, M. A. Production of tacrolimus using coconut oil as an alternative to glucose. *Acta Scientarium Technology*, Maringá, v. 43, n. 1, p. e55721, 2021.

BERTAN, A. S. *Microfiltration of micelles from fermentation of* Streptomyces tsukubaensis *for the production of tacrolimus*. 2021. 129 f. Dissertação (Mestrado em Engenharia Química) – Universidade Estadual de Campinas, Campinas, 2021.

BERTAN, A. S.; CREMASCO, M. A. *Sistema e processo integrado de microfiltração de micelas oriundas da fermentação via* Streptomyces *sp. destinada à obtenção de macrolídeas imunossupressoras*. 2021, Brasil. Patente: Privilégio de Inovação. Número do registro: BR1020210237244, título: Sistema e processo integrado de microfiltração de micelas oriundas da fermentação via *Streptomyces sp.* destinada à obtenção de macrolídeas imunossupressoras. Instituição de registro: INPI - Instituto Nacional da Propriedade Industrial. Depósito: 25/11/2021.

BERTAN, A. S.; CREMASCO, M. A. The hope as social commitment in the processing of tacrolimus. *The Journal of Engineering and Exact Sciences*, Viçosa, v. 6, n. 4, p. 1-7, 2020.

CREMASCO, M. A. *Operações unitárias em sistemas particulados e fluidomecânicos*. 3. ed. São Paulo: Blucher, 2018. 424 p.

FIELD, R. W.; WU, D.; HOWELL, J. A.; GUPTA, B. B. Critical flux concept for microfiltration fouling. *Journal of Membrane Science*, v. 100, p. 259-272, 1995.

FREIRE, P. *Pedagogia da esperança*. São Paulo: Paz e Terra, 1997. 127 p.

GAVEAU, A.; COETSIER, C.; ROQUES, C.; BACCHIN, P.; DAGUE, E.; CAUSSERAND, C. Bacteria transfer by deformation through microfiltration membrane. *Journal of Membrane Science*, v. 523, p. 446-455, 2017.

HORIIKE, K.; TOJO, H.; Toshio YAMANO, T.; NOZAKI, M. Interpretation of the Stokes radius of macromolecules determined by gel filtration chromatography. *The Journal of Biochemestry*, v. 93, p. 99-106, 1983.

KAUSHAL, J.; MEHANDIA, S.; SINGH, G.; RAINA, A.; ARYA, S. K. Catalase enzyme: Application in bioremediation and food industry. *Biocatalysis and Agricultural Biotecnology*, v. 16, p. 192-199, 2018.

LOMAN, A. *Molecular sizing using fluorescence correlation spectroscopy*. 2010. 91 fls. Thesis. Göttingen: Georg August Universität Göttingen, 2010.

MAJOULI, A.; TAHIRI, S.; YOUNSSI, S. A.; LOUKILI, A.; ALBIZANE, A. Treatment of effluents coming from beamhouse section of tannery by microfiltration through cordierite/zirconia and alumina tubular ceramic membranes. *Journal of Materials and Environmental Science*, v. 3, n. 5, p. 808-815, 2012.

MASSOT, A.; MIETTON-PEUCHOT, M.; PEUCHOT, C.; MILISIC, V. Nanofiltration and reverse osmosis in winemaking. *Desalination*, v. 231, p. 283-289, 2008.

MORENO, R. M. C.; OLIVEIRA, R. C.; BARROS, S. T. D. Comparison between microfiltration and addition of coagulating agents in the clarification of sugar cane juice. *Acta Scientiarum. Technology*, Maringá, v. 34, n. 4, p. 413-419, 2012.

MURAMATSU, H.; NAGAI, K. *Streptomyces tsukubaensis* sp. nov., a producer of the immunosuppressant tacrolimus. *The Journal of Antibiotics*, Tóquio, v. 66, p. 251-254, 2013.

NUNES, J. C. M. *Purificação de DNA plasmídico usando tecnologias de membrana*: Modelação e aplicação, 2013. 150 f. Tese (Doutorado em Química) – Universidade da Beira Interior, Covilhã, 2013.

PACELLA, H. E.; EASH, H. J.; FRANKOWSKI, B. J.; FEDERSPIEL, W. J. Darcy permeability of hollow fiber bundles used in blood oxygenation devices. *Journal of Membrane Science*, v. 382, p. 238-242, 2011.

PINELA, J.; KRUZ, S.; MIGUEL, A. F.; REIS, A. H; AYDIN, M. Permeability-porosity relationship assessment by 2-D numerical simulation. In: 16TH INTERNATIONAL SYMPOSIUM ON TRANSPORT PHENOMENA, 2005. Disponível em: https://www.researchgate.net/publication/260382827_Permeability-Porosity_Relationship_Assessment_by_2D_Numerical_Simulations/link/555ef08008ae8c0cab2c878c/download. Acesso em: 20 jan. 2022.

REID, R. C.; PRAUSNITZ, J. M.; SHERWOOD, T. K. *The properties of gases and liquids*. 3. ed. New York: McGraw-Hill, 1977. 688 p.

SANTOS, I. C. D.; NUNES, G. A.; MELLADO, B. H.; ANJOS, A. C. Y. D.; CUNHA, N. F. Esperança como estratégia de enfrentamento de pacientes com câncer submetidos à quimioterapia: revisão integrativa da literatura. *Brazilian Journal of Health Review*, São José dos Pinhais, v. 3, n. 6, p. 17515-17532, 2020.

SEPRA (Separation Process Application). Membranes separations, 2021. Catálogo. Disponível em: https://www.sepra.it/en/membrane-separation-t-1.html. Acesso em: 09 ago. 2021.

SCHULTZ, S. G.; SOLOMON, A. K. Determination of the effective hydrodynamic radii of small molecules by viscometry. *The Journal of General Physiology*, v. 44, p. 1189-1199, 1961.

SINERGIA CIENTÍFICA. Filtração: princípios e aplicações. 2022. Disponível em: https://www.sinergiacientifica.com.br/filtracao-principios-e-aplicacoes. Acesso em: 16 mar. 2022.

TYN, M. T. *Temperature and concentration dependence of liquid phase diffusion coefficients*. 1974. 327 f. Thesis – Loughborough University of Technology, Department of Chemical Engineering, 1974.

WANG, J.; LIU, H.; HUANG, D.; JIN, L.; WANG, C.; WEN, J. Comparative proteomic and metabolomic analysis of *Streptomyces tsukubaensis* reveals the metabolic mechanism of FK506 overproduction by feeding soybean oil. *Applied Microbiology and Biotechnology*, v. 101, p. 2447-2465, 2017.

CAPÍTULO 26
Ultrafiltração

Não se concebe a existência do ser humano e de inúmeras espécies sem a presença da água e o seu ciclo, conhecido como ciclo hidrológico ou ciclo da água, o qual compreende várias etapas. Há o fenômeno da evaporação, principalmente dos oceanos e incluindo aquela oriunda da transpiração das plantas. Tem-se a condensação, da qual se segue a precipitação, continuada pela percolação, infiltração no solo e drenagem para lagos, rios... oceanos, fechando o ciclo. A água é um bem incomensurável, presente em praticamente todas as atividades produtivas, destacando-se agrícolas e industriais. O tratamento de águas residuárias de unidades de transformação, para posterior devolução a vias fluviais, o reaproveitamento em atividades domésticas, incluindo aquela para fazer escoar os nossos dejetos, são fundamentais para a manutenção do ciclo da água. O seu consumo é o primeiro passo, todavia o zelo da ciência e da tecnologia é de igual importância. Começar por onde? Quem sabe do olhar lançado para o céu em dias nublados pode ser uma das respostas. – Por que não a aproveitar além de fonte de irrigação ou para limpeza de pisos, utilizando-a para consumo? Torná-la potável. É possível? Sim, para tanto se lança mão de fundamentos de transferência de massa. Sendo assim, considere determinada quantidade de água de chuva coletada em um reservatório, Figura 26.1.

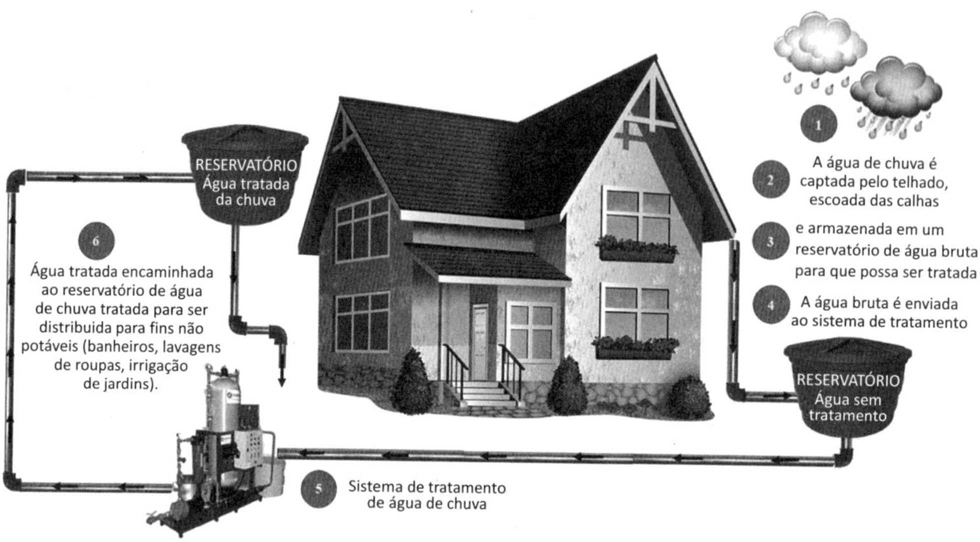

Figura 26.1 – Esquema de tratamento de água de chuva. Baseado em Aquamáxima (2021).

A potabilização da água, contida em tal reservatório, resume-se em remover impurezas, inorgânicas e orgânicas, dentro destas, micro-organismos, como a *Escherichia coli*, e macromoléculas, tal qual o ácido húmico (HA) (MIORANDO; BRIÃO; GIRARDELLI, 2017), resultante da decomposição de matéria orgânica, em que a fórmula molecular é $C_{308}H_{328}N_5$ (GALDINO, 2016), representando massa molar igual 5.539,86 Da, com a fórmula estrutural apresentada na Figura 26.2. A remoção de tais impurezas pode se dar via processos de separação por membranas (PSM). Visto as dimensões da *E. coli* ser 1,1 a 1,5 μm por 2 a 6 μm, a sua separação ocorre por microfiltração (MF), à semelhança do que foi abordado no capítulo anterior. Por outro lado, essa técnica não é recomendada para a remoção do HA, para a qual se emprega a ultrafiltração (UF), indicada principalmente para membranas que apresentam mesoporos (veja a Tabela 20.1). Isso posto, admita a situação em que se utiliza da UF tangencial (Figura 26.3), na qual se faz escoar água de chuva, contida em caixa-d'água, a 27 °C ($\eta_B = 0{,}851$ cP) submetida à pressão transmembrana de 2 bar. O meio filtrante utilizado refere-se à membrana polimérica à base de polietersulfona de diâmetro de corte de 10 kDa, apresentando 280 μm de espessura (MILLIPORE, 2021) e 0,69 de porosidade. Sabendo que a pressão na fase do permeado é igual à atmosférica (0,96 bar) obtenha o valor do coeficiente efetivo de difusão do ácido húmico.

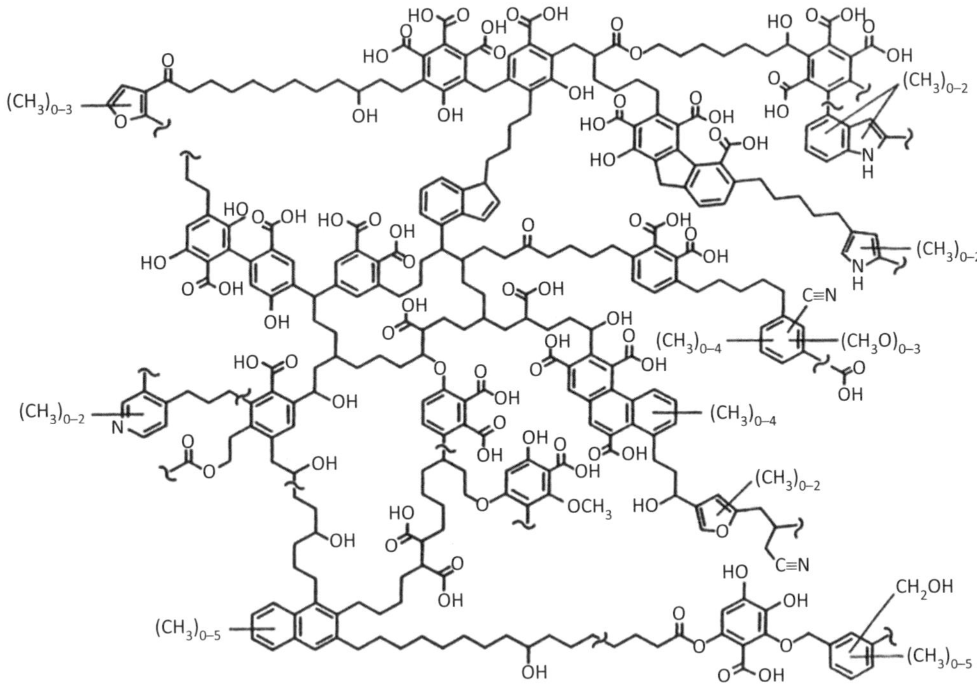

Figura 26.2 – Fórmula estrutural do ácido húmico: modelo de Schulten and Schnitzer (GALDINO, 2016).

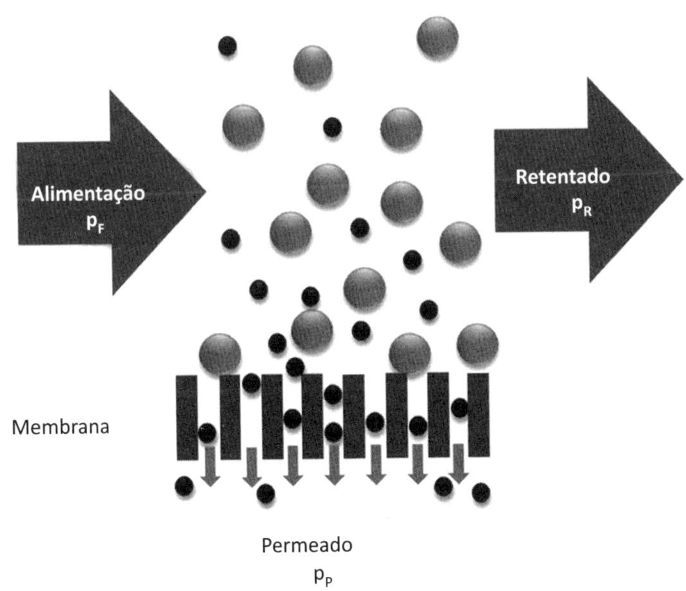

Figura 26.3 – Ultrafiltração tangencial.

COMENTÁRIOS

As membranas constituem-se em meios filtrantes empregados em processos que envolvem microfiltração, nanofiltração, ultrafiltração e osmose reversa (CREMASCO, 2019). Tais processos são conhecidos como processos de separação por membranas (PSM), que podem ser classificados quanto ao tamanho dos poros da membrana (veja as Figuras 25.4 e 25.5). A descrição da UF da água da chuva, assim como a MF pode ser descrita por meio da 2ª Lei de Fick, Equação (25.4), contudo o coeficiente efetivo de difusão do soluto (ácido húmico), tendo em vista a predominância de mesoporos do meio filtrante, advém da equação modificada de Bosanquet na forma

$$\frac{1}{D_{ef}} = \frac{1}{\varepsilon_p D_p \phi} + \frac{1}{D_{V,ef}\phi} \tag{26.1}$$

na qual ε_p é a porosidade da membrana; ϕ, refere-se ao efeito da constrição dos poros da membrana, Equação (25.8), ou

$$\phi = 2\left(1 - \frac{\sigma_A}{\sigma_p}\right)^2 - \left(1 - \frac{\sigma_A}{\sigma_p}\right)^4 \tag{26.2}$$

em que σ_A e σ_p são os diâmetros do soluto e dos poros da membrana, respectivamente. Na Equação (26.1), D_p, coeficiente de difusão nos poros obtido a partir da Equação (20.2), aqui retomada

$$D_p = D_{AB}\frac{\varepsilon_p}{\left(2 - \varepsilon_p\right)^2} \tag{26.3}$$

O coeficiente efetivo $D_{v,ef}$ refere-se ao coeficiente efetivo de difusão de Poiseuille ou coeficiente efetivo de difusão viscosa definido pela Equação (25.5), entretanto reescrita para a alimentação tangencial (veja a Figura 26.3) segundo

$$D_{v,ef} = \frac{k}{\eta_B}\left(\frac{\langle p\rangle + p_p}{2}\right) \tag{26.4}$$

com o valor da permeabilidade advinda da Equação (25.6), e a constante de Kozeny, da Equação (25.7), aqui retomadas, respectivamente,

$$k = \frac{\sigma_p^2}{36\beta}\frac{\varepsilon_p^3}{\left(1 - \varepsilon_p\right)^2} \tag{26.5}$$

$$36\beta = 542\varepsilon_p - 128 \tag{26.6}$$

A pressão média, <p>, contida na Equação (26.4), é definida como

$$\langle p \rangle = \frac{p_F + p_R}{2} \tag{26.7}$$

sendo p_F, pressão de alimentação da água de chuva; p_R, pressão na saída do retentado; p_P, pressão na saída do permeado (veja a Figura 26.3). Convém ressaltar que, no caso da UF com alimentação tangencial, o diferencial de pressão é substituído pela pressão transmembrana, PTM, definida segundo (BERTAN, 2021)

$$PTM = \left(\frac{p_F + p_R}{2} \right) - p_P \tag{26.8}$$

FORMULÁRIO

Observa-se, na Equação (26.3), a necessidade de se conhecer o valor do coeficiente de difusão do ácido húmico (HA) em água. Tendo em vista a diluição do HA, esse coeficiente pode ser obtido a partir da equação de Stokes-Einstein, Equação (11.1), retomada

$$D_{\overset{\circ}{A}B} = 1,465 \times 10^{-15} \frac{T}{\eta_B \sigma_A} \tag{26.9}$$

com o resultado para o D_{AB} em cm^2/s, utilizando-se a viscosidade dinâmica, η_B, em cP; temperatura, T, em K, e o diâmetro de Stokes-Einstein do HA, σ_A, em cm. Visto o HA ser uma macromolécula, o valor de seu diâmetro pode ser obtido a partir de (MORÃO et al., 2009),

$$\sigma_A = 5,64 \times 10^{-9} M_A^{0,47752} \tag{26.10}$$

com o resultado em cm, e a massa molar, em Dalton. Substituindo-se a Equação (26.10) na Equação (26.9), tem-se

$$D_{\overset{\circ}{A}B} = 2,597 \times 10^{-7} \frac{T}{\eta_B M_A^{0,47752}} \tag{26.11}$$

Informações adicionais

1 kDa = 10^3 Da; 1 bar = 1×10^5 Pa; 1 cP = 1×10^{-3} Pa.s; 1 μm = 1×10^{-4} cm.

SOLUÇÃO

Deseja-se conhecer o valor do coeficiente efetivo de difusão do ácido húmico, diluído em água, em uma membrana mesoporosa, a partir da Equação (26.1)

$$\frac{1}{D_{ef}} = \frac{1}{\varepsilon_p D_p \phi} + \frac{1}{D_{V,ef}\phi} \tag{1}$$

Ao se inspecionar a Equação (1), verifica-se que foi fornecido o valor da porosidade da membrana, $\varepsilon_p = 0{,}69$. A obtenção do fator de constrição resulta da utilização da Equação (26.2), retomada

$$\phi = 2\left(1 - \frac{\sigma_A}{\sigma_p}\right)^2 - \left(1 - \frac{\sigma_A}{\sigma_p}\right)^4 \tag{2}$$

Assumindo que a Equação (26.2) pode ser utilizada para avaliar os diâmetros tanto do soluto quanto dos poros, tem-se a seguinte relação entre tais diâmetros

$$\gamma = \frac{\sigma_A}{\sigma_p} = \left(\frac{M_A}{M_p}\right)^{0,47752} \tag{3}$$

Uma vez que $M_A = 5.539{,}86$ Da e $M_p = 10$ kDa $= 10.000$ Da, tem-se na Equação (3)

$$\gamma = \left(\frac{M_A}{M_p}\right)^{0,47752} = \left(\frac{5.539{,}86}{10.000}\right)^{0,47752} = 0{,}754 \tag{4}$$

que, considerando-se a relação 3, pode ser levada na Equação (2),

$$\phi = 2(1 - 0{,}754)^2 - (1 - 0{,}754)^4 = 0{,}117 \tag{5}$$

A obtenção do valor do coeficiente de difusão nos mesoporos da membrana advém da Equação (26.3),

$$D_p = D^{\circ}_{AB} \frac{\varepsilon_p}{(2 - \varepsilon_p)^2} \tag{6}$$

Visto $\varepsilon_p = 0{,}69$, deve-se calcular o valor do coeficiente de difusão, oriundo da Equação (26.11)

$$D_{\overset{o}{AB}} = 2{,}597\times10^{-7}\frac{T}{\eta_B M_A^{0,47752}} \tag{7}$$

Uma vez que T = 27 °C = 27 + 273,15 = 300,15 K, η_B = 0,851 cP e M_A = 5.539,86 Da, tem-se da Equação (7)

$$D_{\overset{o}{AB}} = \left(2{,}597\times10^{-7}\right)\frac{(300{,}15)}{(0{,}851)(5.539{,}86)^{0,47752}} = 1{,}494\times10^{-6}\ \text{cm}^2/\text{s} \tag{8}$$

Dessa maneira, resulta da Equação (6),

$$D_p = D_{\overset{o}{AB}}\frac{\varepsilon_p}{\left(2-\varepsilon_p\right)^2} = \left(1{,}494\times10^{-6}\right)\frac{(0{,}69)}{(2-0{,}69)^2} = 6{,}007\times10^{-7}\ \text{cm}^2/\text{s} \tag{9}$$

O valor da difusividade efetiva viscosa do ácido húmico na membrana considerada, $D_{V,ef}$, advém do emprego da Equação (26.4), retomada

$$D_{V,ef} = \frac{k}{\eta_B}\left(\frac{\langle p\rangle + p_P}{2}\right) \tag{10}$$

Para o cálculo do valor da pressão média, $\langle p \rangle$, utiliza-se a Equação (26.7),

$$\langle p\rangle = \frac{p_F + p_R}{2} \tag{11}$$

que pode ser obtida a partir da Equação (26.8), esta retomada na forma

$$\langle p\rangle = \frac{p_F + p_R}{2} = \text{PTM} + p_R \tag{12}$$

Visto PTM = 2 bar = 2×10^5 Pa e p_p = 0,96 bar = $0{,}96\times10^5$ Pa, tem-se na Equação (12)

$$\langle p\rangle = \text{PTM} + p_P = 2{,}0\times10^5 + 0{,}96\times10^5 = 2{,}96\times10^5\ \text{Pa} \tag{13}$$

Visto $\eta_B = 0{,}851$ cP $= 0{,}851 \times 10^{-3}$ Pa.s, deve-se obter o valor da permeabilidade dado pela Equação (26.5),

$$k = \frac{\sigma_p^2}{36\beta}\frac{\varepsilon_p^3}{\left(1-\varepsilon_p\right)^2} \tag{14}$$

com a constante de Kozeny a partir da Equação (26.6),

$$36\beta = 542\varepsilon_p - 128 \tag{15}$$

Uma vez que $\varepsilon_p = 0{,}69$,

$$36\beta = 542\left(0{,}69\right) - 128 = 245{,}98 \tag{16}$$

Nota-se na Equação (14) a necessidade de conhecer o valor do diâmetro dos mesoporos da membrana. Nesse caso, assumiu-se a Equação (26.10) para tanto. Retomando-a

$$\sigma_p = 5{,}64\times10^{-9}M_p^{0,47752} \tag{17}$$

Visto $M_p = 10.000$ Da,

$$\sigma_p = 5{,}64\times10^{-9}M_p^{0,47752} = \left(5{,}64\times10^{-9}\right)\left(10.000\right)^{0,47752} = 4{,}585\times10^{-7}\text{ cm} \tag{18}$$

O valor da permeabilidade é obtido após substituir $\varepsilon_p = 0{,}69$ e os resultados 16 e 18 na Equação (14),

$$k = \frac{\left(4{,}585\times10^{-7}\right)^2\left(0{,}69\right)^3}{\left(245{,}98\right)\left(1-0{,}69\right)^2} = 2{,}921\times10^{-15}\text{ cm}^2 \tag{19}$$

O valor da difusividade efetiva viscosa resulta da substituição de $\eta_B = 0{,}851 \times 10^{-3}$ Pa.s, $p_P = 0{,}96 \times 10^5$ Pa, bem como os resultados 13 e 19 na Equação (10), ou

$$D_{V,ef} = \frac{\left(2{,}921\times10^{-15}\right)}{\left(0{,}851\times10^{-3}\right)}\left(\frac{2{,}96\times10^5 + 0{,}96\times10^5}{2}\right) = 6{,}728\times10^{-7}\text{ cm}^2/\text{s} \tag{20}$$

A obtenção do valor do coeficiente efetivo de difusão advém da substituição de $\varepsilon_p = 0,69$, dos resultados 5, 9 e 20 na Equação (1)

$$\frac{1}{D_{ef}} = \frac{1}{(0,69)(6,007\times10^{-7})(0,117)} + \frac{1}{(6,728\times10^{-7})(0,117)} = 3,332\times10^{7}\ s/cm^{2} \quad (21)$$

ou

$$D_{ef} = 3,001\times10^{-8}\ cm^{2}/s \quad (22)$$

REFERÊNCIAS BIBLIOGRÁFICAS

AQUAMÁXIMA. Aproveitamento de água de chuva, 2021. Disponível em: https://acquamaxima.com.br/produtos/aproveitamento-de-agua-de-chuva/. Acesso em: 05 ago. 2021.

BAKER, R. W. *Membrane technology and applications*. 2. ed. New York: John Wiley & Sons, 2004. 538 p.

BERTAN, A. S. *Microfiltration of micelles from fermentation of* Streptomyces tsukubaensis *for the production of tacrolimus*. 2021. 129 f. Dissertação (Mestrado em Engenharia Química) – Universidade Estadual de Campinas, Campinas, 2021.

CREMASCO, M. A. *Difusão mássica*. São Paulo: Blucher, 2019. 284p.

GALDINO, A. C. P. *Remoção de ácidos húmicos de águas com fins de potabilidade utilizando o reagente de Fenton como pré-oxidante em processos de tratamento de água*. 2016. 94 f. Dissertação (Engenharia de Materiais, Processos Químicos e Metalúrgicos) – Pontifícia Universidade Católica do Rio de Janeiro, Rio de Janeiro, 2016.

MILLIPORE. *Ultrafiltration membranes*, 2021. Catálogo. Disponível em: https://www.merckmillipore.com/BR/pt/product/Filtration-Discs,MM_NF-C3258. Acesso em: 21 jul. 2021.

MIORANDO, T.; BRIÃO, V. B.; GIRARDELLI, L. Potabilização de água da chuva por ultrafiltração. *Engenharia Sanitária e Ambiental*, Rio de Janeiro, v. 22, n. 3, p. 481-490, 2017.

MORÃO, A. M.; NUNES, J. C.; SOUSA, F.; de AMORIM, M. T. P.; EESCOBAR, I. C.; QUEIROZ, J. A. Development of a model for membrane filtration of long and flexible macromolecules: application to predict dextran and linear DNA rejections in ultrafiltration. *Journal of Membrane Science*, v. 336, p. 61-70, 2009.

CAPÍTULO 27
Nanofiltração

O que é a vida? É o que se sonha ou o que se respira? A vida, em senso comum que trafega por nossos dias, está atrelada, por exemplo, à presença de oxigênio. Há mais de 2,5 bilhões de anos, quase não havia esse gás na atmosfera de nosso Planeta, e a vida estava confinada à existência de organismos unicelulares. Alguns desses passaram a capturar a luz solar e a produzir oxigênio sob a água, em que uma parcela do gás escapava para a atmosfera, alterando-a c possibilitando estruturas mais complexas de vida. Tal ação unicelular, segundo correntes teóricas, deve-se à produção fotossintética de oxigênio por cianobactérias. Conhecidas como cianofíceas ou algas azuis, as cianobactérias apresentam tamanho entre 0,2 e 2 μm, cuja energia metabólica é oriunda da fotossíntese. Apesar de serem fontes de agentes antivirais, antibióticos, antitumorais e antifúngicos, as cianobactérias, em certas condições de temperatura e carga de nutrientes, acarretam a sua floração, causando sabor e odor desagradável na água e, principalmente, produzem cianotoxinas no interior de suas células. Tais compostos intracelulares são liberados na água em decorrência de lise celular (FERREIRA, 2010), trazendo risco à saúde, inclusive por meio da hemodiálise via endovenosa (LEAL; SOARES, 2004). A Organização Mundial da Saúde fixou em 1,0 μg/l de concentração máxima da variante MC-LR (FERREIRA, 2010), um tipo de microcistina produzida por cianobactérias (principalmente por *Microcystis aeruginosa*). As microcistinas (Figura 27.1) atuam principalmente no fígado, podendo levar a óbito, em poucas horas, por decorrência de hemorragia no órgão. A presença de cianobactérias pode ocasionar problemas operacionais nas estações de tratamento de água, como interferências nos processos de coagulação, de floculação, colmatação de filtros e, consequentemente, redução da eficiência do processo, resultando em problemas de qualidade da água tratada.

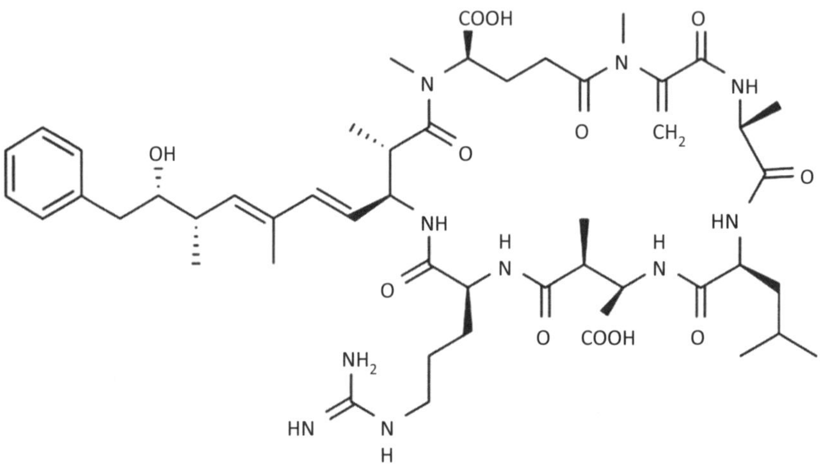

Figura 27.1 – Representação da estrutura da microcistina LR (MARTINS, 2010).

Na intenção de se procurar o tratamento adequado de águas, sejam elas superficiais ou subterrâneas, o emprego de membranas mostra-se uma alternativa a ser avaliada para a purificação. A utilização das técnicas de ultrafiltração (UF) e de microfiltração (MF) são indicadas para a retenção cianobactérias e de contaminantes que apresentem dimensão maior do que essas células, mas não as cianotoxinas (FERREIRA, 2010). Visto a massa molar da MC-LR ser igual a 994 Da, a nanofiltração (NF) apresenta-se como técnica adequada para a sua retenção (veja as Figuras 25.4 e 25.5). Como pode ser observado, o tratamento da água, que contém algas azuis, é essencial em vários aspectos e atinge diversas atividades humanas. Nesse sentido, busca-se avaliar o fenômeno de transferência de massa associado à remoção tanto de cianobactérias quanto de microcistinas. Utiliza-se a MF para a primeira situação, enquanto para o segundo caso, a NF. Independentemente da técnica, é imperativo o conhecimento de elementos básicos de difusão mássica. Desse modo, pede-se:

a) considerando-se que a água a ser tratada esteja a 27 °C (η_B = 0,851 cP), obtenha o cartograma 2D que descreva o movimento browniano tanto da cianobactéria, considerando-se o seu diâmetro igual a 0,2 μm, quanto da microcistina, assumindo sua massa molar igual a 994 Da. Use, para tanto, número de passos $L = 10^5$ e $\Delta t = 1$ ns;

b) assumindo que a operação de MF a 27 °C é do tipo tangencial, cuja pressão transmembrana é igual a 3 bar e a do permeado igual a 0,98 bar, obtenha o valor do coeficiente capilar de difusão associado à remoção de cianobactérias, considerando-se o elemento filtrante uma membrana de éster de celulose de diâmetro médio de poro igual a 0,22 μm e porosidade igual a 0,75 (BERTAN, 2021);

c) obtenha o valor do coeficiente efetivo de difusão da microcistina para NF tangencial a 27 °C, em que a pressão transmembrana é igual a 15 bar, considerando-se a membrana polimérica à base de poli(fluoreto de vinilideno), ilustrada na Figura 27.2, que apresenta diâmetro médio de poro igual a 3,44 nm e porosidade igual a 0,0367 (THÜRMER, 2010).

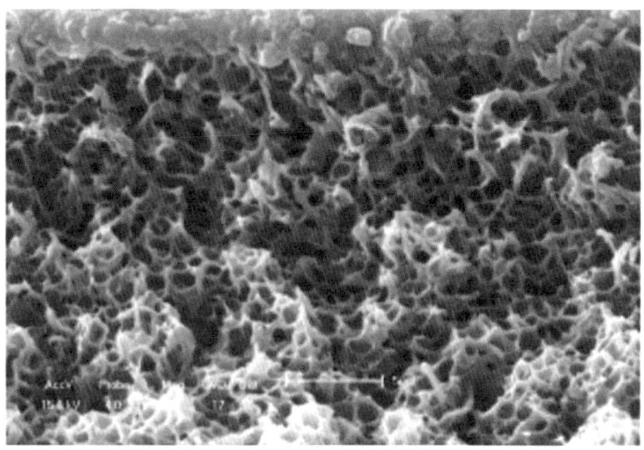

Figura 27.2 – Micrografia (MEV) (ampliação de 3.000 X) (THÜRMER, 2010).

COMENTÁRIOS

No caso do tratamento de água para consumo humano, as estações para tanto precisam ser aprimoradas, a começar com a introdução de processos de separação por membranas, feito a NF, que opera até 40 bar e recomendada para a retenção de moléculas de até 10 nm (Figura 25.4). O processo de NF apresenta vantagens como: facilidade de operação, confiabilidade, não requer o uso de aditivos e construção modular o que torna fácil a construção (THÜRMER, 2010), cujo leque de aplicação pode ser visto na Tabela 27.1. O princípio básico da nanofiltração é semelhante aos demais processos por membranas (MF, UF), assim como a sua fundamentação teórica, diferenciando-se, além da faixa de pressão operacional, do diâmetro da matriz porosa.

Tabela 27.1 – Aplicações das membranas NF em várias indústrias (FERREIRA, 2010)

Indústria	Aplicações
de Alimentos	• desmineralização de soro de leite • desmineralização de soluções de açúcar • reutilização de nutrientes provenientes do processo de fermentação • separação de óleo de girassol do solvente • tratamento de efluentes • purificação de ácidos orgânicos
Têxtil	• separação de aminoácidos • remoção de corantes de águas residuais
Curtumes	• reutilização de água e sais de águas residuais
Papel	• recuperação e reutilização de cromo (III) e cromo (II) • recuperação de águas residuais
Química	• recuperação de solução de branqueamento • preparação do brometo • recuperação de soluções cáusticas na produção de celulose • precipitação de $CaSO_4$
Tratamento de água para consumo humano	• remoção dos precursores de subprodutos de desinfecção • remoção da dureza • remoção de matéria orgânica natural • remoção de pesticidas • remoção de metais pesados como Pb, Fe, Cu, Zn e sílica • tratamento de água salobra
Aterros sanitários	• remoção de fosfatos, sulfatos, nitratos
Agricultura	• remoção de algas tóxicas • remoção de selênio da drenagem da água

FORMULÁRIO

A descrição do mecanismo da difusão mássica aleatória tanto da cianobactéria quanto para a microcistina diluída em água, segue aquela apresentada no Capítulo 4, cujo deslocamento de uma partícula material (A) segue o processo de Wiener para duas dimensões, segundo

$$r(t) = r(t - \Delta t) + \beta_A R_i \tag{27.1}$$

para r = x ou y, com R_i, números pseudoaleatórios N(0,1). A obtenção do cartograma 2 D que descreve o deslocamento do íon segue a Equação (27.1), identificando-se nesta a Equação (4.26), aqui retomada

$$\beta_A = \sqrt{2D_{\mathring{A}B}\,\Delta t} \tag{27.2}$$

$D_{\mathring{A}B}$ é o coeficiente de difusão do soluto j (A) diluído em água (espécie B). Ao se conhecer os valores de β_A e o número de passo L, utiliza-se o algoritmo fornecido na Figura 27.3.

```
Input: soluto j, L (número de passos),
       randn (números pseudoaleatórios que segue N(0,1); Box-Müller, p. ex.)
       βj (desvio padrão do soluto A),
Output: cartograma 2D
    enquanto i = 0 faça
        0 ← xj
        0 ← yj
    para i = 1 → L faça
        randn ← número pseudoaleatório – N(0,1)
        x ← x + βj*randn
        randn ← número pseudoaleatório – N(0,1)
        y ← y + βj*randn
    return (leia novo i)
    return (leia novo j)
    end
```

Figura 27.3 – Algoritmo para a descrição do deslocamento da partícula material ao longo do tempo.

No caso da obtenção do valor do coeficiente de difusão, utiliza-se a Equação (26.9), mas considerando o diâmetro de Stokes-Einstein, σ_A, em cm,

$$D_{\mathring{A}B} = 1{,}465\times10^{-15}\frac{T}{\eta_B\sigma_A} \tag{27.3}$$

com T em Kelvin; η_B, em cP, e o resultado do $D_{\mathring{A}B}$ em cm^2/s. Para a microcistina, conhece-se sua massa molar (M_A = 994 Da), de modo que o seu diâmetro de Stokes-Einstein pode ser estimado a partir da Equação (25.12), considerando o valor em cm, ou

$$\sigma_A = 4{,}96\times10^{-9}M_A^{1/2} \tag{27.4}$$

com σ_A em cm e M_A em Da. Em se tratando de difusão capilar ou de Poiseuille, o coeficiente efetivo $D_{v,ef}$ advém da Equação (25.5),

$$D_{V,ef} = \frac{k}{\eta_B}\left(\frac{p_F + p_p}{2}\right)\phi \tag{27.5}$$

com o parâmetro ϕ oriundo da Equação (25.8), ou

$$\phi = 2\left(1 - \frac{\sigma_A}{\sigma_p}\right)^2 - \left(1 - \frac{\sigma_A}{\sigma_p}\right)^4 \tag{27.6}$$

em que σ_A e σ_p são os diâmetros do soluto e dos poros da membrana, respectivamente. O valor da permeabilidade k é obtida da Equação (25.6),

$$k = \frac{\sigma_p^2}{36\beta}\frac{\varepsilon_p^3}{\left(1 - \varepsilon_p\right)^2} \tag{27.7}$$

sendo para MF e UF (PACELLA et al., 2011)

$$36\beta = 542\varepsilon_p - 128 \tag{27.8}$$

e para NF (TERUAL; RIZWAN-UDDIN, 2009)

$$36\beta = 294{,}7 \tag{27.9}$$

A pressão média, <p>, para a filtração tangencial é definida pela Equação (26.7), retomada aqui

$$\langle p \rangle = \frac{p_F + p_R}{2} \tag{27.10}$$

sendo p_F, pressão de alimentação; p_R, pressão na saída do retentado; p_p, pressão na saída do permeado (veja a Figura 26.3). Em se tratando de alimentação tangencial, o diferencial de pressão é substituído pela pressão transmembrana, PTM, definida pela Equação (26.8), ou

$$PTM = \frac{p_F + p_R}{2} - p_p \tag{27.11}$$

A descrição da nanofiltração, assim como a ultrafiltração pode ser descrita por meio da 2ª Lei de Fick, cujo coeficiente efetivo de difusão advém de

$$\frac{1}{D_{ef}} = \frac{1}{\varepsilon_p D_p} + \frac{1}{D_{V,ef}} \tag{27.12}$$

na qual ε_p é a porosidade da membrana; D_p, coeficiente de difusão nos poros obtido a partir da Equação (25.10), considerando-se a diluição do soluto, bem como corrigido com o efeito da constrição dos poros,

$$D_p = D_{\overset{\circ}{A}B} \frac{\varepsilon_p}{\left(2-\varepsilon_p\right)^2} \phi \tag{27.13}$$

Informações adicionais

1 cm = 1 × 10^4 μm = 1 × 10^7 nm; 1 cm^2/s = 1,0 × 10^7 $\mathring{A}^2$/ns; 1 bar = 1 × 10^5 Pa; 1 cP = 1 × 10^{-3} Pa.s.

SOLUÇÃO

a) Busca-se, neste item, a construção do cartograma 2D que descreva o movimento browniano tanto da cianobactéria quanto da microcistina em água a 27 °C. Para tanto, deve-se conhecer o valor do desvio padrão, β_A, a partir da Equação (27.2),

$$\beta_A = \sqrt{2D_{\overset{\circ}{A}B}\Delta t} \tag{1}$$

Visto Δt = 1 ns, a obtenção do valor do coeficiente de difusão advém da Equação (27.3) para a cianobactéria,

$$D_{\overset{\circ}{A}B} = 1,465\times10^{-15}\frac{T}{\eta_B\sigma_A} \tag{2}$$

Sabendo que T = 27 = 27 + 273,15 = 300,15 K, η_B = 0,851 cP e σ_A = 0,2 μm = 0,2 × 10^{-4} cm, tem-se na Equação (2)

$$D_{\overset{\circ}{A}B} = \left(1,465\times10^{-15}\right)\frac{(300,15)}{(0,851)\left(0,20\times10^{-4}\right)} = 2,584\times10^{-8}\ cm^2/s = 0,2584\ \mathring{A}^2/ns \tag{3}$$

Levando esse resultado em conjunto com $\Delta t = 1$ ns na Equação (1),

$$\beta_{ciano.} = \sqrt{(2)(0,2584)(1)} = 0,719\ \mathring{A} \tag{4}$$

Para A = microcistina retoma-se a Equação (27.4),

$$\sigma_A = 4,96 \times 10^{-9} M_A^{1/2} \tag{5}$$

com $M_A = 994$ Da, no que resulta

$$\sigma_A = \left(4,96 \times 10^{-9}\right)(994)^{1/2} = 1,564 \times 10^{-7}\ \text{cm} \tag{6}$$

Uma vez que T = 27 = 27 + 273,15 = 300,15 K e $\eta_B = 0,851$ cP, pode-se substitui-los na Equação (2),

$$D_{\overset{o}{A}B} = \left(1,465 \times 10^{-15}\right) \frac{(300,15)}{(0,851)\left(1,564 \times 10^{-7}\right)} = 3,304 \times 10^{-6}\ \text{cm}^2/\text{s} = 33,04\ \mathring{A}^2/\text{ns} \tag{7}$$

Substituindo $\Delta t = 1$ ns e o resultado 7 na Equação (1),

$$\beta_{microc.} = \sqrt{(2)(33,04)(1)} = 8,129\ \mathring{A} \tag{8}$$

Visto $L = 10^5$, lança-se mão do algoritmo apresentado na Figura 27.3 para apresentar o cartograma 2D na Figura 1. Verifica-se, notadamente, o espalhamento muito maior da toxina em água quando comparado ao da cianobactéria.

b) Assumindo que a operação de MF a 27 °C é do tipo tangencial, cuja pressão transmembrana é igual a 2 bar e a do permeado igual a 0,98 bar, objetiva-se conhecer o valor do coeficiente capilar de difusão associado à remoção de cianobactérias, considerando-se a membranas de éster de celulose de $\sigma_p = 0,22$ μm e $\varepsilon_p = 0,75$. Desse modo, o valor do coeficiente capilar de difusão associado à remoção de cianobactérias, já com a correção de constrição dos poros, advém do emprego da Equação (27.5)

$$D_{V,ef} = \frac{k}{\eta_B}\left(\frac{\langle p \rangle + p_p}{2}\right)\phi \tag{9}$$

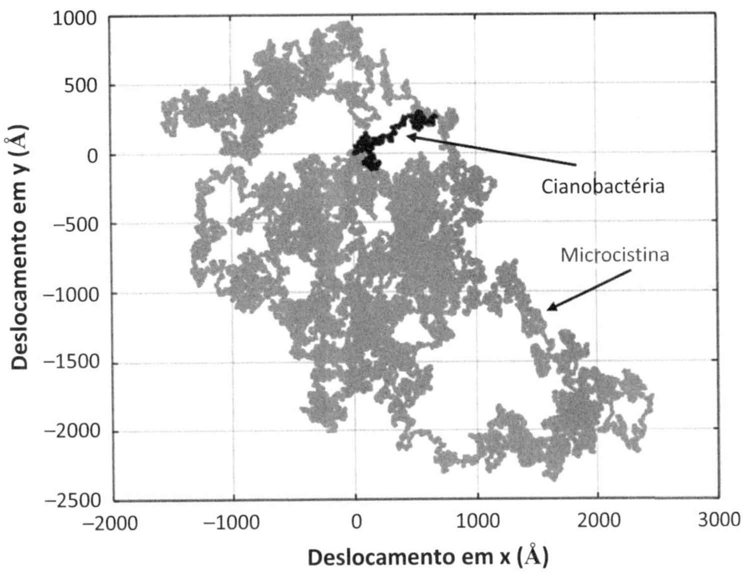

Figura 1 – Cartograma 2D ilustrativo do movimento browniano da microcistina e da cianobactéria em água a 27 °C.

Com o fator de constrição dos poros a partir da Equação (27.6),

$$\phi = 2\left(1 - \frac{\sigma_A}{\sigma_p}\right)^2 - \left(1 - \frac{\sigma_A}{\sigma_p}\right)^4 \tag{10}$$

Uma vez que $\sigma_A = 0{,}2\ \mu m$, tem-se para a membrana MF1: $\sigma_p = 0{,}22\ \mu m$ (Tabela 27.1), no que resulta da Equação (10)

$$\phi = 2\left(1 - \frac{0{,}2}{0{,}22}\right)^2 - \left(1 - \frac{0{,}2}{0{,}22}\right)^4 = 0{,}0165 \tag{11}$$

Pode-se obter o valor da permeabilidade considerando-se as Equações (27.7) e (27.8), ou

$$k = \frac{\sigma_p^2}{\left(541 - 128\varepsilon_p\right)} \frac{\varepsilon_p^3}{\left(1 - \varepsilon_p\right)^2} \tag{12}$$

Uma vez que $\sigma_p = 0{,}22\ \mu m = 0{,}22 \times 10^{-4}$ cm e $\varepsilon_p = 0{,}75$, tem-se na Equação (12)

$$k = \frac{\left(0{,}22\times10^{-4}\right)^2}{\left[(542)(0{,}75)-128\right]}\frac{\left(0{,}75\right)^3}{\left(1-0{,}75\right)^2} = 1{,}17\times10^{-11}\ \text{cm}^2 \quad (13)$$

Para a obtenção do valor da pressão média, <p>, utiliza-se a Equação (27.10) em conjunto com a Equação (27.11) para resultar em

$$\langle p\rangle = \frac{p_F + p_P}{2} = PTM + p_P \quad (14)$$

Uma vez que PTM = 3 bar = 3×10^5 Pa e $p_P = 0{,}98$ bar $= 0{,}98 \times 10^5$ Pa, tem-se na Equação (14)

$$\langle p\rangle = PTM + p_P = 3{,}0\times10^5 + 0{,}98\times10^5 = 3{,}98\times10^5\ \text{Pa} \quad (15)$$

Como $\eta_B = 0{,}851$ cP $= 0{,}851 \times 10^{-3}$ Pa.s e $p_P = 0{,}98 \times 10^5$ Pa, substitui-se esses resultados em conjunto com os resultados 11, 13 e 15 na Equação (9)

$$D_{V,ef} = \frac{\left(1{,}17\times10^{-11}\right)}{\left(0{,}851\times10^{-3}\right)}\left(\frac{3{,}987\times10^5 + 0{,}98\times10^5}{2}\right)(0{,}0165) = 5{,}626\times10^{-5}\ \text{cm}^2/\text{s} \quad (16)$$

c) O valor do coeficiente efetivo de difusão da microcistina para NF tangencial a 27 ºC, utilizando-se uma membrana polimérica à base de poli(fluoreto de vinilideno) de diâmetro médio de poro igual a 3,44 nm e porosidade igual a 0,0367 advém do emprego da Equação (27.12),

$$\frac{1}{D_{ef}} = \frac{1}{\varepsilon_p D_p} + \frac{1}{D_{V,ef}} \quad (17)$$

O valor do coeficiente de difusão nos poros, já assumindo o efeito de constrição dos poros, resulta do emprego da Equação (27.13), ou

$$D_p = D^{\circ}_{AB}\frac{\varepsilon_p}{\left(2-\varepsilon_p\right)^2}\phi \quad (18)$$

Visto $D_{\text{ÅB}} = 3{,}396 \times 10^{-6}$ cm²/s (resultado 7) e $\varepsilon_p = 0{,}0367$, resta obter o valor do fator de constrição dos poros a partir da Equação (10). Como $\sigma_P = 3{,}44$ nm, o valor de σ_A está apresentado no resultado 6, considerando-se em nanômetros ou $\sigma_A = 1{,}564$ nm, tem-se na Equação (10)

$$\phi = 2\left(1 - \frac{1,564}{3,44}\right)^2 - \left(1 - \frac{1,564}{3,44}\right)^4 = 0,506 \tag{19}$$

Desse modo, obtém-se o valor de D_p, substituindo-se $D_{\text{ÅB}} = 3{,}304 \times 10^{-6}$ cm²/s, $\varepsilon_p = 0{,}0367$ e o resultado 19 na Equação (18),

$$D_p = \left(3,304\times10^{-6}\right)\frac{(0,0367)}{(2-0,0367)^2}(0,506) = 1,592\times10^{-8}\ \text{cm}^2/\text{s} \tag{20}$$

Obtém-se o valor da permeabilidade considerando-se as Equações (27.7) e (27.9), ou

$$k = \frac{\sigma_p^2}{294,7}\frac{\varepsilon_p^3}{\left(1-\varepsilon_p\right)^2} \tag{21}$$

Como $\sigma_P = 3{,}44$ nm $= 3{,}44 \times 10^{-7}$ cm e $\varepsilon_p = 0{,}0367$, tem-se na Equação (21)

$$k = \frac{\left(3,44\times10^{-7}\right)^2}{(294,7)}\frac{(0,0367)^3}{(1-0,0367)^2} = 2,139\times10^{-20}\ \text{cm}^2 \tag{22}$$

Como PTM = 15 bar = 15×10^5 Pa e $p_p = 0{,}98$ bar $= 0{,}98 \times 10^5$ Pa, tem-se na Equação (14)

$$\langle p\rangle = \text{PTM} + p_p = 15,0\times10^5 + 0,98\times10^5 = 15,98\times10^5\ \text{Pa} \tag{23}$$

Como $\eta_B = 0{,}851$ cP $= 0{,}851 \times 10^{-3}$ Pa.s e $p_p = 0{,}98 \times 10^5$ Pa, substitui-se esses resultados em conjunto com os resultados 19, 22 e 23 na Equação (9)

$$D_{V,ef} = \frac{\left(2,139\times10^{-11}\right)}{\left(0,851\times10^{-3}\right)}\left(\frac{15,98\times10^5 + 0,98\times10^5}{2}\right)(0,525) = 1,119\times10^{-11}\ \text{cm}^2/\text{s} \tag{24}$$

Uma vez que $\varepsilon_p = 0{,}0367$, leva-se os resultados 20 e 24 na Equação (17)

$$\frac{1}{D_{ef}} = \frac{1}{(0{,}0367)(1{,}592 \times 10^{-8})} + \frac{1}{(1{,}119 \times 10^{-11})}$$

resultando em

$$D_{ef} = 1{,}098 \times 10^{-11}\ \mathrm{cm^2/s} \tag{25}$$

REFERÊNCIAS BIBLIOGRÁFICAS

BERTAN, A. S. *Microfiltration of micelles from fermentation of* Streptomyces tsukubaensis *for the production of tacrolimus.* 2021. 129 f. Dissertação (Mestrado em Engenharia Química) - Universidade Estadual de Campinas, Campinas, 2021.

FERREIRA, M. A. S. *Nanofiltração à escala laboratorial na remoção de cianotoxinas.* 2010. 84 f. Dissertação (Mestrado integrado em Engenharia do Ambiente na área de Tecnologias Ambientais) - Universidade do Algarve, Faro, 2010.

LEAL, A. C.; SOARES, M. C. P. Hepatotoxicidade da cianotoxina microcistina. *Revista da Sociedade Brasileira de Medicina Tropical,* Uberaba, v. 37, n. 2, p. 84-89, 2004.

MARTINS, N. D. *Efeitos da microcistina-LR (*Microcystis aeruginosa*) sobre parâmetros cardio-respiratórios de tilápia-do-Nilo (*Oerochromis niloticus*).* 2010. 44 f. Dissertação (Mestrado em Ciências Fisiológicas) - Universidade Federal de São Carlos, São Carlos, 2010.

PACELLA, H. E.; EASH, H. J.; FRANKOWSKI, B. J.; FEDERPIEL, W. J. Darcy permeability of hollow fiber bundles used in blood oxygenation devices. *Journal of Membrane Science,* v. 382, p. 238-242, 2011.

TERUAL, F. E.; RIZWAN-UDDIN. Characterization of a porous medium employing numerical tools: Permeability and pressure-drop from Darcy to turbulence. *International Journal of Heat and Mass Transfer,* v. 52, p. 5878-5888, 2009.

THÜRMER, M. B. *Preparação e caracterização de membranas poliméricas de poli(fluoreto de vinilideno) para uso em nanofiltração.* 2010. 88 f. Dissertação (Mestrado em Materiais) - Universidade de Caxias do Sul, Caxias do Sul, 2010.

CAPÍTULO 28
Permeação de gases

Nhanderu criou Mba'ewerá, a primeira Terra, e as palmeiras sagradas. Plantou quatro delas nos quatro cantos do mundo como se fossem pontos cardeais para guiar suas filhas e filhos. Também deu origem à luz, à noite, à neblina, ao trovão, ao raio, enfim tudo o que brilha e o que escurece. Mba'ewerá assemelha-se a uma oca: o tronco central é o espinhaço de Nhanderu e as ramas laterais são as Suas costelas. Os fiapos das ramas, que esvoaçam ao menor sinal de brisa, são os cabelos de Nhanderu (CREMASCO, 2017). Essa oca é o nosso Planeta e o reflexo daqueles que nele vivem. A preservação da Terra não é apenas para manter a existência de um pálido ponto azul, como assim a definiu Carl Sagan, quase esquecido na esquina da Via Láctea. Se a Terra se reduz ao infinitésimo, o que representamos? A preservação do Planeta associa-se à manutenção de todas as Culturas daqueles que nele vivem, pois Nhanderu (Nosso Pai em guarani), encontra-se em cada ser que habita a Terra, pois ela, assim como Nhandesy (Nossa Mãe) é um organismo vivo e responde a estímulos externos, como colisões de meteoros, ação de vento solar, como também por aqueles internos, feito o vulcanismo, o movimento de placas tectônicas, e devido à ação do ser humano, conhecida como antropogênica, que está intimamente associada à emissão de poluentes na atmosfera. A Terra posiciona-se a tais estímulos por mudanças climáticas por meio de ciclos naturais de aquecimento e resfriamento (LOURENÇO, 2015), como ilustra a Figura 28.1. Por outro lado, a herança da Revolução Industrial (DE SOUZA et al., 2018), particularmente a partir de meados do século XIX, mostra-se em aquecimento preocupante do

Planeta associado, entre outros fenômenos, à emissão de gases estufas, em particular à presença de CO_2, tendo em vista a acelerada produção industrial, emissões por veículos automotivos e queima de reservas florestais (COSTA; FILETI, 2018).

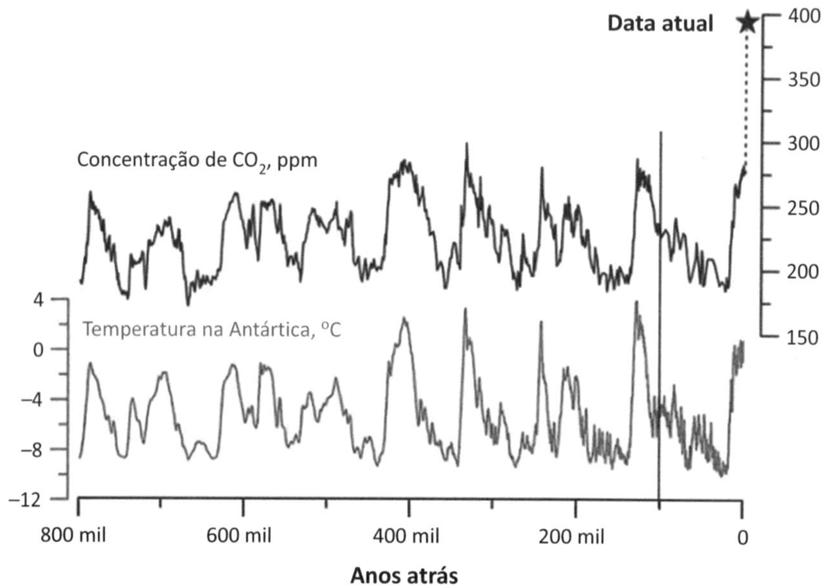

Figura 28.1 – Temperatura e concentração de CO_2 no núcleo de gelo encontrado na Antártida nos últimos 800 mil anos (SABER ATUALIZADO, 2020).

Existe, portanto, a urgência de políticas de preservação e a sua adoção imediata em nível mundial. Uma das ações tecnológicas está direcionada à captura e separação de gases poluentes presentes na atmosfera, dentre os quais o CO_2. A captura e sequestro de carbono (*carbon capture and sequestration, CCS)* é tido como uma das principais abordagens para o controle de emissões de CO_2, que consiste na captura, transporte e armazenamento de dióxido de carbono proveniente de diferentes tipos de indústrias e da geração de energia (LOURENÇO, 2015). A técnica CCS pode, usualmente, ser abordada por três modos: pré-combustão, oxicombustão e pós-combustão. Na pré-combustão o combustível é convertido em um fluxo de gases por reações a partir de O_2 para formação de CO e geração de H_2. Após a separação do CO_2, o gás hidrogênio é empregado na geração de energia por combustão. No método de oxicombustão, o combustível é queimado na presença de O_2 (95%), oriundo da destilação do ar. Após a combustão, gera-se um fluxo de gás constituído de vapor de água e CO_2 (80%). Nesse caso, torna-se necessária a desidratação do gás por, por exemplo, o emprego da adsorção utilizando-se sílica enquanto adsorvente para, em seguida, empregar-se a separação do CO_2 por meio de membranas, que podem ser isotrópicas e anisotrópicas (Figura 28.2).

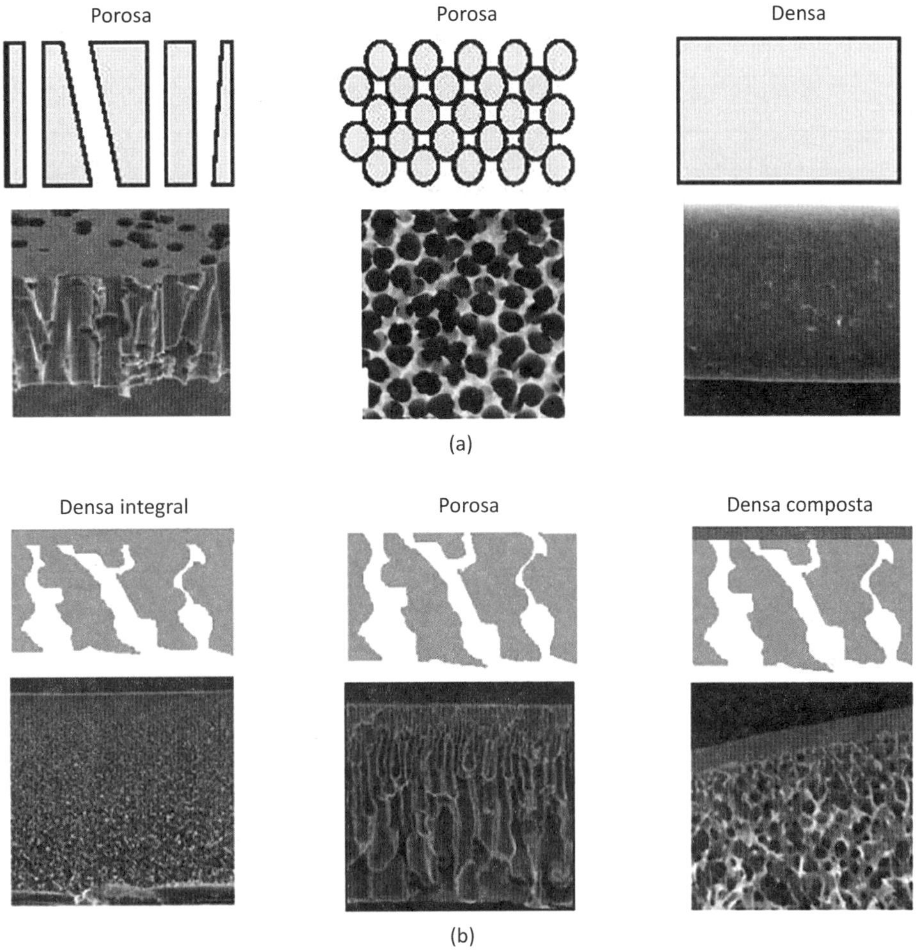

Figura 28.2 – Principais morfologias das membranas: (a) isotrópicas (simétricas); (b) anisotrópicas (assimétricas) (REZENDE, 2006).

Nesse sentido, considere a captura de CO_2 pós-combustão, que atravessa etapas de resfriamento e desidratação do gás, para ser submetido à operação de permeação em membranas isotrópicas densas, de polibutadieno e de poliestireno submetidas à pressão operacional de 1 atm, cujas informações estão apresentadas na Tabela 28.1. Isso posto, pede-se:

a) os valores do coeficiente de difusão do CO_2 nas membranas de polibutadieno e de poliestireno a 40° C;

b) uma expressão para o coeficiente de permeabilidade do CO_2, em Barrer, tanto na membrana de poliestireno quanto na de polibutadieno, bem como obtenha o valor desse coeficiente a 40 °C em tais membranas.

Tabela 28.1 – Informações experimentais sobre o coeficiente de difusão e solubilidade do CO_2 nas membranas de polibutadieno e de poliestireno (a partir de Rein et al. (1990))

T (°C)	Polibutadieno		Poliestireno	
	$D_{AM} \times 10^6$ (cm^2/s)	$S \times 10^2$ $cm^3(STP)/(cm^3.cmHg)$	$D_{AM} \times 10^7$ (cm^2/s)	$S \times 10^2$ $cm^3(STP)/(cm^3.cmHg)$
20	2,55	1,44	0,39	3,02
30	3,52	1,26	0,67	2,06
50	6,01	1,02	1,21	1,33
60	7,47	0,96	1,76	0,91
70	8,73	0,86	2,55	0,8
90	12,72	0,68	4,11	0,53

COMENTÁRIOS

A importância de se estudar os processos de captura de CO_2 a partir de gases de exaustão decorre da preocupação da sociedade civil, tendo em vista as mudanças climáticas e a problemática ambiental (TACHI, 2016). Como já apontado, os processos de separação por membranas (PSM) são indicados como etapas determinantes no controle da contaminação do CO_2, no sentido de minimizá-lo. Quanto ao emprego de PSM na separação de gases, como é o caso do presente capítulo, a força motriz está associada à diferença de pressão parcial do soluto, conforme ilustra a Figura 28.3.

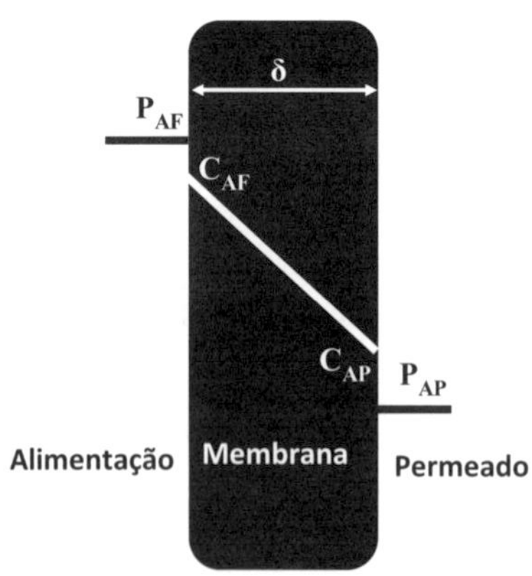

Figura 28.3 – Representação da permeação do gás A em uma membrana isotrópica densa.

Em se tratando da permeação de gases ou de vapores, o fluxo molar do soluto que atravessa a membrana isotrópica densa é posta em função da 1ª lei de Fick

$$J_{A,z} = -D_{AM} \frac{dC_A}{dz} \tag{28.1}$$

a qual, integrada sobre a espessura δ da membrana, considerando-se a concentração do gás na interface da alimentação C_{AF} e a concentração deste na interface do permeado, C_{AP},

$$J_{A,z} = D_{AM} \frac{\left(C_{AF} - C_{AP}\right)}{\delta} \tag{28.2}$$

Visto a relação de equilíbrio entre as concentrações do gás na membrana e externa a esta por meio da pressão parcial do gás, segundo a lei de Henry, considerando-se a constante de solubilidade, S,

$$C_{AF} = SP_{AF} \;\; \text{e} \;\; C_{AP} = SP_{AP} \tag{28.3}$$

Substituindo-se a Equação (28.3) na Equação (28.2)

$$J_{A,z} = D_{AM} S \frac{\left(P_{AF} - P_{AP}\right)}{\delta} \tag{28.4}$$

ou

$$J_{A,z} = \Pi \frac{\Delta P_A}{\delta} \tag{28.5}$$

em que se identifica a constante de permeabilidade, Π, segundo

$$\Pi = D_{AM} S \tag{28.6}$$

O mecanismo da difusão de gás em membrana simétrica densa pode ser descrito a partir da teoria do estado ativado, segundo (CRASTER; JONES, 2019)

$$D_{AM} = D_0 \exp\left(-\frac{E_{AM}}{RT}\right) \tag{28.7}$$

sendo D_0 o coeficiente pré-exponencial, que está associado ao arranjo estrutural da membrana; E_{AM}, refere-se à energia de ativação difusional. Assim como a descrição de dependência de temperatura, encontrado no coeficiente D_{AM}, a solubilidade varia exponencialmente com o incremento da temperatura de acordo com (CRASTER; JONES, 2019)

$$S = S_0 \exp\left(-\frac{\Delta H_s}{RT}\right) \tag{28.8}$$

em que S_0 é o coeficiente pré-exponencial associado ao arranjo estrutural relativo à interface membrana/fase gasosa, enquanto ΔH_s refere-se ao calor de sorção.

FORMULÁRIO

$R = 8{,}3145 \times 10^{-3}$ kJ/(mol.K); 1 Barrer = 10^{-10} (cm^3(STP).cm)/(cm^2.s.cm Hg).

SOLUÇÃO

a) Intenta-se, neste item, a obtenção do valor do coeficiente de difusão do CO_2 nas membranas de polibutadieno e de poliestireno a 40° C. Para tanto, será necessário conhecer os valores de D_0 e de E_{AM} presentes na Equação (28.7), aqui retomada

$$D_{AM} = D_0 \exp\left(-\frac{E_{AM}}{RT}\right) \tag{1}$$

De modo a ser linearizada segundo

$$\ell n D_{AM} = \ell n D_0 - \left(\frac{1}{RT}\right) E_{AM} \tag{2}$$

Ao se construir o gráfico $\ln D_{AM}$ vs (1/RT) e na ventura de se obter uma reta, tem-se, do coeficiente angular, o valor energia de ativação difusional, E_{AM}; e da intersecção na ordenada, o valor do fator pré-exponencial, D_0. Visto $R = 8{,}3145 \times 10^{-3}$ kJ/(mol.K) e considerando-se as informações sobre os valores dos coeficientes de difusão do CO_2 nas membranas de polibutadieno e de poliestireno presentes na Tabela 28.1, constrói-se a Tabela 1, a partir da qual se pode elaborar a Figura 1.

Tabela 1 – Informações para a construção dos gráficos para a obtenção dos parâmetros de Dushman-Langmuir

T (°C)	T (K)	1/RT (mol/kJ)	$-\ln D_{AM}$ (polibutadieno)	$-\ln D_{AM}$ (poliestireno)
20	293,15	0,410	12,879	17,060
30	303,15	0,397	12,557	16,519
50	323,15	0,372	12,022	15,927
60	333,15	0,361	11,805	15,553
70	343,15	0,350	11,649	15,182
90	363,15	0,331	11,272	14,705

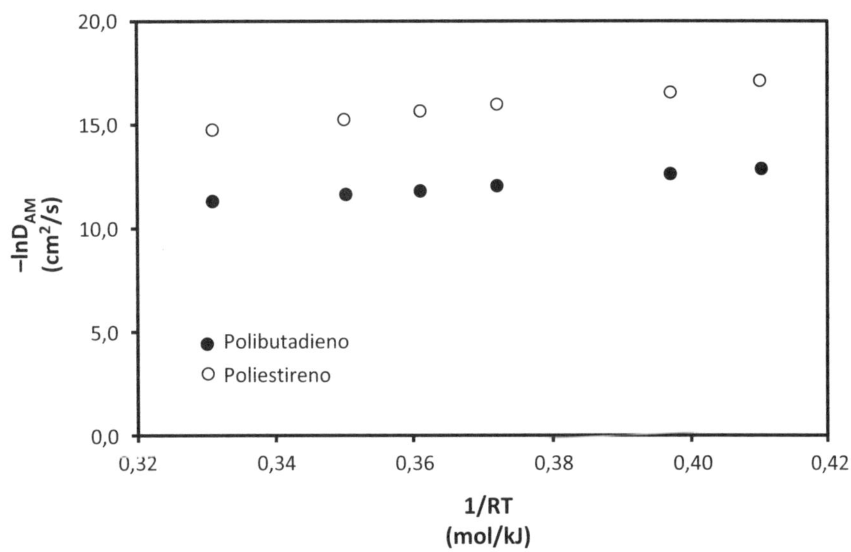

Figura 1 – Obtenção dos parâmetros para a equação de Dushman-Langmuir para expressar o coeficiente de difusão do CO_2 nas membranas de polibutadieno e de poliestireno.

A partir da Figura 1, tem-se os seguintes resultados:

Para o polibutadieno ($R^2 = 0{,}975$)

$$D_{AM} = 6{,}34 \times 10^{-3} \exp\left(-\frac{18{,}91}{RT}\right) \tag{3}$$

Para T = 40 °C = 273,15 + 40 = 313,15 K e R = 8,3145 × 10^{-3} kJ/(mol.K), obtém-se na Equação (3),

$$D_{AM} = \left(6,34\times10^{-3}\right)\exp\left[-\frac{(18,91)}{\left(8,3145\times10^{-3}\right)(313,15)}\right] = 4,45\times10^{-6}\ \mathrm{cm^2/s} \quad (4)$$

Para o poliestireno (R^2 = 0,987)

$$D_{AM} = 3,69\times10^{-3}\exp\left(-\frac{27,74}{RT}\right) \quad (5)$$

Substituindo-se T = 313,15 K e R = 8,3145 × 10^{-3} kJ/mol.K na Equação (5), tem-se

$$D_{AM} = \left(3,69\times10^{-3}\right)\exp\left[-\frac{(27,74)}{\left(8,3145\times10^{-3}\right)(313,15)}\right] = 0,87\times10^{-7}\ \mathrm{cm^2/s} \quad (6)$$

b) Objetiva-se, neste item, obter uma expressão para a constante de permeabilidade do CO_2, em Barrer, tanto na membrana de poliestireno quanto na de polibutadieno, bem como tenha o valor dessa constante a 80 °C em tais membranas. Para tanto, é possível expressá-lo, em dependência com a temperatura, na forma da equação de Arrhenius

$$\Pi = \Pi_0 \exp\left(-\frac{E_\Pi}{RT}\right) \quad (7)$$

Para tanto, é necessário calcular o valor da constante de permeabilidade, Π, para cada temperatura e membrana apresentada na Tabela 28.1. Visto $\Pi = D_{AM}S$, basta efetuar esse cálculo para as condições apresentadas em tal tabela, cujos resultados estão apresentados na Tabela 2. Tendo em vista que se deseja expressar o resultado da constante de permeabilidade em Barrer, 1 Barrer = 10^{-10} cm^3(STP).cm/ cm^2.s.cm Hg), tem-se nessa mesma tabela, tais resultados.

Tabela 2 – Obtenção dos valores para a constante de permeabilidade do CO_2 nas membranas de polibutadieno e de poliestireno

T (°C)	Polibutadieno		Poliestireno	
	$\Pi \times 10^8$ cm³(STP).cm/ cm².s.cm Hg	Π (Barrer)	$\Pi \times 10^9$ cm³(STP).cm/ cm².s.cm Hg	Π (Barrer)
20	3,6720	367,20	1,1778	11,778
30	4,4352	443,52	1,3802	13,802
50	6,1302	613,02	1,6093	16,093
60	7,1712	717,12	1,6016	16,016
70	7,5078	750,78	2,0400	20,400
90	8,6496	864,96	2,1783	21,783

Dessa maneira, a expressão para a constante de permeabilidade advém de procedimento semelhante à obtenção das Equações (3) e (5), ou seja, faz-se

$$\ell n\Pi = \ell n\Pi_0 - \left(\frac{1}{RT}\right)E_\Pi \qquad (8)$$

Uma vez que $R = 8{,}3145 \times 10^{-3}$ kJ/(mol.K) e considerando-se as informações sobre Π, em Barrer, para a permeação do CO_2 nas membranas de polibutadieno e de poliestireno presentes na Tabela 2, torna-se possível apresentar a Tabela 3, a partir da qual se pode elaborar a Figura 2.

Tabela 3 – Informações para a construção dos gráficos para a obtenção dos parâmetros de Arrhenius relativos às constantes de permeabilidade (em Barrer) em função da temperatura

T (K)	1/RT (mol/kJ)	lnΠ (polibutadieno)	lnΠ (poliestireno)
293,15	0,410	5,906	2,466
303,15	0,397	6,095	2,625
323,15	0,372	6,418	2,778
333,15	0,361	6,575	2,774
343,15	0,350	6,621	3,016
363,15	0,331	6,763	3,081

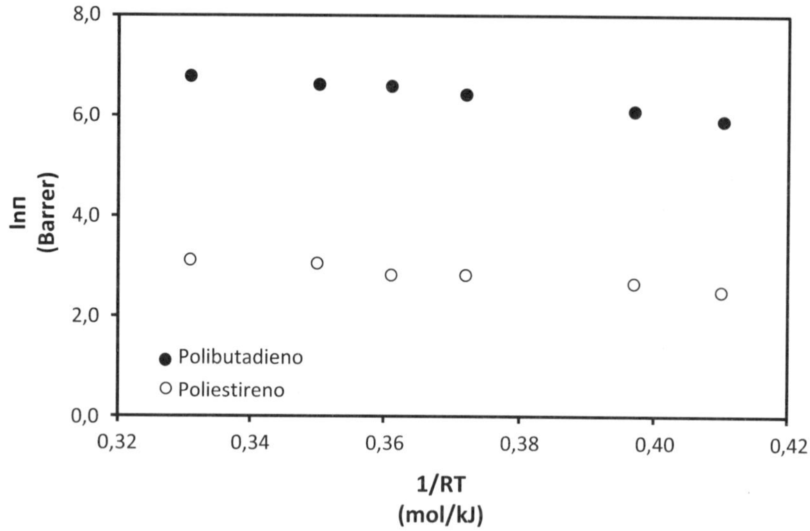

Figura 2 – Obtenção dos parâmetros para a equação de Arrhenius para expressar a constante de permeabilidade do CO_2 nas membranas de polibutadieno e de poliestireno.

Considerando-se a Figura 2, têm-se os seguintes resultados

Para o polibutadieno ($R^2 = 0{,}959$)

$$\Pi = 2{,}81\times10^4 \exp\left(-\frac{10{,}44}{RT}\right) \tag{9}$$

Para T = 40 °C = 313,15 K e R = 8,3145 x 10^{-3} kJ/mol.K

$$\Pi = \left(2{,}81\times10^4\right)\exp\left[-\frac{(10{,}44)}{\left(8{,}3145\times10^{-3}\right)(313{,}15)}\right] = 509{,}70 \text{ Barrer} \tag{10}$$

Para o poliestireno ($R^2 = 0{,}970$)

$$\Pi = 2{,}44\times10^2 \exp\left(-\frac{7{,}34}{RT}\right) \tag{11}$$

$$\Pi = \left(2{,}44\times10^2\right)\exp\left[-\frac{(7{,}34)}{\left(8{,}3145\times10^{-3}\right)(313{,}15)}\right] = 14{,}56 \text{ Barrer} \tag{12}$$

REFERÊNCIAS BIBLIOGRÁFICAS

COSTA, L. T.; FILETI, E. E. *Modelagem computacional de líquidos iônicos*. FREITAS, L. C. G.; OLIVEIRA, G. S. (eds.). *Aplicações de química teórica no estudo de materiais: métodos in silico para nanomateriais*. EdUFSCar São Carlos, 2018. p. 158-184.

CRASTER, B.; JONES, T. G. J. Permeation of a range of species through polymer layers under varying conditions of temperature and pressure: In situ measurement methods. *Polymers*, v. 11, n. 6, 1056, p. 1-21, 2019.

CREMASCO, M. A. *Guayrá*. Rio de Janeiro: Confraria do Vento, 2017. 320 p.

DE SOUZA, A. L.; VIEIRA, M. O.; POLESSO, B. B.; COBALCHINI, F. W.; BERNARD, F. D. V.; EINLOFT, S. Sorção de CO_2 utilizando líquido iônico aditivado com extensores de área superficial. *Química Nova*, São Paulo, v. 41, n. 6, p. 656-661, 2018.

LOURENÇO, T. C. *Simulação computacional de líquidos de interesse em tecnologia limpa*. 2015. 96 f. Dissertação (Mestrado em Química) - Universidade Federal de Alfenas, Alfenas, 2015.

REIN, D. H.; CSERNICA, J. J.; BADDOR, R. F.; COHEN, R. E. CO_2 diffusion and solubility in a polystyrene/polybutadiene block copolymer with highly oriented lamellar morphology. *Macromolecules*, Washington, v. 23, p. 4456-4460, 1990.

REZENDE, C. G. F. *Sorção de propano e propeno em membrana de poliuretano contendo nanopartículas de prata*. 2006. 205 f. Tese (Doutorado em Engenharia Química) - Universidade Federal do Rio de Janeiro, Rio de Janeiro, 2006.

SABER ATUALIZADO. Quais são as evidências paleoclimáticas do aquecimento global antropogênico? 2020. Disponível em: https://www.saberatualizado.com.br/2019/12/quais-sao-as-evidencias-paleoclimaticas.html. Acesso em: 29 nov. 2021.

TACHY, D. E. *Avaliação técnica e econômica da captura de CO_2 por membrana, absorção e tecnologias híbridas*. 2016. 121 f. Dissertação (Mestrado em Engenharia Industrial) - Universidadc Federal da Bahia, Salvador, 2016.

CAPÍTULO 29
Pervaporação

O Brasil, certo modo, nasceu atrelado à política de colonização econômica. A cana-de-açúcar, trazida pelos portugueses a partir da Ilha da Madeira em 1502, adaptou-se ao solo e ao clima nordestino, possibilitando a sua exploração econômica desde então. Verifica-se, em 1520, a instalação do primeiro engenho de açúcar, sendo, portanto, o indício da primeira atividade de transformação de matéria-prima em um produto economicamente viável em nosso país. A partir do final do século XVI, tanto o cultivo quanto a fabricação de açúcar caracterizaram-se por serem as principais atividades econômicas no Brasil, todavia o açúcar bruto era aqui produzido e exportado para a Europa e Estados Unidos, onde passava por operação de refino antes de ser distribuído aos consumidores. Nenhuma grande usina de açúcar existiu no Brasil antes do final do século XIX. A Revolução Industrial, efervescente na Europa, não aportou em terras brasileiras. Dentre os diversos fatores que contribuíram para que isso ocorresse, encontram-se os acordos comerciais, assinados principalmente com a Inglaterra, entre 1810 e 1844, que desestimularam investimentos, pois eram feitas concessões tarifárias às importações provenientes daquele país, associado ao trabalho escravo encontrado nas lavouras brasileiras. A natureza agrícola do Brasil, com base da exportação de commodities, em particular de café, atravessou o século XIX e boa parte do século XX, influenciando o desenvolvimento da Indústria Química brasileira, cuja arrancada se deu após a década de 1960 com o estabelecimento de polos petroquímicos no país. Convém destacar que, em 1975, com a crise mundial do petróleo, o Brasil buscou fontes alternativas, criando o Programa Nacional do Álcool, o Proálcool, e a seguir, o Conselho Nacional do Álcool, com o objetivo de substituir 35%

de petróleo importado (CREMASCO, 2015). A criação do Proálcool permitiu desenvolvimento de tecnologia brasileira enquanto fonte alternativa e até substitutiva de combustíveis fósseis, assim como a agroindústria canavieira permitiu a geração de empregos. Entretanto, existe a contestação quanto à sustentabilidade equilibrada entre os pilares social, econômico e ambiental (TOQUARTO, 2014). Dentre esses pilares, está o social e em particular em relação às condições de trabalho e os efeitos na saúde dos cortadores de cana, como riscos físicos, químicos, biológicos, ergonômicos e psíquicos decorrentes da carga de trabalho (LEITE et al., 2018), sem considerar o baixo salário ou situações que remetem às condições escravocratas do século XIX. Tal contextualização permite a reflexão sobre a importância em buscar alternativas tecnológicas. O etanol, além de ser biocombustível de comprovada eficácia, é uma das substâncias orgânicas mais antigas conhecidas pelo ser humano, sendo utilizado como solvente, germicida, anticongelante e intermediário para obtenção de outros compostos orgânicos. Boa parte da produção mundial do etanol provém de vias fermentativas. Ressalte-se, por sua vez, a necessidade de etapas de processamento para a sua obtenção em forma comercial, em particular, anidra, que pode ser por destilação azeotrópica, destilação extrativa, extração líquido-líquido, adsorção ou processo de separação por membranas (PSM). A destilação azeotrópica refere-se à adição de um terceiro componente volátil para alterar a volatilidade relativa da água e do etanol por meio de mudança dos seus coeficientes de atividade. Dentre os principais compostos utilizados para deslocar o azeótropo do sistema etanol-água estão o benzeno, tolueno e ciclohexano, contudo os dois primeiros são cancerígenos e o último é altamente inflamável (FERNANDES, 2010). Uma alternativa para a destilação azeotrópica é a técnica de pervaporação (PV), que se refere ao processo de separação por membrana (PSM), como aquelas densas apresentadas na Figura 28.2, encontrada no tratamento de águas residuárias, remoção de compostos orgânicos presentes em água potável, recuperação de compostos aromáticos em tecnologia de alimentos, separação de compostos contidos em caldo fermentado (BUCKLEY-SMITH, 2006). Todavia, a sua maior utilização está na desidratação de solventes orgânicos, principalmente o etanol (FERNANDES, 2010). Nesse sentido, Jaimes et al. (2021) trabalharam com a separação de etanol e água utilizando-se PV, empregando, para tanto, membrana comercial de polidimetilsiloxano (PDMS) de espessura média igual a 4 μm. A partir das informações apresentadas nesse trabalho, torna-se possível verificar que a constante de permeabilidade tanto do etanol quanto da água é dependente da temperatura, de acordo com a equação de Arrhenius,

$$\Pi = \Pi_0 \exp\left(-\frac{E_\Pi}{RT}\right) \tag{29.1}$$

De posse das informações encontradas em Jaimes et al. (2021), propõe-se, neste livro, as seguintes equações empíricas, válidas para a temperatura na alimentação entre 34 °C a 50 °C, bem como com a fração mássica de etanol na alimentação entre 0,01 e 0,09.

Para o etanol

$$\Pi_0 = 2,95\times10^{10} - 1,41\times10^{12}\,w_{etOH} + 2,28\times10^{13}\,w_{etOH}^2 \tag{29.2}$$

$$E_\Pi = 42,782 - 472,12w_{etOH} + 10.793w_{etOH}^2 - 61.667w_{etOH}^3 \tag{29.3}$$

Para a água

$$\Pi_0 = 2,52\times10^{6} + 5,26\times10^{6}\,w_{etOH} - 1,12\times10^{9}\,w_{etOH}^2 + 9,21\times10^{9}\,w_{etOH}^3 \tag{29.4}$$

$$E_\Pi = 12,815 + 100,4w_{etOH} - 4.178,6w_{etOH}^2 + 29.583w_{etOH}^3 \tag{29.5}$$

Desse modo, pede-se:

a) sabendo que os valores experimentais da constante de permeabilidade do etanol e da água na membrana PDMS à T = 50 °C para a fração mássica igual a 0,09, são iguais, respectivamente, a 9.375 Barrer e 18.000 Barrer, obtenha os valores da permeância de tais solutos, bem como calcule o valor da seletividade da membrana em tal situação;

b) obtenha os valores da constante de permeabilidade tanto do etanol quanto da água nas condições apresentadas no item anterior, empregando-se a Equação (29.1) e avalie o desvio relativo em relação aos valores experimentais;

c) proponha uma equação para o cálculo da difusão do etanol na membrana considerada e estime o seu valor à T = 50 °C e $w_{etOH} = 0,09$. Para tanto, conhece-se a equação para o coeficiente de partição para o etanol (ZHAN et al., 2009)

$$\ell n k_{etOH} = \frac{v_{etOH}}{RT}\left(\Delta\delta^2_{etOH-H_2O} - \Delta\delta^2_{etOH-PDMS}\right) - \frac{v_{etOH}}{v_{H_2O}} \tag{29.6}$$

em que v_i são os volumes molares das espécies presentes na alimentação, com $v_{etOH} = 56,68 \times 10^{-6}$ m³/mol e $v_{H2O} = 18,07 \times 10^{-6}$ m³/mol (APIO; SALAU, 2014); $\Delta\delta_i$ está associado ao parâmetro de solubilidade, que representam as energias coesivas, como pontes de hidrogênio, devido à polaridade e dispersão das moléculas, sendo $\Delta\delta_{etOH\text{-}H2O} = 24,1$ MPa^{0,5} e $\Delta\delta_{etOH\text{-}PDMS} = 17,1$ MPa^{0,5} (ZHOU; SHI; JIN, 2014).

COMENTÁRIOS

A pervaporação refere-se à operação de separação de compostos presentes em solução líquida, que ocorre pela vaporização parcial por meio de uma membrana polimérica seletiva. A solução líquida é posta em contato com a face a montante da membrana, difundindo-se por esta, sendo vaporizada a jusante, conforme ilustra a Figura 29.1a. A vaporização ocorre por abaixamento da pressão parcial, obtida com auxílio de bomba de vácuo ou de uma corrente de gás inerte. Em ambos os casos os vapores do permeado são condensados (NOBREGA; GARCIA; HABERT, 1991).

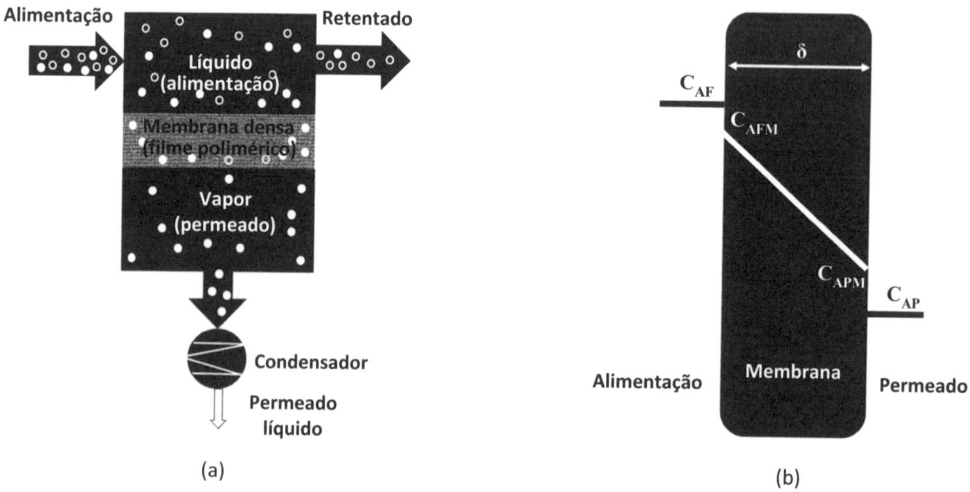

Figura 29.1 – Pervaporação em membrana densa: (a) processo; (b) modelo sorção-difusão. A partir de Buckley-Smith (2006).

O mecanismo clássico para a descrição da pervaporação é similar àquele encontrado na permeação de gases em membranas densas sendo, portanto, descrito por sorção-difusão segundo três etapas fundamentais (Figura 29.1b): (1) sorção do soluto na superfície a montante da membrana, ou seja, na alimentação; (2) difusão do soluto através da matriz da membrana; (3) dessorção do soluto a jusante na membrana ou na fase permeado. Assume-se para a interface a montante (alimentação), a situação instantânea de equilíbrio na forma (HUANG; SHAO, 2007)

$$C_{AM} = k_A C_{AF} \tag{29.7}$$

sendo k_A, o coeficiente de partição entre as concentrações do soluto A em equilíbrio nas fases líquida (alimentação; subscrito F), e membrana (subscrito M), o qual guarda relação com a solubilidade, S_A, segundo

$$S_A = \frac{k_A}{RT} \tag{29.8}$$

A descrição do fluxo do soluto A através da membrana pode ser feita por meio da 1ª lei de Fick, Equação (28.1), que integrada sobre a espessura da membrana, resulta, à semelhança da Equação (28.2),

$$J_{A,z} = D_{AM} \frac{\left(C_{AF} - C_{AP}\right)}{\delta} \tag{29.9}$$

Ao se assumir que a pressão a jusante é suficientemente baixa (ZHAN et al., 2009), de modo que $C_{AF} >> C_{AP}$ (concentração na interface com o permeado) e considerando-se a aplicação da Equação (29.7), tem-se na Equação (29.9),

$$J_{A,z} = D_{AM} k_A \frac{C_{AF}}{\delta} \tag{29.10}$$

da qual se identifica a constante de permeabilidade,

$$\Pi_A = D_{AM} k_A \tag{29.11}$$

ou, por meio da Equação (29.8),

$$\Pi_A = D_{AM} S_A RT \tag{29.12}$$

permitindo a definição de permeância, conhecendo-se a espessura da membrana, δ, como

$$\Theta_A = \frac{\Pi_A}{\delta} \tag{29.13}$$

Já a seletividade da membrana, considerando-se a separação entre os solutos A e B, é da forma (JAIMES et al., 2021)

$$\alpha_{AB} = \frac{\Pi_A}{\Pi_B} \tag{29.14}$$

FORMULÁRIO

O desvio relativo do valor da constante de permeabilidade advém de

$$\text{Desvio}\left(\%\right) = \frac{\left(\Pi_{cal} - \Pi_{exp}\right)}{\Pi_{exp}} \times 100 \tag{29.15}$$

em que o subscrito "cal" se refere ao valor calculado, enquanto o subscrito "exp", ao experimental.

Informações adicionais

R = 1,987 cal/(mol.K) = 8,3145 (m^3.Pa)/(mol.K) = 8,3145 × 10^{-3} kJ/(mol.K)

1 μm = 10^6 m; 1 Barrer = 1,20545 × 10^{-12} mol/(m.h.Pa); 1 Pa = 1,0 × 10^{-6} MPa.

SOLUÇÃO

a) São conhecidos os valores experimentais da constante de permeabilidade do etanol e da água na membrana PDMS à T = 45 °C para a fração mássica igual a 0,09; 9.375 Barrer e 18.000 Barrer, respectivamente. O valor da permeância advém da Equação (29.13), retomada para o soluto i (etanol ou água),

$$\Theta_i = \frac{\Pi_i}{\delta} \tag{1}$$

Visto a espessura da membrana ser δ = 4 μm = 4,0 × 10^{-6} m e sabendo que 1 Barrer = 1,20545 × 10^{-12} mol/(m.h.Pa), têm-se para o etanol e a água, respectivamente

$$\Theta_{etOH} = \frac{9.375}{4} = 2.343{,}75\,\text{Barrer}/\mu\text{m} = 2{,}825\times10^{-3}\ \text{mol}/\left(\text{m}^2.\text{h.Pa}\right) \tag{2}$$

$$\Theta_{H_2O} = \frac{18.000}{4} = 4.500\,\text{Barrer}/\mu\text{m} = 5{,}425\times10^{-3}\ \text{mol}/\left(\text{m}^2.\text{h.Pa}\right) \tag{3}$$

O valor da seletividade da membrana decorre do emprego da Equação (29.14), considerando-se o etanol como a espécie A, e a água, espécie B, assim

$$\alpha_{AB} = \frac{\Pi_A}{\Pi_B} = \frac{9.375}{18.000} = 0{,}521 \tag{4}$$

b) Os valores da constante de permeabilidade tanto do etanol quanto da água nas condições apresentadas no item anterior advêm da Equação (29.1), ou

$$\Pi = \Pi_0 \exp\left(-\frac{E_\Pi}{RT}\right) \tag{5}$$

Para o etanol: a partir das Equações (29.2) e (29.3), considerando-se $w_{etOH} = 0{,}09$

$$\Pi_0 = 2{,}95\times10^{10} - \left(1{,}41\times10^{12}\right)(0{,}09) + \left(2{,}28\times10^{13}\right)(0{,}09)^2 = 8{,}728\times10^{10}\ \text{Barrer} \tag{6}$$

$$E_\Pi = 42{,}782 - (472{,}12)(0{,}09) + (10.793)(0{,}09)^2 - (61.667)(0{,}09)^3 = 42{,}759\,\text{kJ/mol} \tag{7}$$

Visto T = 50 °C = 273,15 + 50 = 323,15 K e R = 8,3145 × 10^{-3} kJ/(mol.K), pode-se substituir os resultados 6 e 7 na Equação (5)

$$\Pi = \left(8,728\times10^{10}\right)\exp\left[-\frac{(42,759)}{\left(8,3145\times10^{-3}\right)(323,15)}\right] = 10.701,06 \text{ Barrer} \tag{8}$$

O valor experimental da constante de permeabilidade nas condições consideradas neste item, para o etanol, é 9.375 Barrer. Assim, considerando-se a Equação (29.15), tem-se o valor do desvio relativo

$$\text{Desvio}\,(\%) = \frac{\left(\Pi_{cal}-\Pi_{exp}\right)}{\Pi_{exp}}\times100 = \frac{(10.701,06-9.375)}{9.375}\times100 = 14,14\% \tag{9}$$

Adota-se procedimento de cálculo semelhante para a água. Nesse caso, resgatam-se as Equações (29.4) e (29.5) para w_{etOH} = 0,09,

$$\Pi_0 = 2,52\times10^6 + \left(5,26\times10^6\right)(0,09) - \left(1,12\times10^9\right)(0,09)^2 + \left(9,21\times10^9\right)(0,09)^3 = \tag{10}$$
$$= 6,355\times10^5 \text{ Barrer}$$

$$E_\Pi = 12,815 + (100,4)(0,09) - (4.178,6)(0,09)^2 + (29.583)(0,09)^3 = 9,570 \text{ kJ/mol} \tag{11}$$

Uma vez que T = 323,15 K e R = 8,3145 × 10^{-3} kJ/(mol.K), tem-se na Equação (5), a partir dos resultados 10 e 1,

$$\Pi = \left(6,355\times10^5\right)\exp\left[-\frac{(9,570)}{\left(8,3145\times10^{-3}\right)(323,15)}\right] = 18.040,06 \text{ Barrer} \tag{12}$$

Sabe-se que o valor experimental da permeabilidade nas condições consideradas neste item, para a água, é 18.000 Barrer, resultando no desvio relativo

$$\text{Desvio}\,(\%) = \frac{\left(\Pi_{cal}-\Pi_{exp}\right)}{\Pi_{exp}}\times100 = \frac{(18.040,6-18.000)}{18.000}\times100 = 0,23\% \tag{13}$$

c) A proposição de equação para o cálculo do coeficiente de difusão do etanol na membrana PDMS resulta da manipulação algébrica das Equações (29.8) e (29.12), permitindo-nos escrever

$$D_{AM} = RT\frac{\Pi_A}{k_A} \tag{14}$$

A equação para o coeficiente de partição para o etanol, Equação (29.6), pode ser retomada como

$$k_A = k_0 \exp\left(\frac{E_k}{RT}\right) \tag{15}$$

em que se identifica o fator pré-exponencial, k_0,

$$k_0 = \exp\left(-\frac{v_{etOH}}{v_{H_2O}}\right) \tag{16}$$

e a energia associada à sorção, E_k, na forma dos parâmetros de solubilidade e do volume molar do etanol, segundo

$$E_k = v_{etOH}\left(\Delta\delta^2_{etOH-H_2O} - \Delta\delta^2_{etOH-PDMS}\right) \tag{17}$$

Dessa maneira, a equação para o coeficiente de difusão do etanol (soluto A) na membrana considerada advém da substituição das Equações (5) e (17) na Equação (14), resultando em

$$D_{AM} = RT\frac{\Pi_0}{k_0}\exp\left[-\frac{1}{RT}\left(E_\Pi + E_k\right)\right] \tag{18}$$

Assim, são conhecidas as expressões para Π_0 (Equação (29.2)), k_0 (Equação (16)), E_Π (Equação (29.3)), E_k, Equação (17). Ressalte-se a prudência de ser utilizar as unidades coerentes: R = 8,3145 m^3.Pa/(mol.K) e E_Π em m^3.Pa/mol que é igual a J/mol. Desse modo, para a determinação do D_{AM} a T = 50 °C = 323,15 K e w_{etOH} = 0,09 e sabendo que 1 Barrer = 1,20545 × 10^{-12} mol/(m.h.Pa), tem-se do resultado 6

$$\Pi_0 = 8{,}728\times10^{10}\ \text{Barrer} = 0{,}105\,\text{mol}/(\text{m.h.Pa}) \tag{19}$$

Já do resultado 7

$$E_{\Pi} = 42{,}759\,\text{kJ/mol} = 42.759\,\text{J/mol} = 42.759\left(\text{m}^3.\text{Pa}\right)/\text{mol} \tag{20}$$

Do enunciado: v_{etoH} = 58,68 × 10^{-6} m^3/mol e v_{H2O} = 18,07 × 10^{-6} m^3/mol, de modo que se tem na Equação (16)

$$k_0 = \exp\left(-\frac{v_{etOH}}{v_{H_2O}}\right) = \exp\left(-\frac{58{,}68\times10^{-6}}{18{,}07\times10^{-6}}\right) = 0{,}0389 \tag{21}$$

Visto que 1 Pa = 1,0 × 10^{-6} MPa, pode-se substituir v_{etoH} = 58,68 × 10^{-6} m^3/mol, $\Delta\delta_{etOH\text{-}H2O}$ = 24,1MPa^{0,5} e $\Delta\delta_{etOH\text{-}PDMS}$ = 17,1 MPa^{0,5} na Equação (17), ou

$$E_k = \left(56{,}68\times10^{-6}\right)\left[\left(24{,}1\right)^2 - \left(17{,}1\right)^2\right] = 1{,}6347\times10^{-2}\left(\text{m}^3.\text{MPa}\right)/\text{mol} = \\ = 16.347\left(\text{m}^3.\text{Pa}\right)/\text{mol} \tag{22}$$

Uma vez que T = 323,15 K e R = 8,3145 (m^3.Pa)/(mol.K), leva-se esses valores em conjunto com os resultados de 19 a 22 na Equação (18)

$$D_{AM} = \left(8{,}3145\right)\left(323{,}15\right)\frac{\left(0{,}105\right)}{\left(0{,}0389\right)}\exp\left[-\frac{1}{\left(8{,}3145\right)\left(325{,}15\right)}\left(42.759+16.347\right)\right] = \\ = 2{,}026\times10^{-6}\ \text{m}^2/\text{h} \tag{23}$$

REFERÊNCIAS BIBLIOGRÁFICAS

APIO, A.; SALAU, N. P. G. Estudo comparativo de modelos de coeficientes de atividade da fase líquida para separação da mistura etanol-água. *In: Anais* do XX Congresso Brasileiro de Engenharia Química, 2014. Disponível em: http://pdf.blucher.com.br.s3-sa-east-1.amazonaws.com/chemicalengineeringproceedings/cobeq2014/2010-16421-150953.pdf. Acesso em: 11 dez. 2021.

BUCKLEY-SMITH, M. K. *The use of solubility parameters to select membrane materials for pervaporation of organic mixture.* 2006. 239 f. Thesis (Doctor of Philosophy) – The University of Waikato, Hamilton, 2006.

CREMASCO, M. A. *Vale a pena estudar Engenharia Química.* 3. ed. São Paulo: Blucher, 2015. 206 p.

FERNANDES, M. T. C. A. *Membranas isotrópicas e anisotrópicas densas baseadas em polímeros naturais para desidratação de etanol por pervaporação.* 2010. 124 f. Dissertação (Mestrado Engenharia Química). Universidade Federal do Rio de Janeiro, Rio de Janeiro, 2010.

HUANG, R. Y. M.; SHAO, P. Polymeric membrane pervaporation. *Journal of Membrane Science*, v. 287, p. 162-179, 2007.

JAIMES, J. H. B.; ALVAREZ, M. E. T.; de MORAES, E. B.; MACIEL, M. R. W.; MACIEL Filho, R. Separation and semi-empiric modeling of ethanol-water solutions by pervaporation using PDMS membrane. *Polymers*, v. 13, 93, p. 1-19, 2021.

LEITE, M. R.; ZANETTA, D. M. T.; TREVISAN, I. B.; BURDMANN, E. A.; SANTOS, U. P. O trabalho no corte de cana-de-açúcar, riscos e efeitos na saúde: revisão da literatura. *Revista de Saúde Pública*, São Paulo, v. 52, n. 80, p. 1-16, 2018.

NOBREGA, R.; GARCIA, M. E. F.; HABERT, A. C. Síntese e caracterização de membranas poliméricas para uso na desidratação de etanol por pervaporação. *Polímeros: Ciência e Tecnologia*, v. 1, São Carlos, n. 1, p. 18-26, 1991.

TORQUATO, S. A. Mecanização da colheita da cana-de-açúcar: benefícios ambientais e impactos na mudança do emprego no campo em São Paulo, Brasil. *Revista Brasileira de Ciências Ambientais*, Rio de Janeiro, n. 29, p. 49-62, 2014.

ZHAN, X.; LI, J.-D.; HUANG, J.-Q.; CHEN, C.-X. Pervaporation properties of PDMS membranes cured ith different cross-linking reagents for ethanol concentration from aqueous solutions. *Chinese Journal of Polymer Science*, v. 27, n. 4, p. 533-542, 2009.

ZHOU, H.; SHI, R.; JIN, W. Novel organic-inorganic pervaporation membrane with a superhydrophobic surface for the separation of ethanol from an aqueous solution. *Separation and Purification Technology*, v. 127, p. 61-69, 2014.

CAPÍTULO 30
Osmose inversa

O desenvolvimento de uma civilização também se baseia na sua percepção sistêmica à sua volta, incluindo a sua cosmovisão. Sob tal aspecto, pode-se escrever que no início havia a potência de tudo por existir, inclusive o Tempo. Essa potência ao ser alocada, transubstancia-se em palavra: pacha, que, nas línguas aymara e quéchua, remete a universo, a cosmo ou a determinada época (COLOMBRES, 2005), sobretudo àquela associada à existência em sua plenitude, inclusive cultural. Assim, pacha traduz, de certo modo, aquele lugar que gera vida: local fértil... o próprio planeta Terra e, por ser fecundo, a Mãe Terra ou La Pachamama, deusa da fertilidade e divindade suprema dos nativos andinos do noroeste argentino, da Bolívia e do Peru (Figura 30.1). Pachamama vai além de personificar o Planeta para se fazer presente em todas e todos, apontando-nos o pertencimento, pois somos a Terra e da Terra, que nos clama um modo de vida equilibrado entre a natureza e o que ela acolhe, tendo por princípios a complementaridade e a reciprocidade. A natureza presenteia-nos das mais diversas formas, como o sagrado e precioso líquido que flui nas veias de Pachamama: a água. Como a distribuição de água doce não é igual no Planeta, há regiões em que há escassez, e os aquíferos são determinantes, pois armazenam água potável. O Sistema Aquífero Guarani (SAG), um dos maiores reservatórios subterrâneos de água doce na Terra, com cerca 1,2 milhão de km^2 e capacidade para abastecer mais de 20 milhões de pessoas, está ameaçado por uso abusivo de agrotóxicos, despejo de vinhoto, que atingem os lençóis freáticos. O SAG abastece quatro países da América do Sul: 71% de sua área está no Brasil; 19%, na Argentina; 6%, no Paraguai e 4% no Uruguai. O SAG, no Brasil, percorre veias e artérias do Mato Grosso, Mato Grosso do Sul, Goiás, Minas Gerais, São Paulo, Paraná, Santa Catarina e Rio Grande do Sul (GUIMARÃES, 2007). O nome Guarani foi escolhido em 1996 pelo geólogo uruguaio Danilo Anton, pois a região do SAG coincide, em boa parte, com o território que abrigava (e abriga) a nação Guarani. A Figura 30.2 ilustra a região na qual se localiza o SAG, que pode ser comparada àquela associada à da nação Guarani, apontada na Figura 30.1.

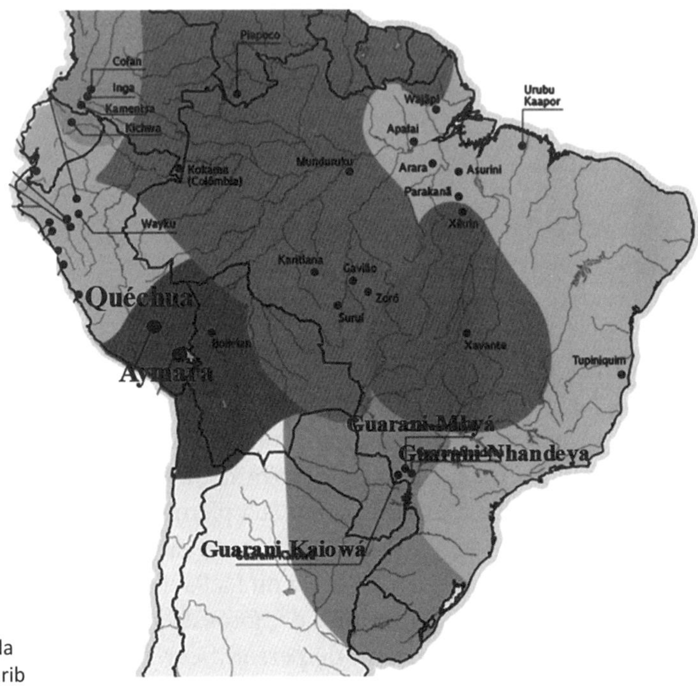

- Falantes de tupi do leste da Amazônia e falantes de karib
- Falantes de jê
- Guarani
- Falantes de tupi do oeste da Amazônia e do sopé dos Andes
- Etnias do norte dos Andes
- Etnias da região central dos Andes e da costa do Pacífico
- Etnias do sul dos Andes

Figura 30.1 – Sete grandes famílias: distribuição das etnias sul-americanas em aglomerados de similaridade genética. A partir de Zorzetto (2022).

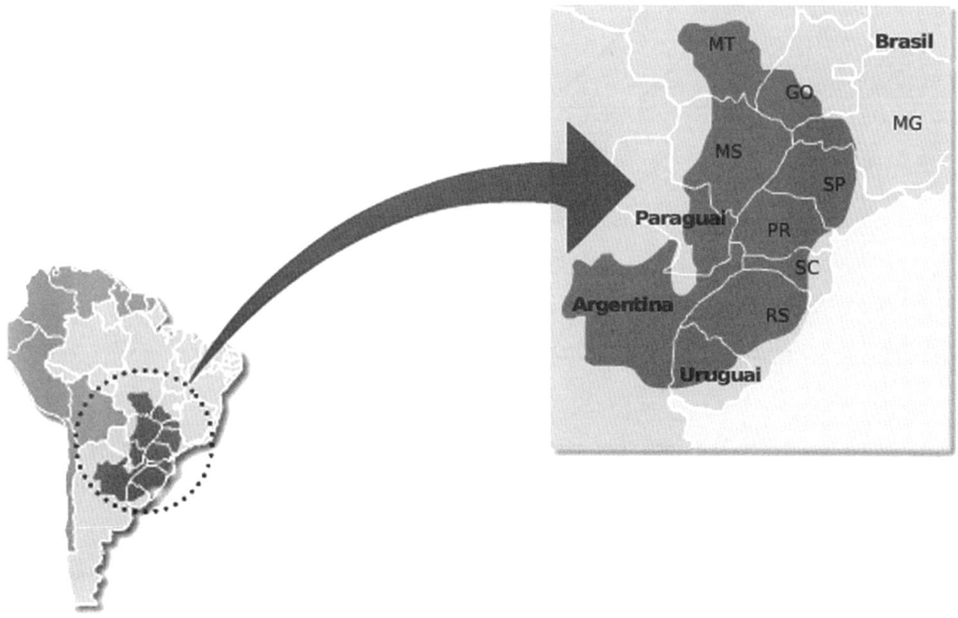

Figura 30.2 – Sistema Aquífero Guarani (PORTAL DAS MISSÕES, 2018).

As águas do SAG apresentam teor salino baixo/médio, sendo que em algumas regiões da Argentina, Uruguai e sul do Brasil, a água é inadequada para o consumo humano. Para exemplificar a presença de íons no SAG, pode-se citar o município de Tapejara-RS, cujas águas se apresentam ligeiramente salinas, contendo, por exemplo, Na^+, Ca_2^+, SO_4^{2-}, Cl^- e traços de íons metálicos, como o Zn^{+2} (BRIÃO et al., 2014). A busca de técnicas que viabilizam a dessalinização de água passa a fazer parte de estratégias públicas, para possibilitar a sua distribuição, principalmente às regiões mais carentes. O tratamento convencional de água não potável envolve diversas operações unitárias, como: captação da água do recurso hídrico, gradeamento, bombeamento, coagulação, floculação, decantação e filtração (SOUZA, 2014). Essas etapas são limitadas pelo desempenho final da filtração quanto às características do produto, como cor, presença de macromoléculas, agentes microbiológicos, sais, entre outros materiais. Para uso industrial, é crucial a eliminação de íons, uma vez que ocasionam a formação de incrustações, que podem causar desastres, como a explosão de caldeiras, levando trabalhadores a óbito. O emprego de membranas como agentes de separação, conforme apresentado em capítulos anteriores, permite estratégias para a remoção de contaminantes, inclusive aqueles presentes em água, conforme ilustra a Figura 30.3.

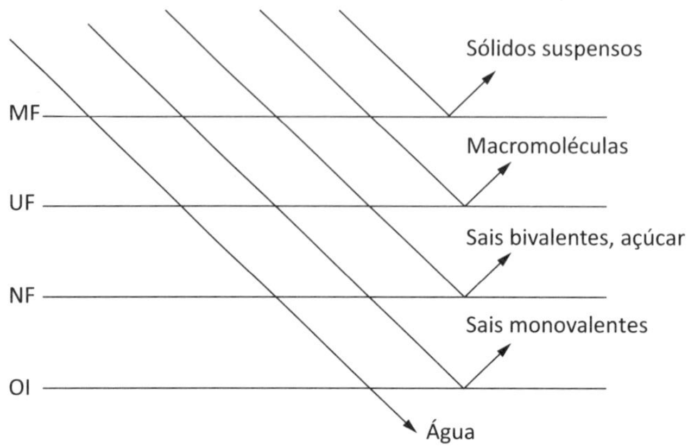

Figura 30.3 – Técnicas de separação por membranas para a remoção de contaminantes na água: MF, microfiltração; UF, ultrafiltração; NF, nanofiltração; OI, osmose inversa. Baseado em Kavitha et al. (2019).

No caso da remoção de íons, uma técnica adequada é a utilização de osmose inversa (OI) ou osmose reversa, que consiste em impor que a água a ser dessalinizada atravesse uma membrana semipermeável, a qual retém o sal permitindo, desta feita, o trânsito livre da água. O material retido na membrana denomina-se concentrado e o permeado é aquele que atravessa a membrana (Figura 30.4).

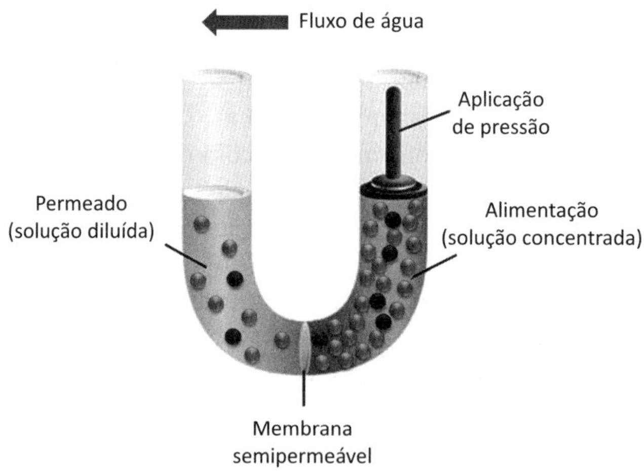

Figura 30.4 – Diagrama esquemático da osmose inversa.

Apesar da eficiência de remoção de íons (chegando, em alguns casos, a ser superior a 99%), o emprego da OI necessita de pré-tratamento da solução a ser processada para evitar a imediata obstrução da matriz filtrante. Essa operação anterior à OI é direcionada à remoção de materiais, como aqueles ilustrados na Figura 30.3. Além das operações que envolve o emprego de membranas, pode-se lançar mão da adsorção em leito fixo com carvão ativado como adsorvente (NOGUEIRA, 2010) que, além de remover matéria orgânica dissolvida na água, auxilia na remoção de íons metálicos, como zinco, cobre e chumbo. Desse modo, considere a situação em que se deseja dessalinizar água contida em determinado lençol freático que, além de sais minerais, contém traços de íons metálicos. Para tanto, foi proposto uma estratégia de engenharia que compreende desde a captação da água de um poço, passando pelas etapas de remoção tanto de íons metálicos como o de sais minerais, até o acondicionamento de água tratada, conforme ilustrado na Figura 30.5.

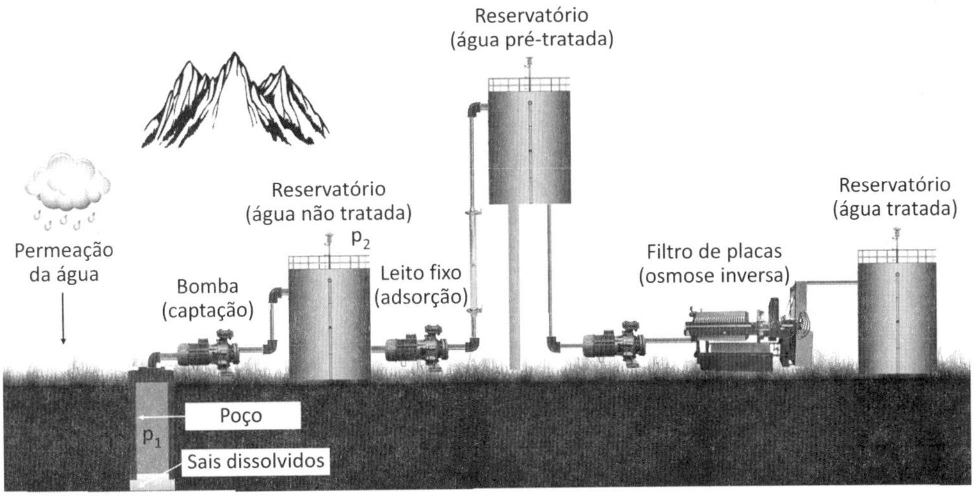

Figura 30.5 – Fluxograma simplificado para a desmineralização de água (não está em escala).

O fluxograma ilustrado na Figura 30.5 aponta etapas cruciais e nas quais estão presentes fenômenos quc cnvolvem transferência de massa. Isso posto, pede-se:

a) supondo que, na medida em que a água, oriunda da chuva, permeia determinado tipo de solo do SAG, o qual apresenta tortuosidade igual a 2, e extrai os sais NaCl, $CaCl_2$ e $ZnSO_4$, obtenha o valor efetivo de difusão desses sais presentes no lençol freático a 25 °C. Para tanto, são conhecidos os valores de difusividade iônica, conforme apresentados na Tabela 30.1.

Tabela 30.1 – Valores de difusividade iônica em situação de diluição em água a 25 °C (FONSECA NETO, 2007)

Cátions	$D_i \times 10^5$ (cm²/s)	Ânions	$D_i \times 10^5$ (cm²/s)
Na^+	1,030	Cl^-	2,030
Ca^{+2}	0,792	SO_4^{-2}	1,060
Zn^{+2}	0,702		

b) Tendo em vista a necessidade de remover a salinidade da água, contida em determinado poço, procurou-se bombeá-la submetida à pressão de 89,96 kPa, até o reservatório de água não tratada que está a 89,84 kPa. Admita que a água esteja a 25 °C ($\eta = 8{,}911 \times 10^{-4}$ Pa.s; $\rho = 997{,}04$ kg/m^3). O poço está a 7,5 m de profundidade e a 100 m da sucção da bomba. A tubulação empregada é de PVC de diâmetro igual a 2", acrescida de uma curva de 90° que emerge do poço à altura de 50 cm. A tubulação da zona de recalque apresenta diâmetro igual a 2", com duas curvas de 90°, registro gaveta de 2" e trecho horizontal igual a 2 m. Sabendo que a vazão volumétrica da água não tratada bombeada é 10 m^3/h, que alimenta seu reservatório a 2 m do solo, eleja a bomba centrífuga adequada para essa operação, considerando-se a Figura 30.6.

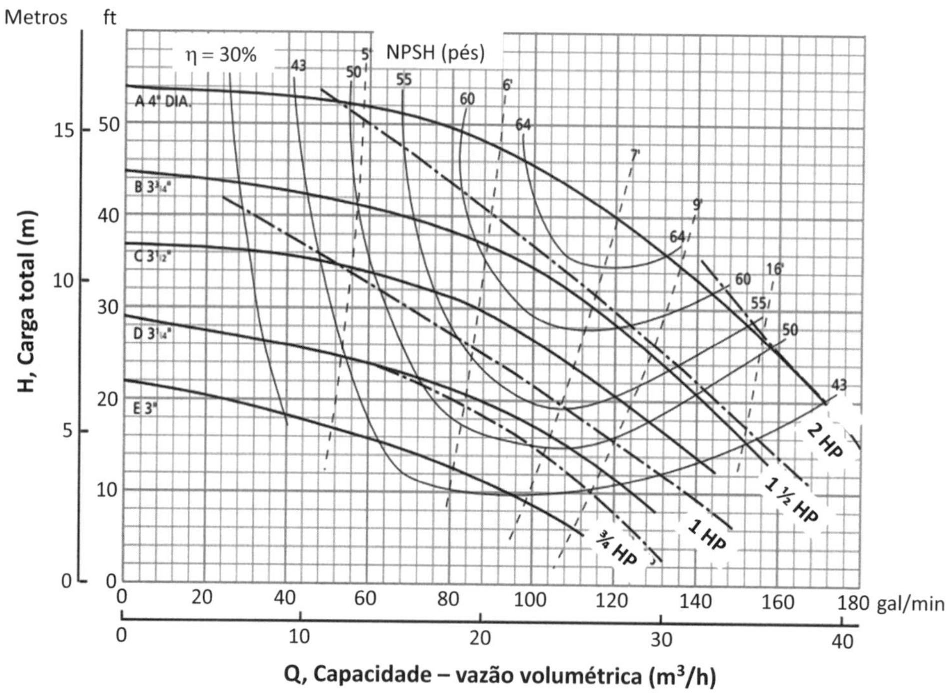

Figura 30.6 – Curva característica de uma bomba centrífuga (Ds = 4", D_D = 3"; Carcaça com 10"; N = 3.450 rpm) (GOULDS PUMPS, 2003).

c) Para a remoção de zinco, empregou-se a técnica da adsorção em um leito fixo de diâmetro igual a 4", altura específica de 50 cm e fração de vazios igual a 0,37. Para tanto, elegeu-se carvão ativado enquanto adsorvente, que apresenta porosidade de partícula igual a 0,55, diâmetro médio de partícula e esfericidade iguais, respectivamente, a 0,5 mm e 0,75. Assim, é de interesse conhecer o valor da queda de pressão na coluna considerada, sabendo que a vazão de água, a 25 °C, a ser pré-tratada é igual a 1,2 L/min. Nesse sentido, é importante conhecer informações básicas de transferência de massa. Dessa maneira, obtenha o valor de difusividade efetiva do zinco a 25 °C no adsorvente considerado, sabendo que a concentração do zinco na alimentação da coluna é igual a 0,04 mg/L e a relação de equilíbrio isotérmico segue o modelo de Langmuir segundo

$$q_A = \frac{q_{max} b\rho_A}{1 + b\rho_A} \tag{30.1}$$

q_A é a concentração do soluto A adsorvida na fase sólida (mg/g); ρ_A, concentração de equilíbrio do soluto A na fase líquida (mg/L); $q_{máx}$, quantidade máxima de adsorbato que o adsorvente é capaz de adsorver (mg/g); b, refere-se à afinidade entre o adsorbato e o adsorvente (L/mg). Na presente situação, assume-se $q_{máx}$ = 322,58 mg/L e b = 0,0008 L/mg (NOGUEIRA, 2010);

d) assumindo que a adsorção não foi o bastante para a captura de NaCl e $CaCl_2$, optou-se por empregar um sistema de osmose inversa tipo prensa a 150 psi e 25 °C (Figura 30.7).

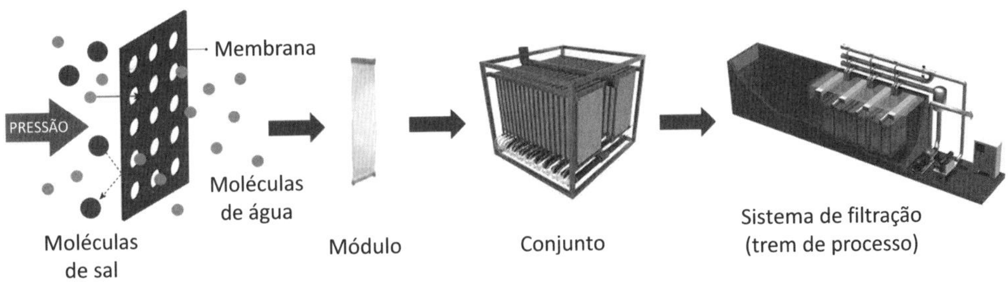

Figura 30.7 – Sistema de filtração por osmose inversa do tipo prensa. Baseado em Vallero (2022).

O sistema de filtração ilustrado na Figura 30.7 caracteriza-se por apresentar conjunto de módulos, sendo cada um constituído de 48 módulos, cada qual composto de uma membrana plana de 0,17 m^2 emoldurada em placa metálica, totalizando 8,16 m^2 de área de filtração. Na intenção de selecionar a configuração adequada para a remoção dos sais, reportados neste item, procedeu-se análises de laboratório com membranas planas de poliamida. Para tanto, alimentou-se o filtro-teste à vazão de alimentação igual a 0,06 m^3/h a 25 °C, com concentração de sal igual a 50 mol/m^3, observando-se 99,46% de rejeição de NaCl e 99,83% de $CaCl_2$, bem como constatando-se que 90% dessa vazão foi encontrada na vazão de permeado. Verificou-se que a contribuição do fluxo difusivo de NaCl em relação ao seu valor total foi igual a 89%, enquanto o de $CaCl_2$, igual a 68%. Assumindo que o valor do coeficiente de reflexão de Staverman, σ_1, venha ser igual à unidade e que o índice de acoplamento sal-água, σ_2, é igual a 0,999, obtenha o valor do fluxo osmótico de cada sal, o valor da permeabilidade hidráulica, assim como estabeleça o número de conjuntos que viabilize a dessalinização.

COMENTÁRIOS

Observa-se, neste capítulo, a abordagem transdisciplinar em relação ao processo para o tratamento de água, em particular por tê-la como de todos, identificando-a a um bem imensurável ao ser humano e a tudo que o cerca, lembrando, que o ser humano não é o centro do universo, mas uma parcela, assim como a chuva, que compõe o ciclo da água, alimentando sistemas aquíferos. O Sistema Aquífero Guarani (SAG) é oriundo das formações Piramboia e Botucatu (Brasil), Misiones (Paraguai e Argentina) e Taquarembó (Uruguai) (SOARES; SOARES; HOLZ, 2008), sendo formado por rochas sedimentares, areia e argila (em menor quantidade), atributos que promovem a absorção de águas pluviais que, após absorvidas, ficam confinadas em rochas impermeáveis. As composições mineralógica e salina contribuem significativamente na porosidade efetiva, tanto por compactação quanto por dissolução de minerais e sais durante sua história de soterramento e reexposição (FRANÇA, 2017). A difusão da água da chuva no solo pode ser aproximada pela 2ª lei de Fick, ou seja

$$\frac{\partial \rho_A}{\partial t} = D_p \frac{\partial^2 \rho_A}{\partial z^2} \tag{30.2}$$

em que o coeficiente de difusão na matriz porosa do solo advém da Equação (20.1), aqui retomada

$$D_p = \frac{D_{\overset{\circ}{A}}}{\tau} \tag{30.3}$$

sendo τ a tortuosidade da matriz porosa e $D_{\overset{\circ}{A}}$ o coeficiente de difusão de eletrólitos diluídos em água, como é o caso deste capítulo, é dado pela Equação (17.12), ou

$$D_{\overset{\circ}{A}} = \frac{\left(|z_+| + |z_-|\right) D_{M_{v+}} D_{X_{v-}}}{|z_+| D_{M_{v+}} + |z_-| D_{X_{v-}}} \tag{30.4}$$

em que M_{v+} refere-se ao cátion, sendo z^+, a sua valência; X_{v-} refere-se ao ânion com valência z^-. As Equações (30.3) e (30.4) são o bastante para atender ao item a) deste capítulo. O item b), por sua vez, refere-se ao conhecimento de curva característica de determinada bomba que, para especificá-la, deve-se conhecer a sua capacidade ou vazão volumétrica de operação, assim como a altura de projeto, H, esta advinda de

$$H = H_D - H_S \tag{30.5}$$

ressaltando que H é o trabalho que deve ser fornecido ao líquido para a obtenção da vazão de projeto ou capacidade (CREMASCO, 2018), em que a altura na descarga ou de recalque, H_D, e a altura na sucção, H_S, são definidas, respectivamente, como

$$H_D = \frac{p_D}{\rho g} + z_D + h_{L_D} \tag{30.6}$$

$$H_S = \frac{p_S}{\rho g} + z_S - h_{L_S} \tag{30.7}$$

o subscrito D refere-se à região de descarga e S, de sucção; p, pressão de referência; z, altura; ρ, massa específica do líquido bombeado; g, constante gravitacional; h_L, perda de carga obtida da equação de Darcy-Weisbach, em termos do fator de atrito de Fanning, f,

$$h_L = 2f\frac{u^2}{g}\frac{L}{D} \tag{30.8}$$

em que L é o comprimento característico da tubulação. Apesar de as especificações das demais bombas não terem sido solicitadas, emprega-se semelhante equacionamento para a eleição daquelas dispostas antes do leito fixo e aquela que alimenta o quadro de placas para a operação de OI. Ressalte-se, todavia, que a curva característica de tais bombas não é, necessariamente, aquela fornecida na Figura 30.6. Destaca-se, por outro lado, que a diferença de pressão, Δp, associada ao leito fixo, que atua como adsorvedor de zinco, no item c), pode ser calculada empregando-se a equação de Ergun,

$$-\frac{\Delta p}{h} = 150\left[\frac{(1-\varepsilon)^2}{\varepsilon^3}\right]\frac{\eta}{(\phi d_p)^2}u + 1{,}75\left(\frac{1-\varepsilon}{\varepsilon^3}\right)\frac{\rho}{(\phi d_p)}u^2 \tag{30.9}$$

com h, altura efetiva de recheio, ou seja, altura em que o adsorvente (carvão ativado) está condicionado; η, viscosidade dinâmica da água; d_p, diâmetro médio de partícula; ϕ, esfericidade da partícula; ε, fração de vazios (ou porosidade do leito). Observa-se a necessidade de se conhecer as propriedades físicas do adsorvente que, na presente situação, se trata de carvão ativado. Sob esse aspecto, é válida a menção de que esse material foi empregado de forma industrial a partir da Primeira Guerra Mundial como componente de máscaras para proteção contra gases tóxicos, e posteriormente passou a ser utilizado em tecnologias de controle de poluição (NOGUEIRA, 2010). No presente capítulo, utiliza-se a técnica da adsorção para a remoção de traços de zinco na água do poço, antes de submetê-la à osmose inversa. O balanço de massa para o soluto (zinco), considerando adsorvente esférico é dado por

$$\varepsilon_p \frac{\partial \rho_A}{\partial t} = \varepsilon_p D_p \frac{1}{r^2}\left(r^2 \frac{\partial^2 \rho_A}{\partial r^2}\right) + \left(1-\varepsilon_p\right)\frac{\partial q_A}{\partial t} \tag{30.10}$$

O coeficiente efetivo de difusão, D_{ef}, que considera a difusão do soluto nos poros bem como a influência da isoterma de adsorção é obtido de

$$D_{ef} = \frac{D_p}{1+\left(\dfrac{1-\varepsilon_p}{\varepsilon_p}\right)\dfrac{\partial q_A}{\partial \rho_A}\bigg|_{\rho_A=\rho_{A0}}} \tag{30.11}$$

com

$$\frac{\partial q_A}{\partial \rho_A}\bigg|_{\rho_A=\rho_{A0}} = \frac{q_{máx}\, b}{\left(1+b\rho_{A0}\right)^2} \tag{30.12}$$

sendo ρ_{A0} a concentração do soluto na água a ser tratada por adsorção. Utiliza-se a Equação (20.2) para a obtenção do valor do coeficiente de difusão nos poros, aqui retomada como

$$D_p = D_{\overset{\circ}{A}} \frac{\varepsilon_p}{\left(2-\varepsilon_p\right)^2} \tag{30.13}$$

Assumindo que o zinco esteja na forma de $ZnSO_4$, a obtenção do coeficiente de difusão iônica, $D_{\overset{\circ}{A}}$, remete à Equação (30.4), portanto é um valor conhecido para o item c). Dessa maneira, resta a remoção dos sais NaCl e $CaCl_2$, item d). Tanto o fluxo volumétrico do solvente, $v_{A,x}$, quanto o fluxo molar do soluto (sal), $J_{A,z}$, seguem o modelo de sorção-difusão, conforme ilustra a Figura 30.8.

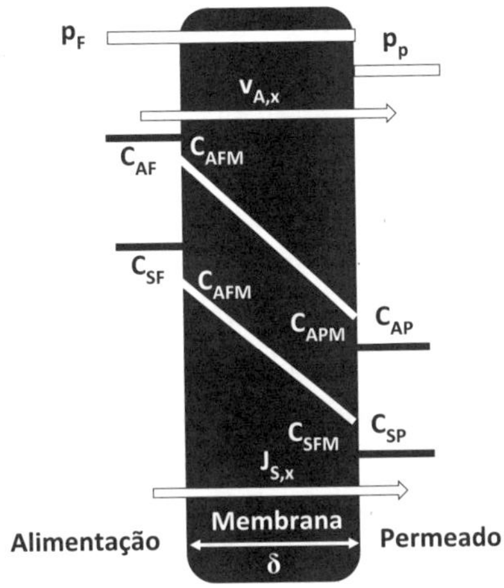

Figura 30.8 – Modelo da sorção-difusão para a descrição da operação de osmose inversa.

O fluxo volumétrico do solvente (água) no permeado, $v_{A,x}$ em $m^3/(m^2.s)$ é obtido de (GHIU, 2003),

$$v_{A.x} = L_p\left(\Delta p - \sigma_1 \Delta\pi\right) \tag{30.14}$$

em que L_p é a permeabilidade hidráulica $cm^3/(cm^2.s.psi)$; Δp, pressão de operação (psi); σ_1, coeficiente de reflexão de Staverman, que está associado à efetividade do sal na geração da pressão osmótica por meio da membrana; $\sigma_1 = 1$ corresponde a membranas ideais; $\Delta\pi$ é a pressão osmótica (psi) obtida a partir da equação de Van't Hoff

$$\Delta\pi = i\Delta C_S RT \tag{30.15}$$

sendo i o fator de Van't Hoff, que se refere ao número de íons presentes no sal em análise; R, constante universal dos gases; T, temperatura absoluta; ΔC_S diz respeito à diferença entre as concentrações do sal na alimentação, C_{SF}, e aquela no permeado, C_{SP}, ou

$$\Delta C_S = C_{SF} - C_{SP} \tag{30.16}$$

O fluxo molar do soluto do soluto (sal), $mol/(s.cm^2)$, é composto de contribuição difusiva e contribuição advectiva presentes, respectivamente, no primeiro e segundo termo à direita da equação que se segue (GHIU, 2003),

$$J_{A.x} = \Theta_S \Delta C_S + \left(1 - \sigma_2\right)\left\langle C_S \right\rangle v_{A,x} \tag{30.17}$$

A permeância volumétrica, Θ_S, advém da relação de Arrhenius, tendo em vista a sua dependência da temperatura,

$$\Theta_S = \Theta_0 \exp\left(-\frac{\Delta\Delta G}{RT}\right) \tag{30.18}$$

sendo a energia de referência de Gibbs, $-\Delta\Delta G = (-\Delta G_m) - (-\Delta G_S)$, relacionada à energia livre de hidratação iônica dos íons presentes na solução, e a energia livre de Gibbs relativa à interface solvente-membrana. A contribuição advectiva, segundo termo à direita na Equação (30.17), é caracterizada pelo arraste do sal pelo solvente, bem como do acoplamento sal-água, traduzido no índice σ_2. A grandeza $\langle C_S \rangle$ refere-se à concentração média do sal na membrana, ou

$$\langle C_S \rangle = \frac{1}{2}\left(C_{SF} + C_{SP}\right) \tag{30.19}$$

em que a concentração do sal no permeado, C_{AP}, pode ser obtida conhecendo-se o fator de rejeição,

$$R = 1 - \frac{C_{SP}}{C_{SF}} \tag{30.20}$$

FORMULÁRIO

Para a obtenção do valor da perda de carga, presente nas Equações (30.6) e (30.7), é necessário conhecer o fator de atrito de Fanning, f, que depende das características do escoamento. Em se tratando de regime laminar, Re < 2.100,

$$f = \frac{16}{Re} \tag{30.21}$$

e para o regime turbulento e tubulação lisa, $4{,}0 \times 10^3 < Re < 1{,}0 \times 10^5$,

$$f = \frac{0{,}079}{Re^{0{,}25}} \tag{30.22}$$

O número de Reynolds, por seu turno, é definido como se segue

$$Re = \frac{\rho u D}{\eta} \tag{30.23}$$

com u, a velocidade do escoamento do fluido, cujo valor é obtido conhecendo-se a área da seção transversal da tubulação,

$$\text{Área} = \frac{\pi D^4}{4} \tag{30.24}$$

e a vazão volumétrica (capacidade) bombeada de líquido, Q, ou

$$u = \frac{Q}{\text{Área}} \tag{30.25}$$

O comprimento característico da tubulação (L), contido na Equação (30.8), é composto do comprimento em si, L_{reto}, ou seja, sem acidentes e daquele comprimento equivalente, L_{eq}, associado aos acidentes presentes na tubulação segundo (CREMASCO, 2018),

$$L = L_{reto} + \sum_{i=1}^{n} L_{eq_i} \tag{30.26}$$

Uma vez que o diâmetro da tubulação de PVC é igual a 2", tem-se para os registros gaveta L_{eq} = 0,8 m e para a curva de 90°, L_{eq} = 1,3 m. O valor da permeância volumétrica, presente na Equação (30.18), é obtida de

$$\Theta_S = 2{,}66 \times 10^{-4} \exp\left(-\frac{\Delta\Delta G}{RT}\right) \tag{30.27}$$

com o resultado em $m^3/(m^2.Pa)$; $\Delta\Delta G/RT$ para o NaCl e $CaCl_2$ iguais, respectivamente, a 10,71 e 12,20 (GHIU, 2003).

Informações adicionais

R = 8,3145 $m^3.Pa/(mol.K)$; 1 psi = 6.894,76 Pa;

1" = 2,54 cm; 1 cm = 10^{-2} m; 1 L = 10^{-3} m^3; 1 h = 60 min = 3.600 s; g = 9,81 m/s^2.

SOLUÇÃO

a) Para calcular o valor do coeficiente de difusão de eletrólitos diluídos em água, utiliza-se a Equação (30.4). Nesse item, são considerados os seguintes íons: $Na^+ = |z_i| = 1$, $Cl^- = |z_i| = 1$, $Ca^{2+} = |z_i| = 2$; $Zn^{2+} = |z_i| = 2$; $SO_4^{2-} = |z_i| = 2$. Da Tabela 30.1, são conhecidos $D_{Na^+} = 1{,}030 \times 10^{-5}$ cm^2/s e $D_{Cl^-} = 2{,}030 \times 10^{-5}$ cm^2/s, possibilitando o cálculo do coeficiente de difusão do NaCl e água, a 25 °C, a partir da Equação (30.4),

$$D_{NaCl} = \frac{(1+1)(1{,}03\times10^{-5})(2{,}03\times10^{-5})}{(1)(1{,}03\times10^{-5})+(1)(2{,}03\times10^{-5})} = 1{,}367\times10^{-5}\ cm^2/s \qquad (1)$$

De igual maneira, obtém-se para os sais $CaCl_2$ e $ZnSO_4$, respectivamente,

$$D_{CaCl_2} = \frac{(2+1)(0{,}792\times10^{-5})(2{,}03\times10^{-5})}{(2)(0{,}792\times10^{-5})+(1)(2{,}03\times10^{-5})} = 1{,}335\times10^{-5}\ cm^2/s \qquad (2)$$

$$D_{ZnSO_4} = \frac{(2+2)(0{,}702\times10^{-5})(1{,}06\times10^{-5})}{(2)(0{,}702\times10^{-5})+(2)(1{,}06\times10^{-5})} = 0{,}884\times10^{-5}\ cm^2/s \qquad (3)$$

A obtenção do valor do coeficiente de difusão na matriz porosa do solo advém da Equação (30.3), para tortuosidade do solo igual a 2, bem como, considerando-se os resultados 1, 2 e 3, ou

$$D_{p,NaCl} = \frac{D_A^{o}}{\tau} = \frac{1{,}367\times10^{-5}}{2} = 0{,}683\times10^{-5}\ cm^2/s \qquad (4)$$

$$D_{p,CaCl_2} = \frac{D_A^{o}}{\tau} = \frac{1{,}335\times10^{-5}}{2} = 0{,}667\times10^{-5}\ cm^2/s \qquad (5)$$

$$D_{p,ZnSO_4} = \frac{D_A^{o}}{\tau} = \frac{0{,}884\times10^{-5}}{2} = 0{,}442\times10^{-5}\ cm^2/s \qquad (6)$$

b) A seleção da bomba centrífuga para bombear água do poço até o reservatório de água tratada tem como base o emprego da Figura 30.6. Nesse caso, é conhecida a capacidade ou Q = 10 m^3/h, sendo necessário obter o valor da carga da bomba, H, fornecida pela Equação (30.5), ou

$$H = H_D - H_S \qquad (7)$$

Os valores da carga da descarga, H_D (Equação (30.6)), e da sucção, H_S (Equação (30.7)), são dependentes das cargas de pressão, de altura e de perda de carga, h_L, sendo esta função do fator de atrito de Fanning, f, Equação (30.8),

$$h_L = 2f \frac{u^2}{g} \frac{L}{D} \tag{8}$$

A velocidade u, presente na Equação (8), é obtida da Equação (30.25), conhecendo-se a área de seção transversal da tubulação, Equação (30.24), substituindo-se esta equação na Equação (30.25)

$$u = \frac{4Q}{\pi D^2} \tag{9}$$

Visto D = 2" = 5,08 cm = $5{,}08 \times 10^{-2}$ m e Q = 10 m^3/h = $2{,}778 \times 10^{-3}$ m^3/s, tem-se na Equação (9)

$$u = \frac{(4)(2{,}778 \times 10^{-3})}{(\pi)(5{,}08 \times 10^{-2})^2} = 1{,}371 \text{ m/s} \tag{10}$$

A obtenção do valor do fator de atrito de Fanning, f, depende do regime de escoamento. Nesse caso, torna-se necessário conhecer o valor do número de Reynolds. Assim, são conhecidos o diâmetro da tubulação, D = 2" = $5{,}08 \times 10^{-2}$ m, a velocidade do escoamento do fluido, 1,371 m/s, bem como os valores da viscosidade dinâmica e massa específica da água, $\eta = 8{,}911 \times 10^{-4}$ Pa.s e $\rho = 997{,}04$ kg/m^3. Substituindo essas informações na Equação (30.23),

$$Re = \frac{\rho u D}{\eta} = \frac{(997{,}04)(1{,}371)(5{,}08 \times 10^{-2})}{(8{,}911 \times 10^{-4})} = 77.926{,}88 \tag{11}$$

trata-se, portanto, de regime turbulento. Desse modo, obtém-se o valor do fator de Fanning, substituindo-se o resultado 11 na Equação (30.22),

$$f = \frac{0{,}079}{Re^{0{,}25}} = \frac{(0{,}079)}{(77.926{,}88)^{0{,}25}} = 0{,}0047 \tag{12}$$

O valor do comprimento característico da tubulação (L), contido na Equação (8), advém da Equação (30.26). Para a sucção, tem-se que o poço está à 7,5 m de profundidade e à 55 m da sucção da bomba, e a tubulação situa-se à 50 cm = 0,5 m da superfície. O trecho reto é L_{reto} = 100 + 7,5 + 0,5 = 108 m. Visto que na sucção há uma curva de 2" de 90° de PVC, L_{eq} = 1,3 m. Substituindo-se esses comprimentos na Equação (30.26)

$$L = L_{reto} + \sum_{i=1}^{n} L_{eq_i} = 108 + 1,3 = 109,3 \text{ m} \tag{13}$$

Tendo em vista que a constante gravitacional é g = 9,81 m/s², pode-se substituir esse valor em conjunto com D = 5,08 × 10^{-2} m e os resultados 10, 12 e 13 na Equação (8),

$$h_{L_S} = 2f\frac{u^2}{g}\frac{L}{D} = (2)(0,0047)\frac{(1,371)^2}{(9,81)}\left(\frac{109,3}{5,08\times10^{-2}}\right) = 3,88 \text{ m} \tag{14}$$

Dessa maneira, pode-se calcular a carga na zona de sução a partir da Equação (30.7),

$$H_S = \frac{p_S}{\rho g} + z_S - h_{L_S} \tag{15}$$

Verifica-se na linha de sucção que p_S = 89,96 kPa = 89.960 Pa; z_S = −8,0 m e h_{LS} = 3,88 m. Levando esses valores, em conjunto com g = 9,81 m/s² e ρ = 997,04 kg/m³ na Equação (15),

$$H_S = \frac{(89.960)}{(997,04)(9,81)} - 8,0 - 3,88 = -2,68 \text{ m} \tag{16}$$

Na região de recalque, a tubulação está à 50 cm = 0,5 m da superfície; há um trecho horizontal de 2 m, e a alimentação ao reservatório está à 2 m do solo, ou seja à 1,5 m da tubulação. Assim L_{reto} = 2,0 + 0,5 + 1,5 = 4 m. A tubulação, em PVC, da zona de recalque apresenta diâmetro igual a 2", com duas curvas de 90°, L_{eq} = (2)(0,13) = 0,26 m; registro gaveta de 2", L_{eq} = 0,08 m. Dessa maneira, tem-se na Equação (30.26),

$$L = L_{reto} + \sum_{i=1}^{n} L_{eq_i} = 4,0 + 0,26 + 0,08 = 4,34 \text{ m} \tag{17}$$

Substituindo g = 9,81 m/s², D = 5,08 × 10^{-2} m e os resultados 10, 12 e 17 na Equação (8)

$$h_{L_D} = 2f\frac{u^2}{g}\frac{L}{D} = (2)(0,0047)\frac{(1,371)^2}{(9,81)}\left(\frac{4,34}{5,08\times10^{-2}}\right) = 0,15 \text{ m} \tag{18}$$

A carga na região de descarga (ou de recalque) é obtida substituindo-se $p_S = 89{,}85$ kPa = 89.850 Pa; $z_D = 1{,}5$ m, $h_{LD} = 0{,}28$ m, $g = 9{,}81$ m/s^2 e $\rho = 997{,}04$ kg/m^3 na Equação (30.6),

$$H_D = \frac{(89.850)}{(997{,}04)(9{,}81)} + 1{,}5 + 0{,}15 = 10{,}84 \text{ m} \tag{19}$$

O valor da altura de projeto da bomba, H, é obtido levando os resultados 16 e 19 na Equação (7),

$$H = H_D - H_S = 10{,}84 - (-2{,}68) = 13{,}52 \text{ m} \tag{20}$$

Com os valores da capacidade da bomba, Q = 10 m^3/h e da altura de projeto, H = 13,52 m, lança-se mão da Figura 30.6, conforme retomada na Figura 1, na qual se verifica: rendimento, η = 43%. Note que se deve selecionar as bombas disponíveis, neste caso se elege aquela que apresenta diâmetro do impelidor igual a 4" e potência da bomba de 1 ½ HP.

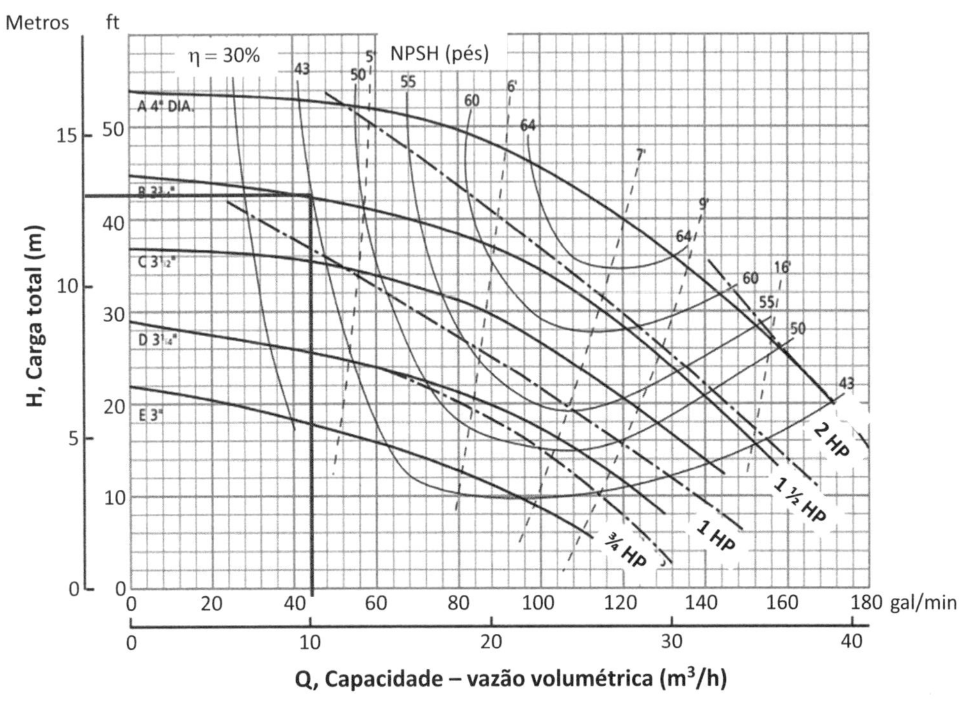

Figura 1 – Curva característica de bomba centrífuga.

c) Este item refere-se à etapa de adsorção do zinco que, conforme abordada neste capítulo, compreende informações sobre sistemas particulados e a própria transferência de massa com o enfoque pluridisciplinar. Desse modo, a diferença de pressão encontrada no leito fixo, relativo à sua altura específica, h, advém da Equação (30.9), retomada como

$$-\Delta p = h\left\{150\left[\frac{(1-\varepsilon)^2}{\varepsilon^3}\right]\frac{\eta}{\left(\phi d_p\right)^2}u + 1{,}75\left(\frac{1-\varepsilon}{\varepsilon^3}\right)\frac{\rho}{\left(\phi d_p\right)}u^2\right\} \tag{21}$$

O valor da velocidade superficial u, pode ser obtida utilizando-se a Equação (9). Para tanto, são conhecidos os valores da vazão volumétrica, 1,2 L/min = $2{,}0 \times 10^{-5}$ m^3/s e o diâmetro da coluna, D = 10" = 0,254 m. Assim, da Equação (9)

$$u = \frac{(4)\left(2{,}0\times10^{-5}\right)}{(\pi)(0{,}254)^2} = 3{,}947\times10^{-4}\ \text{m/s} \tag{22}$$

Visto serem conhecidos os valores da altura efetiva de recheio, h = 50 cm = 0,5 m, fração de vazios do leito, $\varepsilon = 0{,}37$, diâmetro médio e esfericidade do adsorvente, $d_p = 0{,}5$ mm $= 0{,}5 \times 10^{-3}$ m e $\phi = 0{,}75$, assim como os valores da viscosidade dinâmica e massa específica da água, $\eta = 8{,}911 \times 10^{-4}$ Pa.s e $\rho = 997{,}04$ kg/m^3 e o resultado 22, tem-se na Equação (21)

$$\begin{aligned}-\Delta p = (0{,}5)\Bigg\{&(150)\left[\frac{(1-0{,}37)^2}{(0{,}37)^3}\right]\frac{\left(8{,}911\times10^{-4}\right)\left(3{,}947\times10^{-4}\right)}{\left[(0{,}75)\left(0{,}5\times10^{-3}\right)\right]^2}+\\ &+(1{,}75)\left[\frac{(1-0{,}37)}{(0{,}375)^3}\right]\frac{(997{,}04)\left(3{,}947\times10^{-4}\right)^2}{\left[(0{,}75)\left(0{,}5\times10^{-3}\right)\right]}\Bigg\} - \Delta p = 1.475{,}16\,\text{Pa} =\\ &= 1{,}47\,\text{kPa}\end{aligned} \tag{23}$$

O valor do coeficiente efetivo de difusão do zinco no adsorvente considerado nessa etapa do processo, D_{ef}, é oriundo da Equação (30.11),

$$D_{ef} = \frac{D_p}{1+\left(\frac{1-\varepsilon_p}{\varepsilon_p}\right)\frac{\partial q_A}{\partial \rho_A}\bigg|_{\rho_A=\rho_{A0}}} \tag{24}$$

em que o coeficiente de difusão nos poros se encontra na Equação (30.13), ou

$$D_p = D_{\overset{\circ}{A}} \frac{\varepsilon_p}{\left(2-\varepsilon_p\right)^2} \tag{25}$$

Uma vez que se conhece a porosidade do adsorvente, $\varepsilon_p = 0{,}55$, assim como o valor do coeficiente de difusão do $ZnSO_4$ diluído em água a 25 °C, resultado 3, tem-se na Equação (25)

$$D_p = \left(0{,}884\times10^{-5}\right)\frac{\left(0{,}55\right)}{\left(2-0{,}55\right)^2} = 0{,}231\times10^{-5}\ \text{cm}^2/\text{s} \tag{26}$$

A isoterma de equilíbrio contida na Equação (24) é vista de acordo com a Equação (30.12),

$$\left.\frac{\partial q_A}{\partial \rho_A}\right|_{\rho_A=\rho_{A0}} = \frac{q_{máx}b}{\left(1+b\rho_{A0}\right)^2} \tag{27}$$

sendo, do enunciado, $q_{máx}$ = 322,58 mg/L, b = 0,0008 L/mg e ρ_{A0} = 0,04 mg/L. Da Equação (27)

$$\left.\frac{\partial q_A}{\partial \rho_A}\right|_{\rho_A=\rho_{A0}} = \frac{\left(322{,}58\right)\left(0{,}0008\right)}{\left[1+\left(0{,}0008\right)\left(0{,}04\right)\right]^2} = 0{,}258 \tag{28}$$

Uma vez que ε_p = 0,55, substitui-se esse valor em conjunto com os resultados 26 e 28 na Equação (24),

$$D_{ef} = \frac{\left(0{,}231\times10^{-5}\right)}{1+\left(\dfrac{1-0{,}55}{0{,}55}\right)\left(0{,}258\right)} = 0{,}191\times10^{-5}\ \text{cm}^2/\text{s} \tag{29}$$

d) Este item se refere à obtenção do número de conjuntos destinado à captura dos sais NaCl e $CaCl_2$, via osmose inversa, empregando-se filtração tipo prensa, recordando que cada conjunto apresenta 48 módulos e cada um desses módulos é constituído de uma membrana plana de 0,17 m², totalizando 8,16 m² de área de filtração para cada conjunto (conforme ilustra a Figura 30.7). Denominando a área de filtração do conjunto unitário (de 8,16 m^2) como $Área_{conj}$; o número de conjuntos, n, será obtido de

$$n = \frac{Área_{total}}{Área_{conjl}} = \frac{Área_{total}}{8,16} \quad (30)$$

em que a $Área_{total}$ é a área destinada à operação de OI, obtida a partir do modelo apresentado nas Equações (30.13) a (30.19). Essa área, por sua vez, advém da relação entre a vazão volumétrica no permeado, que é igual a 90% da vazão de alimentação, ou seja $Q_{perm} = (0,9)(0,06) = 0,054\ m^3/h = 1,5 \times 10^{-5}\ m^3/s$ e o fluxo volumétrico do solvente no permeado (Equação (30.14)), de modo que

$$Área_{total} = \frac{1,5 \times 10^{-5}}{v_{A,x}} \quad (31)$$

Além do valor do número de conjuntos que viabilize a dessalinização pretendida, pede-se o valor do fluxo osmótico tanto do NaCl quanto $CaCl_2$, para o qual se utiliza a Equação (30.15),

$$\Delta\pi = i\Delta C_S RT \quad (32)$$

quanto aos valores da permeabilidade hidráulica, L_p, por intermédio da Equação (30.14), rearranjada

$$L_p = \frac{v_{A.x}}{\left(\Delta p - \sigma_1 \Delta\pi\right)} \quad (33)$$

Dessa maneira, pode-se iniciar a solução deste item, obtendo-se os valores da pressão osmótica. São conhecidos R = 8,3145 (m^3.Pa)/(mol.K) e T = 25 °C = 298,15 K. O fator de Van't Hoff para o NaCl é igual a i = 2, enquanto para o $CaCl_2$, é i = 3 (número de íons presentes no sal). Torna-se, necessário, dessa feita, obter a força motriz, ΔC_S (Equação (30.16)) para cada sal,

$$\Delta C_S = C_{SF} - C_{SP} \quad (34)$$

sabendo que $C_{SF} = 50\ mol/m^3$ e que a sua concentração no permeado, C_{SP}, depende do fator de rejeição, Equação (30.20), aqui retomada

$$C_{SP} = \left(1 - R\right) C_{SF} \quad (35)$$

Visto que a rejeição do NaCl é igual a 99,46%, tem-se na Equação (35),

$$C_{SP} = (1-0,9946)(50) = 0,27\,\text{mol/m}^3 \tag{36}$$

que resulta da Equação (34),

$$\Delta C_S = C_{SF} - C_{SP} = 50 - 0,27 = 49,73\,\text{mol/m}^3 \tag{37}$$

Substituindo R = 8,3145 $(m^3.Pa)/(mol.K)$, T = 298,15 K, i = 2 e o resultado 37 na Equação (32), tem-se o valor da pressão osmótica para o NaCl,

$$\Delta\pi_{NaC\ell} = i\Delta C_S RT = (2)(49,73)(8,3145)(298,15) = 246.558,20\,\text{Pa} = 35,76\,\text{psi} \tag{38}$$

Faz-se semelhante estratégia de cálculos para o $CaCl_2$. Nesse caso, o grau de rejeição é de 99,83%. Da Equação (35),

$$C_{SP} = (1-0,9983)(50) = 0,085\,\text{mol/m}^3 \tag{39}$$

permitindo encontrar na Equação (34),

$$\Delta C_S = C_{SF} - C_{SP} = 50 - 0,085 = 49,915\,\text{mol/m}^3 \tag{40}$$

Conhecendo-se R = 8,3145 $(m^3.Pa)/(mol.K)$, T = 298,15 K, i = 3 e o resultado 40. Obtém-se, da Equação (32),

$$\Delta\pi_{CaC\ell_2} = i\Delta C_S RT = (3)(49,915)(8,3145)(298,15) = 371.213,10\,\text{Pa} = 53,84\,\text{psi} \tag{41}$$

Observe que as pressões osmóticas associadas à permeação de NaCl e $CaCl_2$ são inferiores àquela de operação (Δp = 150 psi). Tendo em mãos tais pressões, pode-se procurar meios para a obtenção do valor da permeabilidade hidráulica, L_p (Equação (33)). Uma vez que o coeficiente de reflexão de Staverman, $\sigma_1 = 1$, considera-se a informação que estabelece a relação entre os fluxos difusivos dos sais em relação aos seus fluxos globais, ou seja, $\Theta_S \Delta C_S = \alpha J_{A,x}$ (com α = 0,89 para o NaCl e α = 0,68 para o $CaCl_2$). Assim, a partir da Equação (30.17), tem-se, após manipulações algébricas

$$v_{A,x} = \left(\frac{1-\alpha}{\alpha}\right)\frac{\Theta_S \Delta C_S}{(1-\sigma_2)\langle C_S\rangle} \tag{42}$$

cujo resultado, em conjunto com os valores conhecidos de Δp, $\Delta\pi$ e $\sigma_1 = 1$, levados à Equação (33), fornecem o valor da permeabilidade hidráulica, L_p. Para tanto e considerando-se o permeado contaminado de NaCl, a sua concentração média é conhecida ao se substituir $C_{SF} = 50$ mol/m^3 e o resultado 36 na Equação (30.19),

$$\langle C_S \rangle = \frac{1}{2}(C_{SF} + C_{SP}) = \frac{1}{2}(50 + 0{,}27) = 25{,}135 \text{ mol/m}^3 \tag{43}$$

O valor da permeância volumétrica presente na Equação (42) advém da Equação (30.27). Para o NaCl; $\Delta\Delta G/RT = 10{,}71$, resultando em

$$\Theta_S = 2{,}66\times10^{-4}\exp\left(-\frac{\Delta\Delta G}{RT}\right) = (2{,}66\times10^{-4})\exp(-10{,}71) = 5{,}937\times10^{-9}\text{ m}^3/(\text{m}^2.\text{s}) \tag{44}$$

Devido ter-se assumido que o índice de acoplamento sal-água é $\sigma_2 = 0{,}999$ e $\alpha = 0{,}89$ (para o NaCl), substitui-se esses valores em conjunto os resultados 37, 43 e 44 na Equação (42),

$$v_{A,x} = \left(\frac{1-0{,}89}{0{,}89}\right)\frac{(5{,}937\times10^{-9})(49{,}73)}{(1-0{,}999)(25{,}135)} = 1{,}452\times10^{-6}\text{ m}^3/(\text{m}^2.\text{s}) \tag{45}$$

O valor da permeabilidade hidráulica para o NaCl, L_p, vem da substituição de $\Delta p = 150$ psi, $\sigma_1 = 1$ e dos resultados 38 e 45 na Equação (33),

$$L_{p,NaCl} = \frac{v_{A,x}}{(\Delta p - \sigma_1\Delta\pi)} = \frac{(1{,}452\times10^{-5})}{[150-(1)(35{,}76)]} = 1{,}27\times10^{-7}\text{ m}^3/(\text{m}^2.\text{s.psi}) \tag{46}$$

Note que, além de se conhecer o valor da permeabilidade hidráulica, a obtenção do valor do fluxo volumétrico, $v_{A,x}$, possibilita conhecer a área total destinada à osmose inversa para a retenção do NaCl. Desse modo, substitui-se o resultado 45 na Equação (31),

$$\text{Área}_{total} = \frac{1{,}5\times10^{-5}}{v_{A,x}} = \frac{(1{,}5\times10^{-5})}{(1{,}452\times10^{-6})} = 10{,}33\text{ m}^2 \tag{47}$$

O número de conjuntos de módulos destinado à retenção de NaCl é obtido ao substituir o resultado 47 na Equação (30)

$$n = \frac{\text{Área}_{total}}{8{,}16} = \frac{10{,}33}{8{,}16} = 1{,}27 \approx 2 \tag{48}$$

ou seja, são necessários 2 módulos, perfazendo 96 membranas planas, cada qual com 0,17 m² emoldurada em placa metálica, totalizando 16,32 m² de área total disponibilizada para a osmose inversa, o que atende sobremaneira ao projetado. Mas isso é para a retenção do NaCl. Deve-se fazer o mesmo para a dessalinização do $CaCl_2$. Adotando-se o procedimento de cálculo análogo ao estabelecido das Equações (43) a (48), tem-se:

$$\langle C_S \rangle = \frac{1}{2}(C_{SF} + C_{SP}) = \frac{1}{2}(50 + 0{,}0085) = 25{,}0425\ \text{mol}/\text{m}^3 \tag{49}$$

O valor da permeância volumétrica é calculado a partir de $\Delta\Delta G/RT = 12{,}20$,

$$\Theta_S = 2{,}66\times10^{-4}\exp\left(-\frac{\Delta\Delta G}{RT}\right) = \left(2{,}66\times10^{-4}\right)\exp(-12{,}20) = 1{,}338\times10^{-9}\ \text{m}^3/\left(\text{m}^2.\text{s}\right) \tag{50}$$

O valor do fluxo volumétrico, $v_{A,x}$, do $CaCl_2$, sabendo que $\sigma_2 = 0{,}999$ e $\alpha = 0{,}68$, resulta da substituição desses valores em conjunto os resultados 40, 49 e 50 na Equação (42),

$$v_{A,x} = \left(\frac{1-0{,}68}{0{,}68}\right)\frac{\left(1{,}338\times10^{-9}\right)(49{,}915)}{(1-0{,}999)(25{,}042)} = 1{,}26\times10^{-6}\ \text{m}^3/\left(\text{m}^2.\text{s}\right) \tag{51}$$

O valor da permeabilidade hidráulica para o $CaCl_2$, L_p, advém da substituição de $\Delta p = 150$ psi, $\sigma_1 = 1$ e dos resultados 41 e 51 na Equação (33),

$$L_{p,CaCl_2} = \frac{v_{A,x}}{(\Delta p - \sigma_1 \Delta\pi)} = \frac{\left(1{,}26\times10^{-5}\right)}{\left[150-(1)(53{,}84)\right]} = 1{,}31\times10^{-8}\ \text{m}^3/\left(\text{m}^2.\text{s.psi}\right) \tag{52}$$

A área total destinada à osmose inversa para a retenção (apenas) do $CaCl_2$, resulta da substituição do resultado 52 na Equação (31),

$$\text{Área}_{\text{total}} = \frac{1{,}5\times10^{-5}}{v_{A,x}} = \frac{\left(1{,}5\times10^{-5}\right)}{\left(1{,}31\times10^{-6}\right)} = 10{,}64\ \text{m}^2 \tag{53}$$

O número, portanto, de conjuntos de módulos destinado à retenção de $CaCl_2$ é conhecido levando o resultado 53 na Equação (30)

$$n = \frac{\text{Área}_{\text{total}}}{8{,}16} = \frac{10{,}64}{8{,}16} = 1{,}30 \approx 2 \tag{54}$$

ou seja, o mesmo número do conjunto de módulos obtidos para o NaCl. Dessa maneira, especifica-se a unidade de osmose inversa para a dessalinização pretendida utilizando-se 2 módulos, totalizando 96 membranas planas, com área total de filtração igual a 16,32 m^2. Considere a hipótese de se ter obtido número de módulos distintos para distintos sais, neste caso sempre se elege o maior número de módulos para a operação desejada.

REFERÊNCIAS BIBLIOGRÁFICAS

BRIÃO, V. B.; MAGOGA, J.; HEMKEMEIR, M.; BRIÃO, E. B.; GIRARDELLI, L.; SBEGHEN, L.; FAVARETTO, D. P. C. Reverse osmosis for desalination of water from the Guarani Aquifer System to produce drinking water in southern Brazil. *Desalination*, v. 344, p. 402-411, 2014.

COLOMBRES, A. *Seres sobrenaturales de la cultura popular argentina*. 1. ed. Buenos Aires: Biblioteca de Cultura Popular, 2005. 203 p.

CREMASCO, M. A. *Operações unitárias em sistemas particulados e fluidomecânicos*. 3. ed. São Paulo: Blucher, 2018. 423 p.

FONSECA NETO, F. D. *Determinação da difusão efetiva de nitrato e potássio em solo argiloso compactado*. 2007. 102 f. Dissertação (Mestrado em Engenharia Civil) – Universidade Estadual do Norte Fluminense Darcy Ribeiro, Campos dos Goytaguases, 2007.

FRANÇA, O. D. M. *Caracterização petrofísica e petrográfica de arenitos do poço 1-PN-14-SC-02. Formação Rio Bonito – Bacia do Paraná*. 2017. 91 f. Trabalho de Conclusão de Curso (Curso de Geofísica) – Universidade Federal Fluminense, Niterói, 2017.

GHIU, S. M. S. *Mass transfer of ionic species in direct and reverse osmosis processes*. 2003. 166 f. Thesis (Department of Civil and Environmental Engineering) – University of South Florida, Florida, 2003.

GOULD PUMPS. *End-suction pumps*, 2003. Catálogo. Disponível em: https://www.spppumps.com/markets/pumps/end-suction-pumps/. Acesso em: 09 ago. 2021.

GUIMARÃES, L. G. *Desafios jurídicos na proteção do sistema aquífero Guarani*. 2007. 183 f. Tese (Doutorado em Ciências Sociais) – Pontifícia Universidade Católica de São Paulo, São Paulo, 2007.

KAVITHA, J.; RAJALAKSHMIA, M.; PNANIB, A. R.; PADAKI, M. Pretreatment processes for seawater reverse osmosis desalination systems – A review. *Journal of Water Process Engineering*, v. 32, n. 100926, p. 1-13, 2019.

NOGUEIRA, M. W. *O uso do carvão ativado produzido a partir da casca da Moringa oleifera, como adsorvente na remoção de metais pesados presentes na água*. 2010. 88 f. Dissertação (Mestrado em Engenharia Ambiental) – Universidade Federal de Ouro Preto, Ouro Preto, 2010.

PORTAL DAS MISSÕES. Aquífero Guarani – um patrimônio, 2022. Disponível em: https://www.portaldasmissoes.com.br/municipios/salvador-das-missoes/noticias/view/id/1954/aquifero-guarani---um-patrimonio.html. Acesso em: 07 jan. 2022.

SOARES, A. P.; SOARES, P. C.; HOLZ, M. Heterogeneidades hidroestratigráficas no Sistema Aqüífero Guarani. *Revista Brasileira de Geociências*, São Paulo, v. 38, n. 4. p. 598-617, 2008.

SOUZA, M. E. *Estudo físico-químico do concentrado proveniente do processo de osmose reversa no tratamento de água para uso industrial.* Dissertação (Mestrado em Meio ambiente Urbano e Industrial) – Universidade Federal do Paraná, Curitiba, 2014.

VALLERO, M. Saneamento e tratamento de água nos processos público e produtivos no Brasil. Disponível em: https://www.slideshare.net/fgv-oficial/marcus-vallero-v1. Acesso em: 07 mar. 2022.

ZORZETTO, R. Ascensão e declíneo dos Tupi, 2022. Disponível em: https://revistapesquisa.fapesp.br/ascensao-e-declinio-dos-tupi/. Acesso em: 07 jan. 2022.

Nomenclatura

Área	Área da seção transversal; específica de filtração	[L^2]
B	segunda constante do virial	[L^3]
c	concentração mássica do átomo difundente na estrutura cristalina	[$M.L^{-3}$]
c_i	concentração mássica do átomo difundente na estrutura cristalina no plano i, para i = A, B ou O	[$M.L^{-3}$]
C	concentração molar da mistura ou da solução	[$mol.L^{-3}$]
C_i	concentração molar da espécie i; i = 1, 2, ..., i, ...N; i = A, B, i, j; íon	[$mol.L^{-3}$]
$<C_s>$	concentração média do sal	[$mol.L^{-3}$]
C_i	concentração molar do íon i	[$mol.L^{-3}$]
d_A	diâmetro molecular característico da espécie A	[L]
d_{AB}	diâmetro difusional de Fuller et al. (1966)	[L]
d_p	diâmetro médio da partícula	[L]
D	diâmetro da tubulação	[L]

D_a	coeficiente de difusão atômica em estrutura cristalina	$[L^2.T^{-1}]$
D_A	coeficiente de difusão do eletrólito A	$[L^2.T^{-1}]$
D_{AA}	coeficiente de autodifusão do soluto A no meio A	$[L^2.T^{-1}]$
D_{AB}	coeficiente de difusão do soluto A no meio B; coeficiente de difusão termodinâmico	$[L^2.T^{-1}]$
D_{AM}	coeficiente de difusão do soluto A na membrana M	$[L^2.T^{-1}]$
D^V_{AB}	coeficiente de difusão termodinâmico para mistura gasosa binária	$[L^2.T^{-1}]$
D^o_{AB}	coeficiente de difusão do soluto A diluído no meio B	$[L^2.T^{-1}]$
D^o_{BA}	coeficiente de difusão do soluto B diluído no meio A	$[L^2.T^{-1}]$
D_c	coeficiente de difusão configuracional; difusividade configuracional	$[L^2.T^{-1}]$
D_{ef}	coeficiente de difusão efetivo; difusividade efetiva	$[L^2.T^{-1}]$
D_i	coeficiente de difusão iônica	$[L^2.T^{-1}]$
D_K	coeficiente de difusão de Knudsen	$[L^2.T^{-1}]$
$D_{K,p}$	coeficiente de difusão de Knudsen nos poros	$[L^2.T^{-1}]$
D_m	coeficiente de difusão em membrana	$[L^2.T^{-1}]$
D_S	coeficiente de difusão superficial	$[L^2.T^{-1}]$
D_V	coeficiente de difusão capilar ou viscosa	$[L^2.T^{-1}]$
$D_{V,ef}$	coeficiente efetivo de difusão capilar ou viscosa	$[L^2.T^{-1}]$
D_x	coeficiente generalizado de difusão na direção x	$[L^2.T^{-1}]$
D^o_i	coeficiente de difusão iônica em condição de diluição infinita	$[L^2.T^{-1}]$
D_{ij}	coeficiente de difusão da espécie i no meio j; i = 1	$[L^2.T^{-1}]$
D_{iM}	coeficiente de difusão da espécie i no meio multicomponente M	$[L^2.T^{-1}]$
$Đ_{ij}$	coeficiente mútuo de difusão de Maxwell-Stefan da espécie i na espécie j pertencentes à mistura multicomponente M; i = 1	$[L^2.T^{-1}]$
E	potencial eletrostático	$[F.L.Q^{-1}]$
E_A	energia de ativação difusional	[F.L]
E_{AM}	energia de ativação difusional em membrana	[F.L]

E_{Π}	energia de ativação difusional na permeação	[F.L]
E(x)	esperança probabilística	–
f	fator de atrito de Fanning	–
f(x)	função de distribuição da função de densidade de probabilidade (PDF) da variável x	–
F	constante de Faraday	adimensional
$F_{St,z}$	força de arraste na direção z	$[F.mol^{-1}]$
$F_{td,z}$	força motriz termodinâmica na direção z	$[F.mol^{-1}]$
G	energia livre de Gibbs	[F.L]
h	altura específica da coluna	[L]
h_L	perda de carga	[L]
H	carga total da bomba; carga	[L]
H	entalpia	[F.L]
i	fator de Van't Hoff	–
I	força iônica	$[mol.M^{-1}]$
j_m	fluxo difusivo do permeado na matriz porosa, em base mássica	$[M.L^{-2}.T^{-1}]$
$j_x^{\cdot}$	fluxo difusivo de átomos do soluto na matriz cristalina na direção x, em base mássica	$[M.L^{-2}.T^{-1}]$
J	velocidade de filtração; fluxo volumétrico	$[L^3.L^{-2}.T^{-1}]$
$J_{i,z}$	fluxo difusivo de i, na direção z, em base molar; i = A	$[mol.L^{-2}.T^{-1}]$
k	permeabilidade da matriz porosa	$[L^2]$
k_B	constante de Boltzmann	$[L^2.M.T^{-1}.t^{-1}]$
K	número de classes	adimensional
Kn	número de Knudsen	adimensional
L	quantidade de números pseudoaleatórios; número de passos	adimensional
L_p	permeabilidade hidráulica	$[M^{-1}.L^2.T]$
m	massa de uma partícula material	[M]
m_A	molalidade da espécie A	$[mol.M^{-1}]$

m_i	massa da espécie i; i = 1, 2..., i, ...N; i = i, j	[M]
M	massa molar do meio (mistura ou solução)	$[M.mol^{-1}]$
M	número de moléculas	–
M_i	massa molar da espécie i; i = 1, 2, ..., i, ...N; i = A, B, i, j	$[M.mol^{-1}]$
M_{AB}	massa molar reduzida	$[M.mol^{-1}]$
N	número de classes	–
N_0	número de Avogadro	$[molécula.mol^{-1}]$
p	pressão de operação em processos que envolvem membranas	$[F.L^{-2}]$
<p>	pressão média de operação em processos que envolvem membranas	$[F.L^{-2}]$
P	pressão termodinâmica; pressão total do sistema	$[F.L^{-2}]$
PTM	pressão transmembrana	$[F.L^{-2}]$
P_A^{vap}	pressão de vapor da espécie A; A = H_2O (vapor de água)	$[F.L^{-2}]$
P(A)	probabilidade de ocorrência do evento A	–
P(i,N)	probabilidade de ocorrência do evento A no passo N	–
p_A	pressão parcial da espécie A	$[F.L^{-2}]$
p_{ik}	matriz de transição	–
q_A	concentração mássica de A nas paredes dos poros	$[M.L^{-3}]$
Q	vazão volumétrica; capacidade da bomba	$[L^3.T^{-1}]$
r	deslocamento do soluto	[L]
<r>	deslocamento médio do soluto	[L]
R	constante universal dos gases	$[F.mol^{-1}.t^{-1}]$
R	fator de rejeição	–
R	raio da partícula	[L]
Re	número de Reynolds	–
R_i	ruído branco gaussiano	–
R_T	resistência total da membrana	$[L^{-1}]$
S	entropia	[F.L]

S	solubilidade	$[L^4.T^{-2}.F^{-1}]$
S_{Gm}	entropia molar de Gibbs	$[F.mol^{-1}]$
t	tempo	[T]
T	temperatura; temperatura termodinâmica	[t]
T_b	temperatura normal de ebulição	[t]
T_c	temperatura crítica	[t]
u	velocidade superficial	$[L.T^{-1}]$
U	energia interna	[F.L]
u_A	mobilidade característica da espécie A	$[L.T^{-1}]$
$u_{A,z}$	mobilidade do soluto A na direção z	$[L.T^{-1}]$
$u_{i,z}$	mobilidade iônica do íon i na direção z	$[L.T^{-1}]$
$v_{A,x}$	fluxo volumétrico na direção x	$[L.T^{-1}]$
$v_{i,z}$	velocidade absoluta da espécie i, na direção z, em base mássica	$[L.T^{-1}]$
v, v(t)	velocidade de uma partícula material	$[L.T^{-1}]$
$<v^2>$	velocidade quadrática média	$[L^2.T^{-2}]$
V	volume	$[L^3]$
V_b	volume molar à temperatura normal de ebulição	$[L^3.mol^{-1}]$
V_c	volume crítico	$[L^3.mol^{-1}]$
v_i	velocidade do meio na direção i = x, y, z ou i = r, θ, z	$[L.T^{-1}]$
V_L	volume livre de ocupação (aquele não ocupado pelo soluto A)	$[L^3]$
x	direção espacial x; trajetória; percurso; deslocamento	[L]
x_i	fração molar (para líquido) para a espécie i; i = 1, 2..., i, ...N; i = A, B, i, j	adimensional
x_i	número aleatório inteiro	–
$<x>$	deslocamento médio	[L]
$<x^2>$	deslocamento quadrático médio	$[L^2]$
y	direção espacial y	[L]
$<y_A>$	fração molar média da espécie A	adimensional

y_A^{vap}	fração molar da espécie A em condição de saturação	adimensional
y_i	fração molar (para gás/vapor) para a espécie i; i = 1, 2..., i, ...N; i = A, B, i, j	adimensional
w_i	fração mássica para a espécie i; i = 1, 2..., i, ...N; i = A, B, i, j	adimensional
z	número de coordenação	adimensional
z	direção espacial z; altura (de carga)	[L]
z_i	carga do íon i	

Letras gregas

α_{AB}	seletividade da membrana	adimensional
γ_A	coeficiente de atividade da espécie A; da solução eletrolítica ±	adimensional
Γ	frequência de saltos energéticos de átomos em uma estrutura cristalina	adimensional
Γ	fator termodinâmico para meio líquido	adimensional
Γ_{ij}	fator termodinâmico para meio líquido referente às espécies i e j	adimensional
Γ^V	fator termodinâmico para meio gasoso	adimensional
$\Gamma_{\pm}$	fator termodinâmico para soluções eletrolíticas	adimensional
δ	percurso característico; espessura da matriz porosa/membrana; profundidade	[L]
δ	parâmetro associado à polaridade da molécula	–
ΔG_m	diferença da energia livre de Gibbs de ativação para a migração atômica em estrutura cristalina	[F.L]
ΔH_m	diferença de entalpia para a migração atômica em estrutura cristalina	[F.L]
ΔH_S	calor de sorção	[F.L]
ΔH_V	energia de vaporização	[F.L]
Δp	diferença de pressão em uma matriz polimérica	$[F.L^{-2}]$
ΔS_c	diferença de entropia difusional – configuracional	[F.L]
ΔS_m	diferença de entropia para a migração atômica em estrutura cristalina	[F.L]
Δt	incremento no tempo	[T]

ΔW	processo estocástico gaussiano	–
$\Delta\pi$	pressão osmótica	$[F.L^{-2}]$
$\Delta\Delta G_m$	energia de referência de Gibbs	$[F.L]$
ε_{AB}	energia máxima de atração entre as espécies A e B	$[F.L]$
ε_i	energia máxima de atração da espécie i; para i = A, B	$[F.L]$
ε_p	porosidade da partícula	adimensional
η	viscosidade dinâmica; viscosidade dinâmica da solução concentrada	$[M.L^{-1}.T^{-1}]$
η_A	viscosidade dinâmica do meio A (com B diluído neste meio)	$[M.L^{-1}.T^{-1}]$
η_B	viscosidade dinâmica do meio B (com A diluído neste meio)	$[M.L^{-1}.T^{-1}]$
η_{H2O}	viscosidade dinâmica da água	$[M.L^{-1}.T^{-1}]$
λ	caminho livre médio	$[L]$
λ_{AB}	caminho livre médio da mistura binária composta pelas espécies A e B	$[L]$
λ_c	critério de separação na difusão configuracional	adimensional
λ_i	condutividade iônica limite	$[ohm.eq^{-1}]$
Λ	correção de idealidade para a viscosidade dinâmica de soluções binárias	adimensional
μ	média; esperança; valor esperado	–
μ	momento dipolar	$[L.Q]$
μ_i	potencial químico da espécie i; i = 1, 2..., i, ...N; i = A, B	$[F.L.mol^{-1}]$
ν	coeficiente estequiométrico	–
ξ	componente (força) aleatória	–
ξ	momento dipolar adimensional	adimensional
π	pressão osmótica	$[F.L^{-2}]$
Π	constante de permeabilidade	$[L^4.F^{-1}.T^{-1}]$
ρ	concentração mássica do meio (mistura ou solução); massa específica	$[M.L^{-3}]$
ρ_A	concentração mássica da espécie A no interior dos poros	$[M.L^{-3}]$
ρ_i	concentração mássica da espécie i; i = 1, 2..., i, ...N; i = A, B	$[M.L^{-3}]$
Θ	permeância volumétrica	$[L.T^{-1}]$

σ	diâmetro de colisão	[L]
σ^2	variância, segundo momento	–
σ_A	diâmetro médio difusional do difundente (soluto) A	[L]
σ_{AB}	diâmetro médio de colisão entre as espécies A e B	[L]
σ_p	diâmetro médio dos poros	[L]
τ	tempo característico; tempo característico de amortecimento viscoso	[T]
τ	tortuosidade da matriz porosa	adimensional
Σv_i	volume de difusão (ou difusional) de Fuller et al. (1966) da espécie i	$[L^3.mol^{-1}]$
φ	parâmetro de associação do solvente; relação entre os volumes V_A e V_L	adimensional
φ	umidade relativa	adimensional
ω	frequência vibracional atômica do difundente em uma estrutura cristalina	$[T^{-1}]$
ϕ	fator de constrição dos poros; esfericidade da partícula	adimensional
ϕ (r)	energia potencial	[F.L]
Φ_j	fração volumétrica da espécie j	adimensional
Ω	número de microestados termodinâmicos	adimensional
Ω	velocidade média molecular	$[L.T^{-1}]$
Ω_{AB}	velocidade média molecular da mistura gasosa AB	$L.T^{-1}]$
Ω_D	integral de colisão	adimensional

Subscritos

0	pré-exponencial; condição inicial; interface
1, 2, ...	espécies químicas 1, 2, ...
A	espécie química A; soluto
AF	soluto A na alimentação
AM	soluto A na membrana M
Ap	soluto A no permeado
B	espécie química B
D	descarga; recalque
F	alimentação
H_2O	água
i	espécie i; plano ou região i
j	espécie j
M	meio multicomponente M
p	permeado
r	retentado
S	sal; soluto; sucção
x	direção espacial x
y	direção espacial y
z	direção espacial z

Sobrescritos

o	condição de diluição do soluto no meio considerado
p	correção termodinâmica
q	correção viscosa
•	coeficiente de difusão devido à contribuição ponderada das espécies envolvidas
*	reduzido
I	subsistema I
II	subsistema II

Índice remissivo

A

Acetona, 175, 176, 178, 179, 180, 181, 182, 183, 281, 282, 286, 287, 290, 291, 292, 293, 294

Ácido, 58, 110, 130, 159, 166, 167, 192, 216, 236, 250, 298, 299, 300, 301, 302, 303, 310

húmico, 298, 299, 300, 301, 302, 303

Açúcar, 145, 146, 235, 236, 239, 282, 283, 310, 331, 344

Cana-de-, 235, 236, 283, 331

Adsorção, 157, 186, 187, 236, 237, 239, 240, 244, 250, 251, 256, 257, 258, 262, 268, 320, 332, 344, 345, 346, 347, 349, 350, 358, 359

Advecção, 293, 351, 352

Agricultura, 33, 34, 57, 207, 310

Água, 34, 57, 58, 63, 65, 66, 67, 68, 69, 73, 75, 76, 81, 82, 109, 110, 113, 114, 115, 117, 121, 130, 146, 147, 148, 149, 150, 151, 152, 153, 157, 158, 160, 166, 167, 168, 170, 172, 176, 178, 179, 180, 183, 192, 201, 205, 206, 207, 208, 210, 212, 213, 216, 217, 218, 219, 220, 221, 222, 228, 238, 239, 244, 250, 252, 256, 257, 260, 261, 262, 263, 264, 265, 267, 279, 280, 287, 291, 297, 298, 300, 301, 302, 305, 307, 308, 309, 310, 311, 313, 314, 315, 320, 332, 333, 336, 337, 339, 341, 343, 344, 345, 346, 347, 348, 350, 351, 352, 353, 354, 355, 358, 359, 362

de chuva, 205, 297, 298, 301, 305

Algoritmo, 18, 23, 24, 28, 42, 43, 46, 47, 48, 64, 67, 68, 311, 314

Aminoácidos, 57, 216, 244, 310

Amônia, 74, 110, 113, 114, 115, 117

Amortecimento viscoso, 58, 59, 65, 66, 67

Aquecimento, 319

Aquífero Guarani (v. Guarani), 341, 343, 348

Ar, 34, 73, 74, 75, 76, 78, 79, 80, 81, 82, 99, 100, 101, 102, 103, 104, 105, 110, 146, 147, 256, 257, 258, 260, 261, 262, 263, 264, 320

poluição do (ver. poluição), 99, 192, 270, 349

qualidade, 99

Arte, 73, 205, 255

Atmosfera (v. ar), 16, 57, 88, 99, 110, 122, 256, 307, 319, 320

Átomo, 16, 21, 37, 38, 39, 88, 90, 91, 125, 159, 161, 165, 188, 228, 229, 230, 231, 232, 233, 234, 239, 240, 241, 272

Autodifusão (v. coeficiente de), 16, 17, 22, 25, 26, 28, 34, 40, 41, 44, 229, 230, 260

B

Bactéria, 109, 280, 281, 282, 283, 284, 286, 290, 291, 292, 293, 294, 307, 308, 309, 310, 313, 314, 315

Benzeno, 250, 269, 272, 273, 274, 332

Big Bang, 16

Bioetanol (v. etanol), 235, 236

Biodigestão, 109, 110, 111

Biogás, 109, 110, 111, 124

Bioma, 130, 131, 215, 249, 250

Biomassa, 130, 235, 236, 280, 281, 282, 284, 286, 290, 291, 292, 293, 294

Biomolécula, 216, 236

Boltzmann, 37, 38, 42, 43, 51, 54, 55, 56, 65, 113, 116

Bomba, 334, 345, 346, 348, 354, 355, 357

altura de projeto, 348, 357

capacidade, 346, 348, 349, 353, 354, 357

carga da, 346, 349, 354, 355, 356, 357

Brasil, 16, 17, 130, 131, 133, 155, 185, 192, 216, 227, 235, 249, 270, 331, 342, 343, 348

C

Cadeia de Markov, 19, 20, 47

Caldo fermentado, 281, 282, 284, 286, 332

Caminho livre médio, 22, 25, 259, 260, 262

Câncer, 53, 155, 156, 157, 185, 332

Caos, 15, 16

Carbono, 16, 29, 34, 57, 73, 74, 99, 105, 110, 125, 145, 148, 149, 153, 159, 227, 228, 229, 232, 233, 234, 239, 281, 320

crédito de, 110

dióxido de, 16, 29, 73, 74, 110, 145, 148, 149, 153, 320

monóxido de, 74, 99, 105

Cartograma, 35, 43, 48, 58, 64, 68, 69, 308, 311, 313, 314, 315

Carvão ativado, 251, 283, 345, 346, 349

Catalase (v. proteína), 280, 281, 282, 290, 291, 292, 293, 294

Catalisador (v. catálise), 192, 237

Catálise, 193

Celobiose, 235, 236, 238, 240, 241

Célula, 51, 52, 53, 55, 145, 155, 156, 216, 255, 281, 307, 308

Cementação (v. ferro), 228

Champanhe, 145, 146, 152, 153, 165

Ciência, 53, 57, 73, 157, 165, 191, 243, 255, 282, 297

Coeficiente, 7, 17, 20, 21, 22, 26, 29, 30, 34, 35, 40, 41, 44, 51, 52, 54, 56, 58, 61, 63, 64, 66, 67, 68, 88, 89, 92, 94, 96, 97, 98, 100, 102, 103, 105, 106, 110, 112, 113, 116, 118, 121, 122, 123, 124, 126, 127, 133, 134, 136, 140, 146, 147, 148, 149, 150, 151, 152, 153, 157, 158, 159, 160, 165, 166, 167, 168, 169, 170, 171, 172, 176, 177, 178, 179, 180,

181, 181, 182, 183, 186, 187, 188, 189, 193, 194, 195, 196, 197, 198, 200, 201, 202, 203, 207, 208, 209, 210, 212, 213, 216, 217, 218, 219, 220, 221, 222, 229, 231, 232, 238, 239, 244, 245, 246, 250, 251, 252, 253, 254, 257, 259, 263, 265, 269, 270, 271, 272, 273, 281, 285, 286, 287, 288, 292, 293, 294, 298, 300, 301, 302, 303, 305, 309, 311, 312, 313, 314, 316, 321, 322, 323, 324, 325, 332, 333, 334, 338, 339, 347, 348, 350, 351, 353, 354, 358, 359, 361

atividade de, 54, 177, 196, 332

autodifusão de, 17, 26, 34, 41, 44

difusão (definição), 7, 17, 20, 21, 22, 29, 30, 35, 40, 51, 58, 61, 63, 64, 66, 67, 68, 88, 89, 92, 94, 96, 97, 98, 100, 102, 103, 105, 106, 110, 112, 113, 116, 118, 121, 122, 123, 124, 126, 127, 133, 134, 136, 140, 146, 147, 148, 149, 150, 151, 152, 153, 157, 158, 159, 160, 166, 167, 172, 176, 177, 178, 179, 180, 181, 182, 183, 186, 187, 188, 189, 193, 194, 195, 197, 202, 203, 207, 209, 210, 211, 212, 213, 216, 217, 218, 219, 221, 222, 229, 231, 238, 239, 244, 245, 251, 252, 253, 257, 259, 263, 265, 269, 272, 273, 285, 286, 287, 292, 293, 300, 301, 302, 303, 311, 313, 316, 321, 322, 324, 325, 338, 348, 350, 353, 354, 359

difusão de Maxwell-Stefan de (v. modelo de), 194, 195

difusão termodinâmico de, 122, 124, 127, 172, 176, 177, 179, 180, 182, 183, 193, 195, 202, 203, 216, 217, 221, 222

partição de, 250, 333, 334, 338

efetivo de difusão, 244, 250, 257, 259, 263, 265, 271, 281, 285, 286, 293, 298, 300, 302, 305, 309, 313, 316, 350, 358

mútuo de difusão, 165, 167, 168, 169, 170, 171, 176, 177, 179, 180

Colisão, 18, 22, 59, 89, 90, 93, 94, 95, 96, 97, 101, 102, 103, 104, 105, 106, 111, 112, 114, 115, 116, 117, 137, 260, 262

diâmetro de, (ver diâmetro de colisão), 22, 89, 95, 97, 101, 103, 104, 105, 112, 114, 117, 260, 262

integral de, 89, 90, 93, 94, 95, 96, 101, 102, 104, 105, 106, 112, 115, 116

Combustão, 111, 191, 237, 320, 332

Combustível, 110, 111, 122, 268, 320, 332

Comprimento, 269, 280, 281, 286, 349, 353, 355

característico, 269, 349, 353, 355

equivalente, 353

Compromisso social, 121, 279, 282

Concentração, 55, 58, 73, 75, 76, 77, 78, 79, 80, 81, 146, 156, 158, 167, 176, 178, 206, 209, 210, 219, 220, 221, 285, 307, 320, 323, 335, 347, 350, 352, 360, 362

mássica, 75, 77, 78, 80 81, 156

média, 352, 362

molal, 219, 220, 221

molar, 55, 75, 77, 78, 79, 209

Constante de Boltzmann, 37, 42, 43, 54, 55, 56, 65, 113, 116

Contribuição, 61, 90, 115, 125, 159, 160, 161, 177, 179, 186, 187, 188, 239, 293, 347, 351, 352

advectiva, 351, 352

difusiva, 351

Coobação, 251

Coração, 185, 187, 191

Cosmético, 175, 236

Cosmos, 7, 16, 341

Covid, 16, 17, 255, 256, 258, 259

D

Desenvolvimento sustentável, 110, 122, 192

Deslocamento, 18, 19, 39, 49, 54, 58, 60, 61, 63, 64, 68, 69, 310, 311, 315

errático, 18, 39, 54

quadrático médio, 58, 61, 64, 68

Desmatamento, 99, 121, 249

Desmineralização, 310, 345

Dessalinização, 343, 344, 345, 347, 360, 363, 364

Destilação, 130, 166, 251, 268, 320, 332

arraste a vapor, 132

Desvio, 21, 26, 43, 44, 45, 60, 64, 65, 67, 92, 94, 96, 97, 98, 102, 106, 127, 149, 150, 151, 152, 153, 159, 161, 162, 169, 170, 172, 178, 180, 182, 210, 211, 212, 213, 219, 220, 221, 222, 238, 240, 241, 272, 273, 311, 313, 333, 335, 337, 379

relativo médio, 169, 170, 172, 178, 180, 182, 219, 222

padrão, 21, 26, 45, 64, 311, 313

relativo, 43, 44, 65, 67, 92, 94, 96, 97, 102, 106, 127, 149, 150, 151, 152, 153, 159, 161, 162, 169, 170, 172, 178, 180, 182, 210, 211, 212, 213, 219, 220, 221, 222, 238, 240, 241, 272, 273, 333, 335, 337

D-glicose, 235, 236, 238, 239, 241, 241

Diâmetro, 16, 22, 34, 40, 41, 44, 58, 65, 89, 90, 93, 95, 96, 97, 101, 103, 104, 105, 112, 114, 117, 124, 125, 134, 137, 139, 147, 152, 153, 158, 229, 237, 250, 251, 256, 257, 259, 260, 262, 264, 270, 271, 273, 280, 281, 282, 284, 285, 286, 287, 289, 290, 292, 293, 294, 298, 300, 301, 302, 304, 308, 309, 311, 312, 316, 346, 349, 353, 355, 356, 357, 358

atômico, 229

colisão de, 22, 89, 95, 97, 101, 103, 104, 105, 112, 114, 117, 260, 262

difusão de (v. diâmetro difusional), 90, 124, 125, 134, 139, 237

difusional, 41, 58, 65, 90, 96, 97, 137

médio dos poros, 259, 260, 264, 281,

molecular, 262

Stokes-Einstein de, 52, 54, 56, 59, 147, 152, 153, 217, 280, 281, 286, 287, 290, 301, 311

Diesel, 191, 192, 193, 270

Difusão mássica, 7, 36, 47, 48, 51, 52, 58, 88, 89, 99, 100, 133, 147, 158, 167, 175, 176, 186, 193, 207, 217, 229, 237, 244, 250, 259, 308, 310

atômica, 228, 229, 230, 231, 232, 233

capilar (v. viscosa), 237, 260, 285, 293, 294, 309, 312, 314

comum (v. simples), 235, 237, 251, 259, 260, 281, 286

configuracional, 237, 267, 269, 270, 272, 273

de eletrólitos, 205, 215, 217, 348, 353

de Knudsen, 237, 255, 257, 259, 260, 263

de não eletrólitos, 155, 165, 185, 191,

de Poiseuille (v. viscosa), 285, 300

em gases, 7, 89, 121, 127

em líquidos, 176, 194, 217

em membranas, 289

em paralelo, 250, 251

em sólidos cristalinos, 227, 229, 271

em sólidos porosos, 237

em zeólitas (v. difusão configuracional), 269

estocástica, 7

intracristalina (v. configuracional), 270

multicomponentes, 75, 76, 78, 79, 80, 81, 82, 129, 133, 136, 185, 186, 187, 188, 191

simples, 235, 237, 251, 259, 260, 281, 286

superficial, 243, 244, 245, 251, 252, 253, 254, 257, 265

viscosa, 237, 285, 294, 300, 303, 304

Difusividade, 194, 236, 238, 239, 240, 241, 251, 289, 292, 294, 303, 304, 345, 347 (ver coeficiente de difusão), 7, 17, 20, 21, 22, 29, 30, 35, 40, 51, 58, 61, 63, 64, 66, 67, 68, 88, 89, 92, 94, 96, 97, 98, 100, 102, 103, 105, 106, 110, 112, 113, 116, 118, 121, 122, 123, 124, 126, 127, 133, 134, 136, 140, 146, 147, 148, 149, 150, 151, 152, 153, 157, 158, 159, 160, 166, 167, 172, 176, 177, 178, 180, 181, 182, 183, 186, 187, 188, 193, 194, 195, 197, 202, 203, 207, 209, 210, 211, 212, 213, 216, 217, 218, 219, 221, 222. 229, 231, 238, 239, 244, 245, 251, 252, 253, 257, 259, 263, 265, 269, 272, 273, 285, 286, 287, 292, 293, 300, 301, 302, 303, 311, 313, 316, 321, 324, 325, 338, 348, 350, 353, 354, 359

Dignidade, 8, 185

Direitos humanos, 7, 185

Declaração Universal dos, 185

Dispersão, 15, 16, 17, 21, 30, 48, 58, 68, 88, 99, 147, 158, 333

molecular, 16, 17, 21, 30, 58, 68, 158

D-xilose, 235, 236, 238, 241

E

Efeito, 17, 29, 30, 34, 54, 68, 90, 96, 110, 111, 116, 118, 121, 122, 126, 127, 146, 158, 165, 166, 168, 169, 171, 172, 177, 178, 180, 181, 182, 183, 186, 192, 194, 216, 268, 270, 285, 293, 300, 313, 316, 332

polaridade da (v. polaridade), 110, 116, 118

constrição de, 285, 286, 289, 290, 291, 293, 294, 300, 302, 313, 314, 315, 316, 317

Elemento químico, 87, 88

Eletrólito, 155, 158, 165, 175, 185, 191, 205, 208, 209, 212, 215, 216, 217, 218, 219, 348, 353

Eletroneutralidade, 208

Energia, 15, 16, 29, 34, 35, 36, 37, 42, 54, 59, 60, 68, 90, 93, 95, 102, 104, 105, 109, 110, 111, 115, 116, 117, 118, 121, 165, 196, 216, 229, 230, 231, 233, 234, 235, 236, 245, 251, 256, 270, 307, 320, 323, 324, 333, 338, 352

cinética, 29, 54, 59, 68, 230, 231

de ativação, 231, 245, 323, 324

equipartição de, 60

interna, 35, 37

livre de Gibbs, 229, 231, 233, 234, 352

máxima de atração, 90, 93, 95, 102, 104, 105, 111, 115, 117

potencial, 90, 93, 95, 105, 110, 111, 116, 118

Engenharia, 8, 73, 74, 147, 158, 167, 186, 187, 255, 256, 258, 259, 282, 345

Química, 8, 186, 255, 256, 258, 259

Entalpia, 231

Entropia, 34, 35, 36, 37, 38, 42, 44, 47, 229, 231, 232, 233, 245, 270, 274

Enzima (v. proteína), 34, 216, 280,

Equação,

Bosanquet de, 259, 300

Darcy-Weisbach de, 349

Darken de, 169

Dushman-Langmuir de, 231, 245, 246, 325

Fuller-Schettler-Giddings de (v. modelo de), 41, 88, 90, 91, 96, 98, 134

Hagen-Poiseuille de (v. modelo de), 285, 300, 312

Hirshfelder-Bird-Spotz de, 89, 90

Kozeny-Carman de, 285, 300, 304

Langevin de (v. modelo de), 57, 58, 59, 60, 61, 147

Nernst-Planck de, 209

Stefan-Maxwell de (v modelo de), 193, 194, 195

Stokes-Einstein de, 52, 54, 55, 56, 59, 61, 147, 152, 153, 217, 280, 281, 286, 287, 290, 301, 311

Van't Hoff de, 351, 360

Equilíbrio termodinâmico, 36, 47

Escoamento, 352, 353, 355

Esperança, 8, 21, 133, 187, 279, 282

Estado, 16, 33, 36, 37, 38, 41, 47, 73, 89, 129, 158, 206, 228, 245, 267, 269, 323

Estrelas, 15, 16, 51, 57, 145, 165, 166

Etanol, 126, 145, 146, 148, 149, 151, 152, 157, 160, 186, 188, 192, 193, 195, 197, 198, 199, 200, 201, 332, 333, 336, 337, 338, 339

Existência, 7, 16, 22, 34, 38, 48, 49, 121, 132, 155, 157, 165, 187, 227, 228, 259, 270, 297, 307, 319, 341

F

Fármaco, 156, 157, 158, 187, 279, 280, 281, 282

Fase, 53, 157, 186, 187, 188, 189, 196, 244, 250, 252, 298, 324, 334, 339, 347

estacionária, 157, 186, 236, 244, 250

gasosa, 324

líquida, 53, 157, 196, 339, 347

móvel, 157, 186, 187, 188, 189, 236, 250, 252

permeado do, 298, 334

sólida, 347

Fator de atrito, 349, 352, 355

Fator termodinâmico, 54, 122, 125, 127, 177, 178, 179, 180, 182, 183, 194, 195, 196, 197, 202, 217, 218, 219, 221

Ferro, 34, 227, 228, 229, 232, 233, 234

Ferro-carbono, 228

Fertilizante, 109, 110, 215, 216, 270

Fick, 17, 20, 25, 28, 38, 55, 122, 158, 167, 176, 193, 194, 195, 209, 237, 251, 285, 300, 313, 323, 335, 348

1ª lei de, 55, 122, 158, 167, 176, 193, 194, 195, 209, 323, 335

2ª lei de, 17, 20, 28, 38, 59, 285, 300, 313, 348

Fluxo, 55, 165, 167, 176, 208, 209, 284, 285, 320, 323, 335, 344, 347, 350, 351, 360, 362, 363

crítico, 284

difusivo, 347

iônico, 209

Força, 15, 16, 36, 54, 59, 62, 88, 89, 100, 101, 111, 112, 118, 123, 193, 194, 322, 360

aleatória (v. força estocástica), 59, 62

arraste de, 54, 59, 194

intermolecular, 89, 101, 112, 123

iônica, 369

Langevin de (v. força estocástica), 59

motriz, 36, 54, 193, 322, 360

Fração, 54, 76, 77, 79, 80, 81, 82, 127, 134, 135, 169, 170, 171, 178, 179, 180, 181, 182, 196, 250 252, 264, 332, 333, 336, 346, 349, 358

mássica, 77, 79, 80, 81, 135, 332, 333, 336

molar, 54, 77, 79, 81, 82, 127, 134, 135, 169, 170, 171, 178, 179, 180, 181, 182, 250, 252, 264

Função, 20, 21, 22, 23, 24, 26, 28, 29, 30, 35, 41, 45, 46, 52, 54, 62, 63, 68, 115, 130, 170, 180, 218, 220, 221, 244, 259, 287, 323, 327, 355

autocorrelação de, 62

densidade de probabilidade de (PDF), 21

G

Galáxia, 7, 16, 57

Gás, 16, 17, 19, 21, 25, 26, 28, 29, 34, 37, 40, 57, 58, 66, 67, 75, 76, 78, 80, 87, 88, 89, 92, 95, 98, 105, 110, 11, 113, 117, 122, 124, 126, 140, 146, 147, 165, 166, 167, 196, 237, 245, 256, 257, 259, 261, 307, 320, 321, 322, 323, 334

difusão em (ver difusão), 7, 89, 121, 127

exaustão de, 322

natural, 122

nobre, 87, 88, 89, 91, 92, 95, 96, 97

síntese, 122, 166, 167

Gasolina, 167, 270

Glicerina, 192

Glicerol (v. glicerina), 192, 193, 197, 198, 199, 200, 201, 202, 203

Guarani, 34, 129, 130, 133, 319, 341, 342, 343, 348

Aquífero, 341, 343, 348

H

Hélio, 16, 34, 36, 40, 44, 74, 87, 88

Hidrogênio, 16, 29, 34, 57, 74, 110, 125, 159, 235, 239, 320, 333

Humanidade, 7, 15, 33, 53, 191, 227, 243, 249, 255, 267

I

Imunossupressor (v. tacrolimo), 279

Indústria, 122, 166, 175, 268, 270, 281, 310, 331

Intensivo, 36

parâmetro, 36

Irrigação, 206, 207, 208, 297, 298

K

Knudsen, 237, 255, 257, 259, 260, 263, 271

número de, 260

L

Lei, 17, 20, 25, 28, 36, 38, 39, 48, 54, 55, 59, 75, 89, 122, 133, 158, 167, 176, 193, 194, 195, 209, 284, 285, 300, 313, 323, 335, 348

Fick de (v. Fick), 17, 20, 25, 28, 38, 55, 122, 158, 167, 176, 193, 194, 195, 209, 285, 300, 313, 323, 335, 348

limite de Debye-Hückel (v. modelo de)

Newton de, 59

Lennard-Jones, 16, 22, 34, 40, 41, 44, 93, 95, 101, 104, 260

Líquidos (v. difusão em), 7, 61, 77, 110, 145, 147, 148, 155, 158, 159, 160, 165, 167, 175, 176, 194, 195, 205, 208, 215, 217

Limite viscoso, 58, 61, 67

M

Massa, 7, 8, 15, 16, 22, 30, 33, 34, 40, 57, 58, 65, 66, 75, 76, 77, 78, 79, 80, 81, 82, 89, 91, 92, 95, 97, 99, 101, 103, 112, 114, 122, 123, 126, 132, 134, 135, 136, 147, 149, 152, 157, 166, 175, 187, 196, 197, 216, 227, 236, 237, 244, 250, 256, 260, 261, 263, 264, 269, 270, 273, 274, 280, 283, 290, 297, 298, 301, 208, 311, 345, 347, 349, 350, 355, 358

molar, 22, 34, 40, 75, 76, 77, 78, 79, 80, 82, 82, 89, 91, 92, 95, 101, 103, 112, 114, 123, 132, 134, 135, 147, 149, 152, 166, 175, 196, 197, 244, 260, 261, 263, 264, 269, 280, 283, 290, 298, 301, 308, 311

reduzida, 97, 126

Matriz, 18, 39, 42, 43, 47, 130, 194, 235, 237, 238, 243, 245, 249, 259, 268, 269, 270, 281, 285, 294, 309, 334, 344, 348, 354 transição de, 18, 39, 42, 43, 47 (v. processo estocástico markoviano), 38, 39, 42

porosa (v. sólido poroso), 237, 238, 259, 270, 281, 285, 294, 309, 348, 354

Meio, 7, 18, 21, 36, 40, 53, 54, 55, 59, 68, 75, 76, 89, 100, 109, 121, 133, 146, 147, 149, 151, 153, 156, 157, 158, 159, 160, 161, 162, 165, 167, 172, 178, 185, 186, 187, 191, 193, 194, 228, 229, 239, 244, 249, 251, 268, 270, 281, 282, 284, 287, 289, 291, 292, 293, 294, 298, 300

ambiente, 7, 109, 121, 228, 249, 251, 268, 270

filtrante, 281, 284, 298, 300

poroso (v. sólido poroso), 289, 294

Membrana, 7, 52, 155, 281, 282, 283, 284, 285, 286, 289, 298, 299, 300, 302, 303, 304, 308, 309, 310, 312, 313, 314, 315, 316, 320, 321, 322, 323, 324, 325, 326, 327, 328, 332, 333, 334, 335, 336, 338, 343, 344, 347, 351, 352, 359, 363, 364

cerâmicas (v. porosa), 289

densa, 334

polimérica (v. densa), 298, 309, 316, 333

porosa, 289

processo de separação por, 281, 282, 298, 300, 322, 332

Metano, 74, 110, 122, 124, 125, 126, 127, 128

Metanol, 122, 124, 125, 126, 128, 148, 160, 165, 166, 167, 168, 170, 171, 172, 192, 193, 195, 197, 198, 199, 200, 201, 202

Microfiltração, 279, 281, 282, 283, 284, 285, 298, 300, 308, 344

perpendicular, 281, 283, 284, 285, 293

tangencial, 283, 285, 308, 312, 314

Micro-organismo, 58, 109, 298

Migração atômica, 229, 233, 234

molecular, 39

Mistura, 75, 76, 77, 78, 79, 80, 81, 82, 87, 99, 101, 109, 110, 111, 116, 122, 123, 124, 126, 129, 132, 133, 134, 135, 136, 140, 155, 157, 166, 168, 178, 186, 257, 260, 263, 264, 339

Mobilidade, 54, 89

Modelo, 16, 19, 20, 21, 28, 29, 36, 38, 41, 42, 44, 47, 48, 57, 58, 88, 90, 96, 98, 106, 111, 134, 168, 169, 172, 177, 178, 179, 183, 193, 201, 218, 222, 238, 245, 246, 257, 269, 273, 281, 299, 334, 347, 350, 351, 360

Bromley-Zemaitis de, 218

capilar (v. de Hagen-Poiseuille), 285, 300, 312

Ehrenfest de, 38, 42, 47, 48

estocástico (v. difusão estocástica), 7

Fuller-Schettler-Giddings de, 41, 88, 90, 91, 96, 98, 134

Hagen-Poiseuille de, 285, 300, 312

Langevin de, 57, 58

Maxwell-Stefan de, 193, 194, 195

Stokes-Einstein de (v. teoria de), 52, 54, 56, 59, 147, 152, 153, 217, 280, 281, 286, 287, 290, 301, 311

Molécula, 16, 17, 18, 19, 21, 22, 24, 26, 29, 30, 34, 35, 36, 37, 38, 39, 40, 42, 47, 48, 53, 54, 58, 59, 67, 74, 76, 89, 90, 91, 93, 100, 101, 102, 103, 106, 110, 111, 112, 115, 117, 118, 125, 134, 137, 147, 148, 156, 157, 158, 159, 162, 165, 166, 175, 209, 216, 217, 236, 256, 259, 260, 261, 262, 263, 268, 269, 270, 271, 272, 273, 283, 309, 333, 347

apolar, 90, 93, 100, 111, 117

polar, 100, 101, 102, 110, 111, 112, 118

Movimento, 18, 19, 21, 30, 51, 53, 54, 58, 61, 63, 64, 67, 69, 89, 145, 147, 158, 209, 217, 229, 308, 313, 315, 319 aleatório (v. browniano), 18, 19, 51, 53, 147

atômico, 229

browniano, 18, 19, 51, 53, 55, 58, 61, 63, 64, 67, 69, 147, 158, 209, 217, 308, 313, 315

N

Nanofiltração, 282, 283, 300, 307, 308, 309, 313, 344

Nitrogênio, 34, 57, 73, 74, 75, 80, 88, 99, 110, 159, 188, 216, 222, 281

Número, 16, 17, 18, 19, 22, 23, 24, 25, 26, 27, 28, 29, 35, 36, 37, 39, 40, 41, 42, 43, 44, 45, 46, 47, 48, 58, 62, 64, 109, 130, 146, 157, 229, 231, 255, 260, 269, 270, 272, 274, 308, 311, 347, 351, 352, 355, 359, 360, 362, 363, 364

aleatório, 62

Avogadro de, 22, 26, 40, 260

geração de (v. número aleatório), 18, 22, 24, 28, 41, 42, 45

mols de, 35

microestados termodinâmicos de, 37, 41

pseudoaleatório (v. número aleatório), 23, 39, 42, 43, 64, 311

O

Óleo, 130, 132, 133, 135, 176, 191, 192, 249, 250, 251, 267, 268, 270, 310

diesel, 270

essencial, 130, 132, 133, 135, 249, 250, 251

Organismo, 73, 236, 244, 307

Osmose inversa, 283, 341, 344, 345, 347, 350, 351, 359, 362, 363, 364

Oxigênio, 34, 57, 58, 65, 67, 74, 75, 80, 88, 110, 134, 159, 160, 187, 239, 240, 241, 256, 307

Ozônio, 74, 99

P

Pachamama, 341

Partícula, 16, 21, 35, 36, 37, 38, 39, 42, 47, 48, 49, 51, 52, 53, 60, 89, 238, 257, 259, 282, 283, 284, 310, 311, 346, 349

material, 21, 36, 37, 38, 39, 42, 47, 48, 49, 310, 311

Passeio aleatório, 18, 19, 24, 25, 35, 39, 40, 43, 48, 49

Peneira molecular (v. zeólita), 268

Permeabilidade, 281, 284, 285, 289, 293, 300, 304, 315, 317, 321, 323, 326, 327, 328, 332, 333, 335, 336, 337, 347, 351, 360, 361, 362, 363

hidráulica, 281, 284, 289, 347, 351, 360, 361, 362, 363

Permeação, 319, 321, 322, 323, 327, 334, 345, 361

Permeado, 281, 283, 284, 285, 288, 289, 298, 299, 301, 308, 312, 314, 322, 323, 334, 335, 344, 347, 351, 352, 360, 362

Permeância, 333, 335, 336, 352, 353, 362, 363

Pervaporação, 331, 332, 333, 334

Petróleo, 191, 192, 267, 268, 270, 331, 332

Piperonal, 250

Planeta, 16, 17, 57, 73, 99, 122, 131, 185, 191, 205, 215, 228, 243, 267, 270, 307, 319, 320, 341

Plasma, 16, 88, 216

Polaridade, 102, 104, 105, 106, 110, 111, 112, 116, 118, 177, 333

Polímero, 235, 238, 298, 309, 316, 333, 334

Polibutadieno, 321, 322, 324, 325, 326, 327, 328

Poliestireno, 321, 322, 324, 325, 326, 327, 328

Poluente (v. poluição), 58, 99, 103, 104, 105, 110, 121, 122, 319, 320

Poluição, 7, 99, 192, 205, 268, 270, 349

População, 8, 39, 48, 54, 76, 133, 157, 165, 215, 282

Poro, 237, 270, 271, 282, 284, 309, 316 (v. porosidade)

Potencial, 36, 38, 54, 75, 90, 93, 95, 105, 110, 111, 116, 118, 176, 209, 270

eletrostático, 209

químico, 36, 38, 54, 75

Porosidade, 236, 237, 238, 239, 250, 251, 257, 259, 281, 286, 291, 298, 300, 302, 309, 313, 316, 346, 348, 349

Preservação, 319, 320

Pressão, 17, 22, 29, 30, 36, 40, 75, 76, 82, 89, 95, 97, 100, 101, 103, 105, 106, 112, 134, 139, 147, 148, 244, 256, 257, 260, 261, 265, 281, 282, 284, 289, 293, 294, 298, 301, 303, 308, 309, 312, 314, 316, 321, 322, 323, 334, 335, 344, 346, 347, 349, 351, 355, 358, 360, 361

diferença de, 289, 322, 349, 358

parcial, 76, 257, 261, 265, 322, 323, 334

operacional, 309, 321

osmótica, 351, 360, 361

termodinâmica, 36

transmembrana, 298, 301, 308, 309, 312, 314

vapor de, 76, 261

Probabilidade, 16, 18, 19, 20, 21, 24, 28, 29, 30, 38, 39, 41, 46

Processo, 38, 39, 42, 51, 58, 62, 110, 111, 129, 130, 133, 146, 155, 165, 166, 176, 186, 187, 192, 216, 228, 235, 236, 237, 250, 255, 256, 258, 260, 268, 270, 280, 281, 282, 283, 287, 298, 300, 308, 309, 310, 322, 332, 334, 347, 348, 358

bioquímico, 155

irreversível, 129 (v. termodinâmica de)

químico, 256

separação de, 281, 282, 283, 298, 300, 309, 322

Wiener de, 62, 310

Proteína, 34, 51, 52, 53, 56, 155, 176, 216, 244, 280, 282, 283, 284

Purificação, 110, 156, 158, 166, 186, 187, 216, 268, 282, 308, 310

R

Rede cristalina, 228, 229, 231, 233, 234

Resina polimérica, 238

Resistência, 68, 155, 158, 167, 216, 228, 281, 284, 288, 289

mecânica, 228

Revolução industrial, 191, 319, 331

Ruído branco, 59, 61, 63

S

Sacarose (v. açúcar), 235, 236

Safrol, 249, 250, 251, 252

Sal, 216, 218, 219, 344, 347, 350, 351, 352, 360, 362

Salinidade, 206, 208, 346

Salto energético, 230, 231, 269, 272

Saúde, 7, 73, 99, 155, 157, 185, 186, 187, 207, 255, 282, 307, 332

Separação, 157, 166, 186, 193, 216, 236, 244, 250, 256, 268, 269, 270, 271, 272, 273, 281, 282, 283, 298, 300, 309, 310, 320, 322, 332, 333, 335, 343, 344

Ser humano, 7, 15, 16, 48, 49, 53, 73, 157, 165, 185, 187, 227, 243, 251, 256, 267, 282, 297, 319, 332, 348

Siderurgia, 228

Sistema solar (v. Sol), 34, 57, 243, 267

Sociedade, 121, 122, 129, 158, 256, 282, 322

Sol, 33, 34, 51, 57, 73, 87, 191, 243

Sólido, 7, 155, 227, 228, 229, 237, 245, 255, 267, 270, 271, 344, 347

cristalino, 227, 229, 271

poroso, 270, 237

Soluto, 18, 53, 54, 55, 58, 59, 66, 68, 75, 78, 89, 133, 136, 147, 157, 158, 162, 167, 187, 188, 195, 197, 198, 208, 229, 237, 238, 239, 245, 252, 259, 269, 270, 285, 286, 287, 289, 293, 294, 300, 302, 311, 312, 313, 322, 323, 334, 335, 336, 338, 347, 350, 351

Solução, 7, 8, 18, 20, 24, 25, 28, 44, 46, 54, 55, 59, 65, 76, 77, 78, 92, 103, 113, 124, 135, 145, 147, 149, 152, 157, 158, 159, 160, 167, 168, 169, 170, 171, 172, 176, 177, 178, 180, 181, 182, 183, 185, 186, 187, 188, 189, 191, 193, 197, 201, 203, 205, 209, 210, 215, 217, 218, 219, 220, 232, 239, 240, 241, 244, 245, 250, 252, 258, 262, 272, 281, 282, 284, 286, 288, 302, 310, 313, 324, 333, 336, 344, 352, 353, 360

concentrada, 167, 176, 217, 344

diluída, 209, 344

Solvente, 54, 58, 59, 65, 130, 147, 148, 149, 152, 153, 157, 158, 160, 161, 166, 167, 187, 195, 197, 198, 208, 209, 217, 218, 238, 252, 253, 310, 332, 350, 351, 352, 360

Sorção, 324, 334, 338, 350, 351

Sulfato de amônio, 216

Sustentabilidade (v. Desenvolvimento sustentável), 192, 215, 332

T

Tabela periódica, 87

Tacrolimo, 279, 280, 281, 282, 286, 290, 291, 292, 293, 294

Taxol, 156, 157, 158, 160

Tecnologia, 73, 133, 228, 282, 297, 332, 349

Temperatura (definição), 17, 22, 29, 30, 36, 38, 40, 42, 54, 56, 57, 58, 63, 64, 65, 67, 68, 73, 75, 76, 82, 88, 89, 90, 92, 93, 94, 95, 96, 97, 100, 101, 102, 103, 104, 105, 106, 111, 112, 114, 115, 123, 126, 134, 139, 140, 147, 148, 149, 150, 152, 153, 158, 159, 195, 196, 197, 209, 210, 212, 218, 219, 228, 230, 238, 239, 244, 245, 252, 253, 257, 260, 262, 269, 286, 287, 291, 301, 307, 320, 324, 326, 327, 332, 351, 352

crítica, 94, 123, 126

normal de ebulição, 101, 111, 114, 147, 148, 149, 153, 158, 159, 195, 197, 238, 239, 252, 253, 262

Teoria, 21, 22, 34, 41, 53, 58, 88, 89, 92, 147, 196, 217, 230, 231, 244, 323

cinética dos gases, 21, 22, 34, 41, 88, 89, 92

movimento browniano (v. movimento browniano), 53, 58, 217

salto energético do (v. salto energético), 230, 231

Termodinâmica, 8, 35, 36, 37, 38, 39, 48, 54, 75, 76, 89, 122, 123, 126, 127, 176, 180, 187, 191, 193, 237, 245, 250, 259

segunda lei da, 36, 38, 39, 48, 54, 75, 193

Terpeno, 130, 131, 132

Terra, 15, 16, 34, 57, 215, 237, 243, 244, 267, 319, 341

Tinta, 167, 205, 283

Tolueno, 332

Tortuosidade, 238, 251, 259, 345, 348, 354

Tóxico (v. Toxidade), 166

Toxicidade, 166, 192, 208

Transdisciplinaridade, 256, 258, 348

Transesterificação, 192

Transferência, 7, 8, 33, 35, 38, 76, 99, 122, 132, 147, 157, 166, 187, 216, 236, 237, 244, 250, 256, 270, 297, 308, 345, 347, 358

de massa, 7, 8, 33, 76, 99, 122, 132, 147, 157, 166, 187, 216, 236, 237, 244, 250, 256, 270, 297, 308, 345, 347, 358

molecular (v. difusão mássica), 35

Transplante, 279, 280

Transporte (v. transferência), 30, 54, 75, 99, 147, 157, 193, 268, 270, 320

U

Ultrafiltração, 216, 281, 282, 283, 297, 298, 299, 300, 308, 313, 344

Umidade, 73, 74, 75, 76, 81, 82, 256, 257, 261, 264, 265

relativa, 73, 75, 76, 81, 82, 256, 257, 261, 264, 265

Universo, 15, 16, 34, 87, 237, 341, 348

V

Vacina, 53, 256

Valor esperado, 22

Variância, 21, 22, 40, 62

Variável aleatória, 20, 22, 38

Vazão volumétrica, 285, 288, 346, 348, 353, 357, 358, 360

Velocidade, 22, 25, 58, 59, 65, 66, 89, 284, 353, 355, 358

absoluta, 194

escoamento de, 353, 355

filtração de, 284

íons dos, 209

média, 22, 25, 89

média molecular, 89

média translacional, 25

quadrática média, 58, 65, 66

superficial, 358, 371

Verapamil, 186, 187, 188, 189

Vida, 7, 8, 15, 33, 34, 51, 53, 57, 75, 158, 165, 185, 215, 244, 255, 258, 259, 279, 307, 341

Vinho, 88, 145, 146, 158, 167, 175, 279

Viscosidade dinâmica, 52, 54, 55, 56, 58, 63, 65, 68, 147, 149, 151, 152, 153, 165, 166, 168, 169, 170, 171, 172, 176, 177, 178, 179, 180, 181, 182, 183, 188, 197, 218, 252, 281, 284, 286, 287, 291, 294, 301, 349, 355, 358

Volume (definição), 30, 35, 75, 76, 77, 89, 90, 93, 97, 101, 103, 114, 123, 125, 126, 133, 134, 145, 146, 147, 149, 153, 158, 159, 160, 167, 187, 195, 196, 197, 238, 239, 252, 253, 262, 284, 286, 287, 338

atômico, 91, 125, 137

crítico, 89, 93, 123, 126, 195, 197, 252

controle de, 75, 76, 133

Le Bas de, 159, 160, 187, 238, 239

difusional, 90, 97

meio do, 76

mistura da, 76

molecular de difusão, 125

na temperatura normal de ebulição, 101, 114, 147, 148, 149, 153, 158, 159, 195, 197, 238, 239, 252, 253, 262

solução da, 76, 77

Z

Zeólita, 256, 268, 269, 270, 271, 272, 273

Zinco, 345, 346, 347, 349, 350, 358